道德资本与经济伦理

——王小锡自选集

王小锡 / 著

DAODE ZIBEN YU JINGJI LUNLI

WANGXIAOXI ZIXUANJI

人民出版社

作为手段和方法的现代工具特征

1. 经济和伦理是社会中心运行的一体，经济和伦理的关系问题，现实中有一种误解，似乎经济和伦理是两种社会现象，甚至认为经济是首要的，伦理是次要的，以至有的经济学家也认为在观有社会形态下，待经济发展了再去冲伦理道德问题。甚至有的人认为道德永远跟随着经济发展，它是高于经济领域之外全的东西。这些错误观念不仅一直在影响着经济建设的发展，它也……的更新和进步。

"对应于经济"和怎样……是人类生活的问……

中外思想史上有成就的思想家和经济理论家，都没有把经济这个过程看作"纯经济"现象来研究，都从不同角度和不同层次上把经济问题看作社会综合现象来研究，无疑是把经济……现象……看作……社会经济现象的"理论"和发展……经济的"杠杆"……经济伦理学或伦理经济学是随着经济的发展而不断发展的。

……经济伦理学家、伦理学家亚里士多德……他的经济伦理思想……他说："对那大多数人共同的事情，可能予以关注最少。每一个人主要总想他自己的事，几乎全然不关心共同的利益；而且只在涉及他个人的自身。因为除了其他考虑而外，每个人总倾向于忽视他希望别人去完成的义务。"

"……产生和有而财物'公用'是比较妥善的财产制度，立法创制者的主要功能就在设方面使人

目　录

道德资本与经济伦理

4

序 一

　　小锡同志多年来潜心研究伦理学尤其是经济伦理学理论问题,发表了系列具有创新意义的研究成果。他兼职中国人民大学教育部人文社会科学百所重点研究基地伦理学与道德建设研究中心经济伦理学研究所所长,以自己的特色研究,为中心增添了学术亮色。获悉他《道德资本与经济伦理——王小锡自选集》一书即行出版,内心感到十分高兴。

　　20世纪80年代以来我国经济伦理学的发展与成就,在一定意义上可以说是时代的要求。社会主义市场经济的实施,呼唤经济伦理学的发展;经济伦理学的研究能够较快地发展,也正是适应了社会主义市场经济的需要。

　　改革开放30多年来,我国经济发展的成就举世瞩目。面对2008年发生的世界性金融危机的冲击,我国经济尽管也不可避免受到影响,但总的来说,却保持着稳定发展的良好态势。这就极有说服力地表明,社会主义市场经济比资本主义的市场经济,有着更加强大的生命力。在中国特色社会主义理论指导下,加强思想道德建设,加强经济伦理的研究,对社会主义市场经济的健康运行,有着极端重要的引导和制约作用。我国经济之所以能够取得如此成果,原因固然很多,但加强社会主义核心价值体系的教育、加强市场经济条件下的公民道德教育,也是其中的一个重要因素。经济伦理的重视和发展,对促进社会主义市场经济沿着正确的道路健康有序地向前发展起到了一定的作用。这也有力地证明,社会主义市场经济不仅仅是一种法制经济,而且也必然是一种重视社会主义道德的经济。

　　在经济活动中,道德的力量是不可低估的,忽视、漠视和淡化道德在经济活动中的作用,或迟或早地必然要受到惩罚。尽管主观的动机是希望经济发展的速度快速发展,如果不重视道德的作用,其结果必然是志与愿违,反而使经济发展遭到这样那样的挫折。在经济活动中,只有那坚持不渝地强调经济伦理的重要性的人,才能使社会走向和谐、有序的道路,才能使经济的发展,在健康的氛围中,顺利地达到预期的目的。

在市场经济的条件下,经济活动是人们活动中一个重要组成部分。在经济活动的全过程中,包括经济活动以前的动机、经济活动进行中的意图和对经济活动后果的估计,都伴随着必然的、潜在的、不以人的意志为转移的道德思考。这里所说的道德思考,既包含着道德的内在德性素质和道德自律的要求,更包括着对他人、对整体、对社会和对国家的道德责任。概括来说,就是任何个人、群体、企业和社会,在从事任何经济活动的全部过程中,一时一刻都离不开道德的干预、影响和制约。一般来说,经济伦理学就是研究关于经济活动中的伦理道德问题的一门学科。

资本主义的市场经济在社会伦理道德上的最根本的特点,就是因追求最大利润所诱发的极端的利己主义的动机、意图和目的,归结到一点,就是一切为了赚钱,最大限度地获取最多、最高的利润。正是在这种动机、意图和目的的诱导下,资本主义市场经济必然地形成一种带有普遍性的、为多数人所认同并实施的"金钱至上"价值观。在追求金钱的过程中,为了花费最少的成本而获取最大的利润,欺骗、虚假、坑蒙拐骗、尔虞我诈,也就成为常见的手段,社会伦理道德的缺失,也就成为不可避免的现象了。

我国改革开放以来,一些人更多关心的是经济的效率、利润、速度和生产力的提高,因而较少关心经济活动中的伦理道德的问题,认为人们在追求私利的同时,就可以由"看不见的手"引导到对所有的人都有利的境地,一些人把"效率优先"奉做永恒不变的"金科玉律",对于社会分配中的公平问题和伦理道德现象,较少关心。一些人不注意资本主义市场经济和社会主义市场经济的区别,把我国市场经济条件下因片面追求"效率"和"利润"而带来的种种消极影响,归结为实行市场经济发展的必然结果。现实生活已经证明,这些理论和思想对社会主义市场经济的发展是不利的。我们应当着重强调,在社会主义市场经济运行的全部过程中,应当更加强调和突出经济活动中的伦理道德的重要作用。

市场经济必须是一种法制的经济,这是近代社会发展史已经证明了的事实。加强法制建设,坚定地奉行"依法治国",对我国市场经济的正确运转,有着不可忽视的重要意义。同时,我们也应当看到,在我们实施"依法治国"的过程中,不能忽视道德教育和"以德治国"的重要性。如果没有道德作为法律的基础和保证,法律的作用和效果,就会大打折扣。一个不可否认的事实是,一些人在学会守法的同时,也学会了逃避法律惩罚的知识和本领。在遵守法律的同时,只要可能,一些人就会想方设法,钻法律的空子,逃避法律的惩罚。一些人总是要在合法和违法之间,寻找缝隙,如果没有道德的约束,这个缝隙就可能欲捅欲大,法律的约束,也就受到限制了。

更值得注意的是,一些人往往把实施"以德治国"、加强道德教育同实施"依法治国"对立起来,认为实施"以德治国"、加强道德教育,就可能要妨碍"依法治国"的全面贯彻。这种认识也是不符合实际的。法律是绝对不能自己发生作用的,缺乏有道德素质的执法者,不但法律不可发挥作用,而且,社会的公平与和谐也就更不可能实现了。

在社会的经济活动中,加强经济伦理的建设,对改善社会经济活动中的道德缺失、扭转不良的社会道德风尚、提高全体人民的道德素质,有着十分突出的现实意义。不论是实行法制也好、贯彻科学发展观也好、构建和谐社会也好,如果没有人的素质、特别是思想道德素质的提高,这一切都不可能真正、有效地落到实处。当前,加强社会主义的公民道德教育,加强社会主义核心价值体系的教育,加强"八荣八耻"的教育,已经成为摆在我们面前的一项极其重要的任务。

大量实践证明,只有在社会主义制度下,在社会主义市场经济的条件下,社会的道德要求才能在人们的经济活动中,发挥引导和保证经济活动的正确方向。中国特色社会主义现代化事业需要社会主义伦理精神的强大支撑。随着我国经济社会又好又快的发展,伦理道德在经济社会发展中的巨大促进作用日益彰显,经济发展需要道德、道德具有经济意义的理念不断深入人心,从而为我国经济伦理学的研究和发展提供了客观依据。经过广大经济伦理学者们的不懈努力和辛勤笔耕,我国经济伦理学适应时代的呼唤应运而生,伴随社会主义市场经济的发展而发展,对于增强人们的主体意识、合作意识、竞争意识、和谐意识,不断提升公民的思想道德境界,已经产生了重要而又深远的影响。目前,我国改革开放进入攻坚时期,我国发展呈现一系列新的阶段性特征。新的发展阶段和新的时代条件,为经济伦理学的研究和发展提供了难得的机遇,对广大伦理学者提出了新的要求。同时,我们还应该看到,我国经济伦理学尚处在初创阶段,有许多深层理论问题和重大实践问题需要深入探讨。我们只有继续解放思想,大胆探索,勇于创新,才能破解难题,不断实现理论和实践的"双重"突破,在积极推进经济伦理学学科建设的过程中,促进我国社会主义思想道德体系的完善发展。

机遇偏爱有准备的头脑。20多年来,小锡同志致力于经济伦理学理论研究,致力于建设经济伦理学的学术信息库和我国企业伦理的"镜像"调查,为我国经济伦理学的创建和发展作出了重要贡献,得到了学界同行的认同和赞誉。本书充分体现了他在经济伦理研究领域取得的可喜成就,在一定程度上也反映了我国经济伦理学的发展历程。当然,就小锡同志的研究成果来看,有一些理论问题还需进一步深化,有一些观点还需有更具说服力的论证。希望小锡同志继续努力,不断创新理论,充分发挥经济伦理在服务社会、咨政育民方面的重要社会功能和作用。

罗 国 杰

2009 年 6 月 3 日于北京世纪城寓所

序　二

我和王小锡教授是多年的朋友,结下了深厚的学术友谊。几年前他又考取为我的博士研究生,更为我们增添了一个彼此深入交流的渠道。我对他的学问人品是很了解的,他的为人为学也早已为学界所称道。近日他要出版文集《道德资本与经济伦理——王小锡自选集》,这是一件喜事。他邀我为之作序,我在由衷祝贺他文集出版之际写点感想。

小锡教授于1982年至1983年在中国人民大学哲学系参加高校教师伦理学专业研修班,在我国现在伦理学界中年同仁中,他属于较早地步入伦理学研究领域的一位。他在潜心研究伦理学基础理论的同时,80年代末开始又重点主攻经济伦理学方向。在他所涉及的研究领域,形成了特色鲜明的研究风格,发表了一批有影响的研究成果。

对于一个研究者,如果遇到了一个好时代,那是人生之幸。而抓住机遇,敢于创新,需要的不仅是我们"别无选择"的好时代,还需要学术素养和眼光,需要"幻想",更需要敢为天下先的"冒"的胆识、"闯"的精神和抗拒风险与压力的勇气。说实话,回首30年中国经济伦理学的发展历程,小锡教授可以说是其中的敢为人先的拓荒者。从他的研究成果可以看出,他研究涉猎广泛,视野开阔,方法多样,特别值得一提的是,他发表了研究经济伦理学体系的我国第一本学术著作《中国经济伦理学》和第一篇学术论文《经济伦理学论纲》,创造性地提出并论证了"道德生产力"、"道德资本"等范畴,在学界产生了较为广泛的影响,形成了他的学术特色。可以说,单就这些学术特色而言,他给中国经济伦理学乃至伦理学的发展添上了值得重视的一笔。

从经济伦理学研究发展历程来看,它是伴随着我国在 20 世纪 70 年代末启动的改革开放过程而不断受到学界的关注的。我们从事伦理学教学与研究工作,最终目的是要服务社会,促进社会朝着健康的方向前进。我一直认为,要真正发挥伦理学的学科作用,增强伦理道德的积极功能,就不能闭门造车,"自我独白",脱离实际地去做什么为学术而学术的形上之思。那种研究中国伦理思想史满足于素材的重新组合,不去挖掘它的现代价值及其应用资源;研究国外伦理思想,满足于囫囵吞枣甚至是一知半解、断章取义的传播,不能真正做到结合我国国情批判地吸收;研究基础理论满足于抽象晦涩的概念推演,不考虑实际应用,等等,都无助于中国伦理学学科建设和发展。从这个意义上说,伦理学需要回归社会,关注现实,指导实践,需要具有全球眼光,关注全球热点和难点问题;伦理学工作者需要走出书斋,深入生活,关注社会民生。事实上,经济伦理学的诞生和发展,既是伦理学研究向纵深推进的学术开新的必由之路,也是社会实践的呼唤和时代的需要。

实践永无止境,理论需要与时俱进,探索创新尤为重要。随着中国与世界的融合程度的不断加深,随着社会主义市场经济建设的要求提高,我们的知识需要更新,研究需要"升级",眼光需要拓展,境界需要升华。只有这样,伦理学和伦理学界的同仁才能在当今异彩纷呈、变化万千的现实中,不落后于时代,站在时代和社会潮流的前面,做些有益的事情并期望做得更好一点。小锡教授的《道德资本与经济伦理——王小锡自选集》及其治学精神给学界同仁的启发,我以为这不仅在于他"已经取得的",更在于他是"何以取得的"。我相信小锡教授会沿着这个既定的方向走下去,不断充实和完善既有的学术观点,拿出更多富有启发性和说服力的学术研究的成果来。

是为序。

唐 凯 麟

2009 年 5 月 2 日于长沙岳麓山下

第 一 部 分

经济伦理之学科视阈

经济伦理学论纲

一、立论依据

经济与利益是社会运行的条件和目标,是人们生活的核心内涵,也是人们社会活动、社会工作注意力的焦点及行为动力所在。

1. 经济问题说到底是伦理道德问题,这既是因为经济行为目标和动力是利益与利益追求问题,而利益和利益追求只能在人际关系尤其是利益关系的协调中才能实现;又是因为经济的发展不断地实现着人的完美性。因此,经济现象与伦理道德现象是共生共存的。

伦理道德及其运行过程所发挥的作用(积极或消极作用)直接影响利益关系的协调,进而影响经济的发展和利益的实现。

经济的发展要避免自发运行过程中产生的经济混乱或经济危机,需要确立法制经济观念。

法制经济的"法制"概念是大法制概念,广义的法制概念,它既包括国家为经济运行所建立的法规、政策等,也包括经济活动中互相认可和执行的交往准则,还包括经济活动中体现为应该的约定俗成的道德规范。

在这里可以说,法制经济就是"法则经济"。法则经济之"法则"包含外在法则和内在法则两方面。外在法则即是法律、政策、准则,内在法则即是经济运行过程中的伦理道德。

外在法则带有强制性。不管经济行为者的行为意识是否与之相一致都得执行,否则要遭到不同程度的制裁。当然,一些人"钻"法则的空子,甚至也会有一些人往往敢冒危险触犯法则去获取经济利益。大凡经济运行正常、实现最佳经济效益的国度、地区和单位,除了依靠外在法则外,更注重伦理道德的约束、协调作用。

经济活动的良性循环在很大程度上取决于利益公正实现和自觉的法则实现。

2. 社会主义市场经济运行机制的完善与社会主义伦理道德作用的发挥是相辅相成的。

市场经济的一个最基本的目标是实现资源的合理配置,并进而实现最佳经济效益。而资源的合理配置,主要地应理解为人力资源和物质资源实现的最佳存在形式,其能量亦能实现最佳程度的发挥。而人力资源和物质资源及其两方面关系的最佳处理,又是资源配置合理性的首要内涵。这是因为物质资源是"死"资源,而人力资源是"活"资源。假如前者离开了后者,"资源"就不能作为资源而存在,而后者离开了前者(尽管这是不可能的),人之为人将失去存在之基。

然而,社会主义市场经济要实现人力资源的合理配置,意味着人的素质要得到全面的培养和发展,人的生存和工作位置要实现最佳调适。就此而言,资源的合理配置往往直接或间接地取决于人的伦理道德素质。假如一个人没有崇高的价值追求、生活理想和生存准则,其素质的"全面发展"和生存方式的最佳"调适"都将是不可能实现的。剖析我国新一代的"富翁"就不难看出这点。其中有相当一部分人的思想道德素质以及能力和工作主动性都处于最佳状态中,这样,随之而来的是事业蒸蒸日上,效益不断提高。但也有一些人,赚钱充斥了他们所有的精神空间,没有理想,不谈道德,吃喝玩乐,生活糜烂。显然,这种人是畸形发展的。尽管他们腰缠万贯,不可能实现人力资源的最佳生存形式。轻则会削弱其在市场经济运行中发挥作用的力度,重则会成为社会主义市场经济运行过程中的腐蚀剂。因此,社会主义市场经济的一个重要特点是人的生存和发展不被"私利"、"金钱"所控制或支配,而要受到理性的约束。换言之,在社会主义市场经济发展过程中,人不是纯"经济"活动的主体,人首先(而且应该)是"理性动物"。

就物质资源来说,它的合理配置也绝不是一个"纯经济"的活动过程。

尽管市场经济运行是由价值规律来"指令"的,但人的参与是一个逻辑事实。对于物质资料本身来说,它是无法实现合理配置的。这样一来,人的素质尤其是伦理道德素质、价值观念以及由此而导致人际关系的协调状态将直接(或间接地)影响物质资源合理配置的方式和程度。一般地说,人的伦理道德素质与市场经济发展是呈现正相关关系的。而在拜金主义、个人主义伦理原则的引导下,出现的盗用技术秘密、假冒商标、假合同、假合资、侵犯专利,以及乱涨价乱收费、行贿受贿、偷税漏税等现象,不仅直接扰乱了社会主义市场经济秩序,破坏了物质资源合理配置原则,而且阻碍物质资源合理配置过程和效益,其结果只能出现像资本主义早期市场经济条件下、经济危机此起彼伏的被动局面。由此可见,理性与伦理道德精神是完善社会主义市场机制的一种内在动力。

3. 道德是生产力,而且是"动力生产力",是社会经济运行的动力源。

我国改革的理论与实践都已充分说明,经济的迅速发展和社会主义现代化的实现,有赖于生产水平的提高。因此,解放、发展生产力既是改革的目的,亦是所有工作中的重点。

生产力的解放、生产力水平的提高同样也不是纯物质活动现象或纯经济活动现象。就生产力的核心或决定性的要素——人来说,他当然首先是作为活动着的物质而存在着,并以自身的活动和能力去支配或主宰一切物质活动和经济活动。但一个不可忽视的事实是,在社会经济运行活动中,人的主观能动性是一切物质活动和经济活动的主导,而生产力的解放和生产力水平的提高也取决于人本身的素质。

就人的素质来说,它大致应该包括身体素质、文化素质、科学技术素质、心理素质、思想政治素质、道德素质等等。在此,道德素质是人的基础性素质和核心素质。假如人们不理解自身的存在及其意义,不懂得人的生存价值的实现需要自身的理性完善和创造性的劳动,不承认人们之间关系的协调及其在此基础上形成的合力是社会发展的动力所在,那么,人的主观能动性就无法体现出来,甚至会导致丧失人之为人的存在之基,成为一种名义上的人,一种"活死人"。更有甚者,一部分人精神颓废、自私自利、利欲熏心,把人的素质降低到了动物的水平。对社会发展要求来说,这些人虽然活着,却"已经死了"。对他们而言,什么崇高的价值取向和人的完美素质的追求,什么去接受、利用、创造和发展人类文化和科学技术,都是空谈。在这种情况下,人们就不可能有创造性的劳动态度去充分利用、改造和发展劳动资料和劳动对象。有的玩世不恭者甚至贱踏自身的存在,破坏劳动资料和劳动对象,阻碍生产力发展的进程。中外商品经济发展进程中的许多教训都充分证实了在社会经济运行中的这一基本道理。因此,就生产力内涵的要素及其要素之间发生作用的逻辑联系来看,道德是生产力,而且是"动力"生产力。

既然我国的经济发展速度决定于社会主义生产力解放的程度,而生产力解放与发展又受制于人们的社会主义道德觉悟,那么很显然,社会主义道德是社会经济运行的动力之源。因此,在我国强调以经济建设为中心,发展社会主义的生产力、增强社会主义国家综合实力、提高人民生活水平的今天,切实有效地搞好社会主义道德建设,充分利用和发挥社会主义道德的社会功能,这将是一件具有重大意义的举措。

二、研究对象及研究主题

所谓经济伦理学,是研究人们在社会经济活动中协调各种利益关系的善恶取向及其应该不应该的经济行为规定的一门伦理学分支学科。

1. 作为经济活动所应该的伦理道德是经济运行过程中的经济互动关系和各种利益关系的协调因素,是经济运行力度和经济发展速度的内在机制。

2. 利益是经济与道德实现逻辑联系的中介,也是经济与道德实现最佳联系的杠杆。

3. 利益是经济行为的动力所在,它网络着方方面面的人与人的关系。人际关系的和谐、协调与否主宰着经济活动的方向,是利益实现的无形手段。复杂的人际关系协调与否是利益能否实现的根本条件。

4. 利益驱动着人的注意力。因此,经济活动的一个逻辑事实是人的参与。作为经济活动主体的人,其素质尤其是道德素质直接(或间接地)决定着经济活动的质量。人和人生的完善是经济活动实现最佳状态与最佳效益的前提和条件;而利益的不断实现,也不断地促进着人性的完善。

5. 经济行为的价值判断标准应是能否促进社会的发展,能否有利国家、集体、个人三者利益的充分、协调的实现。

6. 竞争是经济活动发展与完善的最基本手段。经济竞争中"强者胜,弱者败,能者上,庸者下"等自然法则并非"自然"。因此,法规对竞争的制约实在必要。法规只是维护理性尊严,抑制非理性因素。竞争与其说是一个经济行为过程,倒不如把它理解为一个典型的动态伦理实体。完善的竞争更多地体现为自我理性约束,这是伦理经济现象的最集中体现。

三、研究方法

作为实践伦理之一的经济伦理学,应该是从"实践—精神"的视角上把握经济运行过程与伦理道德的关联,以及经济伦理的内涵、作用、规则等。

经济伦理学首先应该从哲学的高度审视社会经济行为的伦理道德蕴含,真正从理论层面来说明,经济行为或经济活动也是广义上的道德行为或道德活动。

经济活动是一种实务的活动,而伦理道德也不是凌驾于经济之上或游离于经济之外的抽象的东西,它应该而且事实上也是经济活动要素的重要内涵。因此,研究经济伦理学需要务实,要有现实关怀,需要从最基本的、点点滴滴的经济行为入手,揭示伦理道德与经济活动的耦合点、动力点以及目标与理想的一致点。

经济活动是复杂的活动。经济活动可看做人类活动的基础活动和核心活动,它是人类意识活动、生存活动和生产活动的综合体,经济活动既是人类理性认知的集中体现,亦是人类衣、食、住、行的基本手段。故研究经济伦理问题是一个复杂的系统工程,它在客观上必须把握人类社会活动和经济活动的立体结构,并在此基础上,进而把握人类经济伦理观念及其基本样式;同时在微观上需要认识人的经济活动的出发点和基本目的以及行为特质,弄清楚人的经济伦理情感和伦理观念的形成过程及其规律。

经济活动是多边性、交叉性的活动。不可否认,经济活动同时内涵着政治活动因素、法律活动因素,甚至还内涵着艺术、宗教等活动因素。作为一个完整理论体系的经济伦理学应该研究经济政治或政治经济伦理;研究经济法律或法律经济伦理,研究与艺术、宗教等有关联的经济与伦理问题。

四、研究门类

经济或经济活动表现为多少形式,伦理道德就表现为多少形态。除研究一般经济伦理学原理外,还应该研究实践性较强的部门伦理问题。

1. 劳动伦理

劳动创造世界。

劳动的伦理意义在于它是人和人类生存的条件。

人的素质尤其是人的道德素质直接决定劳动的质量和成果。

人际的协调、高效合作是劳动样式的最佳体现的前提。

劳动是权利与义务的统一体。

勤奋是劳动伦理原则和重要范畴。

2. 企业管理伦理

企业管理伦理是企业和企业文化发展的基础和条件。

管理者的道德觉悟及应用道德手段的能力是企业管理的重要内涵。

管理过程的实质是对全体劳动者之间的关系特别是利益关系进行的组织、协调过程。

责任是企业管理伦理的重要范畴。把责任转变为自觉意识和行动是管理伦理的基本目的。

3. 经营伦理

经营伦理与商业伦理相通。

经营伦理直接影响经营方向和经济效益。

经营伦理以其特有的评价方式和特殊生活方式,扮演着社会风尚的"窗口"角色,亦是人们日常生活中情绪体验和经常打交道的直接对象。

经营伦理以经营效益为中介,以其独特的作用影响着社会经济的发展。

信誉、诚恳是经营伦理原则和重要范畴。

4. 分配伦理

分配是劳动成果的分割。

分配过程是劳动者利益实现过程。

分配就是伦理行为本身,它不仅关系到利益的合理分配问题,还关系到情感协调问题和人际和谐问题。

分配直接影响着物质再生产和道德的发展与完善。

公正是分配伦理的原则和核心范畴。

5. 消费伦理

消费活动是人类生存发展的重要社会现象。消费亦是重要社会文化现象。

消费不等于消耗,消费是人类生存活动。消费是人与人、人与自然的循环交流、向前发展的一种动力。

消费需要理性,应该合理。铺张浪费是缺德行为。

引导消费,提高消费质量是消费伦理的重要目的之一。

五、结束语

经济伦理学是一个庞大的理论研究工程。需要广大学人在系统研究中国传统经济伦理思想、西方传统经济伦理思想、东方经济伦理思想和马克思主义经济伦理思想的基础上,构建中国经济伦理学的理论体系。

当然,探求经济伦理思想的发展根基与历史的逻辑联系,给道德哲学以创造性的文化结果,同时说明其作为人类独特的道德哲学文化在社会发展进程中的作用,并进而揭示其在现代社会运作过程中的"特殊"角色,是为本论纲之最终目标。

（原载《江苏社会科学》1994 年第 1 期）

经济伦理学的学科依据

经济与伦理是什么关系？经济学与伦理学有何联系？经济伦理学作为学科能不能成立？这些问题长期困扰着人们的思想，甚至理论界的一些人也在怀疑经济伦理学的学科依据和研究价值问题。因此，厘清这些问题，不仅有利于经济伦理学学科建设的顺利开展，而且在社会主义市场经济建设中将会更好地发挥其独特的学科作用。

一、经济伦理不是经济与伦理的人为结合

一般说来，完善意义上的经济是理性经济。经济问题虽是一个物质及其数量问题，但又不是一个纯而又纯的投入产出问题，因为它也内含着精神及其伦理问题。如果经济不内含着精神及其伦理问题，这样的经济既无法理解，也不可能存在。从西方学术史上看，从古典经济学派强调经济范畴在一定意义上也是道德范畴，到近代经济学家的"经济人"假设及随后的"新经济人"的提出，他们都从不同的角度揭示了经济与伦理关系的关联性。尽管其观点的前提和宗旨本身是形而上学的、甚或是错误的，但至少不会使人们走入经济和伦理毫不相干的认识误区。正如1998年诺贝尔经济学奖得主——印度的阿马蒂亚·森指出，尽管忽略了伦理方法，经济学照样能获得相当丰硕的成果，更未必使经济学失败，但经济学的更强的说服力在于对经济行为中的社会相互依赖关系的更深刻的思考。[①] 在经济伦理学研究方

---

① ［印］阿马蒂亚·森：《伦理学与经济学》，王宇、王文玉译，商务印书馆2000年版，第14—15页。

面颇有建树的德国学者彼得·科斯洛夫斯基更明确指出："经济不仅仅是由经济规则来控制的,而是由人来决定的,在人们的意愿和选择中,经济上的期望、社会规范、文化的调节和道德上的善良表象的总和一直在起作用。因此,这种总和在经济行为和经济理论中,也必须得到考虑并反映到经济行为的道德特性上来。"①这些观点对于我们理解经济和伦理的关系很有参考价值。

其实,理解和把握经济现象离不开对其伦理内涵的认识。同时,理解和把握伦理问题必须建立在对当时经济状况尤其是经济关系的分析上。否则,对两者的理解和把握难以做到具体而科学。马克思的政治经济学研究的不只是资本主义经济现象,更注意对人与人之间关系的研究。② 马克思的《资本论》从商品范畴出发,揭示的是资本主义经济关系的本质,剩余价值理论揭示了剥削与被剥削的关系,尤其是工资理论,第一次透视到工资背后的不合理的利益关系。纵观马克思政治经济学理论的形成过程,不难发现,马克思在研究资本主义社会的经济现象时,始终在着力揭示资本主义生产关系的本质及其发展规律,并由此来展示资本主义经济的本质。换句话说,只有对资本主义条件下的政治和伦理关系尤其是阶级利益关系有一个充分认识,才能真正弄清什么是资本主义经济。

因此,从宏观上来看,可以说,经济和伦理是一个问题的两个方面。在现代条件下,经济和伦理的逻辑关联体现得更为明显。

第一,经济作为一种生产和再生产活动,是人的素质的物质体现,而经济成就是人的思想观念的物化。生产是主体为了达到一定的物质利益而形成的一个经济行为过程,它必定是在人的思想观念的指挥和操纵下进行。而这种思想观念的核心是人的伦理道德观念,人的价值取向、人生态度以及劳动态度直接影响到经济发展的速度和经济建设的成就。为此,经济成就也总能折射出人的素质的高低、道德觉悟的高低等等。

---

① ［德］彼得·科斯洛夫斯基:《伦理经济学原理》,孙瑜译,中国社会科学出版社1977年版,第259—260页。
② 参见《马克思恩格斯全集》第13卷,人民出版社1962年版,第22—23页。

第二，就行为主体追求经济效益、实现自身价值、造福他人和社会来说，经济行为本身就是一种伦理道德行为。因此，经济问题说到底也是一个伦理道德问题。

第三，所有经济成就都是人际协作的结晶。社会化大生产的发展依赖大协作，没有协作就没有生产力的发展。所以，一个地区经济发达不发达，很大程度上取决于这个地区的体现为现代伦理精神的协作精神和协作程度。

第四，伦理道德作为社会意识形式，反映着复杂的社会人际关系。当然，这种反映最集中的是人的利益关系，社会人际关系中最核心的经济关系。正因为如此，伦理道德才不会是抽象和空洞的。科斯洛夫斯基认为："在道德和经济的决策中，不存在不可逾越的鸿沟，道德不是其他观点之外的一种观点，而是在经济伦理学，首先是在经济理论的情况下获悉、整理、评价科学观点，并使之用于实践的一种形式。"①

总之，离开了伦理道德，经济就不能正确的认识和把握；离开了经济，伦理道德也会变为空洞无物的虚幻的东西。

二、经济伦理学不是伦理学与 经济学的简单相加

科斯洛夫斯基指出："伦理经济学的概念超出了经济伦理学作为经济的伦理学的研究目的，趋向于伦理学理论和经济学的一体化。伦理经济学的含义肯定超过'经济学＋伦理学'。"②他同时指出："经济伦理学或伦理经济学的一方面是符合伦理学的经济理论和伦理制度及规则的经济学的，另一方面与经济的伦理学也是相符的"。"伦理经济学或经济伦理学也是一种以经济文化的伦理为前提条件的理论，是一种以发挥市场调节和价格

① ［德］彼得·科斯洛夫斯基：《伦理经济学原理》，孙瑜译，第259页。
② ［德］彼得·科斯洛夫斯基：《伦理经济学原理》，孙瑜译，第2—3页。

体制作用为前提的伦理规则和行为的理论"，且伦理经济学和经济伦理学的概念在逐渐融合。① 据此，完全可以作出另一种判断，即经济伦理学的含义肯定超过"伦理学＋经济学"。不难看出，科斯洛夫斯基的观点对于我国创建当代经济伦理学具有重要的启迪意义。这在于，它不仅能纠正一些诸如经济伦理即是经济中的道德问题或经济伦理学即是"伦理学＋经济学"的片面观点，而且还有利于我们在更深层次上认识经济伦理学的学科依据及其性质。

应该说，伦理学和经济学是角度不同的相通（在更宏观意义上可称之为相同）学科。在此意义上，正如科斯洛夫斯基所认为的："对经济理论和道德理论之间的界限根本不能做严格的界定，因为一般的行为与这两种理论必定都有联系。"②事实也是如此。对任何一种经济行为的完整评价和理论分析都离不开对其进行应该不应该的确认，都需要作价值论证；同样，任何一种伦理道德观点的表述和伦理道德的阐释都离不开对人的经济行为的深层次考察和分析。

对此，有的学者明确提出，伦理学和经济学不能分离或分裂。美国的G.恩德利认为，伦理学和经济学的分离会导致两种危险：一是"忽视经济学作为一种分析手段的贡献和经济刺激对实现伦理目标的帮助"；一是"工具化"，"即伦理被误用来仅仅作为取得目标的手段"。所以，"来自机械论、生物学和进化论的研究模式在此是完全不够的，因为它们否认人的行为的特殊性，即否认人的行为的反思的自我参照和价值导向，而不把它们看作是一个不可分割的方面。宁愿说，我们需要一个更为宽泛的经济学的概念，一种与伦理相关的研究途径，它包括人的动机和对社会成就的判断问题，并且允许把伦理问题纳入到经济模式和功能性的领域中去。"为此，"经济学应该明确地考虑人类行为反思的自我参照和价值导向"。③

---

① 参见［德］彼得·科斯洛夫斯基：《伦理经济学原理》，孙瑜译，第 2 页。
② ［德］彼得·科斯洛夫斯基：《伦理经济学原理》，孙瑜译，第 42 页。
③ ［美］G.恩德利：《走向科学化的企业伦理学》，高晓兰译，载《国外社会科学》1996 年第 3 期。

伦理学和经济学的分离,带来的学科建设的后果是严重的,反顾我国理论界的现状确实如此。经济学理论过去对于伦理问题和伦理学理论的关注十分不够,以致有的经济学家提出"等经济发展了再去抓道德建设还不迟"的庸俗观点。同样,伦理学理论亦很少关注经济问题和经济学理论,至少是对经济方面的实证分析较弱,以至我们提出的许多伦理道德命题和伦理道德原则有时很难引起全社会的关注和共鸣。其实,有些命题和原则并不存在什么问题,问题是疏忽了对经济问题的思考和对经济学理论参照,削弱了一些伦理道德命题和原则的说服力和吸引力。阿马蒂亚·森也曾经指出:"经济学与伦理学的分离已经导致了福利经济学贫困化,也大大削弱了描述经济学和预测经济学的基础。"①"随着现代经济学与伦理学之间隔阂的不断加深,现代经济学已经出现了严重的贫困化现象。"②"在经济学经常使用的一些标准方法中,尤其是经济学中的'工程学'方法,也是可以用于现代伦理学研究的。因此,我认为,经济学与伦理学的分离,对于伦理学来说也是一件非常不幸的事情。"③应该承认,尽管伦理学和经济学的确是两门学科,但正如前面所述,只有经济观念(理论)和伦理道德观念(理论)相互渗透,伦理学才不会"空洞",经济学才不会"贫困",才能促使经济行为实现最大和最好的效益。而渗透的必然结果必然孕育出经济伦理学的学科视界。因此,"经济伦理学不是矛盾的修饰法、不是生硬的铁、也不是由两种不协调的理论组成,而是通过互相交流和补充而形成的一个学科整体。"④

三、科学的经济伦理学的建立何以可能

尽管人们对经济伦理问题的思考由来已久,经济伦理学作为学科却很年轻。作为一门学科它在我国引起人们的关注才近20年的时间,在国外也

① [印]阿马蒂亚·森:《伦理学与经济学》,王宇、王文玉译,第79页。
② [印]阿马蒂亚·森:《伦理学与经济学》,王宇、王文玉译,第13页。
③ [印]阿马蒂亚·森:《伦理学与经济学》,王宇、王文玉译,第79页。
④ [印]阿马蒂亚·森:《伦理学与经济学》,王宇、王文玉译,第14—15页。

是作为新兴学科的面目出现的。下面,我们从思想史的层面来透视,以证明经济与伦理的契合与其说一种可能,不如说是一种历史事实。这是对回答经济伦理学的建立何以可能问题的重要思想史的支撑。

历史地看,我国以儒家为代表的德性主义十分注重伦理道德在经济运行中的作用,在经济与伦理的关系上主张经济是伦理的手段,伦理是经济的目的。这一观点虽不免有些极端,却将经济和伦理紧密结合,其思想史价值是显而易见的。这种主张"结合论"的"利以义取"的价值观影响了我国两千多年的思想文化发展史。在西方思想史上,"经济学与伦理学的传统联系至少可以追溯到亚里士多德",他"在'对人类有益的东西'的分析中,也包含了各种经济管理问题,并提出了对经济学工程方法的需求。"西方历史发展到近代,从"经济人"假说和"看不见的手"的概念的提出,到后来功利主义、合理利己主义思想理论的阐释,逐渐形成了资本主义条件下的经济伦理思想体系。当然,许多经济伦理思想有着明显的阶级局限,从本质上说,它是"资本主义制度的伦理卫士",有着明显的虚伪性。但是有关公正与效率关系的论述,互惠互利原则的阐述等等,多少带有科学合理的成分,为科学的经济伦理学的形成提供了一定的思想资源。①

值得一提的是,马克思、恩格斯的经济伦理思想十分丰富。马克思、恩格斯创立的政治经济学,透过资本主义的经济现象,揭示的是不同类型人的阶级本质,并通过对阶级关系和阶级利益矛盾的分析,尤其是通过对资本主义生产方式内部矛盾运动的分析,揭示了社会发展的基本规律,系统提出了解放全人类、实现人的全面发展的政治原则和伦理原则。可以说,马克思主义的政治经济学在一定意义上也是一部政治经济伦理学或称政治伦理经济学。这是我国创建科学经济伦理学的理论基础和重要思想资源。

现实地看,我国的以社会主义公有制为主体的经济制度,为科学伦理学的创建提供了坚实的社会根基。第一,因为作为经济活动的主体是社会的

① 参见乔洪武:《正谊谋利——近代西方经济伦理思想研究》,商务印书馆2000年版,第13章。

主人,公平的政治权利、经济权利和道德权利使得每一位社会成员均可以通过自身的努力来实现自身价值。第二,社会主义市场经济体制为人与人之间的理性竞争和互利协作创造了独特的运行机制,弱肉强食和尔虞我诈等不道德行为将是社会主义制度所抑制的。第三,以德治国、理性经济是我国以全心全意为人民服务为核心、以集体主义为原则的道德建设的基本手段和目标,这给科学的经济伦理学的形成创造了必要的制度前提和现实基础。

我们完全有理由相信,通过学界共同的努力,科学的经济伦理学一定会作为我国的显学展现在人们面前。

(原载《华东师范大学学报(哲社版)》2001 年第 2 期)

关于我国经济伦理学之研究

经济伦理学作为一门新兴的交叉学科,引起国内理论界的关注已有十多年的时间,而在近几年来大有蓬勃发展之势。这不仅体现在研究队伍和研究基地从无到有、从小到大;还体现在学科理论研究的广度和深度在不断加强,学科理论体系在逐步形成。特别是我国社会主义市场经济的发展现实,迫切需要从伦理角度做科学的论证、透视与阐明,这大大促进了我国经济伦理学的发展。正如恩格斯所指出的:"社会一旦有技术上的需要,则这种需要就会比十所大学更能把科学推向前进。"①

在研究内容和研究方法上,许多学者力图在基本范畴、基本命题和学科研究切入点上有所突破和建树,从不同角度提出了许多具有创造性、建设性的思路。

一、关于经济伦理和经济伦理学的学科界定

有的学者指出经济伦理学是经济活动中的伦理精神、伦理气质及其理论形态,认为经济伦理指人们在经济活动中的伦理精神或伦理气质,或者说是人们从道德角度对经济活动的根本看法;而经济伦理学则是这种精神、气质和看法的理论化形态,或者说是从道德的角度对经济活动的系统理论研究和规范。有的学者则强调经济伦理是经济行为之道德观念及其认识和评价系统,认为经济伦理就是人们在现实的社会经济活动中产生并对其评判

---

① 《马克思恩格斯选集》第4卷,人民出版社1995年版,第732页。

和制约的道德观念。并指出,经济伦理有两方面内容:一是指产生于人们的经济生活和经济行为中的道德观念;一是指人们对这种道德观念的认知和评价系统。还有学者指出,经济伦理是善恶意识、行为规范,认为经济伦理是在经济领域中,一定社会或阶级用以调节个人与他人、个人与社会、社会团体与团体之间利益关系且能以善恶进行评价的意识、规范及行为的总和。有的学者具体地给经济伦理学定位,认为经济伦理学是研究社会经济和人的全面发展的关系和直接产生于人们经济生活和经济行为中的道德观念的科学。另有人将经济伦理学的研究对象概括为对经济行为的合理性的价值论证。

以上对经济伦理和经济伦理学学科界定虽不完全一致,但都试图思考经济与伦理的内在逻辑联系,这对经济伦理学学科的创立具有重要的启迪意义。然而,作为一门新兴学科的建立,其学科定位需尽可能贴近学科本身,研究范围和对象不能无限扩大也不能一味缩小。为此,框定经济伦理学学科界域十分必要。我认为,经济伦理学的学科界定起码涉及的理论层面有三:其一,经济伦理学是研究经济现象中的伦理道德问题,并揭示经济现象中道德形成、发展及其作用的规律的科学;其二,经济伦理学要探究"经济人"和"道德人"的逻辑关联(有学者称之为"价值同构"),从而揭示经济活动中人的全面发展之体现和作用;其三,经济伦理学作为一门学科,它既是经济活动的道德及其价值论证的理论体系构建,又是经济行为规范与行为方式之构架。这里的价值论证与规范构架是其学科的本质特点。因此,我认为,经济伦理学是研究人们在社会经济活动中完善人生和协调各种利益关系的基本规律以及明确善恶价值取向及其应该不应该行为规定的学问。

二、关于经济与伦理的逻辑联系问题

对这个问题理解如何,直接影响到经济伦理学学科体系创建的成熟程度。许多学者都从不同角度对于该论题展开了论证,并提出了一些具有重要理论价值的命题。有学者从公平与效率关系上来说明经济与伦理的关系,认为公平与效率是相互依存、相互制约并相互促进的,在现实经济活动中是可以兼得的。公平是提高生产效率的有效手段,没有平等生存的基本条件,没有机会均等、公平竞争的有效规范,就不可能有真正的效率;同时,效率是维系社会公平的物质保证,在一个没有效率且物质财富匮乏的社会里,社会公平只不过是一句空话。与此类似,还有学者进一步提出,一个经济体制如果没有寻找到自身运作的直接动力源,即理性的伦理精神,那么它的存在及其合理性就会遭到怀疑,同样,一个经济体制由于无效率而不能满足人的根本需要,不能逐步实现人的全面发展,维护它就不仅不合理,而且不道德。因此,他进而认为,若将一个既有高度的效率,又充满人间温情的理想境界变为社会现实,则离不开经济学和伦理学的结合,而把二者结合在一起的理论生长点,只能是"经济人"和"道德人"的统一。至今理论界对效率与公平有一较权威性提法,即"效率优先、兼顾公平",这是侧重从经济发展的角度来理解的。就伦理角度来说,效率和公平应该是相互支撑、紧密关联的,若人为地分开两者,必然会出现厚此薄彼、甚至顾此失彼的现象。

还有学者从社会主义市场经济的本质特征来确认经济与伦理的密切关系,认为市场经济没有"心脏"和"大脑",它必须靠若干"规则"来规范它的运行机制,用这些规则来调整它的运作方向。因此,市场经济不单是法制经济,也同样是道德经济。

总之,以上观点均不无道理,都是从某一维度来说明经济与伦理的逻辑关联。但是,我认为,经济与伦理的必然联系不能仅仅从外在因素或两者的相辅相成之一般视角去论证,还应该深入经济现象或经济行为的内部去探索。从经济的动态和静态两个角度来考察,我近年来提出的下述命题,可在一定程度上说明成熟而完善的经济和社会主义伦理是互为存在条件的。

第一,"道德是动力生产力","道德也出生产力"。从生产力要求来看,人的素质是生产力发展的决定性因素,而人的素质是多方面的,其中人的道德素质是基础性素质、核心素质。只有在充分认识自身的存在及其存在的意义,明确并确定崇高生存价值取向的基础上,人才能树立一种进取精神,才有可能以创造性劳动去改造、发展和充分利用劳动资料和劳动对象。另外,生产力内部各结构要素的协调,并不是简单的人与物之间的关系的协调,而是人与人之间各种利益关系的协调。因此,生产力内部各结构要素之间的关系,说到底是一个伦理道德关系。只有人与人之间的伦理道德关系实现了最佳协调,生产力发展水平才有可能提高。

第二,"社会主义市场经济是道德经济"。社会主义市场经济的一个最基本目标是实现资源的合理配置,并进而实现经济效益的最佳化。而资源的合理配置,主要应理解为人力资源和物质资源实现的最佳存在形式,其能量实现最佳程度的发挥。物质资源是"死"资源,人力资源是"活"资源。假如前者离开了后者,资源就不能作为"资源"而存在;后者离开了前者(尽管这是不可能的),人作为人而存在将失去实质性的意义。人的素质尤其是人的理性素质是人力资源和物质资源能否实现合理配置的关键。正是在此意义上,我认为社会主义市场经济是理性经济、道德经济。

第三,"道德是经济运行之无形资产"。经济发展,高效益的实现,往往取决于作为无形资产的企业及员工的道德觉悟。企业的管理应坚持"以人为本"的经营观念,努力做好协调人、完善人和激励人的工作,把人和人的素质放到生产经营和管理的制高点。同时,作为道德资产的企业信誉和企业形象,也是企业生命力之重要源泉。企业丧失了信誉将会丧失一切活力。因此,企业伦理道德作为无形资产,往往比有形资产更重要。

第四,"名牌产品既是物质实体也是伦理实体"。大凡名牌的创立除体现企业资金实力和技术水平外,还内涵着企业员工的责任和质量意识,以及企业内部的协作精神和精心服务于社会的态度。所以,创"名牌"首先应树立企业精神和企业价值取向,坚持一流的质量意识、一流的协作精神和一流的服务态度。

第五,"伦理协调也是管理"。在经济管理尤其是企业管理工作中,伦理手段是管理工作的一大支柱。任何一项管理工作第一要务是管好人,提高人的素质特别是思想道德素质,同时还要协调好各种人际关系,形成"1＋1＞2"的合力,从而促进各项经济工作的顺利开展。

三、关于道德标准与经济目的问题

有的学者认为,经济的发展不能以道德为标准,其理由是,许多从道德上看是恶的东西、不好的东西,从经济规律的角度看都有其产生、发展的客观必然性和历史进步性。持此论者认为,"一切向钱看"从道德上讲当然是不可取的,但它却符合商品生产和交换的客观规律。因为商品经济发展的动力就是每个商品生产者、经营者都追求自己的经济利益,这个利益的具体化就是"钱"。还有学者认为,真正按道德标准搞经济,无法实现经济增长的目的。并指出,既然讲道义讲奉献,利润就难以实现其最大化,有时甚至会亏本。

不难看出,上述观点割裂了道德标准与经济目的之间的辩证关系。对此如不加以澄清,将直接导致对于经济伦理原则的认识误区,而且会带来巨大的实践危害。我认为,其实,不讲道德而赚钱,这只能是非理性经济体制下的特有现象。社会主义市场经济条件下的经济规律的作用发挥应具有充分的伦理性。在经济运行过程中,违背了伦理就意味着破坏了基本经济规律。离开了人的理性完善和人际利益关系的和谐协调,经济规律如何发挥作用?又如何实现"向钱看"?这种"向钱看"又有何终极意义呢?再者,讲伦理就等于不赚钱,不是等于说赚钱的都是恶行吗?这在理论逻辑上显然也是讲不通的。

事实上,经济目的之实现必须符合社会道德要求,绝不允许有不符合道德的短期行为或局部利益行为。同时,道德标准也一定是符合经济发展要求的标准。但"符合"不是"一味迎合"和"盲目辩护"现实经济生活和经济活动中一切行为。现实性与理想性之间的必要张力是道德标准的基本特征。故而追求道德标准与经济目的在社会主义条件下的动态统一是未来经济伦理的研究方向。

四、关于经济伦理学的研究方法

对于经济伦理学的研究方法,有人提出,经济伦理学可以运用描述的、元理论的和规范的三种方法。运用社会学、心理学等手段,描述性地研究经济生活中的道德现象,为人们确定正确的经济伦理规范开阔视野、深入认识。运用分析哲学的手段来分析经济伦理学理论系统中的命题、概念及其论证方法,使人们在确定经济伦理规范时能做到概念清晰、推理正确、逻辑严谨。运用规范方法,论证善的、正确的经济行为的基本原则和规则,对涉及经济伦理规范的典型事例进行分析,使人们能选择经济生活中的正确价值和目标。这些研究方法符合经济伦理学学科建设的基本要求,学科特色也比较明显,离开其中任何一种方法,将会给经济伦理学的创立和发展带来缺憾。

但是,社会经济活动是复杂的,不管用何种方法,都有其局限性,因此应用的基本前提是必须要有针对性。一方面,经济活动作为"务实"活动,内涵着伦理道德因素和精神因素。因此,研究经济伦理学需要从最基本的经济行为切入,揭示伦理道德与经济活动的耦合点、动力点以及目标与理想的一致点。另一方面,经济活动是人类意识活动、生存活动和生产活动的综合体。它既是人类理性认识的集中体现,亦是人类衣、食、住、行的基本手段。因此,经济伦理研究不仅要在宏观上把握人类经济活动主体结构的基础上全方位把握人类经济伦理观念及其理论模式,而且要在微观上探究人的经济活动的出发点和基本目的与归宿,搞清人的经济伦理情感和经济伦理观念的形成过程及其规律。再则,由于经济伦理学是一门实践性很强的学科,在其学科初创阶段,应该避免泛谈一般方法或就方法谈方法的倾向,当务之急是深入经济活动之中,开展广泛的调查研究工作,在此基础上,我们才能构建有血有肉的我国社会主义经济伦理学的基本理论体系,发掘其学科的理论和实践指导意义。

从我国现有经济的伦理学研究成果来看,人们还只是习惯于学科研究方法的一般套路,注重理论推导,对社会主义市场经济实践全面而系统地把握得不够。为此,多搞一些实践研究,多出一些有分量的调查研究报告,将是经济伦理学创立的基本前提。

就宏观角度来看,我国的经济伦理学研究,目前至少有以下几点值得注意:第一,应首先寻找创立经济伦理学的客观依据,力戒急于一蹴而就地创立一个理论体系的思想。第二,剖析经济现象和经济行为要有广泛性、代表性和系统性。惟此,我们才能构建系统的经济伦理学理论。第三,坚持历史研究与现实研究相结合、理论研究与实践研究相结合、宏观研究和微观研究相结合的研究方法,使经济伦理学理论的研究实现全方位的建构。

五、传统思想的批判继承

我国有没有传统的经济伦理学?对此理论界有明显不同的看法。一种意见认为,我国历史上以儒家为代表的传统学说没有经济伦理思想(因儒家不谈经济)。这种观点显然没有真正理解“经济”的本质为何物。另一种意见认为,研究我国的社会主义经济伦理学,必须研究传统伦理理论,这不仅能体现我国经济伦理学的民族特色,而且将会有重要的现实启迪意义。

后一种意见其实不无道理。实际上,我国传统的经济伦理思想是传统思想发展史上的一颗瑰宝,不能忽视。诸如德性主义、功利主义、理想主义、自然主义等经济伦理思想流派,都有其独特的思考角度和思维方式,尤其是义利之争形成了各种流派的思索主线,这就客观上形成了我国传统经济伦理思想的历史“画卷”。进一步说,事实上,作为传统经济伦理思想主线的义利之争客观上构成了我国传统经济伦理思想的基本论题和提问方式。因此,挖掘与汲取我国传统经济伦理思想的精华是研究和完善当代经济伦理学题中应有之义。

(原载《哲学动态》1997 年第 11 期)

世纪之交的经济伦理学

作为一门学科,中国经济伦理学引起学界的关注和研究虽仅仅十余年时间,但是,应该看到,由于它是伴随着改革开放的逐步深入,在经济建设尤其是社会主义市场经济建设运行机制日臻完善的情况下被关注、研究和发展的,这种现实的需要推动着尚处于初创期的新兴边缘学科——经济伦理学的迅猛发展。正因为如此,其发展和应用的前景十分广阔。

一、理论成就——学科边缘的哲学论证

十多年来,经济伦理学研究的理论成就是,不仅确立了学科建设的基本思路,而且为提高经济理性化程度和实现伦理的物化效益提供了较为充分的理论依据,充分显示了伦理的实践哲学本质和作为手段、方法的理性工具特质。总结十多年的理论成就,不难看出经济伦理学的基本理论体系已初露端倪。

1. 经济与伦理关系的哲学论证证明两者是现实的逻辑统一体。

千百年来,人们对于经济和伦理的关系问题有一种误解,认为经济和伦理是两种社会层面的东西,它们之间没有必然的逻辑联系,所谓"经济是务实的,伦理是务虚的"是其惯常的论调。这是造成有的经济学家主张在现有社会状况下"等经济发展了再去讲伦理道德问题"的重要认识论根源。更有甚者,有的人认为道德永远不可能使金钱增值,它是可以离开经济领域的多余的东西。这些观念不仅一直在影响着经济建设的发展,而且也影响着社会伦理道德观念的更新与进步。

在对上述论点进行批判反思的基础上,有学者指出,"对应于人类的两重层次的需要:生存(经济的)和怎样生存(伦理的)","经济和道德是人类生活的两重空间",但是,"经济活动、生产活动的主体是人和由人组织起来的生产群体,人的文化价值观决定生产群体的文化价值观"。因此,至关重要的是"要塑造当代中国生产活动主体的伦理精神"。① 而且,事实上"经济问题说到底是伦理道德问题。因为经济行为目标和动力是利益与利益追求问题。而利益和利益追求只能在人际关系尤其是利益关系的协调中才能实现。又因为,经济的发展又不断地实现着人的完美性。因此,经济现象与伦理道德现象是共生和共存的。"② 还有论者曾撰文指出:"经济学不仅要探讨经济发展自身的内在规律,比如市场的力量和机制、价值和价格的矛盾、自然资源的有效配置等等,同时它还直接涉及经济行为的主体——人的行为、思想和需求,因此经济学所处理的那些事项有其内在的独特性。现实社会关系和经济秩序对个人来说表现为他必须生存于其中的、不可变更的秩序。如果人们需达成自己的目的,就必须介入这种关系体系,调整自己的行为以适应现实,因此客观的社会经济过程以其独特的形式培养和选择它所需要的经济主体,并以同样独特的方法造就它所需要的行为规则。"③

这就是说,完善意义上的经济是理性经济、道德经济。之所以如此,有两方面的原因。一方面,就经济发达程度的标志——生产力水平来看,"人的素质是生产力发展的决定性因素,而人的素质是多方面的,其中人的道德素质是基础性素质和核心素质。只有在充分认识到自身的存在及其存在的意义,明确并确定崇高生存价值取向的基础上,人才能树立一种进取精神,才有可能以创造性劳动去改造、发展和充分利用劳动资料和劳动对象"。同时,"生产力内部各结构要素的协调,并不单纯是人与物之间关系的协调,也是人与人之间各种利益关系的协调。因此,生产力内部各结构要素之间的关系,说到底是一个伦理道德关系。只有人与人之间的伦理关系实现

① 刘光明:《经济活动伦理研究》,载《西北师大学报》1996 年第 1 期。
② 王小锡:《经济伦理学论纲》,载《江苏社会科学》1994 年第 1 期。
③ 东方朔:《经济伦理思想初探》,载《华东师范大学学报》1987 年第 6 期。

了最佳协调,生产力发展水平才有可能提高"。①

　　另一方面,就经济运行过程来看,首先,生产环节能否正常合理运作取决于生产者与劳动资料、劳动对象结合的合理性程度。在生产过程中人与人之间、集体与集体之间能否做到协调、和谐,直接影响到生产过程的质量和效益。其次,交换环节的理性存在就是人类道德的集中体现。交换过程最直接地将人们的利益关系显现出来。再隐蔽、间接的利益,一旦放到交换关系中,都会明白地显示出来。各个人在这样的利益关系中如何作为和行动,就直接地表现了其道德要求和道德行为准则。交换过程中的利益,也直接决定着人们对个人利益和社会利益关系的理解和调整,决定着人们的道德观念。然而,"道德在人们的利益交换中产生之后,又以其独特的协调功能制约着人们的交换行为。② 可以说,交换环节既是经济行为,亦是典型的伦理行为。正如有学者所言:"商业交换和经营活动就其本质而言就是通过这种行为建立起一种互助、互利和互通有无的经济联系。它的公正性、伦理性决定着经营的有效性和有序性。交换关系并非单纯是物质关系,它同时也反映着一种人的关系,公共关系和伦理道德关系。有时交换关系甚至是以人际关系、公共关系和伦理关系作生命线的。"③再次,分配环节直接体现伦理精神,影响到经济的可持续发展。邓小平曾指出,"我们提倡按劳分配,承认物质利益,是要为全体人民的物质利益而奋斗。每个人都应该有他一定的物质利益,但是这决不是提倡各人抛开国家、集体和别人,专门为自己的物质利益而奋斗,决不是提倡各人都向'钱'看。"④他还指出,"我们必须按照统筹兼顾的原则来调节各种利益的相互关系。如果相反,违反集体利益而追求个人利益,违反整体利益而追求局部利益,违反长远利益而追求暂时利益,那末,结果势必两头都受损失。"⑤最后,消费环节是经济社会可

① 王小锡:《关于我国经济伦理学之研究》,载《哲学动态》1997 年第 11 期。

② 参见王小锡主编:《经济伦理与企业发展》,南京师范大学出版社 1998 年版,第 62 页。

③ 刘光明、华长慧:《论中国经济伦理精神的塑造》,载《江汉论坛》,1995 年第 9 期。

④ 《邓小平文选》第二卷,人民出版社 1994 年版,第 337 页。

⑤ 《邓小平文选》第二卷,第 175—176 页。

持续发展的重要一环,要使消费这种"消耗"成为"实质上的投资",最基本的是要看消费行为是否合乎人性的完善,是否与社会的发展要求合拍。道德性消费会激发人的潜力和积极性,并促使社会经济发展的良性循环,必然会给社会注入活力。

2. 社会主义市场经济是道德经济。

社会主义市场经济不同于只在"看不见的手"牵引下的资本主义市场经济。就一般意义上的市场经济来说,其"本身确实是'无可顾忌'的,它自始至终都在贯彻'等价交换'等经济法则。这些经济法则,可能具有对人类道德起促进作用的一面,如增强人们的效率意识、竞争意识、进取意识等等;也可能具有对人类道德起促退作用的一面,如贫富悬殊、自我中心、金钱至上、畸形消费等等"。[①] 正由于后一方面,市场经济必须依靠若干"规则"来规范它的运行机制,调整它的运作方向,弥补它的先天缺陷与不足。因此,市场经济的确是一种"规则经济",或称"法制经济"、"道德经济"。

一方面,社会主义的生产力三要素之间实现了理性结合,"社会主义生产力强调人的因素和人的地位,在社会主义制度下,人真正成了社会和自然界的主宰,每个人都作为'主人'的身份而存在着。同时,不是物质或经济支配着人的素质,而是人的素质直接决定着人们的创造性劳动的自觉性和经济发展的速度"。"在这里,劳动者对劳动资料的把握和与劳动对象的结合,完全是在自由、自主的状态下进行的,因此,在这样一种前提下,劳动资料和劳动对象必将能获得最大程度的认识、改造和发展,实现最佳的经济和社会效益"。[②]

另一方面,社会主义市场经济是功利性经济,同时又是道义性经济。"社会主义市场经济伦理精神同样必须讲求功利性,讲求'功利主义',只是这种功利主义是立足于社会主义市场经济,强调集体利益的至上性和个人

---

① 夏伟东:《市场经济是道德经济》,载《新视野》1995 年第 3 期。
② 王小锡:《社会主义市场经济的伦理分析》,载《南京社会科学》1994 年第 6 期。

利益确当性的辩证统一"。① 魏英敏在《市场经济与集体主义功利主义》一文中则鲜明地指出："什么是社会主义功利主义呢？社会主义功利主义，依我所见，即社会主义的集体主义。""通常所说的社会主义集体主义，应是个人利益与集体利益、眼前利益与长远利益、局部利益与全局利益相结合，或者统筹兼顾。"②这就是说，社会主义的功利主义与社会主义集体主义是统一的，割裂两者的解释或理解都是不完满、不正确的。我在《中国经济伦理学》一书中曾谈到功利和道义关系时也说过："今天，假如离开功利谈义，或者把功利仅仅作为理解义的参照系，都不是历史唯物主义的态度。说实在的，功利作为人生和社会发展的基本条件，作为人生和社会的价值体现，它应该是人之行为动力，是社会发展的内涵。同时，正当的功利本身就体现道义，正当功利本身就是通过道义手段获得的。因此，功利和道义在社会经济发展过程中都既是目的又是手段。"③也有论者从另一角度指出："道德本源的利益决定性就使得道德天然具有服务其赖以生养的利益关系的功效。质言之，德性实质上是实现某种利益的品质，拥有和践行德性就是一种有益于社会、他人乃至自身的品行。所以，从道德的利益决定性的社会本质来看，任何社会道德和个体道德都是功利道德。"④

再一方面，社会主义市场经济最能体现制度的伦理性和伦理的制度化。前面已经提到社会主义市场经济是"法制经济"、"道德经济"，这样一种经济特征客观上说明了以下两点：第一，社会主义市场经济是社会主义制度约束和指导下的经济，要使社会主义经济建设得以顺利进行并取得预期目的，社会主义制度和社会生产、生活等各方面的规章必须充分体现与现阶段社会发展要求相吻合的理性精神和"应该"准则。唯此才能促使社会成员理解制度、接受制度，并自觉地接受制度约束和引导。第二，社会主义市场经

① 孙燕青：《社会主义功利主义：社会主义市场经济的基本伦理精神》，载《现代哲学》1998 年第 2 期。
② 魏英敏：《市场经济与集体主义功利主义》，载《长白论丛》1996 年第 2 期。
③ 王小锡：《中国经济伦理学》，中国商业出版社 1994 年版，第 97—98 页。
④ 王淑芹：《论道德的超功利与功利》，载《首都师范大学学报》1997 年第 2 期。

济并不是被"看不见的手"牵着走的"被动经济",它从社会主义市场经济建设的社会经济制度作为前提的逻辑起点到实现资源合理配置、实现共同富裕的基本目标,以及社会主义市场经济的运作过程无不需要社会主义的伦理道德来提高社会制度的理性程度和法制水准。这样就能最大限度地规范人们的经济行为,并促进经济建设的最大效益。

有些学者对市场制度与理性的关系做了如下论述,"在市场经济中,要使人们的行为趋于理性化,首先就必须有理性的市场制度。市场的理性是通过理性的市场制度来确立其基本框架、引导人们理性的市场行为,从而建立起市场的理性秩序的。所以从根本上讲,只有建立起了理性的市场制度才可能确立起整个市场的理性。当然,这并不是说要先把制度理性完善以后再去建构其他市场理性,市场制度理性也不可能孤立地建构起来,而是在市场实践过程中,在与其他理性形式的相互作用过程中逐步确立起来的。"①应该说,这一看法的确很有道理。

3. 经济伦理学既是理论学科也是实践学科。

鉴于对经济与伦理、社会主义经济与社会主义伦理之逻辑关联的认识,许多学者对经济伦理学的学科界定提出了自己的见解。如有论者认为:"一般说来,经济伦理指人们在经济活动中的伦理精神或伦理气质,或者说是人们从道德角度对经济活动的根本性看法;而经济伦理学则是这种精神、气质和看法的理论化形态、或者说是从道德角度对经济活动的系统理论研究和规范。"②他同时指出:"作为一个学科而言,经济伦理学应该具有接近实践、提倡对话、合作交往、学科综合等特点,特别是要架起跨越经济生活中'存在'和'应该'、事实(描述)和价值(判断)之间的桥梁,通过在经济领域内提出我们应该做什么、可以做什么,探讨正确经济行为的价值和目标。"③这一观点比较具有代表性。

---

① 唐凯麟、罗能生:《论中国现代市场理性的建构》,载《伦理与社会》,江苏人民出版社1998年版。
② 陈泽环:《现代经济伦理学初探》,载《社会科学》1995年第7期。
③ 陈泽环:《现代经济伦理学初探》,载《社会科学》1995年第7期。

对于经济伦理学学科界定及其特点问题，我曾经指出，作为实践伦理之一的经济伦理学，应该是从'实践—精神'的视角上把握经济运行过程与伦理道德的关联，以及经济伦理的内涵、作用、规则等。经济伦理学应该从哲学高度审视社会经济行为的规律及其伦理性；从实践活动入手，揭示伦理道德与经济活动的耦合点、动力点和目标与理想的一致点；从对人类经济活动主体结构的把握上，探讨人类经济伦理观念及其基本规范样式，揭示人的经济活动的出发点、基本目的，以及人的经济伦理情感和伦理观念的形成过程及其规律。简言之，我认为："经济伦理学是研究人们在社会经济活动中完善人生和协调各种利益关系的基本规律以及明确善恶价值取向及其应该不应该规定的学问"。①

就现在理论研究成果来看，对经济伦理学学科的界定，有的学者强调本学科是价值科学，侧重在善与恶、应然与实然之间进行价值论证；有的学者强调本学科是规范科学，是要在揭示经济运行规律的基础上展示经济行为的伦理特征及其行为模式；还有学者认为经济伦理学就是经济领域中的道德科学，揭示经济领域道德形成、发展规律是其基本学科目的，等等。各种意见均有一定的启迪意义，但提出尽可能贴近学科本身的为学术界认同的创见，还需深入研究，这应该是世纪之交该学科重要的建设任务和努力方向之一。

二、未来展望——前景与问题的思考

经济伦理是社会伦理之基础和导向。一定的经济制度及其所产生的伦理制约着社会其他伦理的性质和内容，因此，经济伦理往往是一个时代或一个民族和国家的伦理状态的重要标志之一。随着社会主义市场经济建设的发展，经济伦理学将会在世纪之交形成较为成熟的理论体系。但仍有许多问题亟须我们正视、研究和解决。

---

① 王小锡：《经济伦理学论纲》，载《江苏社会科学》1994 年第 1 期。

1. 社会主义市场经济与道德完善问题。

经济伦理理论的科学创建,必须面对社会主义市场经济的现实并务必符合这一现实。如前所述,完善意义上的经济是理性经济、道德经济。即是说,在经济活动中,人们的道德素质尤其是道德责任心处在最佳状态,并在经济运作过程中发挥着最佳功能,这样的经济势必会形成良性循环状态。关键的问题是,完善意义上的经济及其运作本身应该是什么状态。假如社会经济制度和经济体制不符合社会发展规律;假如经济运作过程中人和物不能实现理性结合;假如人的经济行为受到非理性制约等等,这样的经济本身就是有悖理性的,那它就不可能成为真正意义上的道德经济。

社会主义市场经济是道德经济,这是毋庸置疑的。而且,自从"十一届三中全会以来,我们通过改革,实行了以社会主义公有制为主体、多种所有制经济共同发展的所有制结构,实行了按劳分配为主体、多种分配方式并存的分配制度,这是科学社会主义的基本经济原理在当代中国的创造性运用。我们努力消除过去由于所有制结构和分配制度上存在的不合理而造成的对生产力的羁绊,从而进一步解放和发展了生产力"。① 同时,"允许一部分地区一部分人通过诚实劳动和合法经营先富起来,带动和帮助其他地区和其他群众,最终达到全国各地区的普遍繁荣和全体人民的共同富裕……,它符合经济发展客观规律的要求,是社会主义优越性在经济上的重要体现"。②这些论述充分说明了社会主义市场经济体制是符合理性的,是极具道德性的。社会主义市场经济客观上为道德发展确立了基本前提条件。

值得注意的是,社会主义市场经济是道德经济,主要是从社会主义市场经济的本质特征及其多年来社会主义市场经济的成就和发展趋势来理解的。就具体的市场经济运作过程来看,社会主义市场经济运行机制的完善有一个过程,社会主义市场经济条件下的道德本身的完善及其作用的发挥也是一个过程。例如,产权关系的明晰是发展社会主义市场经济所必需的,

---

① 江泽民:《在纪念党的十一届三中全会召开二十周年大会上的讲话》,人民出版社 1998 年版,第 13 页。

② 江泽民:《在纪念党的十一届三中全会召开二十周年大会上的讲话》,第 14 页。

现阶段对产权问题在观念上的认同和实践过程中的操作还难以达到理想的状态。经济建设中有些产权关系不清晰，人们的利益、地位、甚至人格等方面就容易造成不平等，人与物的结合也难以吻合并创造更多更好的效益，人与人的真诚协作也难以实现。再如，社会主义市场经济条件下的政府职能应该是宏观控制、指导和服务等等。唯此，人们才有发展经济的自主权利，同时也才能有生产的积极性，才有对国家、对社会和对自己负责的精神。而政府职能转变的迟缓，在一定意义上制约甚至阻碍着经济的发展和道德的进步。又如，社会主义市场经济是以公有制为主体、坚持多种所有制并存的经济。公有制经济部门的干群关系、各种利益关系随着改革的深化在不断地获得协调和维护，尤其是在党和政府的亲切关怀和直接领导下，下岗职工的基本生活保障和再就业工程取得的成就足以说明社会主义公有制的理性内涵和道德性。然而，非公有制经济部门的劳资关系，由于有针对性的法规和政策还在健全和完善之中，又由于金钱的诱惑，即使有了相应的法规和政策，许多非公有制经济的"老板"们，经常处理不好劳资关系和各种利益关系，以致出现利益不平等、分配不平等、地位不平等和人格不平等现象。这种特殊的人际关系和利益关系协调不好，社会道德难以纯正，以至于广大民众怀疑整个现实社会制度的合法性和社会道德的力量。在此状态下，"道德完善"只能是一句空话。

2. 经济和道德的目的性与手段性的问题。

社会主义市场经济的经济目的和道德目的、经济手段和道德手段应该是统一的，而且随着社会主义市场经济运行机制的逐步成熟，其统一的理论分析完全能成为现实，事实上现已开始逐步显示其统一性。

社会主义市场经济的根本目的是解放和发展生产力，促进资源合理配置的实现和经济的腾飞。这些目的的实现同时意味着人的全面发展的实现与经济发展相对应程度，意味着人际和谐协作和利益协调形成了与社会"应该"相吻合的理性状态，对经济建设起着直接或间接的推动作用。当然，这只是个理想目标。现实的情况是，许多人把经济目的仅仅理解为"赚钱"或"利润"，似乎伦理道德与之风马牛不相及。理论界有的学者也是一味地强调投入、产出、利润和效益等,而对伦理道德却不屑一顾,甚至认为"等经济发展了再谈伦理道德问题也不迟"。更有甚者,有的认为要么发展经济牺牲道德是正常现象,要么认为道德永远不能使金钱增值。这是莫大的错误。"纯经济论"(或"非道德论")只会带来经济与道德的畸型发展。就企业而言,利润理所当然是其首要目的,但利润的多少很大程度上取决于企业伦理道德水平的高低。因为一个企业即使有雄厚的资金、先进的设备和科技力量,如果忽视作为理性的无形资产——伦理道德的作用,却并非必然能转换成相应的经济实力和经济效益。如果企业管理不坚持以人为本,如果企业职工没有对用户负责的责任心,不以为人民服务为目的,制造的产品就不可能成为品牌或名牌。可见,大凡名牌产品都是"伦理实体"。无伦理道德含量的产品迟早要被市场淘汰,而不讲伦理道德的企业是必垮无疑的。由此我们可以说,经济目的和道德目的是一致的。

社会主义市场经济运作的经济手段与经济目的也应该是一致的。经济手段在实现经济目的过程中意义更为重大。没有经济手段的合道德性,就不会有作为"伦理实体"的高质量产品,当然也会失去应有的市场和利益。在激烈的市场竞争中,有些一度受消费者欢迎的名牌产品,最后落得个"无名之辈",究其原因,其中有的就是由于一味追求利润,粗制滥造,为用户服务的责任心弱了,产品中的伦理道德含量降低了,最后市场给予了应有的惩罚。因此,伦理道德对于经济来说既是目的,也是手段;既是资本,也是工具。这的确也应该是未来经济伦理研究的主题,更应是经济和伦理道德实践的主题。

3. 学科创建与研究方法的问题。

国内无论是经济伦理概念的提出还是经济伦理学学科的创建都顺应了社会主义市场经济发展的需要。社会主义市场经济的进一步深入发展不仅需要伦理论证,更需要伦理精神的支撑。因此,在经济伦理学学科创建初见端倪的今天,理论界有责任将经济伦理学学科建设推向新阶段。

我认为,从我国现有的经济伦理学研究成果来看,人们还只习惯于学科研究方法的一般套路,注重理论推导,对社会主义市场经济实践全面地、系统地把握不够,尤其是有代表性的和有说服力的个案分析还较为欠缺。学术界有些学者对经济伦理学的研究方法提出过很有见地的观点,如有论者曾指出:"在整个经济伦理学学科体系中,可以说规范性的经济伦理学是原本的、有实质内容的经济伦理学,是经济伦理学的主体"。可"采取以规范为主,描述和元理论为辅的方法,探讨和规范宏观层次的建立和完善社会主义市场经济体制问题,中观层次的建立和完善现代企业制度等问题,微观层次的个人如何实现经济人、社会人和文化人的统一问题"。① 这些研究思路对于经济伦理学的研究和发展无疑有着重要的启迪。

对于一门学科的发展来说,学术界对于经济伦理学研究方法的研究还欠系统,还没有引起足够的重视。就目前情况来看,我认为至少有以下几点值得注意:

第一,经济伦理学的研究必须以邓小平理论为指导。邓小平经济伦理思想是对马列主义毛泽东思想的杰出贡献,他的关于物质文明和精神文明建设的辩证思想、关于"没有共产主义道德,怎么能建设社会主义"的思想、关于协作能促进生产力发展的思想等等是我们研究经济伦理学的基本理论导向和理论资源。

第二,社会经济活动本身就是很复杂的,加之社会主义市场经济建设又是新的历史课题,要创建符合时代经济特征的经济伦理学,研究工作者应该深入经济活动之中,开展广泛的调查研究工作,并通过深入的个案剖析和综合概括,揭示伦理道德与经济活动的耦合点及其相互作用的基本规律。

第三,经济活动是人类意识及其"物化"的活动,经济伦理学的研究不仅要从宏观上把握社会人群体的经济活动意识的形成和发展规律,并由此把握人类经济伦理观念及其理论模式,而且要从微观上探究人的经济活动的出发点和基本目的,从而揭示人的经济伦理情感和经济伦理观念的形成过程及其规律。

第四,经济伦理学的重要任务之一是要充分论证和说明经济的伦理内

---

① 陈泽环:《现代经济伦理学初探》,载《社会科学》1995 年第 7 期。

涵和伦理的经济意义。这就要求深入经济建设实践,广泛进行调查研究,开展实验性研究,在此基础上进行哲学论证与提升,揭示伦理道德发挥作用的基本操作程序和模式。

（原载《江苏社会科学》1999 年第 2 期）

21世纪经济全球化趋势下的
伦理学使命

　　随着现代社会化大生产的发展,国际间的经济联系和经济依赖关系越来越密切,经济交往也越来越频繁。这种以世界经济网络化、一体化为标志的经济全球化将是21世纪经济运行的基本趋势。在经济全球化趋势下,我国能否紧跟世界经济潮流,并在世界经济往来中取得最佳经济效益,这取决于多种社会因素的共同作用力,并受到自然科学和社会科学各个学科功能的发挥程度的影响。其中,作为"社会科学之核心"学科的伦理学担负着极其重要的时代使命。

　　长期以来,国内学界对伦理学学科功能的研究和认识还处在"一般的"、"泛泛而谈"的认知层面,以至于该学科功能的操作层面的研究和应用相对较弱,甚至常常遭到了忽视。面对21世纪经济全球化的强劲走势,伦理学需要聚焦于审视自身,发挥自身的经济功能,以促使经济效益的提高和经济的增长。只有这样,才能真正彰显伦理学的价值之所在,牢固地奠定伦理学的地位。

　　首先,伦理学需要从宏观和微观两个角度对经济和伦理的逻辑关联进行哲学探讨,真正揭示经济的伦理内涵和伦理的经济意义。同时,在理论与实践的结合上充分说明伦理道德乃是理性的无形资产。作为资产,有有形的,也有无形的,有物质的,也有精神的。伦理学在论证伦理道德是理性的无形资产的同时,还要充分说明伦理道德与有形的物质资产之间的现实关系及其发挥作用的形式和特点,否则,伦理道德作为一种资产的存在就没有依据和理由,就将失去存在的意义。在我国经济学界和现实经济部门,一些人往往把伦理道德看做游离于经济和经济建设之外的可有可无的东西。究其原因,这是与伦理学自身多年来只注重封闭式的体系研究,忽视其经济功能的调查和论证是有密切关系的。

其次,伦理学需要引进"道德资本"范畴,并着力培养"道德资本"。我认为,资本是一种力,是一种能够投入生产并增进社会财富的"能力"。科学的道德就其功能来说,它不仅要求人们不断地完善自身,而且要求人们珍惜、完善相互之间的生存关系,以理性生存样式不断创造和完善人类的生存条件和环境,推动社会的不断进步。这一功能应用到生产领域,必然会因人的素质尤其是道德水平的提高,而形成一种不断进取精神和人际间和谐协作的合力,最终促使有形资产最大限度地发挥作用和产生效益,促进劳动生产率提高。当然,伦理学在论证道德也能增进社会财富的同时,还需探讨和揭示道德成为资本的操作模式和运行机制。实际上,大凡名牌产品的形成除了决定于科技、工艺等含量以外,很大程度上取决于伦理道德含量。只有在设计和制造产品过程中具备极强的责任意识和"人本"意识,而且将这种意识渗透于生产的各个环节之中,才能创造出优质产品。由此可见,要揭示伦理学的经济关怀、厘清伦理道德的经济功能,就需要深入经济运行的各个细小环节,探讨"德力"的用途和运行方式。

第三,伦理学要直面国际经济大循环态势,为我国顺利有效地参与国际经济往来提供伦理道德规范模式,全面增强经济竞争力。国际间的经济竞争是科技力量的竞争、金融力量的竞争、管理水平的竞争等等,更是"信誉"的竞争。经济全球化越发展,越要由信誉来决定竞争胜败、谁执牛耳。当然,提高在国际经济往来中我国企业信誉是由多种因素整合而成的,而其中伦理道德乃是根本。一些国内知名企业在国际经贸活动中,依靠互不欺诈、诚实经营赢得了信誉,这种信誉成为其重要的"无形资本",直接产生着越来越大的经济效益。因此,伦理学有责任努力适应经济全球化趋势,不断探索国际经济往来规律,研究和构建适应这些规律的伦理道德规范模式。

第四,伦理学应该为完善和发展社会主义市场经济做论证,同时也要以本学科特有的功能,使自己成为社会主义市场经济的精神支柱之一,促进经济的发展。社会主义市场经济不会听任"看不见的手"支配,其本质上乃是道德经济。社会主义市场经济的基本目的是为了实现资源的合理配置和经济运作的良性循环,并最大限度地实现经济效益。为此,人的素质尤其道德素质的提高和人际关系的和谐十分必要。总之,让社会主义市场经济真正成为行为主体道德自觉状态下的理性经济,是我国的各类经济实体参与国际间经济竞争的必要前提。

当然,需要指出,社会主义市场经济是以公有制为主体的多种经济成分并存的经济制度为基础的,经济利益关系的复杂性和改革过程的艰巨性,非理性要求的经济行为产生确有其必然性。而放任这点,就势必削弱经济活力和经济效率。因此,伦理学应该直面社会主义市场经济的现实,以强有力的理论论证来确认和巩固诸如以集体主义为原则、为人民服务为核心等先进道德原则规范,来作为社会主义市场经济的精神支柱。唯此,社会主义市场经济才会在"制度理性化"和"伦理制度化"的理性运作状态下,实现最大的经济效益。而且,社会主义市场经济运行机制是需要不断完善的动态过程,伦理学更应该始终密切注视社会主义市场经济的发展进程,并时刻以特有的学科功能支撑着社会主义市场经济的正常发展。

第五,伦理学应该把研究视角延伸至国外经济领域,探讨外国在经济全球化趋势下的经济伦理意识及其在经济运作过程中的操作模式,为我国经济建设尤其是企业发展提供可资借鉴的理性思路和理性手段。在国际经济大循环中,许多发达国家或著名大企业不仅较为牢固地占领着广阔的市场,而且始终保持着强劲的发展势头,这其中除科技实力、资金条件等因素外,注重伦理道德意识对经济运作和企业生产过程的渗透,以及在经济管理过程中对伦理道德手段的充分认识和广泛应用也是重要原因。日本企业界对于"论语中有算盘、算盘中有论语"的共识,外国学者提出的"利润性要以伦理性为基础"的观点,外国许多著名企业和企业家"以德为本"、"以人为本"的管理经验及其产生的理性无形资产和经济效益等,都无一例外地说明伦理道德具有不可忽视的经济意义,它是经济全球化趋势下增强竞争力的根本条件之一,亦是激烈竞争中的重要后盾。由于价值取向和民族伦理传统的区别,国外经济伦理观(或伦理经济观)的确不能生搬硬套到我国经济建设领域,因而,这就需要中国伦理学以其特有的视角,研究、汲取与借鉴国外的高水平的研究成果,并在此基础上结合我国不断取得的经济伦理研究成果,来逐步构建科学的经济伦理体系及其实际操作方式,为增强我国在经济全球化趋势下的经济竞争力提供适切的理论支撑、决策依据和行为模式。

(原载《道德与文明》1999 年第 3 期)

新世纪以来中国经济伦理学：
研究的热点、问题及走向

20世纪80年代初期,经济伦理问题在我国开始受到关注。伴随着市场经济的发展,我国经济伦理学的研究领域日益拓展,研究成果愈加丰富,研究队伍不断壮大,逐渐成长为一门相对独立的学科。新世纪以来,我国经济伦理学基础理论研究在探讨和争论中进一步深入,对一些热点问题进行了更为细致的学理透视和实证分析,国内外学术交流也更为频繁。同时,应当看到,我国经济伦理学研究中还存在着一些薄弱环节,反思这些问题,对于促进中国经济伦理学的健康发展,无疑有着十分重要的理论价值和现实意义。

一、当前研究中的热点问题

1. 诚信及信用制度建设问题

诚信一直是学者们关注的焦点问题。随着市场经济的发展和经济伦理学研究的不断深入,学者们对市场经济与诚信的关系、市场经济条件下诚信缺失的原因进行了多视角的分析,对我国社会主义市场经济条件下的信用机制建设提出了一些具有实践操作价值的路径和方法。

学者们普遍认为,诚信是市场经济基本的道德规范之一,也体现着社会主义市场经济的价值取向。有学者提出,社会主义市场经济与信用制度之间存在着天然的、不可或缺的紧密关系。社会主义市场经济与资本主义商品经济一样,必须遵循复杂的信用原则,并以严格的信用制度作为信用原则和诚信道德的保障条件。有学者从现代博弈论的角度证明,自由竞争的市场经济既有着对诚信的内在需求,亦会在一定程度上形成诚信的自动供给机制。也有学者认为,市场经济内生着一种价值悖论,它既是一种信用经济,同时也存在着违背信用的冲动。

对于当前我国市场经济发展中的诚信缺失,学者们普遍认为,既有制度原因,也有非制度原因。而在解决诚信缺失的路径上,更多的学者认为应当着重从加强信用制度建设方面入手。有学者提出,尽管市场经济体制本身蕴含着社会信用潜力,但这种潜力的发挥需要社会法制系统和社会信用伦理规范的强力支持,需要良好的社会文化和公民诚信道德的道义精神支持。有学者进一步强调指出,在信用制度建设中,应当建立道德责任法制化的信用保障体系,并通过政府管理职能道德化,实现经济、法律手段调节与伦理道德调节的有机结合。

2. 公平及其与效率的关系问题

公平及其与效率的关系问题,一直是经济学、伦理学、政治学等众多学科领域共同关注的焦点问题。近年来,在经济伦理学领域中,学者们的研究主要围绕两大问题展开:第一,如何正确理解公平、公正、正义等范畴?对于这一问题,学者们并没有形成一致的看法。有学者提出,考察公平更多地应当从一种"人本"的伦理维度出发,因此,公平是对人们参与社会经济活动的一种价值上的肯定。经济学家则更倾向于认为,"公平"或"公正"属于人们的主观偏好和价值判断的范畴。因此,不同的公平观念,可能会受到不同道德标准、价值体系、宗教伦理的影响,公平的标准也会随着社会观念的变化而变化。在市场经济体制下,机会均等是社会公平观念的基本内容。有学者认为,经济伦理领域的公平范畴具有两个层次:一是作为规范的公平原则;二是与效率联系在一起作为经济伦理的重要价值目标的公平原则。还有学者对经济正义这一概念进行了两个层面的解读,指出从形而上的层面看,经济正义强调在经济发展过程中人类如何不以自身异化为代价并实现人自身的自由与全面发展;从形而下的层面看,经济正义是对经济制度及经济活动的正当性、合理性和规范性的研究。

第二,公平与效率之间的关系如何？如何处理好它们之间的关系？对于这一问题,学者们也有不同的理解。一些学者认为,公平与效率是一对矛盾,两者之间是一种对立统一关系。但是,更多学者强调,公平与效率并不矛盾。如有学者指出,从公平的角度看,机会均等和一定程度的分配平等,可以构成一种最有效率的公平分配标准。还有学者认为,效率并不是一个孤立的概念,在搁置公正问题的前提下,现代经济学、伦理学或一般价值学都无法讨论效率问题。而从我国现实分配政策的角度看,处理公平与效率之间关系的原则并不是一成不变的,"效率优先、兼顾公平"针对的是长期计划经济所带来的公平有余而效率不足,而在落实科学发展观和构建和谐社会的背景下,更应注重实现公平与效率的均衡。

3. 道德资本问题

道德是否能够成为一种特殊的资本形态？道德资本在实践中如何发挥作用？笔者在近年来的研究中提出并系统论证了"道德资本"范畴,认为道德之所以能够成为一种资本,是因为在社会财富创造过程中,也就是在广义的生产过程中,道德是无处不在并起着独特作用的,经济中充满了"德性"。所谓道德资本,是指道德投入生产并增进社会财富的能力,是能带来利润和效益的道德理念及其行为；它既包括一切有明文规定的各种道德行为规范体系和制度条例,又包括一切无明文规定的价值观念、道德精神、民风民俗等。笔者还分析了道德资本的特点,并系统论证了道德资本在生产、交换、分配、消费等环节中发挥作用的实现机制。有学者专门阐述了道德资本对企业营销活动的作用和影响,认为产品的道德含量、品牌的道德价值、决策的伦理理念、营销过程的伦理投入等都将成为企业的无形资产或道德资本。

对于道德资本这一概念,也有学者提出了质疑。其理由是,一方面,道德在参与经济运行进程时,只是具备资本的某些特点,但不是一种资本实体；另一方面,如果把道德理解成为一种资本,在客观上会引导人们更倾向于关注道德的功利性工具价值,而不是道德的社会性目的价值,这在一定程度上消解了道德对于个体和社会的终极意义。事实上,这里的关键问题在于,如何理解"资本"概念。正如有学者所指出的,如果对资本的理解仅仅局限于传统的物质资本概念,那么,"人力资本"、"社会资本"、"文化资本"等一系列概念都不能成立。因此,"道德资本"中的"资本"是一个在内涵和外延上应该扩大并且已经扩大了的"新的"资本概念、"广义的"资本概念。

4. 企业伦理及其建设问题

企业是市场经济活动的主体。20世纪70年代,现代经济伦理学作为一门学科在美国形成之初,其关注的焦点问题就是企业的社会责任问题。在中国,企业伦理问题也始终是经济伦理学研究中的一个热点。新世纪以来,学者们对企业伦理建构中的理论问题,我国企业伦理的历史演进、现状、模式以及企业伦理的建设机制等问题进行了更加深入的研究。

企业是否是一个伦理实体? 企业伦理对企业发展有何作用? 有学者提出,企业既是经济实体又是伦理实体,既具有经济性,又具有道德性。企业经济行为与伦理行为、企业经济价值与道德价值是无法割裂的,而连接企业经济价值与道德价值是企业对道德的遵循。还有学者认为,企业伦理、企业信用和企业商誉,构成了企业的核心竞争力,能够成为企业的"第一生产力"。

对于我国当前企业伦理的现状及其建设机制,学者们认为,在企业伦理文化背景及建设路径方面,企业应当有自身的个性特点。有学者将企业团队分为"老板—宗法型"、"制度—契约型"和"同志—事业型"三类,认为不同类型的企业团队有着不同的企业伦理文化。还有学者分析了当代中国企业伦理演进中具有代表性的几种模式,认为企业伦理模式能够成为企业伦理个性的集中体现,进而成为优秀企业无法复制的文化模式。近年来,一些学者和来自企业一线的管理人员还采用实证调查的方法,通过对品牌企业的个案研究,挖掘其企业伦理内涵,这也在一定程度上增强了企业伦理研究的实践性和可操作性。例如,对于我国知名企业海尔集团,有学者指出,海尔高速成长的力量源泉在于其包括了质量意识、市场意识、用户意识、品牌意识、服务意识在内的质量与品牌文化战略。还有学者认为,海尔成功的关键是其"真诚到永远"的经营理念、将诚信视为企业生命的战略思想以及一系列战略决策。

5. 产权伦理问题

近年来,伴随着我国市场经济发展中产权制度的改革,产权伦理成为国内经济学界和伦理学界共同关注的热点问题。经济学家们大多认为,产权制度是各种社会制度中最基本的制度。有学者提出,产权制度缺陷必然会引致道德秩序上的混乱,以及经济生活现实与精神伦理间的冲突。有学者提出,基于产权伦理在社会生活和社会伦理中的特殊地位和作用,有必要构建现代产权伦理学并将其作为一个相对独立的伦理学学科来加以研究。对此,也有学者明确提出了不同看法,认为无论从道德的起源还是道德的保障方面来说,产权或产权制度都不是道德的基础,只有建构一个好的、有效的社会赏罚机制,才是让人们遵循道德的根本,而产权制度只是构成这个社会赏罚机制的众多制度之一,在促进和保证企业重信誉方面起些积极作用。

二、研究中存在的问题与薄弱环节

新世纪以来,我国经济伦理学研究在深度和广度上都取得了可喜的成就,对一些热点问题的研究也更加深入。但是,我们更应清醒地认识到,当前我国经济伦理学研究中还存在着一些薄弱环节,存在一些制约了学科的健康发展的明显问题。在此,笔者无意于贬损任何同行的研究方法与成果,只是希望提出问题并与学者们共同探讨,以期更好地促进我国的经济伦理学研究。笔者认为,当前我国经济伦理学研究中存在的问题与薄弱环节主要表现在:

1. 学科交叉明显不足

近年来,我们可以看到一个十分明显的现象:经济学家(即便是一些已经对经济伦理问题进行了很多研究的经济学家)很少参加伦理学界主办的经济伦理学研讨会,而在经济学界对经济伦理问题进行探讨的学术会议上,也很难见到伦理学家的身影。这一现象从侧面反映了当前经济伦理学研究中经济学与伦理学之间的分离。

从学科上划分,经济伦理学是经济学和伦理学的交叉学科。应当说,对经济伦理学之学科交叉性的判断已成为学界不争的基本共识。作为一门交叉学科,经济伦理学的研究理应打破经济学与伦理学的学科界限。阿马蒂亚·森曾经深刻揭示和论证了伦理学与经济学的分离,以及由此导致的现代经济学的贫困和伦理学的缺陷。[①] 我国也有学者明确指出,经济学与伦理学的分离,可能引发的后果是,无视道德考量的经济学蜕化为无情的算计学,而只有道义论尺度的伦理学虚脱为某种不切实际的或乌托邦式的道德说教。因此,经济伦理学的研究,应当打破经济学与伦理学的"明确分工",促进不同领域学者的沟通与对话,建立一种健全的综合立场,真正体现经济伦理学的学科特性。应当看到,近年来,为解决这一问题,一些学者也进行了有益的尝试。例如,来自不同学科背景的一些学者开始在一些共同关注的问题上进行对话与交流;一些高校和研究机构已经注意到在人才培养和学科梯队的构建上考虑学科交叉的因素;等等。但是,总体上看,迄今为止,在我国经济伦理学研究中,所谓健全的经济伦理的"综合立场"仍未真正建立。

2. 对不同的研究方法缺乏应有的包容

经济伦理学的研究不仅需要建立经济学与伦理学两大学科交叉的研究方法,同时,还应运用社会学、统计学、心理学等多种研究方法,开展广泛的调查研究工作,并进行深入的个案分析和综合概括,从而使理论研究与实证研究相结合。

然而,在我国当前经济伦理学研究中,重理论轻实证的倾向比较突出。一些学者采用实证调查、案例分析等方法进行的研究,其成果往往缺乏应有的理论深度。这种错误倾向导致我国近年来经济伦理学研究方法较为单一。当然,理论研究对经济伦理学是十分必要的。但是,只有对不同的研究方法的充分的包容,才能创造更为宽松的学术研究氛围。我们不难看到,当前国外的经济伦理学研究,更多采用的恰恰是实证研究的方法,而在当前国外企业伦理研究中,个案研究可以说是一种十分常见的研究方法,这是很值

---

① 参阅[印]阿马蒂亚·森:《伦理学与经济学》,王宇、王文玉译,商务印书馆2000年版。

得我们思考和借鉴的。

3. 对我国经济发展中一些热点问题的关注尚显不足

当前我国经济伦理学的研究，更多的是停留在对一些理论问题的阐述和分析上，而对我国经济发展中现实热点问题的研究却明显滞后或不足。正因为如此，尽管新世纪以来我国经济伦理学研究成果斐然，其实践应用价值却依然未见明显提高。

中国是一个农业大国，农村、农业和农民问题这一"三农"问题，始终是中国经济社会发展中的重要问题。经济学、社会学、政治学等学科对此进行了大量的理论研究和实证分析，相比较而言，经济伦理视角下的乡村研究，无论从深度还是广度上来说都相距甚远，以至于在一定意义上可以说，乡村成了中国经济伦理学研究中"被遗忘的角落"。无论是中国传统乡村经济发展中的伦理问题，还是当前备受社会关注的民工工资、农民社会保障、民工子女就学等现实问题都未能在我国经济伦理学研究中受到应有的重视，有些问题的研究甚至还是一片空白。

此外，对于下岗失业、教育收费、医疗制度改革和房地产业的发展等，这些已成为近年来与我国改革进程相伴随的热点问题，当前我国经济伦理学研究也鲜有涉及。而对于目前我国经济发展中出现的一些新的现象，如国企改制中的资产流失和人员安置问题；传媒的虚假信息及对个人隐私的侵犯；高科技发展中的自主创新和知识产权保护；治理商业贿赂中的道德调控机制等等。尽管个别学者有所思考，但总体上看，还缺乏在学界引起反响的高质量成果。

4. 研究成果良莠不齐，创新性成果较为少见

近年来，高校和科研机构片面量化的科研评价机制导致学术研究上的浮躁之风日盛，重量而轻质在一定程度上影响学术的发展。在我国当前经济伦理学研究中，这一问题也十分突出。一些研究者在未对经典著作进行全面、细致的文本研究的情况下，仅仅从个别语句进行解读，从而造成十分明显的误读；一些学者在进行实证研究时，没有对所研究的问题进行大小、深入和全方位的社会调查，所获取的数据和得出的结论缺乏可信度；有些学

道德资本与经济伦理

者在对一些新的现象和问题进行分析时,为了抓时效而未做深入的学理透视,研究成果成了浮于表面夸夸其谈的应景之作;在对国外著作的引进和翻译中,少数译者由于缺乏专业研究背景,一些关键术语和命题处理不当甚至出现明显错误,对读者造成误导,也给整个学术研究带来难以弥补的后果。应当说,这些问题的存在,已经对我国经济伦理学研究的健康发展产生了十分不利的负面影响。

三、未来走向与发展趋势

根据国内外经济伦理学的发展态势及我国经济发展的现实需要,笔者认为,在今后几年中,我国经济伦理学研究将呈现出以下发展趋势:

1. 基础理论研究不断加强并呈现出鲜明的时代性

全面深入的基础理论研究是一个学科夯实基础的重要条件。今后,关于我国经济伦理学的研究内容、方法、基本原则、规范以及中西经济伦理思想史、马克思主义经济伦理思想研究将得到进一步加强。与此同时,越来越多的学者也认识到,理论研究的生命力在于同时代的紧密结合。因此,学者们要在进一步加强基础理论研究的同时更为注重其时代性。例如,在对经济伦理学基本范畴的研究中,将密切关注和结合当前我国经济社会发展中的热点问题,而不是仅仅局限于概念和范畴的逻辑推演。在马克思主义经济伦理思想研究方面,将加强对马克思主义经典作家的文本解读,尤其是从经济伦理视角对《资本论》、《1844 年经济学哲学手稿》、《1857—1858 年经济学手稿》等经典著作进行解读,在此基础上对马克思主义经济伦理思想的当代价值进行时代性阐发。在中国传统经济伦理思想研究方面,应更为关注传统经济伦理思想在我国当代社会的时代价值,分析传统经济伦理思想与现代市场经济观念之间的紧张、冲突与和谐,探寻其与我国市场经济条件下道德建设有机融合的可能性及具体路径。在对西方经济伦理思想的研究中,一方面将对一些著作进行更加深入细致的理论阐发;另一方面将更加密切关注其最新进展,通过多种途径加强与国外经济伦理学界的交流,掌握并引进其最新研究成果,从而为我国经济伦理学研究提供更高更新的学术信息平台。

2. 应用研究更加关注热点问题并增强服务功能

经济伦理学的研究,源于实践,用于实践。漠视现实、脱离实践的经济伦理理论,将永远只是"书斋里的自娱自乐"。今天,伴随着中国经济的不断发展,一些新的现象和问题出现在人们的视野当中,也使得人们产生了一些新的困惑和矛盾。以经济伦理的独特视角去帮助人们释疑解惑,关注现象并解决问题,无疑应当成为中国经济伦理学研究的重中之重。我们十分欣喜地看到,近年来,越来越多的学者认识到这一问题,以敏锐的热点捕捉能力或大量的实证调查研究丰富了我国经济伦理学应用研究的成果。可以预见,在今后的一段时期中,学者们将会对现实热点问题有更强的关注意识和服务意识,有越来越多的研究成果能够服务于我国经济社会的发展。从研究内容上看,关于我国经济社会发展中的特色问题、热点问题的研究将更加广泛和深入。从研究方法上看,学者们将更加注重借鉴社会学、政治学、统计学、心理学等学科的研究成果和方法,注重通过广泛的社会调查获取第一手资料,从而更加全面真实地反映和描述某一领域伦理道德的"实然"。只有在此基础上提出的"应然",才会是更具针对性和实践操作意义的能够成为决策的参考意见和建议。也唯有如此,经济伦理学的实践力才能真正得以张扬。

3. 体系构建与问题研究同时并进

我国当前经济伦理学研究中关于"体系构建"与"问题研究"究竟孰重孰轻的问题,学界有着不同的看法。有学者认为,在没有充分的理论前提和思想准备的情况下构建经济伦理学体系,既使得经济伦理研究方法上难以有所突破,又在一定程度上制约了对现实经济伦理具体问题的研究。因此,现在不宜考虑设计出一个令人满意的经济伦理学学科体系,而应当加强"问题意识",重点研究经济社会发展中具体的经济伦理问题。笔者认为,抽象地说,体系构建与问题研究孰先孰后的问题是个伪命题,两者并不矛盾,而是相互支撑、相互促进的。因为构建经济伦理学的理论体系和学科体系,能够推动问题研究更加系统化、专业化;而对经济生活中具体问题的关注和研究,既是经济伦理学体系构建的前提和基础,也能够更好地充实体系的内容。应当看到,近年来,一些学者已经在构建体系方面进行了一些尝试和努力。但总体上说,我国经济伦理学尚未形成一个较为完善的理论体系和学科体系,这已经成为当前经济伦理学研究和学科建设中的"瓶颈"。现实地说,在我国经济伦理学研究的起步阶段,在缺乏充足的研究成果为构建体系提供基础的情况下,必须将"问题研究"作为最紧迫的工作,以问题研究为核心来带动体系构建。相信在构建体系与研究问题这两大车轮的驱动下,未来中国经济伦理学研究必将走向新的阶段。

(与王露璐合作,原载《哲学动态》2007 第 3 期)

第二部分

经济与伦理、道德

道德也是财富

　　财富既有有形的,也有无形的,既有物质的,也有精神的。道德是无形的,精神的财富。近二十年来的教学实践和科学研究使我深深感到,道德(这里特指科学道德)是人和人类生存质量的主要内涵和根本标志,是社会发展的重要动力资源。没有道德的"介入"和作用,人和人类的生存状态将是不可思议的。

　　在经济建设方面,人们已形成这样一个共识,即经济的发展,"有序"是前提。如何实现"有序"? 除了制定有"强制性"约束力的法规外,还应确认有"自觉"约束力的道德,唯此,才能把人们的经济行为纳入到经济发展所需要和允许的正确轨道上。改革开放以来的实践证明,道德能以其特有的作用使金钱增值、财富扩大。就企业内部而言,一个工厂的职工的道德水平的提高,意味着产品质量将饱含责任意识和服务意识,必然会保证和提高产品的市场占有率。就企业外部来说,在商业企业中,良好的企业形象、经营信誉与经营效益是一致的,信誉与赚钱是内在统一的。这正是许多企业注重自身的伦理建设、提高商业信誉的深层根源。因此,道德在经济建设过程中是一笔不可忽视的无形资产。

　　在社会主义政治建设和文化建设中,道德同样发挥着特殊财富的作用。社会主义的民主政治建设不仅需要道德论证,更需要建立在基本的道德信任基础上,要以实现公正、平等为特殊的社会主义政治道德为前提条件。同样,社会主义道德是社会主义的文化建设的底蕴,没有道德的全面渗透和引导,文化建设将很难健康推进,而文化必将是畸形的、落后的,甚至是反动的。

对于人的生活来说,生活水平和生活质量的提高,需要物质财富,但更需要精神财富尤其是需要道德财富。缺钱有德,就拥有了最重要的最根本的财富,即使穷了一点,生活照样可以是充实的、美好的。有钱缺德昧着良心办事,为了实现自己的物质利益,不惜坑害国家和人民利益,甚至践踏国家法律,让自己成为历史的罪人,这种人即使腰缠万贯,活得也没有意义。而有些人为了沽名钓誉,暗箭伤人,拉帮结派,阳奉阴违,两面三刀等等,这样的人即使得到一己私利、满足卑鄙的欲望,但失去了人生最根本的财富——道德,终归人格沦丧、名声扫地,与禽兽无异。不过,令人欣慰的是,生活中倒有为数不少的人,视物质利益、地位、名声为"庄重"之物,坚持合法而又合德地争取,实事求是,一身正气,从不搞歪门邪道,这样的人是道德的人,高尚的人,也是世界上最富有的人。

（原载《群众》1999 年第 1 期）

经济与伦理关系不同视角之解读

经济与伦理的关系是近年来经济伦理学研究中关注的焦点之一。两者关系如何，本是一个并不复杂的理论问题。然而，一方面，由于"学科情结"而导致了"话语权力"争夺，伦理学和经济学都在强调经济与道德的异质分离，都在为各自的理论优先性辩护。① 另一方面，一部分人把经济与伦理的关系当做"深奥莫测"的难题，似乎经济伦理和伦理经济是很难定义的范畴，以至有人在怀疑经济有没有伦理内涵、伦理有没有经济意义。再一方面，还有一部分人把现实中经济德性的一定程度的缺乏，看成是经济发展可以不要道德的理由，认为没有道德照样发展经济。以上几点把简单的问题复杂化了。理论偏见、文字游戏和晦涩话语无助于理论研究向纵深发展。有鉴于此，本文试图从多重视角来解读经济与伦理之关系。

一、经济与德性

从本质上讲，经济不是一个纯而又纯的投入产出的物质或数量的问题，它必然地内涵着伦理问题。不内涵伦理的经济无法理解，也不可能存在。② 因此，经济一定是伦理的经济。首先，所有经济行为都是行为主体的价值取向的一种表态方式。③ 即使仅仅是为了活命的最简单的经济行为，也是在

---

① 万俊人：《论市场经济的道德维度》，载《中国社会科学》2000年第2期。
② 王小锡：《经济伦理学的学科依据》，载《华东师范大学学报》2001年第2期。
③ 这里的"价值取向"是广义的概念，只要是人的"自主"性活动，不可能不包含人的意识指向。

一定层面上的生存目标的"自主"表达。否则,"人的"经济行为就该遭到怀疑,人的经济行为将"变质"为动物的行为(尽管这是不可能的)。① 其次,经济行为一定是人的群体行为,其行为方式和特性一定受制于人的素质和人际利益关系的协调。而后者客观上也是评价人们经济行为过程和经济成就的重要内容和依据。再次,就是以物质形式存在的经济成果,它也是精神化了的物,人的人性观、价值观、生活质量观等等都会程度不同地渗透于其中。正如有论者指出:"商品生产者作为经济主体,他生产商品的过程可以说是人格化过程;商品作为物,同样体现了商品生产者的人格。"②

由此推论,作为研究经济现象的经济学不可能不研究经济德性,不包含经济德性问题的经济学,是幼稚的甚或是庸俗的经济学。因此,"所谓经济学该不该'讲道德'的问题很可能是一个假问题","经济学'不讲道德'等于否定了人类经济生活本身的道德性,而所谓经济学'讲道德'的说法也是一种多余的甚至是暧昧的表达","人类原本就不存在不讲道德的经济学"。③

这里要进一步确认的是,伦理是经济的要素和德性,这就是所谓的经济伦理。那么伦理经济指的是什么呢? 其实,经济伦理和伦理经济并没有本质的区别。伦理经济是指经济的德性和经济中的伦理。经济伦理和伦理经济的区别只是经济伦理侧重说明经济中包含道德,讲的是伦理的问题,伦理经济侧重说明经济行为的道德导向和作用,讲的是经济问题。总之,从根本上说,这些都说明了经济和伦理关系的密不可分。

二、市场经济与道德

多年来有不少学者反对"市场经济是道德经济"的提法,如果一些学者

---

① 我们常常将不道德的恶劣的经济行为斥之为与禽兽无异,这是一种道德评价的话语,并不说明缺德的经济行为与伦理无关,恰恰从另一角度说明伦理总是以不同方式和特性伴随着经济行为。
② 章海山:《经济伦理方法论的研究》,载《道德与文明》2000 年第 2 期。
③ 参见乔洪武、龙静云:《论市场经济的道德基础》,载《江汉论坛》1997 年第 8 期。

认为这一命题有形而上学之嫌,这在理论上可以探讨,但如果把道德与市场经济割裂开来,甚至试图把道德从市场经济中剔除出去,那就走向了极端。

"市场经济是道德经济"这一命题有其客观的社会依据,在市场经济条件下更能说明经济与道德之关系的不可分割性。

首先,市场经济条件下的"自利"和"利他"是最基本的道德矛盾。[①] 一方面,在激烈的经济竞争态势中,任何人首先会考虑到自身的存在和发展,考虑自身的利益。假如连自身的利益也不考虑,他就难以生存,更谈不上生活和发展了。市场经济必然会淘汰这样的"缺德"之人。另一方面,"自利"又必须以"利他"为重要条件,他人利益或社会利益遭到损害,个人就失去了通过正常交往实现自身利益的条件。因此,"市场经济下人不仅应该做有利于交换对方的事,还应当承担作为公民必须承担的社会责任。"[②]

在自利和利他这一对矛盾及其关系的实现方式上,一般说来,私有制条件下,自利是其经济行为的出发点和目标,利他只是一种"手段"而已。而在社会主义条件下,利己和利他应该是辩证的统一。而无论这一对矛盾的解决途径和结果如何,这始终体现了人们的经济行为的道德态度,以及由于道德态度不同而造成的经济行为的方式和性质等等的不同。

其次,社会主义市场经济"应该"是讲道德的经济。这里强调"应该"可从两方面来理解。一方面是社会主义制度决定了其市场经济的发展目标是实现"共同富裕",绝不允许为了少数人的利益牺牲大多数人的利益,就是为了多数人的利益牺牲少数人的利益还要看其经济行为是否值得。这是社会主义市场经济发展的客观要求。背离了这一客观要求,也就背离了社会主义的经济制度。同时,以竞争为基本运作方式的社会主义市场经济,它绝不允许"弱肉强食"。社会主义市场经济条件下的竞争就其本质上来说,它不把优胜劣汰作为经济发展的基本目的,仅仅是把优胜劣汰作为发展社会主义市场经济的一种手段。即通过竞争,"优"者要引"劣"者为戒,要发展

① 参见乔洪武、龙静云:《论市场经济的道德基础》,载《江汉论坛》1997 年第 8 期。
② 参见乔洪武、龙静云:《论市场经济的道德基础》,载《江汉论坛》1997 年第 8 期。

得更快更好；"劣"者要吸取教训，取人之长，补己之短，实现自立自强，并赶超"优"者。这样的竞争目的，是现时代一种典型的经济德性之体现。① 另一方面是"市场经济本身确实是'无所顾忌'的，它自始至终都在贯彻'等价交换'等经济法则，可能具有对人类道德起促进作用的一面，如增强人们的效率意识、竞争意识、进取意识等等；也可能具有对人类道德起促退作用的一面，如贫富悬殊、自我中心、金钱至上、畸形消费等等。因此，市场经济本身不可能自发地（或自然地）促进道德的发展，还必须靠若干的'规则'来规范它的运行机制，用这些规则来调整它的运作方向，弥补它的自然缺陷"。② 这就是说，在社会主义市场经济条件下，应该通过道德教育和道德规范来实现经济运作中的客观的道德"应该"。

三、"道德人"与"经济人"

由于《国富论》和《道德情操论》两本书的出版而产生的所谓"斯密问题"，使得理论界长期有一种说不清道不明的难解理论之结，以至有的学者自觉不自觉地试图把道德赶出经济学领域，把"道德人"视作"教父"的化身。其实，斯密本人并不认为有"斯密问题"。③ "斯密问题"本不是问题，更不是难题。

首先作为只知道利益（利润）最大化的"经济人"，这只能是一种抽象的假设，客观存在的"看不见的手""撮合"了经济人和道德人。按照斯密的认识，每个人都力图实现自身最大的利益（利润），并没有考虑公共利益问题，也谈不上为了公共利益而放弃个人利益，人们"受着一只看不见的手的指导，去尽力达到一个并非他本意想要达到的目的。也并不因为事非出于本意，就对社会有害。他追求自己的利益，往往使他能比在真正出于本意的情

① 夏伟东：《道德的历史与现实》，教育科学出版社2002年版，第288—289页。
② 参见王小锡：《社会主义市场经济的伦理分析》，载《南京社会科学》1994年第6期。
③ 参见章海山：《经济伦理论》，中山大学出版社2001年版，第9页。

况下更有效地促进社会利益。"①在斯密看来,人的本性是利己的、求私利的,但利己的行为客观上又会增进公共利益。斯密之后的许多经济学家同样认为,"看不见的手"说明经济人和道德人是不可分割的合体。他们认为,个人追求利益的动机和行为既促进了公众利益的实现,也促进了生产力的发展,这是合乎道德的,哪怕是牺牲社会一些阶级或者一些个人的利益。并指出,"看不见的手"实际上是市场秩序井然的依据和动因,其作用远比政府的有计划、有目的行为更有效。② 因此,就其作用方式和效果来说,"看不见的手"是在市场经济条件下"经济道德"的代名词。

其次,社会主义市场经济最基本的特点是经济人和道德人的有机统一。前面已经提到市场经济是道德经济,这一特点,在社会主义市场经济条件下更能凸现出来。如果说,"看不见的手"在一般市场经济条件下还只是自发地起作用的话,那么在社会主义市场经济条件下应该变成人们的自觉行为。

社会主义的经济制度决定着每一个人是真正自由的存在个体,同时这样的个体的全面发展也是以社会经济制度作保障的。因此,每一个社会成员有责任维护和巩固这样的经济制度及其所代表的公共利益。为此,社会主义市场经济条件下,追求利益(利润)的"经济人"的行为本身就应该是一个"道德实体",行为主体应该是"经济范畴的人格化"。③ 同时,社会主义市场经济条件下的"道德人"抽象和假设是为了理论分析和说明问题。而事实上,在现时代,"道德人"一定是"经济人"的道德人,只有通过经济行为过程和效益,才能体现和说明经济行为主体的生存境界和行为价值;同时,"经济人"也必须是"道德人"之经济人,经济行为主体只有统一国家、集体、个人三者利益于一体,才不至于置经济发展于畸形状态下,也才符合社会主义经济制度的本质要求。因此,"看不见的手"是经济运作之规律,也是经济道德之规律。社会主义市场经济条件下,"看不见的手"既有引导作用,

---

① [英]亚当·斯密:《国民财富的性质和原因研究》(下卷),郭大力、王亚南译,商务印书馆1994年版,第27页。
② 参见章海山:《经济伦理论》,中山大学出版社2001年版,第9—11页。
③ 参见焦国成:《传统伦理及其现代价值》,教育科学出版社2000年版,第386页。

也有协调作用。一方面,它要引导经济行为主体在追求个人利益(利润)的同时,自觉自愿地追求公共利益(利润),排除斯密的"看不见的手"中的不情愿因素。另一方面,它要主动地调节各种利益和利益关系,真正实现各种关系的理性存在和各种经济行为的道德化和高效化。

四、生产力与道德力

近几年来,我从不同的角度和层面研究论述了"道德是生产力"的观点,①试图通过对这一基本观点的阐释,说明经济与道德的逻辑关联和辩证关系。然而,近年来对此有不同意见,一种意见认为,生产力是物质的,道德不应是生产力。否则要么犯了"二元论"的错误,要么颠倒了物质和意识的关系。另一种意见认为,把道德当做生产力是泛化了生产力,它动摇了历史唯物主义的物质基础。还有一种意见认为,把道德当做生产力,模糊了道德作为上层建筑的特性的理解。而我认为,道德是生产力的命题和以上不同意见,其理论认识的合理性要看其思维角度如何。如果把"道德是生产力"理解成道德是游离于"生产力"之外的另一种生产力,以上的不同意见都是有道理的。如果把道德看做生产力的因素或要素,这也不无道理,但应该做更深入的理论探讨。为了说明经济与道德的关系,我在这里再一次说明我的"道德是生产力"的观点及其思考角度。

首先,道德是生产力,是指道德是生产力的因素和要素,是"精神生产力"。马克思在《经济学手稿(1857—1858)》中指出,生产力包括"物质生产力和精神生产力"。而精神生产力指的是生产力中的科学因素和科学力量,这种科学因素和科学力量理应包括道德科学在内的自然科学和社会科学。离开了人的精神尤其是道德精神的渗透,任何生产力要素只能是"死的生产力"。即便人的精神在生产力中发挥了作用,由于作用的程度和效

---

① 参见王小锡:《道德与精神生产力》,载《江苏社会科学》2001 年第 2 期;《再谈"道德是动力生产力"》,载《江苏社会科学》1998 年第 3 期;《经济伦理学论纲》,载《江苏社会科学》1994 年第 1 期。

率不一样,那么,生产力所体现的水平也会不一样。① 这里不仅说明了生产力离不开道德,而且说明生产力和道德是相互作用、相互依存的。

其次,"道德是生产力"命题中的道德是指科学的道德,"它既是社会道德生活规律的正确反映,又应该符合社会历史的发展要求。"②这也正好从一个角度说明经济与道德的统一是历史的、具体的。落后的甚或腐朽没落的道德,不可能也不应该是生产力的因素或要素。

第三,既然生产力是物质因素和精神因素的统一体,而且"在生产力发展过程中,人的积极性和能量发挥程度、劳动工具的改造和使用效率、劳动对象的认识和改造力度等,往往直接取决于人的人生价值取向、对社会和他人的责任感以及劳动态度等道德觉悟"。因此,道德"是生产力内部的动力因素"。③ 这也说明,在经济与道德的关系的关联程度及其相互作用的效果上,道德直接制约着生产力的存在方式和作用的发挥。这是我们在经济建设中绝对不可忽视的。

（原载《经济经纬》2002 年第 3 期）

---

① 参见王小锡:《道德与精神生产力》,载《江苏社会科学》2001 年第 2 期。
② 参见王小锡:《道德与精神生产力》,载《江苏社会科学》2001 年第 2 期。
③ 参见王小锡:《道德与精神生产力》,载《江苏社会科学》2001 年第 2 期。

论经济与伦理的内在结合

近年来,经济与伦理之间的关系问题已成为新兴的边缘性交叉学科经济伦理学所关注的重点问题。然而迄今为止,虽然人们已经习惯于"经济伦理"这一提法,但是诸如"经济伦理是什么"这些经济伦理学的元理论问题仍然没有得到很好的解答,以至于在理论和实践上都无法厘清经济与伦理之关系。鉴于此,本文试图廓清经济与伦理的逻辑联系,阐明两者的相互依存关系,即:在经济领域中不存在无伦理的经济,也没有无经济的伦理。

一、问题的缘由及其意义

上个世纪 70 年代后期,经济伦理学作为一门新型的学科首先在美国诞生。随后不久,该学科在 80 年代的欧洲与 90 年代的中国落地生根。[1] 虽然上述地区因各自不同的历史文化传统、商业组织形式及其政治条件而发展着不同的经济伦理模式与经济伦理学道路,然而,经济伦理问题的出现却呈现出一种具有普遍意义的特征,即在许多学者看来,把经济与伦理结合起来考虑乃至于经济伦理学的诞生,与其说是一个学术事件,不如说是经济社会与知识界在上个世纪后半叶经历了商业活动的种种"丑闻"之后,所反映出的一种新的学术心态和理论构想。

然而,尽管经济伦理运动在全球范围内广泛而持续地进行着,经济伦理

---

[1] De George, Richard T. , 1987, "The status of business ethics past and futura", in Journal Business Ethics, volume. 6, issue 3. pp. 263 - 267;王小锡、朱金瑞、汪洁主编:《中国经济伦理学20 年》,南京师范大学出版社 2005 年版,第 29 页。

学也在跨学科的知识对话中快速地发展,但是迄今为止,经济与伦理之内在结合依然缺乏一个明确的价值主旨和系统的理论框架为其提供合法性的知识根据。对经济伦理学诸元理论问题的规避延缓了经济伦理学一般理论的形成,也阻碍了经济伦理学的学科建设。正是在这种情况下,当今国外经济伦理学界十分推崇和倡导一种"面向问题与行动"的经济伦理学。正如欧洲经济伦理网络主席乔治·恩德勒所言:"我的提议并不是关于经济伦理学的一般理论,我认为提出这种理论的时机还未成熟。毋宁说我所提出的只是对经济伦理学的一种概念理解,它通过把几个基本特征整合起来而提倡一种'自上而下'的方法。这一方法关注的重点是'面向问题与行动'的事业。"①美国著名经济伦理学家理查德·狄乔治也在文章中说到,经济伦理学旨在提供一种围绕问题的系统化的行动框架以整合各门学科知识,改变各个层面上经济行为的伦理质量。② 需要说明的是,这种具有整合功能的框架至今仍未形成。

经济伦理学一般理论研究所呈现出的这一状况是事出有因的。其关键在于学科间的知识交叉不足,而其根源则出自学科间深层次的知识隔阂。2000 年,美国《经济伦理学季刊》(Business Ethics Quarters)编委,明尼苏达大学战略管理学、哲学教授诺曼·布维(Nolnan EBow)在应邀为该刊创刊10 周年所撰写的《经济伦理学、哲学和下一个 25 年》一文中认为,没有一种学科知识能够像道德哲学这样给经济伦理学提供一个系统的知识框架和有力的理论根据。然而美国的道德哲学家们似乎很不情愿委身于经济伦理学研究,而管理学的教授们由于对伦理学知识的缺乏往往无法解决一些深层次的理论问题。道德哲学家们在研究经济伦理问题的时候,所持的依然是功利主义、道义论和美德伦理学等传统的伦理学主流知识,且只是把经济伦

---

① 〔美〕乔治·恩德勒:《面向行动的经济伦理学》,高国希、吴新文等译,上海社会科学院出版社 2002 年版,第 53 页。

② 参见 De George, Richard T., 1987, "The status of business ethics past and futura", in Journal Business Ethics, volume. 6, issue 3. pp. 381－389.

理现象作为这些传统知识的理论外化与经验素材。① 而这样做往往会使许多经济伦理问题最终流变为传统的伦理学知识系统内的问题。

正是从这个意义上说，如果我们无法找到经济与伦理内在结合的知识依据，从而促进经济伦理学一般理论的形成，那么经济伦理学学科知识的合法性就将受到质疑，经济伦理学就将被别的学科理论所指使而丧失其独立性。其直接后果是，许多产生于不同经济领域中的专门性问题在发生两难选择的时候往往找不到理论的支撑及其知识根据，而倘以某些宏观宽泛的理论叙述来对待这些专门性问题又显得不够实用，难以奏效。因此，"面向问题"这种形式上看似合理的行动框架，如果在理论体系上缺乏必要的基础，那么其实践路径就可能流化为不同行动方案轮流坐庄的策略性格局，而最终使统一的行动框架无法实现。事实上，经济伦理学的行动框架至今仍未形成的关键原因，就在于其缺乏一般理论。不过，经济伦理实践与一般理论所存在的这种紧张关系，其根源在于经济伦理学所涉及的各门学科知识间的紧张关系，这种紧张关系突出地表现为各学科间的逻辑思维方式以及知识立场之间存在着隔阂。正如阿马蒂亚·森在《伦理学与经济学》中所认为的，"经济理论对深层规范分析的回避，以及在对人类行为的实际描述中对伦理考虑的忽视"，"使现代经济学已经出现了严重的贫困化现象"②。这一隔阂同时也发生在 20 世纪末我国经济学界出现的所谓"经济学讲不讲道德"的争论中。

二、经济的内在道德性及其结构

根据马克思主义的道德发生学，人类社会的道德现象是无法脱离相应的经济生活条件而获得独立自足的解释的。因此，相应地，任何一种经济体系都会内生出一定的道德要求。经济的这种内生性道德突出地表现为对一

---

① 参见 Bowie，Nognan E，2000，"Business cthics，phibsophy，and file next 25 years"，in Business Ethics Quarterty，volume. 10，issue 1，pp. 7 - 20.

② ［印］阿马蒂亚·森:《伦理学与经济学》，王宇、王文玉译，商务印书馆 2000 年版，第 8 页。

定经济体的规范维系和价值支撑作用。对于认识经济的内生性道德，下列四点是关键：

1. 关系共存

狄乔治曾经区分过两种意义上的经济伦理学，以分别看待不同的经济伦理问题：一种是商业道德意义上的，另一种是学术研究意义上的。两者的区别在于：前者以一般性的道德原则或规范来影响经济生活，诸如不应说谎、不许偷窃、不能欺骗等；在这个意义上，道德是外在于经济生活的，道德原则或道德规范应用于经济领域与运用于其他社会领域并无二致。后者即学术研究意义上的经济伦理学，则试图把一种伦理学的行为方式通过某种经济学与伦理学共享的框架植入经济活动中，以改良各个行为层次上的伦理质量，改善经济生活。① 在我看来，狄乔治的这种学科知识的划分方法，实际上恰恰是现代社会看待经济伦理问题的两个不同视角：前者是以道德旁观经济，后者则是两者互动。一般而言，社会结构可以被看做是按照一定的规则建立的社会关系体系。社会经济结构表现为以经济关系为主体所建立的人们从事共同经济活动的行为方式。然而，每一种经济关系并不单一的只是经济属性的体现；在社会关系的意义上，它还包含着各种关系的协调原则（道德价值的协调原则是其中之一）、集体意识、人格角色等共有基础，这是伦理关系在经济关系中存在的前提。在经济关系中，以道德价值为协调原则的伦理关系客观地存在于经济关系中。相应地，在经济结构中同样也存在着由这种伦理关系所决定的道德结构体系。现代经济伦理学正是对这种互存性结构（它可以称之为经济有机体）的自觉与实践。

2. 机制共建

虽然社会经济结构当中所包含的道德结构体系是作为必要条件客观存在的，但这并不意味着它必然会被社会主体意识所意向。这一点突出地表现为在经济学中把道德结构体系作为固定值或保持不变的假设条件而悬置

① De George, Richard T., 1987, "The status of business ethics past and futura", in Journal Business Ethics, volume. 6, issue 3. pp. 201 - 211.

起来的现象。从经济与道德的现实关系上讲,"这是一种经济联系从社会与文化准则中脱离出来的过程,这个过程有利于一种更强大的经济自身规律"①。依此,道德只能是一种被选择或提供价值选择理论的学说,它必须梳洗干净以等待"经济王权"按照自己的标准进行挑选。不过,经济的这种独立化过程却在现实的市场经济运行机制中出现了问题。市场的负外部性以及公共产品的生产、分配等问题,使市场具有不可避免的失灵现象。政治干预也同样具有局限性(政府失灵)。事实表明,即使是充分的制度设计及安排也不能消除市场机制本身所固有的缺陷。更何况在市场中,市场机制内所悬置的那些外在条件也开始逐渐发生变化。社会的结构性变动或微调会改变原有机制的运作理路。而机制在重组的过程中需要各方的共建力量。正是从这个意义上说,道德不仅仅是在利益关系发生冲突情况下的调停人,而且要参与到那些固定值和假设条件的修改方案中去。市场机制需要采纳道德的建议,并把它们容纳到自身的运行机制当中。所以,道德不应仅仅作为限制条件而出现在机制当中,而应构成运行机制的共建部分。

3. 实践共行

所谓"实践共行",实际上关乎经济生活中道德行为的可能性问题。在韦伯的《新教伦理与资本主义精神》所描绘的时代以前,经济实践上的成功从个体或社会的成就评价上说,是次于道德评价的,这意味着道德价值是自足的。韦伯在书中所描绘的时代,是一个在社会成就评价的意义上使经济行为和道德行为相统一的时代。赚钱是一种符合上帝意志的天职。它不仅仅是正当的,更为关键的是它在道德评价上获得了正面意义。于是经济行为开始成为向善德行的一部分。然而在后韦伯时代,人们对个人或社会的经济成就评价开始优于道德评价。经济行为由不雅到正当,再到具有正面意义,逐渐获得了在社会成就评价上的价值优先地位。虽然这并不意味着在现代社会中经济成就具有个人或社会成就意义上价值评价的绝对优先

---

① [德]彼得·科斯洛夫斯基:《伦理经济学原理》,孙瑜译,中国社会科学出版社1997年版,第4页。

权,然而道德评价在现代社会中确实已经失宠。由此,现代意义上经济与道德在实践层面上的再度融合将是不同于以往时代的:它不但在行为的动机层面更加强调多元化和祛经济中心化,更为重要的是,经济行为的动机将被看做是一种复杂的结构而不是简单的层级关系;同时在行为的效果土,道德评价虽然承认了经济行为的正当性和善意义,但同时也保持了它对经济行为的牵制力和在更高价值层级上的独立性和优先性。

4. 价值共享

现代西方经济学中流行以非道德主义为标识的经济理性主义。它首先区分出事实与价值两个领域,并把经济行为确定为事实,把道德行为确定为价值,并根据事实和价值的不可通约性而排斥道德价值。然而,在美国著名的逻辑学教授普特南看来,事实和价值的区分只是形而上学中的一个论题,而在现实领域中,我们很难把某事物划归为纯粹的事实,或划归为纯粹的价值。他用纠缠来形容事实与价值的关系,并强调,一些道德价值甚至是某些科学实践(包括经济学)的基础。[①] 实际上,并不像许多经济学家所认为的那样,经济现象是事实,道德现象是价值。两者的正确关系应是:经济现象不仅仅是"事实",也含有"价值";道德现象也不仅仅是"价值",还含有'事实"。因此,在知识社会学的意义上,说经济是"价值无涉"或"价值中立"是站不住脚的。但同时,我们也不能在下述意义上说经济具有价值意蕴,即:由于经济学不作价值选择和价值判断,因而也构成了一种价值立场。事实上,经济学中的许多假设条件和知识前提往往是以道德价值为基础的。经济学必须说明它在有助于社会发展以及涉及自由、平等、正义等价值问题上所做的选择和所做出的贡献。这样,道德与经济在价值领域就不单纯是一种价值和事实的关系;它们需要澄清各自的立场,并在对话和共识的基础上共享某些事实与价值。一如普特南所言:"把涉及人类繁荣(主要指经济繁荣——引注)和涉及规范(要指道德规范——引注)的生活部分,看作是不

① Putnam,Hilary,For Eflaics and Economics Without;he Dichotrnies,*Review of Political Economy*,volume.15,issue 3,July 2003,p.396.

能相融的观念是错误的。应该在一种有回应的和有责任的伦理共识的基础上，把它们看作是在更大范围的复杂关系系统中相互依赖的部分。"①

以上四个特点是对经济与伦理内在结合的结构性描述。现代经济与伦理之间关系的深层次结合不是上述某一个方面的单向度展开，而是四个方面的共有互融。正是在这个意义上，道德是内在于经济当中并具有一定存在结构的；从社会存在到社会意识，它渐进地表现为结构——机制——行为——价值四个层级与环节。它们是使经济能够保持良好运行状态所必要的维系规范与价值支撑。不过，对经济的内在道德性及其结构的认识依赖于个人或社会的伦理自觉，个人或社会的自觉与否往往直接关系到道德在经济领域中的在场或不在场。这种在场或不在场的特性是道德以自在状态或自为状态存在于经济当中的条件。

三、经济之外在道德

如果道德是内生于经济的，一切经济活动中都客观必然地包含着某种道德价值属性，那么，道德作为经济存在之维系规范与价值支撑无疑会对经济产生相当的依附性。正是在这个意义上，市场经济中以"趋利"为动机的所谓经济理性行为就必然会孕育或滋生出利己主义的道德价值意识。然而问题是，通常对经济理性行为和市场经济制度所持之道德批判的价值根源从何而来？这一诘问意味着由一定经济体所内生出的道德价值是否能够形成或演变为一种"异己"的道德自省力量？事实上，这关乎经济与伦理之结合的相容程度问题。换句话说，经济的内在道德是否存在着合理性限度？内生性道德是否具有对一定经济体进行全面评价的资格？

尽管"经济帝国主义"受到来自各方的批判，然而不可否认的是，"经济帝国"确实以强势的社会控制力和庞大的知识意识形态左右着我们这个时

---

① Putnam, Hilary, For Eflaics and Economics Without; he Dichotrnies, *Reviov of Political Economy*, volume. 15, issue 3, July 2003, p. 412.

代。一如著名的经济社会学家博兰尼所写的:"假如不废绝社会之人性的本质及自然的本质,像这样的一种制度将无法在任何时期存在,它会摧毁人类并把他的环境变成荒野。而无可避免的,社会将采取手段来保护它自己,但不论社会采取哪一种手段都会损伤到市场的自律,扰乱到工业生活,进而以另一种方式危害到社会。正是这种进退两难的困境使得市场制度发展成一种一定的模式,并且终于瓦解了建立在其上的社会组织。"①如果博兰尼的刻画能被接受,那么这意味着社会是被镶嵌在市场中的,由此市场就构成了社会的价值基础而不是相反。市场领域中所推崇的价值需要将会凌驾于总体社会的价值需要之上。与市场的这种实际控制力相投合的是,现代经济学源于此并基于此而构造了相应的知识意识形态及其霸权话语。在阿玛蒂亚·森的《伦理学与经济学》中,他指出:"一般来说,在主流经济学中,定义理性行为的方法主要有两种。第一个方法是把理性视为选择的内部一致性;第二个方法是把理性等同于自利最大化。"②与此同时,经济学把这种被定义了的理性行为等同于人类的实际行为。由此,人类的实际行为就由自利最大化的内部一致性而扩展至外部一致性,并以此来解释人类的全部行为。③ 这样,自利最大化的理性行为就成为解释其他行为诸如政治行为、道德行为、法律行为等的根据。

然而,人类行为在事实上的复杂多样性表明,尽管其他各种形式的人类行为在归根到底的意义上可能受制于经济行为,但是这些行为本身却存在着自己的价值底线。从经济与伦理的关系来看,至少可以从以下两个方面来诠释:其一,政治系统内的道德价值与经济系统内的道德价值之相容程度是有限的。政治领域内的自由和平等概念所包含的价值内容要比经济领域中的自由和平等概念丰富得多。经济对自由与平等的价值理解如果仅仅以遵守市场经济规则为标准,那么源于起点不平等的结果不平等在经济领域

① [匈]卡尔·博兰尼:《巨变:当代政治、经济的起源》,黄树民等译,台北远流出版公司1999年版,第59—60页。

② [印]阿玛蒂亚·森:《伦理学与经济学》,王宇、王文玉译,第18页。

③ 参见[印]阿玛蒂亚·森:《伦理学与经济学》,王宇、王文玉译,第16—26页。

中就是合理的。而政治正义则是试图对这种经济自由加以限制,以确保政治民主的实施"惠及少数的最不利者"①。其二,这一限度性解释同样发生在经济系统内的价值,与历史文化的价值之间的冲突中。制度经济学认为,每一个社会的制度体系都可以以正式制度与非正式制度两种形式来划分。而那些先进的经济制度(正式制度)之所以移植到某个社会而无法产生预期效果,其原因在于它和该社会的非正式制度之间发生了冲突。非正式制度通常指历史文化传统,尤其是社会道德传统习俗,它包含着一定文化共同体中对某些基本价值的理解及其所持立场。

正是在这个意义上,任何经济体实际上都无法脱离一定社会所提供的文化价值、传统基础以及必要的政治条件。而这些市场经济的环境条件所持之价值立场,在事实上往往并不符合经济思维逻辑与价值立场,这就使得市场经济在扩张其行为方式与价值意识时,不可避免地将与其他社会子系统发生价值冲突。这突出地表现在经济之内在道德与外在道德的矛盾关系中。简单地说,当由经济系统内所产生的内在道德与以整体社会为价值立场的经济之外在道德发生不可调和的冲突时,外在道德就会对内在道德提出重组和调整的要求,以寻求一种新的社会价值结构与序列。

从这个意义上讲,经济之外在道德与内在道德是有所区别的。所谓经济的内在道德是指一切经济活动所具有的道德属性;经济的内在道德客观地存在于一切经济行为当中,对经济存在着依附性。而经济的外在道德是对经济内在道德的一种调整和超越。这种调整首先"将道德视为社会意识形式和社会规范形式"作为价值立场,剥离了道德对经济的绝对依附性,不再单纯地以经济领域中所产生的道德价值为唯一标识。在我看来,对经济之外在道德的这种价值理解及其立场,才是对一定经济体所持之道德批判的价值根源。那么,经济之内在道德与外在道德是两种不同的道德吗? 两者之间是一种什么样的关系呢? 在我看来,任何一种起源于物质经济基础的社会意识形式都会具有一种社会普遍意义的价值调节与规整机制。从经

---

① 万俊人:《市场经济与民主政治——从经济伦理的角度看》,载《哲学研究》2000 年第 4 期。

济与伦理的关系来看,这一机制也就是经济之外在道德与内在道德相互作用的关系实质。道德、法律、宗教等具有社会普遍规范价值的社会意识形式,一旦被赋予了整体社会的效用和立场,就会综合其他社会子系统之价值而形成对整体社会而言具有普适性的价值立场及其规范形式。而这正好说明,经济与伦理的相容的一面是经济之内在道德的体现,而其相冲突的一面则是经济之外在道德的体现。换句话说,如果经济能够在以社会整体价值立场为依据的外在道德的基础上重新调整自己内在的道德价值结构,那么经济之内在道德与外在道德之结合就是可能的。

四、道德的经济意义及其价值实现

讨论经济与伦理之内在结合的关键在于,我们可以在科学地认识经济与伦理之内在关系的基础上,运用已有的道德资源,提炼并设计出伦理与经济的特殊结合方式,重新认识道德对经济的功用。在这个意义上,我们引入作为社会再生产过程中价值动力的"道德生产力"概念与作为价值投资资源的"道德资本"两个概念。

所谓"道德生产力",是"道德是精神生产力"的简称。它是这样一种精神性的生产力,即作为社会劳动生产力的精神方面,它是物质生产力的精神内涵与价值要素,往往表现为社会劳动生产力中成型的道德意识结构、道德价值共识以及共同的道德行为方式。道德生产力作为精神生产力的一种,与物质生产力互为依据,相辅相成。以往学界有人在看待"道德生产力"的时候,常常把它归结为一种"道德万能论"在生产力概念上的泛化,并在哲学范畴中通过对物质与精神的一般性区分来批驳作为精神生产力的道德形式。其实精神生产力是马克思所提出的概念。那么在马克思那里,我们是否能通过精神生产力的概念内涵而推出道德生产力的结论呢?

马克思、恩格斯曾在《德意志意识形态》一书中论述了"原初的历史的关系的四个因素",即:"生产物质生活本身"的物质生产资料的生产;"需要的再生产";"生命的生产""一定的共同活动方式"的社会关系的生产。经典作家在这里说的是生产力历史状况的物质方面,只是由于"人们所达到的生产力的总和决定着社会状况",因此才"始终必须把'人类的历史'同工业和交换的历史联系起来研究和探讨"①。可以看出,经典作家虽然强调生产力总和的物质方面的决定性作用,但实际上并没有用"物质生产"的实体概念来代替生产力总和的物质方面。而在其文本的语境中,马克思把历史生产的每一种具体的形式,总是放在社会历史情境中加以考察的。即使是有关"意识"的生产,也是放在历史的社会状况中来把握的。这意味着,马克思在谈到分工使不同的生产相分离的时候,指的是一种由"不同个人的共同活动所产生的一种社会力量,即扩大了的生产力"的社会生产。在这个意义上,现实生活中并没有单纯独立的物质生产和精神生产的实体性的社会劳动形式。因此,在马克思看来,物质生产和精神生产只不过是同一种生产即社会生产的两个不同的分工门类,反映的是社会生产的物质和精神两个不同方面。而且必须注意的是,经典作家认为,正是资本主义使这种分工造成"社会活动的固定化"和"异化",因而需要扬弃之。

事实上,社会生产力作为不同类型生产状况的能力表达方式,是生产的物质方面和精神方面相互作用的结果。"因此作为物的生产力的物如果不渗透进精神的因素就不能使其成为社会劳动生产力,只是一种物的存在而已"②。正如上个世纪80年代初一些苏联学者所认为的,"精神生产可以确定为:由专门分出来在自己内部组织起来的一群人即社会的意识形态阶层进行的特殊社会形式的意识生产"③。换句话说,作为精神生产力的道德是由一定社会的知识阶层与政治阶层所进行的特殊的"意识生产"。这种由特定的意识形态阶层所进行的"意识生产",是社会生产体系之外在道德要求的体现。它是基于社会整体发展的价值立场对社会生产力内部的道德结构所进行的规划与调整,其目的在于积极地引导社会生产朝着符合人的发

① 《马克思恩格斯全集》第3卷,人民出版社1960版,第33—34页。
② 王小锡:《经济的德性》,人民出版社2002年版,第130页。
③ [苏]托尔斯特赫等:《精神生产——精神活动问题的社会哲学观》,安起名译,北京师范大学出版社1988年,第148页。

展需要与社会发展需要的方向健康地前行。

然而,如何把具有精神生产力性质的道德要素与社会生产结合起来以实现经济效益呢?这需要我们把道德作为一种无形资产的价值资源进行投资。在经济学中,投资是以一定的利润回报为前提的。因此,投资物一般被看做是可以产生价值增值的资本。正是在这个意义上,我们需要把道德作为一种可进行价值投资的资本,从而引入"道德资本"概念。

所谓道德资本是这样一种资本形态,它是道德投入生产并增进社会财富的能力,是能带来利润和效益的道德理念和道德行为。道德资本与其他资本不同,它不仅促进经济价值的保值、增值,而且作为一种社会理性精神,其最终目标是为了实现经济效益与社会效益的双赢。[①] 道德资本的经济功效可作如下说明:

1. 道德资本首先必须是一种被意识到了的价值投资。"被意识到了的价值投资"意味着,行为主体对经济活动的道德条件以及可以利用的道德资源有着清晰的认识,并有能力自觉地运用和操作这些道德资源投入到生产的各个环节中去。在市场经济条件下,道德资本突出地表现为企业共同体自身的文化建设。其重点在于产生具有普遍约束力与规范导向性的行为模式。道德资本在社会效益上的价值实现将优化企业的社会形象,增加消费者对企业文化的认同感,提高企业的声誉。在企业内部,特别是在人力资源上,道德资本的价值实现将表现为企业职工个人道德素质的提高、企业职工间人际关系的和谐、企业整体凝聚力的增强、企业员工责任感的提升等。道德资本也能从精神层面提高企业科技人员的积极性和创造性,进而提高研发速度与生产的合理化进程,从而促进企业专利权、专营权的科学运用。

2. 道德资本是克服市场失灵的有效方法。在经济外部性问题(这里主要指外部负效应)上,道德资本的价值实现能够弥补经济调节的部分缺陷。外部负效应可以通过经济手段予以解决,即让企业的外部性问题内部化,使企业自己承担外部的负效应成本。不过,此种经济解决方式虽然有一定价

---

① 参见王小锡等:《道德资本论》,人民出版社 2005 年版,第2—9页。

值,但它往往使企业把对外部性的价值评价仅仅转变为一种内部的收益分析过程,这是一种把社会责任量化为经济标准的简单做法。如果企业的某些责任是不能被量化的,或者某些责任具有比经济任务更加重要的价值优先性,那么这种内化经济外部性的方式就应该被限制在一定范围内。相反,道德资本是从动机决策上预先考虑外部性问题。不同的经济方案依据不同的价值标准被同样地加以考虑。这样,成本被事先考虑进收益分析,达到了社会成本的内部化效果;同时,企业在决策过程中,能够事先依据不同的行动方案来考虑责任的价值优先性问题。所以,这是从根本上解决经济外部性问题的良方。

在公共产品问题上,道德资本还可以在一定意义上规避"搭便车"行为的出现,从而保证公共产品的生产和社会供给问题。阿玛蒂亚·森曾指出,解决公共产品问题可以通过三种方案来实施:一是建立公有企业;二是出台经济政策和制度安排;三是企业主把公共产品的生产作为决策动机加以考虑。阿玛蒂亚·森认为前两种方法需要耗费大量的社会成本,而这种成本反过来又会落到公众身上,成为一种额外的社会负担。因此最好的办法莫过于第三种,即企业在决策动机中就对公共产品的生产发生兴趣,从而在根本上解决这一问题。不过,对于企业来说,如果提供公共产品无利可图,甚至是负成本经营,那么绝大多数企业将不会如此行事。所以,在这里需要指出的是,如果企业开始经营道德资本,它其实是可以从表面上看无利可图的公共产品的实物资产形态中获得精神层面的利益的,因为这是企业树立信誉、提高知名度、促使企业无形资产和有形资产同时增值的一种优化选择。

(原载《哲学研究》2007 年第 6 期)

简论经济德性

严格说来,"德性"一词在伦理学理论体系和日常话语的语境中是中性的,它体现为道德主体的品质的道德认知、道德践行的境界与德行习惯和趋势。换句话说,德性就可以分为善的德性和恶的德性。不过,惯常的理论话语一般将"德性"作为一个褒义词来出场,将其界定为是体现道德主体卓越品质的崇高道德境界和善行习惯与趋势。

尽管对于德性问题存在着许多概括,但是对于作为经济伦理学基本范畴的"经济德性",中外思想史上鲜有学者给予专门性的概念界定的工作。的确,相对于经济和道德关系问题的浩繁阐释,经济德性一词的解释则显得相对"贫困"得多。不过,古今中外先贤的有关思想为开启智慧之门提供了方便的钥匙,通过对先贤思想解读、分析和概括,不仅可以了解经济德性范畴的认知历史和全景图,而且可以给予经济德性以现代意义上的界定和厘清。

一、经济德性之思想渊源

回溯我国古代思想史,古代思想家们大都从经济与道德、利和义的关系上来理解经济德性的含义的,主要体现有四:

其一,经济德性即经济之适度行为。

早在春秋时期的晏婴认为,"义,利之本也。"[1]即是说,利益(或经济)

---

[1]《左传·昭公十年》。

之本在于道义、道德。而这道义、道德指的就是得利过程要适度、谦让和付出。他说，"夫民厚而用利，于是乎正德以幅之，使无黜（女曼），谓之福利。利过则为败"，①还说，"让，德之主也，让之谓懿德"。②

其二，经济德性即经济之道义和道义之经济。

先秦孔子说："邦有道，贫且贱焉，耻也；邦无道，富且贵焉，耻也。"③这就是说，经济的发展和生活的富裕，要讲道义，有道义就必然有经济的发展和生活的富裕，否则就是可耻的。在这里，经济、利益与趋善的德性是相辅相成、合而为一的。

主张功利主义的墨家与上述主张德性主义的儒家在经济德性的理解和把握上，有着殊途同归之妙。墨家代表墨子在其功利主义思想体系的范围内认为经济德性是获利之道义或由义获取之利，从而将义和利有机地统一了起来。他认为，"义，利也。"④在墨子看来，"有利"才真正谈得上"义"，否则义就不可理解，因为义是由利益来规定的。在此，观照经济德性之概念，墨子在将义和利等同起来的同时，实际上说明了经济的德性在于获利之道义或由义获取之利。

其三，经济德性即是人的德性、社会的德性。

持此观点的代表人物是汉代的董仲舒。他认为，"天之生人也，使之生义与利。利以养其体，义以养其心；心不得义不能乐，体不得利不能安。义者，心之养也；利者，体之养也。"⑤这一利义统一、身心统一之思想引申至经济德性思想指的是经济与道德或利益与道德是互为存在的，是人生之必须，是社会之必须。换言之，经济的德性说到底就是人的德性、社会的德性。

其四，经济德性即天理之所宜之经济之义。

宋代朱熹说："义利之说，乃儒者第一义。"⑥并说："义者，天理之所

---

① 《左传·襄公二十八年》。
② 《左传·昭公十年》。
③ 《论语·泰伯》。
④ 《墨子·经上》。
⑤ 《春秋繁露·身之养重于义》。
⑥ 《朱子文集》卷二十四。

宜"，"利者，人情之所欲。"①因此，"凡事不可先有个利心，才说着利，必害于义。圣人做去，只向义边做"。② 对朱熹这一思想稍加引申即可得出经济德性是指天理之所宜之经济之义。

在西方思想史上，学者也没有专门给经济德性范畴进行界定，他们也都只是在阐释经济学理论或经济伦理思想时以不同的视角偶尔论及经济德性问题。西方对于经济德性的看法主要归纳为三点：

第一，经济德性即经济自由。

西方思想史上许多学者都认为经济德性在于经济自由，唯有自由才有经济主体积极性的充分发挥，也才有经济的公平交易和最大限度的效益。被称为自由市场主义的鼻祖亚当·斯密的观点就很具代表性，其经济自由主义思想长期影响着西方经济学的发展。斯密经济学说的中心思想是自由放任主义。他认为，每个人都力图实现自身最大的利益（利润），并没有考虑公共利益问题，也谈不上为了公共利益而放弃个人利益，人们"受着一只看不见的手的指导，去尽力达到一个并非他本意想要达到的目的。也并不因为事非出于本意，就对社会有害。他追求自己的利益，往往使他能比在真正出于本意的情况下更有效地促进社会利益。"在斯密看来，人之本性是利己的、求私利的，但利己的行为客观上又会增进公共利益。③ 同时他认为，"一种事业若对社会有益，就应该任其自由，广其竞争"，还说，"人们之所以对追求财富感兴趣，是虚荣而不是舒适或快乐"，"正是这种荣辱之心激起了人类的勤勉心，鼓励着人们去创造物质文明和精神文明的奇迹"。④ 因此，斯密指出，任何束缚都不利于人们追求私人利益，也不利于社会财富的增加和使社会财富的分配达到平等的原则，因此，最好的经济政策就是给私人的经济活动以完全的自由，包括自由雇佣工人，自由竞争，自由贸易，互通

---

① 《论语集注·里仁》。
② 《朱子语类》卷五十一。
③ 参见章海山：《经济伦理论》，中山大学出版社 2001 年版，第 7—8 页。
④ 参见张旭坤：《西方经济伦理思想史 18 讲》，上海人民出版社 2007 年版，第 112—123 页。

有无,互相交易,并任其发展,不应当人为地加以干涉。①

第二,经济德性即经济之善恶行为。

近代英国经济学家、伦理学家伯纳德·曼德维尔认为,在一切社会中为善乃是每个社会成员的责任。因此,美德应该受到鼓励,恶德应该遭到反对。同时,他又认为,追求私利是人的天性,私人的追求自利的行为即"恶行"(诸如贪婪、挥霍、奢侈和虚荣等)有助于社会公益,人的种种需要,人的恶的德及缺点,加上空气及其他基本元素的严酷,它们当中孕育着全部艺术、技能、工业和经济社会繁荣等等。而且,需要、贪婪、嫉妒、野心,以及人的其他类似特质,则无一不是造就伟业的大师。因此,激励人们努力的根源并非什么造福公众的精神,而是众多的欲望。由此可见,伯纳德·曼德维尔并不主张私人从恶,但他的经济德性是指促进经济发展的经济之善和经济之恶。②

第三,经济德性即为相互服务。

法国后古典经济学家巴斯夏的著作《和谐经济论》反映了他的经济德性思想。在他看来,经济的德性就是体现为"服务"的经济和谐原则与交换行为。他认为,"在资本主义社会,和谐的建立是以交换为基础的。这种服务的内容就是相互提供服务。服务是为满足他人欲望而作出的努力。人们在交换中,可以相互帮助,相互替代对方工作,提供相互的服务。人类社会生活要求不断地避免痛苦和追求满足和愉快,只有通过相互交换才能达到这一目的。在自由交换的前提下,每个人的努力都能够交换到用以满足自己欲望的服务。一个人为满足他人欲望作出努力,就为别人提供了服务,同时别人又为他提供了另一种服务,这就形成了两种服务的交换。"③

尽管中外思想家关于经济德性的表述各不相同:有的侧重于经济行为之道义,有的侧重于经济行为之功用,有的侧重于经济行为之适度,还有的侧重于经济行为之形式及其效益,等等。尽管莫衷一是,但均从独特的视角给我们以理论和实践的启迪。

---

① 参见顾肃:《自由主义基本理论》,中央编译出版社 2005 年版,第 243 页。
② 参见张旭坤:《西方经济伦理思想史 18 讲》,第 75 页。
③ 吴宇晖、张嘉昕:《外国经济思想史》,高等教育出版社 2007 年版,第 152 页。

二、经济德性之涵义

首先要明确的是,经济德性不是经济和德性或经济和道德的简单、机械的相加,经济和德性或经济和道德正如一枚硬币的两面一样,是某种社会现象的两个方面。就经济和道德的关系来看,经济不是一个纯而又纯的投入产出的物质的或数量的问题,它必然地内涵着伦理问题。不内涵伦理的经济无法理解,也不可能存在。① 因此,经济一定是道德性的经济。就市场经济与道德的关系来看,"市场经济是道德经济"这一命题有其客观的现实依据。在市场经济条件下的"自利"和"利他"的最基本的道德矛盾的存在和解决,更能说明经济与道德之关系的不可分割性。在社会主义市场经济条件下,应该通过道德教育(广义的)和道德规范来实现经济运作中的客观的道德"应该"。

作为社会现象的经济德性可以从以下六个维度来加以把握:

1. 经济德性是经济行为的价值取向及其所体现的崇高境界。

正如前文述及,所有经济行为客观上都有着一定的价值取向,只是存在趋善和趋恶的区别,作为本文的意指趋善意义上的经济德性,其价值取向至少体现为为自己谋正当之利和为社会造最大之福。在此意义上,为自己谋利和为社会造福并不必然地发生矛盾,往往是一种统一的关系。换言之,自身获利和造福社会是互为存在和互为促进的,这是崇高的经济行为之道德境界。的确,经济体(企业)或个人的经济行为首先考虑自身的利益是完全正常的,但应该是在为了社会、服务社会的过程中来获得,假如唯利是图,甚至损人利己的经济行为是一种缺乏经济德性的表现,必将遭人唾弃。

2. 经济德性是经济主体所应该承担的道德责任。

任何一个经济主体(包括企业或个人),其产生、生存、发展繁荣都离不开社会的支持。具体说来,这种支持主要有三:一是经济主体需要社会的智力支持,没有文化知识和专业技术的经济行为主体是不具备生存基础和基

---

① 参见王小锡:《经济伦理学的学科依据》,载《华东师范大学学报》2001 年第 2 期。

本条件的;二是经济主体需要政府引导和政策的扶持,唯此才能有行动的依据和经营的条件保证;三是经济行为一定是需要利益协调与工作协作的行为,哪怕是最简单的商品买卖双方的商业经济行为,至少有着相互信任的基本要求,否则,买卖就不能成功。更何况,作为企业的经济行为的正常展开,也需要社会方方面面的关心和支持。因此,任何经济主体从其存在那天起就客观上内涵着对他人和社会的道德责任。换句话说,对他人和社会承担道德责任是经济主体的存在本质。在此层面上可以说,经济主体在一定意义上就是道德实体。任何经济主体,只要不承担对他人和社会的责任,就会失去其生存的理由和条件,必然地要遭到社会的唾弃和抛弃。

3. 经济德性是经济道德规范。

经济德性是由经济主体的精神境界和道德行为体现出来的,其基本前提是对经济道德责任的把握和对体现经济道德责任的经济道德规范体系的认同和执行。事实上,经济德性就是系统履行道德规范要求的经济行为。任何经济活动的任何环节都有着"应该"与"不应该"的道德考量,都有着作为行动依据的道德规范体系。唯此,复杂的经济行为才能在规范、有序、理性中实现最大限度的经济效益。所以,经济道德规范就是经济的精神因素,就是经济活动的内在依据和核心内容。

4. 经济德性是经济行为主体的道德修养与人格培养。

经济活动是人的活动,是人际关系的活动。经济行为所要履行的道德责任、遵守的道德规范体系都要有经济行为人在行动中具体落实。然而,经济行为人需要的是自觉的行为主体,才能使得经济道德责任和道德要求落实到具体的经济行为中。换句话说,人有德性才能使得经济有德性,经济德性在于人的德性。因此,作为经济主体的人,需要在经济活动中自觉修身养性,提高道德觉悟,真正认识经济是道德的经济,并以有效的理性经济行为说明经济德性的存在与价值。

5. 经济德性是持久的经济品质。

经济活动的成就最终由经济活动的成果体现出来。作为经济活动成果的产品的质量在一定意义上取决于经济行为人的道德素质。产品设计的人性化程度、制造产品中对用户责任心的渗透程度、以及产品销售承诺的兑现程度等等与人的价值取向和道德自觉有着密切的关系,缺少甚或没有基本的道德觉悟,产品质量将必然地受到影响。优质产品意味着一定内涵经济德性。持久的经济品质不仅仅在于优质的产品质量,更在于经济行为人稳定而又形成为经济行为习惯的道德品质。只有这样,经济活动才能成为崇高经济品质的一部分,也是体现为崇高经济品质的动态部分,这也彰显了经济德性的本色。

6. 经济德性是经济自由。

经济自由就是在经济关系和经济利益关系实现平等的基础上依据一定经济规律和法则而形成的与自由经济意志相一致的自主经济行为。

经济自由主要表现在以下几方面内容:其一,劳动者的生产劳动的自由。即劳动者自由支配自己的劳动时间,干自己想干的事情,实现自己想实现的经济目标。不过,前提是劳动者必须能够自觉地实现自己能够实现的"生存指数"①,否则,劳动者将不可能实现最理想的经济行为效益。其二,经济交易是自由的。交易是现代经济发展的基本形式和手段。交易的目的一是为了得到自己想得到的东西,二是为了实现自己的最大效益,三是为了获取更好的生产和生活条件,进而进一步扩大再生产。因此,在什么时候、什么情况和条件下、什么地点跟谁交易,这应该完全是劳动的自主行为。其三,投资与消费的自由。投资是经济活动的重要内容和形式,投资目的就是为了获取更大更多的收益,因此,投资者有权利决定自己的资本投向。同时,投资所获得的效益,投资者有着自由消费的权利。在一定意义上,消费本身也是投资。合理的消费就是合理的投资。

应该说,经济自由并不是经济任意行为,经济自由有其内在的依据和条件。实现经济自由的必要条件有三:

其一是把握规律。经营者应该主动认识和把握经济尤其是自己所从事

---

① 这里的"生存指数"指的是人的诸如身体健康状况、文化水平、心理素质、道德觉悟等生存内容。每一个人由于其生存的主客观条件不会完全一样,努力的程度不一样,因此,人们的生存指数往往会不一样。

的经营领域的基本规律,惟此才能把握经济行为的主动权。马克思在对人类由必然王国进入自由王国的过程的论述中指出:"这个自然必然性的王国随着人的发展而扩大,因为需要会扩大;但是,满足这种需要的生产力同时也会扩大。这个领域内的自由只能是:社会化的人,联合起来的生产者,将合理地调节他们和自然之间的物质变换,把他置于他们的共同控制之下,而不让它作为盲目的力量来统治自己;靠消耗最小的力量,在最无愧于和最适合于他们的人类本性的条件下进行这种物质变换。但是不管怎样,这个领域始终是一个必然王国。在这个必然王国的彼岸,作为目的本身的人类能力的发展,真正的自由王国,就开始了。但是,这个自由王国只有建立在必然王国的基础上,才能繁荣起来。工作日的缩短是根本条件。"①正因为自由是对必然的认识和对客观世界的改造。所以,要实现经济自由,必须真正了解经济,按经济规律和基本法则展开经济活动。绝对不能错误地认为,经济自由就是经济放任。事实上,放任的经济行为是不自由的行为,是限制甚或遏制经济活动的行为。

其二是确立经营责任意识。经济自由与经济责任是辩证统一体,换句话说,经济自由是与经济责任相一致的自由。要想获得经济活动的自由,经营者必须树立责任意识。因为经营者的所有经济行为都是社会活动,都要在社会的支持下才能正常进行,假如无视社会的发展规律和要求,假如无视利益相关者的利益,客观上将会破坏正常社会关系尤其是社会合作关系。在这种情况下,不能得到社会支持或不在社会正常关系下的经济活动是不自由的经营活动。因此,要获得经济自由就应该承担相应的社会经济责任,让理智的经济理念和经济举动与人的内心深处经济意志和经济欲望相一致。实践已经充分证明,不讲经济责任的经济行为、或者没有限制的体现经济意志的经济欲望及其行为一定是寸步难行的行为。正如有论者指出,作为经济主体的企业,"体现自己责任的最重要也是最现实的方式就是实现清洁生产。""努力降低物耗和能耗,实现无公害化",并进而不断"促进环境

①《马克思恩格斯全集》第25卷,人民出版社1974年版,第926—927页。

状况的改善"。① 的确,这是一个很有见地的观点。实际上,企业坚持清洁生产,不仅有利于经济社会的快速发展,而且有利于企业自身经营理念的不断完善和经营效益的不断提高,因此,清洁生产就是理性生产、高效生产。这是真正的自由经济境界。

其三是完善政策法规建设。既然经济自由不是经济活动中的随心所欲,那么,在我国就很有必要从三方面着手:一是通过法制建设,以合理的政策法规来保护经营者的自由权利。二是要排除人为的政策干扰。尤其是政府部门,要明确和摆正自己的位置和职能,应该通过有效的政策法规举措,营造良好的经营环境,指导经营者在激烈的经济竞争中自由经营,惟此才能实现高效经营。三是加强经营者之间的合作。所有的经济活动都是社会性活动,而高效的经济活动一定是充分利用各种社会关系资源、在直接或间接利用多种作用因素的情况下,经营者才能获得充分的经营主动权。否则,人们的经营活动将是被动的、不自由的。为此,经营者要善于合作、诚信合作,创造有利于经济快速发展、和谐发展的经济自由局面。

综上所述,经济德性是经济行为应有的道德责任及其崇高的价值取向和持久的经济品质。

三、经济德性之功能

经济德性的或经济道德理念、或经济价值取向、或持久经济品质等要素,都能发挥其特殊的功用。就总体意义上来说,经济德性的功能主要有以下几方面:

1. 净化社会环境

经济德性意味着经济行为主体具有时代所要求的经济道德理念、经济价值取向和经济品质。有着经济德性的经济行为主体的举动必然影响到经

---

① 刘湘溶:《人与自然的道德话语:环境伦理学的进展与反思》,湖南师大出版社 2004 年版,第 139—140 页。

济行为的全过程,人们在生产、交换、分配、消费、销售、服务、享用过程中将会以理性态度对待经济行为的各个环节,使得经济发展成为和谐经济,并由此提升全社会生产和生活的道德化程度,真正实现社会和谐。尤其是在社会主义市场经济条件下,社会环境的净化更需要经济德性。1970年诺贝尔经济学奖获得者、美国麻省理工大学教授萨缪尔森曾这样对中国记者说:"在当今没有什么东西可以取代市场来组织一个复杂的、大型的经济。问题是,市场是无心的,没有头脑的,它从不会思考,不顾忌什么。"无独有偶,1990年诺贝尔经济学奖获得者、美国纽约市立大学教授马克维茨也这样对中国记者说:"市场没有心脏和大脑,因而不能指望市场自身能够自觉地意识到它所带来的严重的社会不平等,更不能指望市场自身来纠正这种不平等。""市场经济需要不同的心脏和大脑,而道德便是———一种心脏和大脑,而且是一种不可或缺的心脏和大脑。"①由此可见,经济德性不仅是市场经济社会发展的晴雨表,而且更是社会环境净化的重要精神依据和社会条件。从另一角度来说,但凡经济缺乏德性,甚至在经济活动中惟利是图、坑蒙拐骗、弄虚作假等等,这不仅经济活动不能正常进行,而且会造成社会风气的败坏。

2. 增强经济力

作为经济建设能力的经济力,可以从物质和精神两个方面来考量和培育。经济建设中物质和技术是基础,然而,物质和技术的功能的发挥均需要作为经济行为主体的劳动者和相关劳动组织等的参与、协调等功能或能力的发挥。其中,经济德性有着不可替代的特殊作用。一方面,经济德性为经济行为明确正确的价值取向和行动目标,"它作为一种看不见的理性之手或理性力量,能促使所有投入生产过程的资本实现理性化运作,牵引着人们实现利润的最大化。"②这样,经济活动就有着虽看不见但强劲的动力。另一方面,经济德性可以不断提高经济主体的道德素质,进而不断提高劳动者的劳动积极性,促进物质和技术功能的充分发挥。"假如人不能作为真正

---

① 夏伟东:《市场经济是道德经济》,载《新视野》1995年第3期。
② 王小锡等:《道德资本论》,人民出版社2005年版,第8页。

的或完美意义上的人而存在,甚至成为一个消极被动甚至反动的'存在物',那么不管技术设备有多好、物质资源有多丰富,其生产力水平注定是提不高的。"①再一方面,"要把生产中人的积极性调动起来,在相当程度上还有赖于在生产关系中人与人的矛盾的解决,有赖于人们在生产中的地位和物质利益关系的正确处理。"②显然,经济德性可以协调企业等经济组织内外的各种利益关系,以形成"1 + 1 > 2"的经济行为合力,从而保证经济发展的有效、快速的运转。

3. 提升物质文明程度

物质文明是社会主义文明建设的基础,然而物质文明建设也需要精神文明、政治文明、以及制度文明的支撑。经济德性作为精神文明的重要内容和主要标志,它在提升物质文明程度上有着独到的作用。一方面,经济德性为创造物质文明提供精神境界。所有物质的创造都是为人所用,创造的物质(物品)当然是科技含量越高越好,然而,科技含量高并不能说明物质(物品)的最终质量,因为物质(物品)的质量除了耐用和用之有效果外,还取决于在多大程度上满足"人性"需求,即能最大限度地好用和用好。在商业竞争日趋激烈的今天,几乎所有的企业都在探寻品牌长盛不衰的秘密。然而,当我们将眼光投向星巴克、可口可乐、宝马、索尼、柯达、麦当劳等众多世界知名企业时,就不难发现,尽管他们的成功有着各自不同的道路和经验,但却有着共同的规律,即:孜孜不倦的探求消费者内心的价值需求,并针对他们更深层次的需求,创造出人性化的体验。星巴克提供给顾客的不仅仅是咖啡,而且是除了工作和家庭以外的"第三空间";可口可乐的"快乐无限",始终代表了自由自在与活力的价值观;索尼以其带来的最新最酷的视听享受,让人们体验科技进步带来的真正快乐;柯达销售的不是单纯的相机和胶卷,而是"永恒的瞬间"和"瞬间的永恒";麦当劳留在人们心目中的不仅是

---

① 王小锡:《论道德资本》,载《江苏社会科学》,2000 年第 3 期。
② 刘贯访:《论社会生产力》,人民出版社 1988 年版,第 106 页。

汉堡和薯条的好滋味,更是"常常欢笑"的生活理念。① 因此,从某种意义上说,经济德性就是物质文明的"灵魂"。另一方面,经济德性为创造物质文明积聚最佳人气和力量。物质文明的创造过程是集体智慧和集体力量的积聚过程,这需要人们有十分自觉的协调和协作精神,经济德性是实现人际关系和谐、引导人们相互支持、实现双赢或多赢并提升物质文明程度的重要条件。正如 R. 爱德华·弗里曼和小丹尼尔·R. 吉尔伯特在评价《追求卓越》一书中指出:"优秀企业的秘诀在于懂得人的价值观和伦理,懂得如何把它们融合到公司战略中。"②这就是说,企业的发展或利润的增加依赖于在正确价值观基础上的伦理关系及其协调和谐。

4. 标杆经济行为

经济行为最直接的目的是物质利益,然而,如何创造或实现物质利益,即物质利益实现过程采取的手段和运用的途径是什么,这是十分复杂的经济行为工程。经济德性是所有经济行为的标杆,"在很多情况下,顾客服务和质量本身就是目标,利润只是副产品。"③正如美国著名企业默克董事长乔治·W. 默克所说:"我们要始终不忘药品旨在救人,不在求利,但利润会随之而来。如果我们记住这一点,就绝对不会没有利润;我们记得越清楚,利润就越大。④ 显然,只要坚持经济目的与道德目的相一致,坚持道德理念与物质理念的统一,坚持以道德规范为行动准则,物质创造过程一定会是理性、快速和高效的。对此,斯坦福大学教授詹姆斯·C. 柯林斯和杰里·I. 波拉斯曾经作出过一些论证,他们通过对 18 家长期成功(至少有 45 年卓越经营经历)的企业与 18 家对照企业进行长达六年的比较研究后发现:"它们追求利润。然而,它们也追求范围更广泛的、意义更深远的理想。……目光

---

① 参见马连福:《体验营销——触摸人性的需要》,首都经济贸易大学出版社 2005 年版,第 1—2 页。

② 见周祖城:《管理与伦理结合:管理思想的深刻变革》,载《南开学报》(哲社版),1999 年第 3 期。

③ 见周祖城:《管理与伦理结合:管理思想的深刻变革》,载《南开学报》(哲社版),1999 年第 3 期。

④ [美]詹姆斯·柯林斯、杰里·波拉斯:《基业常青》,真如译,中信出版社 2003 年版,第 5 页。

远大的公司在追求理想的同时却又得到了利润。它们两方面都做到了。"①

同时,经济德性还是一切合理有序的经济活动的价值认同依据。经济活动从形式到内容是多种多样的,多种多样的经济活动能否有统一的经济理念、统一的经济目标和统一的经济道德手段,就要看有没有统一的价值取向,而价值认同的依据是经济德性。正是在这个意义上,当代德国学者彼得·科斯洛夫斯基在分析市场经济的德性时说:"经济不仅仅受经济规律的控制,而且也是由人来决定的,在人的意愿和选择里总是有一个由期望、标准、观点以及道德想象所组成的合唱在起作用。"②

5. 协调经济利益关系

德性是关系范畴,经济德性就是经济关系范畴,它是经济领域各种关系尤其是利益关系的协调与和谐的道德要求与道德习惯。在经济活动中,经济行为主体均有自己的行为目的,而且各种经济目的之境界及其实现目的的手段与方法、目的的呈现形式与功用都有着不同的内容,甚至有着本质的差别。而有些差别是无碍大局的,甚至是经济发展的特色和条件,但是,有些差别则是竞争各方的损人利己的不正当经济理念和举措,任其存在与发展,势必影响竞争各方的利益和发展,最终也必定影响当事经济行为主体。经济德性有着协调各种经济活动并使之实现双赢或多赢的功能。事实上,大凡经济发展顺利的单位或地区,已经形成的公正、公平、诚信、协作等经济德性自觉地在发挥着利益各方的协调和促进作用。正如斯蒂芬·R.柯维所言的"唯有基本的品德能够为人际关系技巧赋予生命"③一样,也唯有经济德性才能为各种经济利益关系的和谐共处赋予技巧。

（原载《道德与文明》2008 年第 6 期）

---

① ［美］詹姆斯·柯林斯、杰里·波拉斯:《企业不败》,刘国远等译,新华出版社 1996 年版,第 70 页。

② ［德］彼得·科斯洛夫斯基:《资本主义伦理学》,中国社会科学出版社 1996 年版,第 3 页。

③ Stephen R. Covey, *The Seven Habits of Highly Effective People*：*Restoring the Character Ethic*, New York：Simon and Schuster,1989,p. 21.

社会主义道德的经济意义

在我国社会主义市场经济观念基本确立、市场经济运行机制正在逐步完善的今天,一个不容忽视的问题是:发展经济,道德还要不要? 回答当然是肯定的。在社会主义市场经济条件下,道德与经济是不可分割的两方面,道德有其重要的经济意义。

道德是经济的本质内涵。完善意义上的经济应该是理性经济。任何经济活动都是人和人类求生存求发展的活动,同时也是体现人类生存素质、尤其是精神素质和劳动水平及劳动态度的活动。因此,经济活动绝不仅仅是投入、产出和效益问题,从根本上说,是人类的价值追求和价值实现问题。例如,有人把"名牌"产品仅仅看成是产品质量过得硬,只是一种名牌的实物"标志"而已。但大凡"名牌"的创立除体现企业资金实力和技术水平外,还内含着企业员工的责任和质量意识,企业内部的协作精神和精心服务于社会的态度,等等。所以,创"名牌"首先应该是树立企业精神和企业价值取向,坚持一流的质量意识、一流的协作精神和一流的服务态度。"名牌"产品绝不是靠弄虚作假创立的。因为对用户和顾客不负责任,一味为赚钱而生产,就必然失去生产过程及其产品的"道德"内涵,而永远创不出名牌。因此,在社会主义条件下,经济的现代化标志着人的现代化、人的道德的完善以及人际协作精神。

道德是实现资源合理配置的重要保证。市场经济一个最基本目标是实现资源的合理配置,从而实现最佳经济效益。资源包括人力资源和物质资源,合理配置是使这两方面能得到合理、最优的发展。社会主义市场经济要实现人力资源的合理配置,意味着人的素质要得到全面的发展。就这一点而言,资源的合理配置往往直接取决于人的伦理道德素质。人若没有崇高的价值追求、生活理想和生存准则,其素质的全面发展将是不可能实现的。因此,社会主义市场经济的一个重要特点是,人的生存和发展不应该被"金钱"所控制或支配,而应受到理性的约束。就物质资源的合理配置来说,尽管是由市场经济运行过程中的价值规律来实现的,但丝毫离不开人的参与。人的素质尤其是伦理道德素质、价值观念将直接影响物质资源合理配置的方式和程度。比如,在拜金主义、个人主义道德原则引导下出现的盗用技术秘密、假冒商标、假合同,以及乱涨价、乱收费、行贿受贿、偷税漏税等现象,就直接扰乱了社会主义市场经济秩序,也破坏了物质资源合理配置的进程和效益。

道德是经济运行中的无形资产。如果把经济运行中的资产仅仅理解为有形资产,那只是认识或掌握了资产的一半或是一小半。在这种情况下,有形资产所发挥的效益也只能是"资本"机械运转的"被动效益"。经济的发展,高效益的实现,往往取决于作为无形资产的企业及其员工道德觉悟。企业的管理与道德是企业发展的两只"手",忽视了对人的素质重视和管理,离开了对企业人际关系尤其是利益关系的理性协调,企业生产和管理将是被动的。因此,应该坚持"以人为本"的经营理念,努力做好协调人、完善人和激励人的工作,把人和人的素质放到生产经营与管理的制高点。道德作为企业的无形资产,不仅存在于企业内部,而且广泛存在于社会之中。可以说,"企业信誉"、"企业形象"等是企业的无形资产,也是企业的生命力之所在。

道德是经济运行中的重要法则和依靠。社会主义市场经济的一个本质特征是法制经济。这里所说的"法制"应该是广义概念,既包括为保证社会主义市场经济正常运行的政策和法规,也内含协调各种经济及其经济利益秩序的道德。政策和法规,客观上为社会主义市场经济的发展指明了方向和经济行为的规则。然而,政策和法规不可能把所有的经济活动和经济行为的准则规定得面面俱到。进一步讲,即便是法律政策健全,一些素质低的人往往会想方设法躲开政策和法规的制约谋取私利,甚至有的人专门研究如何偷税漏税、损公肥私。同时,在我国目前市场经济运行机制尚在逐步完善的情况下,在政策和法规逐步建立和健全过程中,一些不法分子乘机钻空子,以权权交易、权钱交易来肆意损害国家和人民利益而聚敛暴富。由此可见,一些人没有道德觉悟,甚至丧失基本的职业道德,往往是经济运行秩序混乱的根源。因此,加强道德这只"看不见的手"对于经济的范导作用确有必要。

最后,道德还能在实现情感共鸣、价值取向共识的基础上,让人自觉地遵守政策和法规,自觉地履行道德责任,自觉地维护社会主义市场经济秩序,全面实现经济运行的正常、高效。综合起来,上述几点就是所谓社会主义道德的经济价值和意义之所在。

（原载《光明日报》1996 年 12 月 5 日）

简论道德消费

消费是社会经济再生产过程中的重要环节,是人类社会生活的基本内容之一。没有循序渐进的消费需求,就不会有稳步攀升的社会生产和经济增长。低迷的消费需求不仅会影响到经济增长,还会影响到人们的生活质量,从而不利于人的完善和社会的进步。一般说来,消费有物质消费和精神文化消费之分,两者既相对独立又互相蕴含,而人类的生产和生活消费行为总是物质消费和精神消费的统一体。尤为重要的是,人类物质与精神文化生活的丰富程度恰恰就体现在物质消费和精神消费两者之间的结构比例关系之中。当然,每个时代都会在一定的生产力条件下,在人们的社会生活观念中发展着自己的消费内容和消费结构,然而,进步的消费结构和消费内容一定是体现时代进步要求的道德消费。

道德消费内涵社会主义道德目的,这也是促进经济发展必然要求。从表面上看,消费是消费主体(可以是个人,也可以是各种类型的集体等等)在消耗物质产品和精神产品,但事实上,消费又不只是消耗,从本质上说,消费应该是发展中的消费,是发展中的投入。因此,消费是物质与精神生产、经济社会发展和日常社会生活过程中不可或缺的重要环节。这就是马克思反复强调的"消费生产着生产"、"消费的需要决定着生产"的道理。当然,作为发展中的消费和发展中的投入,消费必定是理性意义上的消费。这就是说,作为人类生存发展的一种基本生活方式和重要内容,消费应该起到对于人性、人心和人际关系的积极意义和完善功能,应该可以作为新的发展力量,对人的精神力和体力的再生产发挥重要作用。因此,既然消费是消费主体用于物质和精神再生产、人类再生产的投入或投资,那么,这样的消费一定不是无用消费、浪费或破坏性消费。

道德消费是负责任的消费。理想状态的消费是消费行为的应该状态，是承担道德义务和道德责任的理性消费，是符合经济、社会、生活的发展要求并体现出应该状态的生态性消费。同时，道德消费也是一种维权消费，即体现在消费行为中的道德要求会有助于维护主体权利。比如说，企业维权消费就是要尽可能地生产出符合人性要求、有利于提高生活质量的消费品；个人维权消费就是要保证消费的合理、有益。这种负责任的道德消费行为有利于资源的利用效率和使用成本，并在资源的消耗中产生最大效益，诸如实现身体健康、身心愉悦、理念进步、能力提高等等；它能使资源的利用方式更为公正合理，从而使利益相关者的利益分配更为公平，进而对人际关系的和谐、人际间的优势互补和精诚合作起到效益最大化的促进作用；它能最大限度地保护生态环境，从而为经济社会的可持续发展创造条件。事实上，和谐人际下的道德消费必然会自觉地关照和顾及到自然环境与社会环境的生态要求，从而使消费的结果能够受益于良好的生态环境；它能引导人们节俭用物，排除奢侈、无效的消耗，排除虽有近效但无远益的即时消费，从而达到发展高效能消费，防止短期(视)性、掠夺性消费的目的。

道德消费积聚企业道德资本。既然消费是社会再生产过程中的重要环节，是经济社会发展的一种主要的驱动力，那么，道德消费就不会只是个人的事情，它必定也会涉及从事生产和销售活动的各类企业。尤其是生产性企业，由于它们生产消费品的过程同时也是消耗资源的过程，因此，它们既是消费品的生产者，也是消费品的消费者，因而是一个特殊的消费者。企业的道德消费行为，不仅会促进员工素质的全面提高，还能促进利益相关者之间的关系协调，从而在企业管理中形成"1＋1＞2"的人际合力，节约应该节约的资源，充分发挥各种资源的功能和使用效率，为企业的科学发展提供特有的"道德资本"。反之，企业的消费活动若是被异化了，就必然会导致企业的畸形发展，甚至会破坏正常的经济活动并最终导致企业破产。此类案例已不胜枚举。比如：三鹿奶粉事件就是企业和当事人缺失消费道德所造成的。三鹿公司忘记了消费者是企业生存和发展源泉的观念，根本就没有意识到消费品被消费就是一种再投入或再投资过程的科学理念,同时也丧失了要向用户负责的起码的道德精神。可以毫不隐讳地说,当企业经营的"道德链条"断裂之时,也就是企业灭顶之灾的来临之日。

道德消费主张生态型的消费节俭方式。到了今天,我们应该反思一下过分节俭或守财奴式的消费理念。其实,在一定程度上,过分节俭或守财奴式的消费是一种滞后型消费,它既是对该进行消费投入而没有投入的物质产品在时间、空间和内容上的损耗,也是对该进行消费投入而没有投入的精神文化品在功能和作用上的耗损。换句话说,一方面是消费品被闲置,另一方面是消费主体得不到应有的生活消费品,这样一来,不仅是社会的经济发展势必会受到消极影响,人们本来可以达到的生活质量也势必会受到影响。这不符合消费的生态要求。生态型的消费节俭方式是指:要尽量提供充裕的消费品,但应该通过适度消费、有限消费、赠与消费等方式促进消费能量和消费作用的发挥;而在消费品还不能充分满足消费需求甚至还处于匮乏状态中时,节俭就应该使有限的消费品尽可能地达到时空均衡和受益合理,从而达到最大的使用效率和需求满足度,产生更好的消费结果。因此,要引导消费,要积极鼓励理性的消费。尤其在当下出现全球性的金融危机时,在全球经济陷入困境以及增长放缓甚至停涨的时候,如何协调好生产与消费的关系以及消费结构就显得非常重要。这就十分需要社会去消费该消费的东西,节约该节约的东西,以维持经济的稳定和增长。由是观之,消费是一种精神、是一种觉悟。正是在这个意义上,党和政府如今才会大力强调"拉动内需"或"刺激消费"的政策举措。这些政策,从其出发点来讲,都是想达到一种生态型消费、或理性消费、或道德消费的境界,但这并不因此就否认了节俭的美德。

就目前的情况来看,要想达到道德消费的理想水平,就必须遵循以下的经济伦理原则:

一是消费要与消费能力相等。消费能力包括物质消费能力和精神消费能力。"超能力"的消费,不是投入或投资,而是对"再生产"和"发展"的阻碍或破坏。"低能力"的消费,不是节俭,而是滞后型消费,它不利于"再生产"和"发展"。作为美德的节俭消费不会是"超能力"的消费;当然,不铺张浪费,也不意味着要像"守财奴"式的该消费而不消费。不过,在像学校教育、医疗卫生等公共消费能力总体不足的情况下,我们还是需要大力提倡节俭的。当然,节俭型的公共消费是为了更加理性、更符合"应当"要求的消费。

二是消费要与生态要求一致。这里同时有社会生态要求和自然生态要求。消费毕竟是对物质产品和精神文化产品的消耗,因此,这种消耗既要考虑到社会成员的共同需求,也要考虑到利益分配的公正性和社会发展的可持续性;既要考虑到自然的生态存在,也要考虑到人类社会与自然生态之间的相互关系;既要考虑到当代人的消费需要,也要顾及到后代人的利益,绝不能"吃子孙饭,断子孙路"。

三是消费要与风俗习惯协调。消费内容和消费方式不可能是随心所欲的。特定地区或特定人群对消费内容和消费方式是有一定的特殊要求和消费偏好的,因此,消费势必要符合社会所认同的标准和社会生活的风俗习惯。但是,奢侈的消费,甚或伤风败俗的消费是异化消费,这会给"再生产"带来不小的麻烦。我们主张健康的、绿色的消费,唯此才能使消费真正回归人的真实需要并为丰富人的本质的创造条件,从而也才能使这样的消费行为真正成为经济社会发展的投入或投资。

四是消费要与经济社会发展趋势相一致。消费既然是一种投入或投资,那么消费行为就时刻要与经济社会的发展要求相契合。尤其是要避免那些"无用的拥有"和"无用的消耗",因为它们不能发挥合理的消费功能并产生具有积极意义的经济价值和道德价值。因此,道德消费可以说是经济社会发展的动力源,它会时刻去考虑任何一种消费行为的积极意义,考虑物质和精神文化产品的消费理念和消费方式。

论经济与道德之关系的思维模式

——以马克思、韦伯和斯密为例

　　研究经济与道德之关系问题是关乎经济伦理学一般理论形成的关键，而探讨经济与道德之关系的思维模式将有助于我们对经济与道德之关系问题的正确把握。本文着重叙述当代经济伦理学理论建构中需要关注的三位经典式权威人物，他们是马克思、韦伯和斯密。他们代表了三种不同的理论路径，而对这三种不同理论路径的梳理将有助于开拓对经济与道德关系问题探究的理论视野。

路径一：历史共性的经济根源论

　　熟悉马克思及其学说的人都不会否认：在唯物史观的立场上，经济与道德之间存在着一种具有历史共性的规律性关系，即尽管经济与道德之间会有发展的不平衡性，但经济不仅在存在基础上控制着道德的产生与发展，同时，道德的历史活动过程也必须在一定经济关系的制约中找寻自身的价值。换句话说，离开社会的经济基础和物质生活条件，人类的道德现象就无法获得独立自足的解释。

　　上个世纪 70 年代，罗尔斯《正义论》的出版所引发的诸种理论思潮，曾不同程度地波及英美马克思主义研究领域。于是，在"马克思与正义"这一题旨下，展开了一场具有西方马克思主义伦理学特色的大规模论战。这场论战起源于这样一个问题，即马克思在文本中曾大量地使用"剥削"、"强盗"、"骗子"等饱含道德价值评价的词汇，来剖析和谴责资本主义社会经济的非道德性和反道德性,这是否意味着在马克思的理论中暗含着某种正义的道德原则或标准? 如果有,它又将会是一种什么样的原则或标准呢? 争论的一方认为,资本主义的生产方式及其经济组织形式在资本主义体系内具有历史的合理性和正当性。马克思一般是在非道德主义的立场上对其进行历史评价而不带任何道德色彩。另一方则认为,马克思使用这些词汇来谴责资本主义经济剥削和压迫,实际上依然表明在他的理论中存在着某种正义的道德原则或标准,而且,这种道德原则或标准不可能产生于资本主义生产方式本身,否则它就不能作为价值依据对其进行道德评价。该观点中一种较为流行的看法认为,它是一种以人的自由或人的自由发展为基本价值立场的超历史的普遍正义原则。①

　　资本主义的生产方式及其经济组织形式是资本主义社会的历史本质。在唯物史观的立场上,如果说道德作为一种意识形式只能是受制于它的社会历史本质,尤其受制于该社会的经济本质,那么资本主义道德是否能成为评价资本主义经济的合法性根据呢? 表面上看,这显然是一个悖论。然而,实质上,这里存在着一个被争论双方都忽视了的问题。这一问题是:资本主义道德和资本主义社会中的道德是两个不同的范畴。如果仅仅把资本主义社会中的道德完全理解为是资本主义道德,那么由资本主义经济所决定的资本主义道德显然不能作为评价的合法性依据。这样一来,把马克思的道德谴责理解为是用更加高级的社会形态的道德(共产主义道德)或是用超越历史的某种道德原则来谴责资本主义经济的论断也就不足为奇了。因为,这是可想象到的两条最好捷径。但问题是,(1)马克思从未标榜过什么所谓的超历史的普遍正义原则或永恒的道德评价标准,相反,马克思一贯反对脱离具体的历史情境和社会境遇来抽象地谈论问题。他曾在《德意志意识形态》中说道:"在考察历史运动时,如果把统治阶级的思想和统治阶级本身分割开来,使这些思想独立化,如果不顾生产这些思想的条件和它们的

---

① Noman Geras, The Controversy about Marx and Justice, *New Left Review*, 1985; An Addendum and Rejoinder, *New Left Review*, 1992.

生产者而硬说该时代占统治地位的是这些或那些思想,也就是说,如果完全不考虑这些思想的基础——个人和历史环境,那就可以这样说:例如,在贵族统治时期占统治地位的是忠诚信义等等概念,而在资产阶级统治时期占统治地位则是自由平等等等概念。"①(2)马克思的关于共产主义社会理论只是一种科学的社会构想理论,许多具体问题还尚未涉及,尤其是共产主义道德的相关问题。因此,马克思对资本主义社会的道德批判之价值来源还不是系统地建立在社会主义和共产主义基础上的共产主义道德思想,而是资本主义社会中的进步道德。当然不可能是资本主义道德。事实上,在马克思看来,共产主义不是横空出世的怪物,而是在资本主义社会的胚胎中发展出来的。换句话说,这意味着资本主义社会中孕育着共产主义成长的因素,共产主义经济以及道德蕴含在资本主义经济及其道德的发展过程中。因此,在这个意义上,马克思对资本主义社会经济之道德谴责的价值根源则可以被理解为是在资本主义社会中具有共产主义性质的那些正在成长中的道德因素。

由是观之,在经济与道德之关系问题上,马克思的理论作为路径资源,价值有二:其一,经济与道德之间存在着第一性问题,即经济决定道德,道德关系最终可归结为经济关系。只有坚持从经济关系出发才能正确认识社会道德。但有一点需要注意,具有历史共性的这种决定性,同样也只有在历史共性中才存在普遍性。换句话说,在某些具体的历史情境中,也有可能是道德发挥着决定作用。其二,道德之于经济而言是内生的而不是外生的。道德关系通过种种中间环节的作用最终可被归结为经济关系。不过,这种中间环节并不是外在于经济或道德的,而是一种内在的紧张关系的演进所必须经历的历史活动阶段。

不过,遗憾的是,马克思在道德的经济根源论中突出地强调了经济的一边却并没有来得及详细地从道德的一边论说对经济生活的干预功能和改造作用,以及两者之间更为具体细致的复杂关系。而这一方面则为韦伯所特

①《马克思恩格斯全集》第3卷,人民出版社1960版,第53页。

别关注。

路径二：历史个性的行为决定论①

韦伯虽然深受马克思的影响，不过，他也曾经在不同的场合反对过马克思的历史唯物主义观点，并把他看做是"经济决定论"式的朴素的唯物主义。在韦伯看来，他既反对"对文化和历史所做的片面的唯灵论因果解释"，也反对"同样片面的唯物论解释"，而是"每一种解释都有着同等的可能性"②。在对新教禁欲主义的研究结论中，他指出：这里我们仅仅尝试性地探究了新教的禁欲主义对其他因素产生过影响这一事实和方向；尽管这是非常重要的一点，但我们也应当而且有必要去探究新教的禁欲主义在其发展中及其特征上又怎样反过来受到整个社会条件，特别是经济条件的影响。"③韦伯似乎在经济与道德关系的问题上更加注重于两者的相互关系。他既重视经济条件对道德生活的限制，也重视道德观念对经济生活的影响，并强调两者之间的相互作用。其实，问题并非如此简单。

让我们先来考察一下韦伯的分析方法。在《新教伦理与资本主义精神》的第二章，即"资本主义精神"这一章里，韦伯在谈到对资本主义精神的概念的分析视角时说道："从历史概念的方法论意义来说，这些概念并不是要以抽象的普遍公式来把握历史实在，而是要以具体发生着的各种关系来把握，而这些关系必然地具有一种特别独一无二的个体性特征。"④当代英国著名社会学家吉登斯认为，韦伯与马克思不同，他更关注的是人的社会行动而非社会结构。虽然经济因素的确重要，不过理念和价值观具有同样的

---

① 总体上看，韦伯对于经济基础与上层建筑关系的认识由于受到马克思的影响，与马克思十分接近，不过《新教伦理与资本主义精神》倒是有其特色，故而这里的概括限定在对韦伯这一文本的解读。
② ［德］马克斯·韦伯：《新教伦理与资本主义精神》，于晓等译，三联书店1987年版，第144页。
③ ［德］马克斯·韦伯：《新教伦理与资本主义精神》，于晓等译，第143页。
④ ［德］马克斯·韦伯：《新教伦理与资本主义精神》，于晓等译，第143页。

影响力。他坚信人类的动机和理念是变革背后的动因,思想、价值和信念具有推动转变发生的力量。……他不相信外在于或独立于个体的结构。相反,他认为:"社会的结构是由行动之间复杂的相互影响型塑的。"①换句话说,在韦伯那里,他并不认为在经济与道德之间如马克思所说具有一种规律性的历史共性。特定时期的变革是作为自为的个体的创造性活动的产物。并且,也只有这种创造性的个体行为才是历史发展的动因和前进力量。于是,我们可以发现,在韦伯看来:经济与道德虽然相互渗透,不可分割,但实际上并没有哪一方具有绝对的控制力;而一切有赖于人的创造性行为。也就是说,人类行为是经济动机或道德动机相互作用的复杂过程,所谓的社会结构则是这一过程的结果,而不是相反。这和马克思从社会关系的角度看待人类行为是一种截然相反的路径。在韦伯这里,人类行为具有历史个性的决定性意义,历史个性意味着没有横贯历史始终的"经济决定论"或"唯灵论",是经济动机主宰人类行为还是道德动机主宰人类行为完全取决于一定历史时期各种行为因素的复杂变动。这是一种具有历史个性特征的偶然性结果,而正是这种具有偶然性的结果才构成了经济的或者是道德的在特定历史时期的个性决定意义。

因此,如果单从表面上看,似乎韦伯比马克思更加重视和强调道德对经济的影响。然而,这只是个错觉。韦伯在《新教伦理与资本主义精神》中的分析,持有的只是一种社会学历史个案研究的实证性立场("价值中立"是韦伯的思想原则)。虽然韦伯并不抽象地脱离历史谈论问题,然而在他看来,历史事实所反映出的经验现象只是一种社会实在,它并不一般地表现为在经济与道德的关系上存在着一种有规律可循的普遍必然性原则。因而,历史个性就是其本身所表现的那样,只是一种个性的实在。所以,在这个意义上,韦伯之路径显然缺乏马克思之路径的那种强烈的历史责任感和明确的道德价值方向感。这样一来,问题就在于:如果在经济与道德的关系上并不存在一种明确的价值圭臬和有规律可循的原则与方向,那么这种以历史

---

① [英]安东尼·吉登斯:《社会学》,赵旭东等译,北京大学出版社2003年版,第18页。

案例为经验模本的行为教学法,是否可以成为人类在其发展道路上可资参阅的导向性读本?这是一个值得深思的问题。不过,且不论其历史观与价值立场究竟如何,韦伯的路径为细致而深入地分析经济伦理问题提供了一种方法论资源。这种方法尤其侧重于道德对经济行为的干预和影响能力。换句话说,他强调了马克思并没有来得及强调的另一方面。需要说明的是,韦伯对经济与道德之间关系所作的研究,从某种意义上说,还只属于一种社会实在意义上的历史叙事。实际上,他并没有提出什么一般性理论,而只是用事实说明了一个重要的观点。但是,值得注意的是,韦伯对人类行为的个性推崇以及对其决定意义的强调恰恰和当代西方经济伦理学以人类行为为切入点来看待经济动机与道德动机有着相通之处。而韦伯有关人类行为对社会结构的型塑性解释则和当代制度经济学以演化博弈来叙述社会建制过程有着异曲同工之妙。

路径三:人性决定论

斯密这位"现代经济学之父",由于其两本知名的且分别涉及经济学与伦理学的著作(《国富论》和《道德情操论》)而成为当今经济伦理学研究中尤为重要的经典式人物。虽然韦伯首倡了"经济伦理"这一概念,不过,当人们从韦伯的经验性图景中观察到了经济伦理现象,且承认了经济伦理的实在性,继而打算深入到经济伦理研究的内核中去的时候,那脍炙人口的"经济人"与"道德人"的斯密悖论就随即浮出水面。同时,许多有关对经济与道德的关系问题的认识或经济伦理学研究的理论路径,就是从此悖论开始的。虽然斯密的理论在时间顺序上要早出现于前两者,但我们在这里将把他看作是离我们"最远的最近之人"而位列于此。与前两者的路径有所不同,在经济与道德的关系上,斯密的理论似乎既不强调历史共性(马克思),也不彰显历史个性(韦伯),而表现出一种不十分明确的人性二元论立场。其实,众所周知,斯密并不曾明确地把他的两部著作联系起来加以考察经济与道德的关系问题。那么,问题就在于,重释斯密学说的理论就意味着,并不是斯密的路径会必然地影响到现代经济伦理学研究,而是为什么在经济与道德关系问题研究的现代路径中,会回到斯密那里?会回到人性假设那里?这是一个比重释斯密问题更值得考虑的经济伦理问题。

大多数斯密的追随者和信奉者,都坚信自己正确地理解着他的一句至理名言:"我们不是从屠户、酿酒师和面包师的善行当中指望我们的餐宴,他们只关心他们自己的利益。我们不是出于他们的仁慈进行交换,而是出于他们的自爱。"于是,屠户、酿酒师和面包师只关心我们的钱,我们只需要他们的产品,结果是交易行为使双方受益。经济学的推理即从以下开始:人是自利的,这是人性之根本体现。每个人都试图使自己获得更多的利益,并且只关心自己所获得的利益。那么,市场就是一个在于给人们提供为了满足个体自利需要的相互交换的互利性场所。这样,个人的私利就会通过市场的互利方式("看不见的手的调节")而惠及于整个社会。然而,在诺贝尔经济学奖获得者、印度的阿马蒂亚·森看来,这根本就不是斯密的本事,而是其后继者的误读和曲解。不过,现代经济学却恰恰是从这个路径中走出来的。结果是:当经济伦理学开始关注经济与道德关系问题的时候,当伦理学知识和经济学知识进行对话的时候,则无一例外地沿着经济学的这种知识路径开始讨论起人性假设问题来,并在"人性"这个时髦概念的旗帜下研究经济与道德的关系。

如果说,马克思只是交代了规律性的历史共性原则及其价值方向而没有涉及具体的经济伦理问题,韦伯虽然提出和分析了问题却没有指明方向或提供理论,那么斯密的学说似乎可以达到两者兼顾。表面上看,一方面,这种理论路径既探讨以"活生生"的人性为前提,充分地考虑到人的行为动机的始源性和多样性,也即突出了人的个性;同时,另一方面,由于人的这种人性条件是一切历史的、社会的人所共有的,那么只要是在"人性"这一概念下,它同时也就获得了类人的共性。实际上,以人为价值立场而谈论人性本无可厚非。在马克思和韦伯那里,这一立场同样存在。只不过,对马克思而言,就"人"谈"人"等于空话,人是现实社会关系的产物,人性是历史社会在人的自然属性之基础上所塑造的以社会属性为本质的人的共性与个性的统一。要实现人的自由价值和真实的自由,就要改变表现为人的本质规定性的各种社会关系,尤其是经济关系。人是在这种关系改变的过程中改变自己以实现自身自由的。而在韦伯那里,他则更加强调人类行为的创造性和对社会制度的建构能力,尤其是在变革时期。只是,韦伯把人与社会结构之间的互动关系看作是第一位的,他强调行动而不看重单独的某一方面的决定性力量。两者虽然都具有人的价值立场,但并没有把"人"的外在性关系归结为由人的"内在性"所外化的产物。而斯密的理论(抑或是他的追随者的误解)虽然回到了人,却回到了抽象的"类人",回到了费尔巴哈式的"人"的概念之下,那将会是一条走不通的死胡同。

在经济与道德的关系问题上,通过对三种思想资源与理论路径的梳理,得出结论,以人性理论解释经济与道德之间的关系是不科学的,应当给予扬弃。我们更倾向于把人性假设的问题看做是一种行为动机的结构关系问题。换句话说,以人类总体行为为本,经济行为或道德行为只是总体行为的某种向度。单向度的某种行为不能替代总体行为。具体的说,即不能以经济行为代替人类行为,不能以经济行为等价于理性行为。不过,动机的价值根源却不在于人性,而是社会关系体系与行为之间互动关系的结果。而在两者的互动关系中,我们还是坚持马克思的社会关系本体论立场。由此,不难看出,从马克思到韦伯再到斯密,是一个从社会关系结构——人类行为——动机的由人之外而向人之内的递进过程,这一过程同样也可以从人之内的一方向人之外的一方推演。关键在于,把握这三个环节以及在涉及具体情况时的推演顺序将是正确地认识和处理经济与道德之间关系的科学方法和有效路径。

(原载《道德与文明》2007 第 3 期)

经济道德观视阈中的
"囚徒困境"博弈论批判

　　"囚徒困境",其原文为 the Prisoner's Dilemma,又译为囚犯的两难困难,囚犯难题等。这个是大约在 1950 年首先由社会心理学家梅里尔·M.弗勒德(Merril M. Flood)和经济学家梅尔文·德雷希尔(Melvin Dresher)提出来的,后来由诺贝尔经济学奖获得者的导师艾伯特·W.塔克(Albert W. Tucker)明确地叙述了这种"困境"。后来纳什有两篇关于非合作博弈的重要文章分别发表于 1950 年和 1951 年。塔克的这项工作同纳什的著作一起被认为基本上奠定了现代非合作博弈论的基石。因此,囚徒困境的重要性自然不言而喻。①

　　囚徒困境作为博弈论中的一个经典范例,其博弈理论渐渐为经济学、哲学、伦理学和管理学等诸多学科的研究所重视,一些学者把囚徒困境之博弈理论视作理解和指导当代经济活动的重要理论依据,更有甚者把它作为企业竞争中必须考量和选择的博弈"圣典"和道德理路。辩证地看待这一研究现象,其基本研究理路无可非议,因为这至少是促进人们深入研究相关社会现象的一种特殊的思维路径和方法。但经济领域近年热衷于囚徒困境的博弈理论的研究,似乎唯有囚徒困境之博弈理论才能说明经济领域的竞争之态势和竞争之激烈。有人搞经济理论学术研究言必称"囚徒困境",甚至认为,经济伦理研究如果不涉及此一理论,就无异于徘徊在真正的学术殿堂大门之外,无法进行真正的、高水平的学术对话。这一现象让人不禁疑惑:

---

① 参阅:李伯聪、李军:《关于囚徒困境的几个问题》,载《自然辩证法通讯》1996 年第 4 期。

果真囚徒困境的博弈理论有如此神奇,甚或可以统揽经济理论研究或统领经济活动? 果真囚徒困境的博弈理论能够厘清当今各种经济利益关系和经济道德关系? 实际上,把囚徒困境的博弈理论套用于当今经济活动领域,是市场经济条件下极具功利色彩的、信息极不对称的、非合作性的处于"生人圈"之中的经济竞争理论。因此,对其局限性加以揭示,并厘清其适用范围,还囚徒困境的博弈理论以本来面目,这不仅无损于我们利用囚徒困境的博弈理论来进行经济理论及其相关理论研究,而且可以开辟囚徒困境的博弈理论所未涉足的理论"空场",推进经济理论研究和其他相关的理论研究不断走向深入。基于此,本文试从经济伦理的语境对囚徒困境进行深度检讨,以期为走出囚徒困境的"漩涡"指明方向。

一、囚徒困境之德性假设

囚徒困境的故事讲的是两个具有犯罪嫌疑的囚犯甲、乙,被警察分别关在了两个隔离的房间中,警察对这两个囚犯进行分别的审讯。在审讯中,警察向他们分别提供了三个选项,并让他们做出选择:第一,若他们中的一个坦白了事实真相,那么坦白的将只判 3 个月监禁,而没坦白的将被判 10 年刑;第二,若他们都坦白了,那么他们都将被判 5 年的刑;第三,若他们都不坦白,那么他们都将判 1 年的刑。假设充分保障囚犯的决策权,让他们选择对自己最有利的行为方式,结果发现他们都坦白了事实的真相,于是都被判了 5 年的刑。

很显然,这对两个囚犯来说并不是最佳的选择,于是构成了所谓的"囚徒困境":即两个囚犯都试图选择对自己最有利的行为方式,结果却发现陷入了对双方不利的境遇。为什么他们会导致如此的结果呢? 这是因为两个囚犯本性是利己的,他们的选择都会把个人利益的最大化作为目标,都会通过严密的逻辑推理去追求一个对己最佳点,即"纳什均衡点"。①

---

① 故事中两个囚犯由于无法串供,因此,他们都只是选择对自己最有利的坦白的策略,并因此被判 5 年,这样的情节和结局被称为"纳什均衡",也称做"非合作博弈均衡"。

作为囚徒甲,他的推理如下:假如我选择坦白,那么乙要是不坦白,我将只判 3 个月监禁,即使他坦白,我也只会被判 5 年刑;假如我选择不坦白,那么乙要是坦白,我将被判 10 年刑,即使乙不坦白,我还是要判 1 年刑。因此,我不会去冒被判 10 年刑的风险而去选择不坦白。也就是说选择坦白对"我"是最佳的。同理,囚徒乙也会做出同样的推理。

由此不难看出,囚徒甲、乙的推理就个人而言是合理的,且是他们各自的最佳选择,这样的选择使两个囚犯陷入了困境。

尽管人们对囚徒困境故事耳熟能详,尽管囚徒困境故事在经济学等相关学科理论中都被引为经典性的事例,但是,熟知非真知。其实很多人并未意识到囚徒困境的理论悬设。如果仔细加以考量的话,不难看出,囚徒困境故事是某种虚构的情节,它存在明显的"漏洞",而这些"漏洞"恰恰是囚徒困境的局限性之所在。

造成囚徒困境的预设有三:一是每个囚徒必须知道博弈规则及其后果;二是每个囚徒必须是理性的,即总可做出对自己最有利的判断,譬如一个不那么理性的囚徒就很可能径直选择不坦白,这是最重要的;三是囚徒之间必须相互隔离,不可订立攻守同盟,亦无法获悉对方的选择倾向。正如有论者指出,"囚徒的苦恼在于他们不能商量沟通。"①但后来的研究表明,弱化这些预设困境仍然成立。

其实,首先应该讲明的一点是,陷入困境的绝不限于"囚徒",任何谋求对自己有利的理性双方可用"经济人"(或理性人)代之,都有可能陷入这种困境中。"囚徒"也不限于两个,涉及多方的博弈之时可能更为复杂一些,但那不过是"大规模的"囚徒困境甚至"囚徒"之间是否联络问题。关于囚徒之间是否订立攻守同盟问题,当然是应该考察的层面,这些并不具有根本性的意义,因为这些协议约束力实际上很难保证,谁也无法保证对方信守诺言而不背信弃义。"因为,这一博弈模型预设博弈者是来自霍布斯世界中的'豺狼人',即每个人都是他人财物的可能掠夺者。在这种博弈中,既然

---

① 郑也夫:《走出囚徒困境》,光明日报出版社 1995 年版,第 201 页。

人人都无道德感,就无所谓守信、履约和恪守承诺问题。"①概要说来,囚徒困境的德性假设主要有三:

其一,其主旨思想是宣传功利主义,②一切以"可能的结果"作为犯罪嫌疑人坦白与否的依据。按理,故事情节应该从法律和道德角度支持和鼓励坦白,然而,故事始终没有涉及该不该坦白的问题,虽然故事表面上是主张犯罪嫌疑人坦白,但其情节构思是想要说明坦白与否是一场博弈,犯罪嫌疑人在博弈中选择了坦白。

其二,警察对嫌疑人的审讯缺乏法律依据和法律支持。该情节不管在哪个国度和地区,都会认为分开审讯嫌疑人是对的,这是审讯中技术层面的内容。但是,在没有弄清楚案情时就确定某种态度下的刑期,显然是不合法律程序的。同时,按故事情节来看,警察是掌握了嫌疑人的犯罪事实的,因为不管嫌疑人交代态度如何都得判刑,然而,嫌疑人都坦白各判服刑 5 年,都抵赖各判服刑 1 年,其中一个坦白而另一个抵赖,坦白的可轻判 3 个月监禁,抵赖的判服刑 10 年。这一推理也没有法律依据,甚至存在着严重的逻辑错误,两者都坦白和两者都抵赖服刑年限倒错,一个坦白而另一个抵赖的服刑年限与两者都坦白或都抵赖有严重不一致。因此,故事情节中的博弈不是理性意义上博弈,实际上非常近似于冒险性的赌博。

其三,故事情节主张一切从自身的利益出发来思考问题,而且把对方看成是同样的自私自利者,所以,谁也不愿意承担责任或冒险抵赖。在这个故事里,且不说警察行为有诱导人们趋功利之意味,两个嫌疑人的举动没有体现博弈中有道德和博弈中应该讲道德的理念。所以,囚徒困境故事除了主张赌博式的盲目博弈之外,实在缺乏更深刻的哲理来启发人们的理性行动。基于这些判断,我们可以得出结论,囚徒困境的德性假设本身存在显见的矛

① 韦森:《经济学与伦理学——探寻市场经济的伦理维度与道德基础》,上海人民出版社2002年版,第96—97 页。

② 阿玛蒂亚·森的观点对此的批判是有力的,他认为:"真正的问题应该在于,是否存在着动机的多元性,或者说,自利是否能成为人类行为的唯一动机。"参见[印]阿玛蒂亚·森《伦理学与经济学》,王宇、王文玉译,商务印书馆2000 年版,第24—25 页。

盾和问题。

二、囚徒困境的经济道德审视

尽管囚徒困境对于经济博弈有一定启示和价值,但若将囚徒困境作为一个经典的经济博弈范例加以普世化,除了存在违背基本的哲学逻辑——以特殊代替一般的错误之外,还存在其他一些难以规避之问题。因为我们不应该就博弈谈博弈,尤其是就功利性博弈谈功利性博弈,因为纯粹的功利主义博弈论有它自身难以克服的缺陷,而且会带来严重的社会伦理问题。而如果换一个视角来考察的话,对囚徒困境做经济道德考量,一个全新的视阈就会呈现在我们面前。概要说来,在经济道德的视阈中,囚徒困境是建立在三大基本假定的基础上:一是信息不对称;二是竞争中的非合作性;三是"生人圈"的背景。

1. 信息不对称的博弈

囚徒困境是在信息不对称情况下的博弈,博弈者只关注自己的利益,所谓惟利是图,"惟我独尊"。他不仅不相信任何利益相关者,甚至完全把竞争者当成敌人,这会使任何一方博弈者失去在愿意合作情况下的许多经济建设的资源。

应该说,囚徒困境所讲的信息不对称,在市场经济领域、在企业之间的竞争中也有类似之处。比如,在信息不对称的情况下,如果公开信息就怕被人利用,使自己上当吃亏。尽管此举并非万能之策,尽管不公开信息会出现互相打压或互相挤压的情况,由于完全有可能在自己的信息不公开的情况下获得更多的利益,因此企业往往选择封锁信息,即信息不合作态度。这是经济领域中所存在的一种不争的事实。然而,必须清醒地认识到,所谓囚徒困境中的信息不对称所带来的问题,很可能导致没有经济信息交换的竞争摩擦,造成无谓的资源消耗和浪费。这不仅影响经济活动的良性有序的运转,损害企业的经济效益,更可能影响人的情绪、伤害人们的感情。

2. 竞争中的非合作性

在市场经济条件下,竞争不可避免。但是,竞争却有着性质的差别,一种恶性的竞争,另一种是良性的有序的竞争。而所谓良性竞争是奠立在合作基础之上的,尊重他人和团体利益的竞争行为。这里就引出了竞争与合作的关系问题。从哲学上讲,竞争与合作的关系是既相互区别又相互依赖、相互促进、相互统一的辩证关系。这里我们引用西方经济学中一个经典的例子来诠释竞争和合作的关联,在地狱里,人们吃稀饭,因为只有长勺(自己吃是没法把稀饭送入口中的),于是争先恐后地抢着吃,只能用手来抓,结果只能被烫得皮开肉绽;相反,在天堂里,人们非常注意相互合作,相互舀着来给对方吃,结果大家吃得既饱又好。这个例子生动而形象地表明了"理性合作即天堂,恶性竞争即地狱"的道理,表明了竞争与合作的内在关联,如果人为地把某一方面推向极端,必然会滑向另一极,正所谓"两极相通"。

正是在此意义上,无合作的绝对的竞争或无竞争的绝对的合作,无论在哪个时代都是少之又少的。因此,需要保持二者之间的必要张力。可见,囚徒困境实际上是建立在非合作性基础上的恶性竞争,即只要对我有利,最好是实现帕累托最优,不管别人的利益甚或死活,这是对社会生活中某些极端行为的一种抽象,而不代表一种积极健康社会的主流,因而将其"泛化"的普适性的逻辑就是非理智之举。

3. "生人圈"的背景

囚徒困境是在生人圈中进行的,且博弈者之所以只关注自己的利益,不相信任何利益相关者,主要是缺乏熟人圈的伦理道德的钳制。熟人圈伦理的运作机制和生人圈有着明显的异质性。熟人圈人们在竞争时容易按照伦理规范去进行,一般不会作出过分出格的行为,因为一旦如此,其可能的后果是他就会失信于人,声誉扫地。而在生人圈,人们在竞争时往往更容易按照利益逻辑去进行,一般很容易作出出格的行为,因为即便如此,他也不会遭到周围生活圈的人们的评价和谴责,依然可以"怡然自得",而不会失信于人,声誉扫地。

如果联系到中国传统社会的背景,我们恐怕就会更容易地看到上述这点。中国的传统社会是一个熟人的社会,即,"这是一个'熟悉'的社会,没有陌生人的社会。"①乡土社会的信任是一种人格信任,这种信任不是奠立在法律和契约的规定之上的,而是"发生于对一种行为的规矩熟悉到不假思索的可靠性"②。在传统社会的人际交往中发挥作用的,是"特殊主义"而得"普遍主义"的原则。③ 在此原则之下,信任度随不同熟悉程度的交往对象而有所不同。

尽管当前中国已经初步建立起了社会主义市场经济体制,但是,传统社会的伦理秩序依然有力地影响着现实经济生活,因而,从此种意义上说,囚徒困境应是建立在基本的不信任基础上的,可以确定其属于一种在"生人圈"背景中进行博弈的情况,在当代中国社会其普遍性也受到质疑。尽管我们承认,现代经济的发展越来越从"熟人圈"走向"生人圈",但是对于当下中国来讲,靠"熟人圈"来发展企业,进行商务活动仍然是经济活动的一种重要层面。就个体来讲,熟人圈则是经常遭遇的一种现象。就此点来说,如果拿囚徒困境这个建立在"生人圈"的背景之上的博弈理论来进行普世化的推理和运用,必然会遭遇与现实的巨大裂口。

总之,囚徒困境的确有其存在的合法性悬设。应该承认的现实是,尽管囚徒困境的博弈论并非我们想象的那样简单,尽管可以进行多重博弈,尽管并非所有的经济学家都将囚徒困境博弈论奉为"经典",甚至于某些经济学家已经意识到在囚徒困境中切入道德的因素,但是他们似乎并未真正的解决问题。在此层面上,可以说,楔入道德维度对于全新视阈的获得是十分必要的。否则,我们就只能在囚徒困境所预设的旧靴子里打转。因此很有必要颠覆囚徒困境之传统思想范式,为改正其逻辑错误并走出其逻辑束缚铺平道路。

---

① 费孝通:《乡土中国 生育制度》,北京大学出版社 1998 年版,第 9 页。

② 费孝通:《乡土中国 生育制度》,第 10 页。

③ "特殊主义"和"普遍主义"是 T. 帕森斯和 E. A. 希尔斯提出的概念。他们认为,特殊主义是凭借与行为之属性的特殊关系而认定对象身上的价值的至上性,而普遍主义则独立于行为者与对象在身份上的特殊关系。参见 Parsons, T. and Shils, E. A. , *Toward a General Theory of Action*, Cambridge:Harvard Universy Press,1951,p. 82.

三、走出囚徒困境的可能路径

尽管我不主张把囚徒困境故事作为社会各领域竞争的经典范例,但至少目前在社会科学各学科领域可以被广泛引用和观照,而且可以用囚徒困境故事作延伸,为经济竞争服务。实际上,如果将囚徒困境普世化,就显然地至少违背了特殊不能代替一般的基本哲学逻辑。因为在我们看来,经济领域中不仅存在利己主义而且存在利他主义①,不仅存在信息极不对称的个人理性,而且存在信息共享的集体理性,不仅存在竞争而且也合作,不仅存在恶性竞争导致的尔虞我诈而且也存在良性竞争带来的互惠共赢。

因而,走出囚徒困境的可能路径是,经济活动的参与者(即所谓"囚徒")超越个人功利的计算理性,而达到谋求群体功利的集体理性,以一种参与式的合作精神介入竞争过程,从而摆脱囚徒困境所预设的僵局。下面择要阐述走出囚徒困境的三大可能路径:一是以集体理性代替功利的计算的个人理性;二是以合作精神介入理性竞争;三是坚持道德人与经济人的统一。

囚徒困境故事把人当做不讲道义的利己主义者,假如设想两个嫌疑人很友好,又都敢于承担责任,其结果会更理想。当然,这样就可能形成"困境"不严重或不存在"困境"的局面,博弈的程度就会减弱。不过,囚徒困境作道德性情节修改,应该更适合当代经济社会中博弈,也更适合作为"道德经济"的社会主义市场经济条件下的经济博弈。为此,我们理解的博弈应该是道德博弈,经济博弈应该是道德经济博弈。需要指出,我们把伦理道德引入博弈论,不仅重视道德的工具价值而且注重其内在价值。

首先,从走出囚徒困境的三大可能路径之一即以集体理性代替功利计

---

① 关于利他主义,它可分为绝对(无条件)利他主义和相对(有条件)利他主义,相较而言,后者更为普遍。威尔逊在《D. T. 坎贝尔的〈论生物进化与社会进化及心理学与伦理传统之间的冲突〉》一文中指出,他赞同坎贝尔教授的观点,认为人和社会的利他主义分为两种基本形式:一是无条件利他主义,二是有条件利他主义。

算的个人理性说起。囚徒困境反映了一个深刻的问题，这就是个人理性与集体理性的矛盾。有论者指出，"囚犯难题具有极深刻的含义，它解释了何以短视地以利益为目标将导致对大家都不利的结局。"①谁都想占便宜，但是谁都占不到便宜，这就是所谓"理性的无知"（rational ignorance），它表明了"利己之心是如何导致不合作的、污染的和扩军备战的世界——一种恶劣、野蛮和使生命短促的生活方式。"②早在200多年以前，市场经济的鼻祖亚当·斯密提出了著名的"无形手"理论：本性利己的"经济人"为追求个人利益最大化目标而理性行动时，会在一只看不见的手的操纵下，达到社会资源最优配置和增进社会福利，实现整个社会的繁荣。但现实的市场经济中"无形手"的理论在很多领域出现失灵现象，且大多数情况下不能导致资源的最优配置，增进社会福利。原因何在呢？现代经济学认为，造成市场失灵的原因在于市场机制本身，即市场无法解决公共物品供给、外部效应、信息不对称、垄断等问题。细心考察不难发现，其中深层的原因是由于个人理性的简单相加并不等于集体理性，换言之，每一个人都是理性的，想做出对自己有利的选择，而这种选择所得来的结果却是"集体的非理性"、"理性本身的非理性"。由此可见，走出囚徒困境的可能路径就要以集体理性代替功利计算的个人理性，否则，所谓走出只能是某种"画饼充饥"的幻想而已。

其次，走出囚徒困境的三大可能路径之二是理性竞争、加强合作。保证以集体理性代替个人理性，并加强竞争中的必要合作才能走出囚徒困境。正如有论者指出："囚徒只有共同合作才是他们最佳的选择，这样的选择会使他们达到'帕累托最优'状态，这种状态下，囚徒双方的利益都会实现最大化，也就是说对双方都会有利，所以，合作才是他们摆脱困境的唯一出路。"③

---

① 茅于轼：《生活中的经济学》，上海人民出版社 1993 年版，第 254 页。

② ［美］保罗·A.萨缪尔森、威廉·D.诺德豪斯：《经济学》，高鸿业等译，中国发展出版社 1992 年版，第 926 页。

③ 李刚、黄正华：《"经济人"与"道德人"——从囚徒困境谈起》，载《内蒙古农业大学学报》（社科版）2004 年第 2 期。

从不同的社会制度层面上看,不同制度对于竞争机制的影响很大。在社会主义市场经济条件下,企业完全可以合作双赢或多赢。退一步说,即便是在资本主义条件下,恶性的竞争也是不受欢迎的。不可否认,企业在经营过程中一定会有商业机密需要保护,就保护知识产权角度来说,法律支持,道德也是允许的。而且,保护商业机密,有利于促进企业的创新、改革等良性竞争。当然,在社会主义市场经济条件下的企业,更多地强调合作,因为,一是适当地公开一些信息有利于减少交易成本,一味地互相打压或互相挤压,只会增加摩擦成本,甚至由于信息不对称的互相打压或互相挤压而造成收不回应该收回的成本的局面。这不仅影响企业扩大再生产,也影响社会的经济效益,最终影响的还是全社会的利益。二是加强企业之间的合作,有利于充分利用信息、社会和物质资源。尽管企业之间的竞争在任何情况下是激烈的,但是社会化的大生产及其企业之间的生产经营链使得任何企业都离不开社会和其他企业的帮助,与其因为互相之间的不合作带来了许多企业经营困难,这还不如尽可能做到信息共享,必要之时联合行动,在政策和道义允许的范围内,将资源利用到极至,将摩擦减少到最小,将效益提到最高。否则,就很难走出恶性竞争的泥潭。①

最后,走出囚徒困境的三大可能路径之三是坚持道德人与经济人的统一。由于囚徒困境式的经济或企业博弈理论是建立在经济人假设和建立在企业利己主义道德观基础上的,要保证信息对称和以合作精神介入竞争过程,还必须要从人性上着眼,不然,就很难保证"囚徒"最终不滑向自利主义的泥潭。亚当·斯密在其著作《国富论》和《道德情操论》分别提出经济人和道德人的概念,经济人自利,道德人利他,道德人中蕴含着"仁爱"因素。可见,这点对于重构囚徒困境的人性基础十分必要。道德人可以克服狭隘经济人的自利观,道德人和经济人的统一,由原来竞争中的"我赢你输"对抗性排斥性的思维方式而变为"我赢你也赢"的合作性的思维范式,这种利他与利己的思维范式引入,不仅会为最终走出囚徒困境敷设人性底线,而且

---

① 参阅王立刚:《冲出恶性竞争的囚徒困境》,载《青年记者》2005年第9期。

会带来现实层面的巨大效益。正如约翰·沃特金斯说道:"假如在社会中道德主义者占一个很大的多数,比如说95%或更多,那么,对一个人转向道德主义的激励就会相当强。""将会出现一种带头羊式的效果(band wagon effect):如果道德主义已经在这个社会传播得相当广的话,则可望它的传播会更广。"①在这样的社会中,具有道德维度的互惠博弈模型在人类生活世界中就有了现实性,正如韦森说:"即使在任何制度化的现代市场经济中,尽管法律规则的体系化的程度之高以至于制度性规则已渗透并规制着社会生活的方方面面,但在人们的日常生活和商业活动中,道德感、道德心、良知、诚信和常理(common sense)仍在很大范围和很大程度上支配着人们的行动和选择。"②

综上所述,现代经济学中的囚徒困境博弈理论尽管有其价值,但是,由于在此语境中的囚徒困境及纳什均衡是伦理无涉的(non—ethical),实际上很难契合于现实生活的实践场。换言之,置换囚徒困境的语境,把它从"道德虚无特区"(韦森语)拉回到经济道德语境中来,不仅是走出囚徒困境的必要途径,而且是合理诊断和把握现实经济世界的正确理路。

(原载《江苏社会科学》2009 年第 1 期)

---

① 转引自:R. Campbel and L. Sowden(ed.),*Paradoxes of Rationality and Cooperation*,*Prisoner's Dilemma and Newcomb's Problem* , Vancouver,The University of British Columbia Press,1995,p. 74.

② 韦森:《经济学与伦理学——探寻市场经济的伦理维度与道德基础》,第 103 页。

第三部分

道德生产力与道德资本

道德与精神生产力

——道德在何种意义上为生产力

马克思在提出"精神生产力"概念的同时给予了明确的内涵揭示,这对我们认识作为精神生产力方面的科学的道德在社会生产力发展进程中的作用具有十分重要的意义,在我国当前进行的社会主义市场经济建设中亦有着重要的实践指导意义。

一、马克思的"精神生产力"指的是什么

马克思主义的历史唯物主义认为,"生产力当然始终是有用的具体的劳动的生产力",①它是由"物质生产力和精神生产力"构成,马克思在《经济学手稿(1857—1858)》中谈及货币问题时说:"货币的简单规定本身表明,货币作为发达的生产要素,只能存在于雇佣劳动存在的地方;因此,只能存在于这样的地方,在那里,货币不但决不会使社会形式瓦解,反而是社会形式发展的条件和发展一切生产力即物质生产力和精神生产力的主动轮"。这就说明,在对全部生产力的理解中,不能缺少或忽视生产力的精神因素。

而且,忽视甚或不承认精神生产力的存在,物质生产力也不可理解。因为"自然界没有制造出任何机器,没有制造出机车、铁路、电报、走锭精纺机等等。它们是人类劳动的产物,是变成了人类意志驾驭自然的器官或人类

---

① 《马克思恩格斯全集》第23卷,人民出版社1972年版,第59页。

在自然界活动的器官的自然物质。它们是人类的手创造出来的人类头脑的器官;是物化的知识力量。固定资本的发展表明,一般社会知识,已经在多么大的程度上变成了直接的生产力,从而社会生活过程的条件本身在多么大的程度上受到一般智力的控制并按照这种智力得到改造。它表明,社会生产力已经在多么大的程度上,不仅以知识的形式,而且作为社会实践的直接器官,作为实际生活过程的直接器官被生产出来"。事实上,物质的生产力是依靠精神的生产力才得以成立或形成。否则,"没有人的作为'主观生产力'及其观念导向,生产力将是'死的生产力',不能成为'劳动的社会生产力'。"①正如马克思曾经强调的,"人本身单纯作为劳动力的存在来看,也是自然对象,是物,不过是活的有意识的物,而劳动本身则是这种力的物质表现"。② 这就是说,可以作为物的生产力的物如果不渗透进精神的因素就不能使其成为社会劳动生产力,只是一种物的存在而已。所以劳动资料和劳动对象离开了人和人的精神(意识)支配,就不能成为进入生产过程并成为生产力要素。

马克思的精神生产力是相对于物质生产力而提出的,因此,精神生产力也就是马克思在同样意义上使用的"一般生产力"的概念。它是指由知识、技能和社会智慧构成的科学。③ 为此,马克思也多次强调,生产力中包括科学,指出"[不变资本的]这种再生产到处都以固定资本、原料和科学力量的作用为前提,而后者既包括科学力量本身,也包括为生产所占有,并且已经在生产力中实现的科学力量"。④

当然,作为科学力量的一般生产力或精神生产力只有与物质生产力结合并发挥作用才能成立或显现。因此,在马克思的理论中,物质的生产力和精神的生产力是相辅相成、辩证统一的。

---

① 王小锡:《再谈"道德是动力生产力"》,载《江苏社会科学》1998 年第 3 期。
② 《马克思恩格斯全集》第 23 卷,第 228—229 页。
③ 参阅《马克思恩格斯全集》第 46 卷(下),人民出版社 1972 年版,第 210 页;《马克思恩格斯全集》第 26 卷,人民出版社 1972 年版,第 422 页。
④ 《马克思恩格斯全集》第 46 卷(下),人民出版社 1972 年版,第 285 页。

二、道德是精神生产力

既然精神生产力是指生产力中的科学因素或科学力量,那么,道德应该是精神生产力的方面。

作为精神生产力或一般生产力的科学和科学力量,理应包括自然科学和社会科学。马克思在阐释生产力概念时,侧重论及了自然科学知识在生产力中的角色和地位,但他并没有排除生产力中的社会科学知识。正如马克思曾经指出过的"生产力的这种发展,归根到底总是来源于发挥着作用的劳动的社会性质,来源于社会内部的分工,来源于智力劳动特别是自然科学的发展"。① 马克思在这里提到的"智力劳动"肯定不仅仅是自然科学,否则就没有必要强调"特别是自然科学"的意涵。马克思在《资本论》中更明确地指出:"一个生产部门,例如铁、煤、机器的生产或建筑业等等的劳动生产力的发展,——这种发展部分地又可以和精神生产领域内的进步,特别是和自然科学及其应用方面的进步联系在一起。"②邓小平发展了马克思主义的生产力理论,他提出"科学技术是第一生产力",并明确指出,科学当然包括社会科学,还专门强调"马克思主义是科学"。

就自然科学和社会科学两者来说,各有其特殊的经济和社会价值。没有社会科学的发展,人们也确实难以弄清楚研究自然科学的目的与价值。假如人和人类不懂得自身的存在及其存在的意义,那就谈不上确立崇高的价值取向和艰苦奋斗精神,这样的话,自然科学的发现和发展何来动力呢?

在社会科学领域中,道德或道德科学有着自身独特的角色和作用。古希腊哲学家早就从不同的角度表述了在社会科学中道德科学是核心科学、目的性科学的观点。我国两千多年的思想文化发展史,其道德特性是显而易见的,为此,蔡元培先生曾把研究道德科学的伦理学称作是"我国唯一发

---

① 《马克思恩格斯全集》第 25 卷,人民出版社 1972 年版,第 97 页。
② 《马克思恩格斯全集》第 25 卷,第 97 页。

达之学术",研究的"范围太广"。并说:"我国以儒家为伦理学之大宗,而儒家,则一切精神界科学,悉以伦理为范围。哲学、心理学,本与伦理有密切关系。我国学者仅以是为伦理学之前提。其他曰为政以德,曰孝治天下,是政治学范围于伦理也;曰国民修其孝弟忠信,可使制梃以挞坚甲利兵,是军学范围于伦理也;攻击异教,恒以无父无君为辞,是宗教学范围于伦理也;评定诗古文辞,恒以载道述德眷怀君父为优点,是美学亦范围于伦理也。我国伦理学之范围,其广如此。"①这就足以说明,道德或道德科学在我国古代社会科学的发展进程中始终处在举足轻重的地位。

在当代,道德和道德科学仍然是社会科学之核心和基础学科,其主要理由有三:一是尽管社会科学都以人和人类社会为研究对象的,但道德和道德科学研究其最基本的问题是人和人际关系的存在和完善与协调问题,这是人和人类社会正常存在和发展的前提。而其他社会科学仅仅研究人和人类社会现象的某个领域和某个方面。二是道德和道德科学既是理论学科又是应用学科,道德和道德科学离开了社会实践,其理论往往容易成为说教,故它是典型的实践性理论学科。三是道德和道德科学是研究和开启其他社会科学之门的重要"钥匙"。人和人际关系是一切社会科学研究的制高点,作为研究人的完善和人际关系和谐之规律的道德和道德科学是其他社会科学的重要基础理论学科,甚至有的是社会科学学科发展的先导性学科。

由此,我们可以得出这样一个理论思路,即精神生产力是作为科学的一般生产力,一般生产力包括自然科学和社会科学,社会科学中包括道德和道德科学,因此,道德也是精神生产力,推而论之,道德也是生产力。

三、作为精神生产力的道德如何转化成社会劳动生产力

道德在转化成社会劳动生产力过程中有其独特的功能和展示方式。

---

① 蔡元培:《中国伦理学史》,东方出版社1996年版,第2页。

首先,作为意识形态的道德,它一般不能直接渗透到生产力各要素中去发挥作用。但它可以影响劳动者,决定劳动者以什么样的姿态投入生产过程,以何种精神状态使得"死的生产力"变成社会劳动生产力。它可以影响生产关系的存在方式,从而影响生产力内部要素之间的联系方式及其作用程度。

前面已经提到,物质的生产力是依靠精神的生产力才得以成立或形成,然而,作为精神生产力和意识形态的道德在作用于"死的生产力"过程中,其功能是其他社会意识形态无法替代的。

一方面,作为意识形态的道德是社会生活中完善人和人生、和谐人际关系的客观规律的反映,它通过对社会现象尤其是社会道德现象的学理分析,向人们展示社会生活中不受任何主客观因素影响或干扰的"应该的那个应该",同时,说明坚持道德"应该"与提高生活质量和加快社会发展进程的关系,从而让人们真正懂得人和社会理性存在方式是什么,应该怎么做才能实现理性存在。这是主体投入生产过程并让人和物充分发挥其增值能量的应有的前提条件。一个没有道德"灵魂"的人,是不可能最大限度地去激活死的生产力的,当然也就谈不上发展生产力。

另一方面,作为意识形态的道德是价值科学,它要揭示人生理性发展趋势和社会完美发展方向。作为生产力第一要素的劳动者,假如能接受并把握作为意识形态的道德,他就会适应社会发展要求,确立崇高的人生价值取向。这样,人们也就必然以积极的姿态投入生产过程,除最好地发挥自身能量外,还会主动地改造生产工具和更新生产设备。否则,有的人往往只顾及眼前利益或自身的利益,而不愿意去做近期看不到效益但从长远来看更有利于生产水平提高的固定资产更新等等的事。换句话说,作为生产力水平重要标志的生产工具的发展有赖于人的精神,尤其需要有对民族对社会负责的专注于发展生产力的精神境界。

再一方面,作为意识形态的道德属于上层建筑,尽管对生产力的作用是间接的,但是,道德在一定条件下起着决定作用。毛泽东同志曾指出:"诚然,生产力、实践、经济基础,一般地表现为主要的决定作用,谁不承认这一点,谁就不是唯物论者。然而,生产关系、理论、上层建筑这些方面,在一定条件之下,又转过来表现其为主要的决定作用,这也是必须承认的"。① 这里的"决定"作用看上去不能直接作为生产力的精神要素,其实不然,因为,作为意识形态的政治、法律、宗教、艺术、哲学等,他总是以各种不同的方式,程度不同地在影响着劳动者的头脑及其观念,影响着劳动者的生活方式和生存态度。更何况,作为意识形态的道德,他是教导人如何做人的学问,是人和人生应有责任的理论概括,直接或间接地影响着劳动者对自身作为生产力要素角色的认识和作为生产力第一要素的劳动态度。

同时,"人在生产中既和生产力紧密相联,又和生产关系紧密相联,既是生产力的要素,又是生产关系的主体,所以,调动人的积极性对生产力的发展有重要意义。要把生产中人的积极性调动起来,在相当程度上有赖于在生产关系中人与人的矛盾的解决,有赖于人们在生产中的地位和物质利益关系的正确处理。"②然而,生产关系中人与人的矛盾的解决,以及在生产力中人的地位和物质利益关系的正确处理,又有赖于对道德即"应该的那个应该"的正确理解和把握。

事实上,生产力本身的发展也有赖于生产力内部各要素之间的合理联系和理性存在,即是说,劳动者与劳动工具、劳动对象如能实现合理的理性的结合,生产力才会正常发展。假如人成了作为劳动工具的机器的附属物,或者劳动工具和生产资源不属于劳动者,劳动者与它们是被动的、被迫的、不合理的结合,这样,生产力的存在和发展将会受到严重影响。而要实现生产力内部各要素之间的合理联系和理性存在,需要建立符合道德和理性要求的生产关系,更需要劳动者的道德认知水平和道德协调措施。不知道道德为何物的"缺德"之人,也就难以把握自身与生产力其他要素的关系及其处置方式。其实,说到底生产力内部人与物的结合方式就是一定意义上的人与人关系的生存和协调方式。由此说明,作为劳动者,对作为意识形态的

---

① 《毛泽东选集》第一卷,人民出版社 1991 年版,第 325 页。
② 刘贵访:《论社会生产力》,人民出版社 1988 年版,第 106 页。

道德的认识把握,将直接影响甚或制约着生产力的发展。

因此,作为意识形态的道德的存在和作用的发挥始终离不开人的"头脑",总是以其特殊方式伴随着生产力的存在和发展。

其次,作为人的品质或品性的道德,在人进入生产过程并发挥作用时,道德也就直接转化成生产力。没有人的"主观生产力"的参与,"死的生产力"不可能成为社会劳动生产力。而没有人的基本的道德素质,人作为生产力第一要素在进入生产过程中就处在被动状态,在发挥劳动资料和劳动对象的能量时,往往也是没有动力,没有目标,"死的生产力"不能最大限度或最好状态地激活。

一方面,生产力水平的提高与否,其主要标志是物质性的,但人的素质尤其是道德素质是决定性因素。"假如人不能作为真正的或完美意义上的人而存在,甚至成为一个消极被动甚至反动的'存在物',那么不管技术设备有多好、物质资源有多丰富,其生产力水平注定是提不高的。"①因此,"只有在充分认识到自身的存在及其存在的意义,明确并确定崇高生存价值取向的基础上,人才能树立一种不断进取精神,创造生产力发展的核心的和基础的条件。"②这就是说,人的思想品质直接制约着生产力的发展水平。

另一方面,生产力水平高低不仅仅是从生产力要素本身的静态中来衡量,还要从生产力要素发挥能量的大小和好差及其所获得的成果来观察。而这又须从人的角度切入来分析,因为,其他生产力要素是由于人的参与才使其能成为生产力。劳动者本身和劳动工具、劳动对象的能量发挥大小和好差与劳动者的品性即对人和对社会的负责精神有直接的关系。劳动者的责任心强,劳动工具就能最大限度地发挥能量,劳动对象也就能最好地被利用。就制造一个具体的劳动产品来说,劳动者全身心投入,不仅保证了产品质量,而且实现了最低消耗,客观上也能缩短单位产品的社会必要劳动时间而降低产品成本。由此,我们可以说,人的道德品质也能直接创造财富。这

① 王小锡:《论道德资本》,载《江苏社会科学》2000 年第 3 期。
② 王小锡:《论道德资本》,载《江苏社会科学》2000 年第 3 期。

也再一次说明,道德是生产力直接的重要的因素。

再一方面,生产力中的劳动者是一个群体,所有劳动行为都是人的群体行为。生产力水平及其生产力的发展离不开劳动者之间关系的协调和协作。而道德是劳动者之间关系协调和协作的重要手段和重要的理论依据。在现时代,劳动者之间关系尤其是利益关系的协调和协作的原则应该坚持公平与效益的统一,唯此才能最大限度地调动广大人民群众的劳动积极性。否则,挫伤了广大人民群众的积极性,首先受到影响的是生产力本身。因此,发展生产力离不开道德教育、道德协调和道德建设。

四、道德是精神生产力命题的思考前提

对道德是精神生产力和道德是生产力这一命题的探讨,无疑将拓展伦理学尤其是经济伦理学的理论视野,并进而促进这一学科的基础理论研究和实际应用。为使道德是生产力这一观点得到更充分的认识和探讨,并使作为生产力因素的道德在经济建设中发挥重要的作用,我们有必要明确以下几种思考角度。

第一,道德是精神生产力或道德是生产力的提出,仅仅指道德是生产力中的重要内容或因素,在生产力的发展过程中,它起着独特的精神功能的作用。如前所述,它还在生产力发展过程起着不同于其他社会科学的特殊作用。道德是精神生产力或道德是生产力,绝不是指游离于生产力之外的一种生产力。如果当做独立的生产力来认识,要么就成了"二元论"者,要么就违背了马克思主义的物质第一性、意识第二性的哲学基本观点。

第二,道德或道德科学在精神是生产力和道德是生产力的命题中有着特定的内涵,至少应该从以下两方面来把握:一是这里的道德或道德科学是指科学的道德,它既是社会道德生活规律的正确反映,又应该符合社会历史的发展要求;二是道德或道德科学具有历史性,在不同的历史时期,它要反映或符合当时的社会发展要求。否则,过时了的不符合历史发展要求的道德甚或腐朽没落的道德不仅不能成为生产力的精神内涵或因素,反而必然

地影响或阻碍生产力的发展。

第三,道德是生产力,是指道德在生产力的发展中起着作用力,同时,作为精神生产力在作用于物质生产力过程中又起着社会劳动生产力的作用。这样一来,我们同样可以把方针、政策、政治、法律甚至哲学等也看成是生产力的内涵或因素。当然,它必须是科学的理论或理念,同时也必须作用于物质生产力。

同时要指出的是,尽管精神生产力可以是多种表现形式,但道德与之不同,"尤其是社会主义道德作为一种理性法则或理性精神,它理应渗透在方针、政策、政治、法律之中,不内涵社会主义理性法则或理性精神的方针、政策、政治、法律是不可思议的,甚或是落后、被动的"。①

第四,"道德万能"与"道德作用无所不在"不能相提并论。道德万能论的错误在于任意夸大道德的功能和作用,似乎社会各方面事业的发展都是由道德起着决定作用的 这最终有可能滑向精神决定论的谬误。而承认道德作用无所不在是指只要有人和人际关系存在的地方,道德都在程度不同地发挥着作用。充分利用道德的特殊功能,将有利于社会各方面事业更好更快地发展。道德的两大本质指向或基本目标是实现人生的完善和人际关系的和谐协调。目标逐步实现的过程,也意味着社会将不断完善和加快的过程,问题是我们能不能自觉地开展道德教育和道德建设,并使之全面服务或作用于社会主义建设事业。

（原载《江苏社会科学》2001 年第 2 期）

---

① 王小锡:《再谈"道德是动力生产力"》,载《江苏社会科学》1998 年第 3 期。

再谈道德生产力

——道德是生产力的精神要素

　　周荣华同志的《论道德在生产力发展中的作用》(载《南京理工大学学报》年第 4 期,以下简称"周文"),对我曾提出的"道德是动力生产力"的观点提出质疑。为进一步阐明我的这一经济伦理观,并给道德的经济意义以更充分的认识,我觉得很有必要对周文的观点做一述评和回答。

　　周文认为,道德虽然对生产力的发展有着这样那样的作用,但不是"动力"生产力。首先,周文针对我从生产力内部各结构要素地位和作用的分析来论证道德是动力生产力的观点,他一方面认为"如果我们把生产力中的人与物的关系归结为人与人的关系,再把人与人的关系归结为道德关系,由此得出只能用道德来调节人的经济活动,这样就会出现用道德规范取代经济规则的状况,就会无视经济规律,最终会导致经济的停滞,阻碍生产力的发展。在过去的计划经济条件下,就是抓思想道德促生产,强调人们的思想觉悟,道德水平对发展经济的作用,结果违反了经济规律,使我国的生产力发展缓慢,生产力的发展受到阻碍"。周文在这里曲解了我的论证理由,把我认为的道德在生产力各要素间协调起着举足轻重甚或决定性作用理解为"只能用道德来调节人的经济活动"。这不在同一角度思考问题的商榷实乃文不对题。而且,周文明确地将道德和道德规范与经济发展、生产力发展对立起来,似乎讲道德就会违背经济规律。这不仅抹杀了道德的作用,而且从根本上忽视了经济及经济规律的伦理涵义以及道德与经济的逻辑联系。① 我并不主张只是

---

① 对此问题的认识,本人已在拙著《中国经济伦理学》(中国商业出版社 1994 年版)和《社会主义道德的经济意义》(《光明日报》1996 年 12 月 5 日)等系列研究论文中作过阐述。

用道德来发展经济、更不同意道德万能论。但是,不讲道德或是说没有明确的经济目的、没有崇高的价值取向的经济行为、没有和谐的人际关系和协作精神,或是说不择手段来发展经济,这难道是正常的社会经济行为吗?道德与经济是相辅相成的,不讲道德的经济是畸形经济。除了周文提到的我的两篇文章中关于道德与经济发展有着必然的逻辑联系等论证观点外,我这里要强调的是,在生产力发展过程中,人的积极性和能量发挥程度、劳动工具的改造和使用效率、劳动对象的认识和改造力度等,往往直接取决于人的思想觉悟、价值取向和社会理想以及劳动态度。马克思曾指出:"人本身单纯作为劳动力的存在来看,也是自然对象,是物,不过是活的有意识的物,而劳动本身则是这种力的物质表现。"①这就是说,没有人的作为"主观生产力"及其观念导向,生产力将是"死的生产力",不能成为"劳动的社会生产力"。并且,社会人际间的协调和协作的自觉性如何往往直接影响着生产力发展水平。

马克思曾说过:"不仅是通过协作提高了个人生产力,而且是创造了一种生产力,这种生产力本身必然是集体力。"②另一方面,周文同时认为,"如果仅仅因为道德在人们的经济活动中起了一些作用,就把它上升到动力生产力的高度,那么像正确的方针、政策、法律、甚至哲学等等,它们在生产力的提高上也是非常重要的,那么,我们也可以说,政治是'动力生产力',法律是'动力生产力'等等"。这种推论并非不可,因为这些都是精神生产力的一种表现形式。但是这些都与道德不同,尤其是社会主义道德作为一种理性法则或理性精神,它理应渗透在方针、政策、政治、法律之中,不内涵社会主义理性法则或理性精神的方针、政策、政治、法律是不可思议的,甚或是落后、被动的。这恰恰进一步说明,社会主义生产力的动力因素是道德。

其次,周文指出,"道德并不是生产力发展的动力,这不仅是因为道德对生产力不能起到动力源的作用,而且也是因为生产力的动力系统是一个

---

① 《马克思恩格斯全集》第 23 卷,人民出版社 1972 年版,第 228—229 页。
② 《马克思恩格斯全集》第 23 卷,第 362 页。

道德所建构不了的动力结构。人要生存,就必须首先满足自己的吃、穿、住等方面的物质需要,为此,人就必须向自然界索取,这就遇到了社会与自然的矛盾,正是这个矛盾作为一种客观力量推动着生产力的发展,而随着生产力的发展,又使这一矛盾得到暂时的解决。这一矛盾表现在生产力内部,就是人与物的矛盾,这一矛盾的运动便构成了生产力的内在动力。"在这里,周文认为生产力的内在动力或动力因素是人与物的矛盾。我不否认人与物的矛盾的不断解决是生产力不断发展的基本前提之一。然而,人与物的矛盾谁来解决、如何解决、解决到什么程度,不言而喻,这一矛盾的解决是在人的一定思想指导下进行的。正如马克思所说"单个人如果不在自己的头脑的支配下使自己的肌肉活动起来,就不能对自然发生作用。正如在自然机体中头和手组成一体一样,劳动过程把脑力劳动和体力劳动结合在一起了。"①尽管,人的头脑的产生及其作用的发挥,决定于社会存在,但是,人的社会知识,人的意志在一定程度上直接制约生产力发展水平。马克思曾指出"自然界没有制造出任何机器,没有制造出机车、铁路、电报、走锭精纺机等等。它们是人类劳动的产物,是变成了人类意志驾驭自然的器官或人类在自然界活动的器官的自然物质。它们是人类的手创出来的人类头脑的器官;是物化的知识力量。固定资本的发展表明,一般社会知识,已经在多么大的程度上变成了直接的生产力,从而社会生活过程的条件本身在多么大的程度上受到一般智力的控制并按照这种智力得到改造。它表明,社会生产力已经在多么大的程度上,不仅以知识的形式,而且作为社会实践的直接器官,作为实际生活过程的直接器官被生产出来。"②由此可见,从根本上体现人的头脑素质的道德必然会有效地促进人与物的矛盾的解决。正如周文所说,"如果一个人所具有的道德素质是适合社会经济发展趋势的,那么,他的体力与智力就能够发挥积极的作用,推动生产力的发展"。"这就是说,劳动者的道德素质并不是可有可无的,它规定着劳动者体力和智力发生

---

① 《马克思恩格斯全集》第 23 卷,第 555 页。
② 《马克思恩格斯全集》第 46 卷(下),人民出版社 1972 年版,第 219—220 页。

作用的方向。""在生产过程中,一个人的道德热情高,责任心强,他就会更加专注于工作,他的才智就会得到更好的开发。如果一个人道德素质低,人生观消极,工作就缺乏干劲,他的潜力就不能很好地发挥出来。"事实上,周文提出的生产力的动力结构的观点,说明的也是由于人的需要而产生的人的主观动机影响甚至支配着人与物的矛盾的解决,而这种动机很大程度上反映人的追求和理想,是实实在在的道德行为。

再次,周文针对我从人的素质分析来论证道德是动力生产力的观点,不同意"人的道德素质是基础性素质和核心素质",认为,"对生产力要素中的劳动者来说,他们的素质中对生产力作用最大、最根本的素质是智力素质,其中处于基础性地位和核心地位的是科学技术素质"。大家知道,科学技术是第一生产力,是生产力发展的重要动力,而我提出的道德是动力生产力并不与之相矛盾。这一方面,科学技术理应包括社会科学,科学的道德是对社会生活规律的正确概括,它对生产力内部各要素间关系的协调无疑有着重要的导向和促进作用。另一方面,科学技术的发展也是绝对离不开人类对人的完美的追求和奋斗精神。正如周文所说,"科学家们之所以能在科学上做出发明创造,推动生产力的进步,与他们的献身精神、创新精神是紧密联系在一起的"。因此,影响生产力发展的直接动因是科学技术,而动力源应该是人的道德境界及其崇高的价值取向。

就周文提出的几点商榷意见来看,其观点基本上是自相矛盾的。而且,为了否认"道德是动力生产力"的"动力"内涵,把道德在生产力发展中的作用一定要说成"辅助性的"或"方向盘和调速器"的作用,这只是在做文字游戏。其实,作者在理解道德作用时,基本上没有弄清和把握道德的两大本质指向和社会目的,即人的完善及其主体自觉和人际和谐及其社会合力的形成同时也没有能弄懂自然科学和作为价值学科的道德其各自在社会运行尤其是生产力发展过程中的角色及其作用,只是通过机械的逻辑推论来否认道德是动力生产力。即便如此,周文的第三部分关于道德在生产力发展中的作用的论述,恰恰以其自身的理解论证了"道德是动力生产力"。周文对于道德是动力生产力观点的否认,与其文中的一些模糊甚或错误的观念不无关系。

第一,周文把人类两种对立的道德混为一谈。文章说,"人类进入阶级社会以后,生产力比原始社会提高了,但这种生产力的提高似乎是以道德的败坏为代价换来的。在社会主义条件下,特别是在社会主义初级阶段,生产力虽然得到了一定的发展,道德也取得了进步,但由于旧的腐朽的道德影响仍然存在,所以也不能笼统地说道德是生产力发展的动力"。文章还说,"如果说,道德是生产力的动力,这些不利于经济发展的道德何以成为动力呢"从这里可以看出,周文没有弄清"道德是动力生产力"之"道德"特性。人类道德确实存在理性和非理性、科学与腐朽之分,存在着劳动人民道德和剥削阶级道德之本质区别。然而,我所说的道德只能是指理性的、科学的和劳动人民的道德,只要不是立场问题,谁也不会将非理性的、腐朽的和剥削阶级道德包含在"道德是动力生产力"这一命题中的"道德"概念中。更何况,我的有关研究经济伦理学的系列论文也都明确了我们提倡的道德是社会主义道德。

第二,周文认为,"道德作为意识形态和上层建筑其根源是社会经济关系,其最终的根源是生产力,因此,应该说生产力是道德进步的根本动力。如果说道德是生产力的动力,那正好是颠倒了道德与生产力的关系"。道德作为社会意识形态,它当然不是凭空杜撰的。道德决定于社会经济和生产力,生产力是道德发展的最终动力。但是,我的"道德是动力生产力"命题强调的是生产力的动力因素,并不是像周文所理解的把道德作为游离于生产力之外来推动生产力发展的一种力量。马克思在《经济学手稿(1857—1858)》一书中提到,生产力有物质的生产力和精神的生产力,道德理所当然是精神生产力的一种表现形式。既然道德本身是生产力,这就根本不存在"颠倒了道德与生产力的关系"问题。

第三,周文将道德与道德热情等同,并将道德热情与科学技术对立起来。周文认为,强调道德是动力生产力,就必然导致依靠道德热情发展生产力,忽视科学技术在生产力中的作用,这就不可能使生产力得到较快的发展。这应该说是一种错误的逻辑推理。作为生产力动力因素的道德,它体现的是人的主动性、积极性、创造性和最佳协调性,它不仅仅是"道德热情",即便如此,也没有理由说明依靠道德热情发展生产力就必然忽视科学技术在生产力中的作用。相反,应该是道德热情或道德觉悟越高,越会重视科学技术的作用,越会自觉投身于科学技术的研究和应用之中。

第四,周文认为"社会的道德是多领域的,家庭道德、个人私德,甚至公共场所的公德等对生产力的作用并不明显,不可能成为动力生产力。因此,'道德是动力生产力'的观点是没有普遍意义的,是不科学的。"这是理论常识的错误。社会道德尽管是多领域的,但不管什么领域的道德,它只能是人的素质的体现。恰恰是道德在各领域对人发挥作用,才能全面提高人的道德觉悟,从而更充分发挥人们在生产力发展中的动力作用。因此,社会道德的全面进步,才是生产力加速发展的真正动力源。

最后,我引用周荣华同志在文中的一段话来作为总结,即"道德决定着劳动者体力、智力使用的方向。一个人有体力,有智力,并不一定对生产力起到推动作用,这就要看体力与智力用在什么地方。虽然我们讲的是生产力结构中的劳动者,他们的体力和智力都用于生产劳动之中,但他们体力和智力到底对生产力起推动作用,还是起破坏或阻碍作用,这就取决于人的道德素质了"。

（原载《江苏社会科学》1998 年第 3 期）

三谈道德生产力

——道德生产力水平的依据和标志

我曾经在《经济伦理学论纲》一文中首次提出"道德生产力"的概念,并论证了道德是生产力、而且是动力生产力的观点,在《再谈道德是动力生产力》、《道德与精神生产力》[1]等文章中,我试图多角度地说明道德生产力的存在依据及其理论和实践价值。我的关于道德生产力的系列文章发表以后,受到学术界同仁的关注,有的学者或撰文或学术会议发言提出了不同意见,我也及时给予了学术回应;同时有的学者在认同我的关于道德生产力的观点的基础上,撰文或深化或拓展了我的观点。现以《三谈道德生产力》为题进一步阐释我的观点,与学界同仁交流。

一、道德是生产力水平和发展潜力的重要要素

生产力的核心和基础是劳动者或劳动力,因此,生产劳动过程是人的活动或作用过程,就是作为"主观生产力"和"社会的劳动生产力"的实现过程。换句话说,"单个人如果不在自己的头脑的支配下使自己的肌肉活动起来,就不能对自然发生作用。正如在自然机体中头和手组成一体一样,劳动过程把脑力劳动和体力劳动结合在一起了。"[2]因此"我们把劳动力或劳动能力,理解为人的身体即活的人体中存在的、每当人生产某种使用价值时

---

[1] 上述三文分别载于《江苏社会科学》1994年第1期,《江苏社会科学》1998年第3期,《江苏社会科学》2001年第2期。

[2]《马克思恩格斯全集》第23卷,人民出版社1972年版,第555页。

就应用的体力和智力的总和"。① 这就是我在以往多次指出的,生产力内涵人的知识和智力,推而论之也必然内涵人的道德知识和道德境界。

为此,考量生产力水平不能不考察作为劳动者的道德素质及其发挥的作用。而且,考量生产力水平有静态与动态之别,厘清这两点将有助于我们充分认清道德在生产力的发展进程中的不可或缺性。

首先,就静态意义上来说,生产力水平是既定的,"任何生产力都是一种既得的力量,以往的活动的产物。所以生产力是人们的实践能力的结果,但是这种能力本身决定于人们所处的条件,决定于先前已经获得的生产力,决定于在他们以前已经存在、不是由他们创立而是由前一代人创立的社会形式"。② 这当然包括社会意识形式。就最能说明生产力水平的劳动产品来说,它是人的活动的产物。"在劳动过程中,人的活动借助劳动资料使劳动对象发生预定的变化。过程消失在产品中。它的产品是使用价值,是经过形式变化而适合人的需要的自然物质。劳动与劳动对象结合在一起。劳动物化了,而对象被加工了。在劳动者方面曾以动的形式表现出来的东西,现在在产品方面作为静的属性,以存在的形式表现出来"。③ 而劳动也好,产品也好,都是人的精神的外化物(动态或静态)。恩格斯曾说:"劳动包括资本,此外还包括经济学家想也想不到的第三要素,我指的是简单劳动这一肉体要素以外的发明和思想这一精神要素。"④马克思后来也明确指出:"生产力的这种发展,归根结底总是来源于发挥着作用的劳动的社会性质,来源于社会内部的分工,来源于智力劳动特别是自然科学的发展。"⑤无疑,恩格斯的"发明和思想"即"精神要素"和马克思的"智力劳动"都必然包含着人的思想境界和道德价值取向。没有作为劳动和劳动产品的"灵魂"的道德,那劳动和劳动产品将是不可思议的行为和东西,生产力水平也将是没有价

---

① 《马克思恩格斯全集》第 23 卷,第 190 页。
② 《马克思恩格斯全集》第 27 卷,人民出版社 1972 年版,第 477—478 页。
③ 《马克思恩格斯全集》第 23 卷,第 205 页。
④ 《马克思恩格斯全集》第 1 卷,人民出版社 1956 年版,第 607 页。
⑤ 《马克思恩格斯全集》第 25 卷,人民出版社 1974 年版,第 97 页。

值依据的抽象概念。

　　既定的生产力水平主要是指劳动资料的技术含量及其功能、劳动对象的认识、开发和利用程度、劳动者的整体素质和劳动技能等等。首先，就劳动资料的技术含量及其功能来说，生产工具先进性程度主要是指生产工具的驾驭和改造自然界的最高能力。在利用先进生产工具驾驭和改造自然界的过程中，必然有着如何驾驭、为谁服务等问题。也就是说，社会科学知识尤其是道德智慧是先进生产工具的"精神依托"，马克思说："自然界没有制造出任何机器，没有制造出机车、铁路、电报、走锭精纺机等等。它们是人类劳动的产物，是变成了人类意志驾驭自然的器官或人类在自然界活动的器官的自然物质。它们是人类的手创造出来的人类头脑的器官；是物化的知识力量。固定资本的发展表明，一般社会知识，已经在多么大的程度上变成了直接的生产力，从而社会生活过程的条件本身在多么大的程度上受到一般智力的控制并按照这种智力得到改造。它表明，社会生产力已经在多么大的程度上，不仅以知识的形式，而且作为社会实践的直接器官，作为实际生活过程的直接器官被生产出来。"①其次，就劳动对象的认识、开发和利用程度来说，人们的道德视角下的生态意识将直接影响到对劳动对象的开发、利用的合理性问题。劳动产品的多寡不是生产力水平的标志，如有的矿产资源虽然开发多了，物质资源的绝对值增加了，但就利用矿产资源的技术力量还不能充分利用矿产资源并有可能浪费的情况下，这实际是生产力发展水平相对低下的表现。第三，就劳动者的整体素质和劳动技能来说，"没有人的作为'主观生产力'及其观念导向，生产力将是'死的生产力'，不能成为'劳动的社会生产力'"②，同时，没有人的道德理念和道德举动，生产力的先进性就难以体现，因为，先进的生产力必须要有具备先进的或科学的道德价值取向的人。哪怕生产资料最丰富、最先进，离开了先进的人，没有精神追求的人，生产力就难以发展。所以，作为"主观生产力"的人是衡量生

①《马克思恩格斯全集》第 46 卷（下），人民出版社 1972 年版，第 219—220 页。
② 王小锡：《再谈"道德是动力生产力"》，载《江苏社会科学》1998 年第 3 期。

产力水平的重要依据。

其次,就动态意义上来说,生产力的水平应该理解为一个过程。既有的生产力水平不是既有的劳动者和生产资料就能说明,因为体现生产力水平的劳动产品等是劳动和劳动对象结合并发生作用而形成的。然而,在对劳动对象的认识和作用过程中,假如只顾眼前利益,忽视长远利益;只顾个人或小团体利益,忽视集体(民族和国家)利益;只顾人的片面的生存需求,忽视自然生态、社会生态、自然社会生态等等,那么,看上去丰富的劳动产品,从"过程"意义上来说,由于非理性的甚或缺德的对自然资源的过度开发,往往是劳动产品越丰富,越是造成生产力水平的停滞或降低,在一定意义上是对生产力的破坏。

动态视角下的生产力水平很大程度上取决于人们的精神力和道德力。前面已经提到,既有的物质的生产力必然内涵着人的参与和人的思想和道德的支配,否则,物质的生产力之为生产力或生产力水平就无法理解和正确把握。同时,生产力的发展水平是一种可能,是一种趋势,是一种潜在的生产力,它更离不开人的思想和道德。一方面,思想力和道德力影响劳动和劳动生产率。人们的思想觉悟、道德素质直接制约着劳动的质量和劳动的效率。很难想象在缺乏进取精神的人群体或地方,有理想的劳动生产率。即使有丰富而又先进的生产资料,也会由于缺乏进取精神而形成浪费式的生产效率。马克思说,"人本身单纯作为劳动力的存在来看,也是自然对象,是物,不过是活的有意识的物,而劳动本身则是这种力的物质表现"[1]。还说,"人类支配的生产力是无法估量的。资本、劳动和科学的应用,可以使土地的生产能力无限地提高。……科学又日益使自然力受人类支配。这种无法估量的生产能力,一旦被自觉地运用并为大众造福,人类所肩负的劳动就会很快地减少到最低限度"[2]。马克思在这里既强调了包括社会科学在内的科学的作用,更强调了"被自觉地用来为大众造福"的精神境界对于发

---

① 《马克思恩格斯全集》第 23 卷,第 228—229 页。
② 《马克思恩格斯全集》第 3 卷,人民出版社 2002 年版,第 463—464 页。

展无穷无尽生产力的重要性。另一方面,基于道德理念的生态意识,决定着潜在的生产力能否充分的发挥和发展。前面已经提到,过度的资源开发从宏观和"过程"意义上来说,是对生产力的削弱甚或破坏,因此,生产力发展或发展生产力虽然看上去似乎是纯物质活动现象,其实质是生态道德或经济道德行为,是生产力发展与否的根本之所在。可以说忽视甚或破坏生态的不道德行为,即使轰轰烈烈,即使暂时效益凸现,最终受损的是生产力发展的速度。再一方面,生产力发展受到一定社会制度的制约,社会制度适应生产力的发展要求,将会促进生产力的发展,反之,不合理的制度将阻碍生产力的发展。道德化的制度是科学的理性的制度,是生产力发展的前提条件。马克思曾经提到制度与科学的关系,他说:"在一个超越于利益的分裂(正如同在经济学家那里利益是分裂的一样)的合理制度下,精神要素当然就会列入生产要素中,并且会在政治经济学的生产费用项目中找到自己的地位。"①为此,只有不断加强道德意识,不断完善社会制度,才能不断发展社会生产力。

二、道德会促进人的发展和关系的完善,而促进人的发展和关系的完善是生产力水平的重要标志

在马克思生产力概念中,从来都具有人的位置,将人从马克思的生产力概念中驱赶出去不是马克思主义。当然我们承认,马克思说过的"生产力当然始终是有用的具体的劳动的生产力"②,但这并非是生产力"与人无涉"的充分理由。马克思还曾明确指出,要"把物质生产变成在科学的帮助下对自然力的统治","要发展人的生产力",③事实上,"科学这种既是观念的财富同时又是实际的财富的发展,只不过是人的生产力的发展即财富的发展所表现的一个方面,一种形式"。④ 同时,人是关系之人,生产力是人的

---

① 《马克思恩格斯全集》第1卷,第607页。
② 《马克思恩格斯全集》第23卷,第59页。
③ 参见《马克思恩格斯全集》第2卷,人民出版社1957年版,第75页。
④ 《马克思恩格斯全集》第46卷(下),第34—35页。

生产力也就意味着生产力是关系的生产力。因此人和人的发展、关系的完善是生产力发展的重要标志。

首先，人是社会生产的基础、内容和结果，考察社会的生产力水平首要的而且是最根本的是要考察人的发展状况。"依照马克思的话，社会的生产过程，无论是在资本主义制度下，还是在共产主义制度下，总是把作为社会关系主体的人作为自己最终的产品和结果"，[①]事实上，"生产之所以首先被称为社会的生产，是因为社会或者作为社会的文化历史的生物的人的生产始终是生产的最终结果，所有其余的东西——无论是生产的产品、劳动条件，甚至直接的生产过程——毕竟都只不过是一些因素，即人们实施自己的社会存在自身不断的运动过程的工具和物质装备。在这个意义上，社会生产始终是自我生产，在这种生产中，'人不仅像在意识中那样理智地复现自己，而且能动地、现实地复现自己，从而在他所创造的世界中直观自身'。所以，承认生产方式在社会发展中起决定作用是不够的，还必须认识到人本身就是社会生产的基础"。[②] 以上的观点是有道理的。因此，人理所当然是社会生产力水平的主要标志。既然如此，应该弄清楚作为生产力水平主要标志的人的发展的标志是什么。我认为，作为生产力发展重要标志的人和人的发展是一个内容丰富而又有精神和物质两个层面的考察视角的特殊领域。其中德、智、体、心、能等应该是考察的主要内容。这里要强调的是，人的道德素质是人的发展的基础性标志、核心标志。这不仅是因为人的智力、体力、能力等等的正常而又有效的发挥需要有一定的道德境界支配和协调，更需要有明确而又崇高的人生价值取向不断地引导人去追求并实现人生目标。为此，适应时代要求的社会生产一定能生产出与时代同进步的道德人。

其次，人是关系之人，既然社会生产是"社会的人的生产"，这就意味着社会生产也是人的关系即社会关系的生产。考察一个社会的生产力水平还应该考察社会关系的和谐状况，以其特有角度说明社会生产力的发展水平。

---

① ［苏］托尔斯蒂赫等：《精神生产—精神活动问题的社会哲学观》，安起民译，北京师范大学出版社 1988 年版，第 79 页。

② ［苏］托尔斯蒂赫等：《精神生产—精神活动问题的社会哲学观》，安起民译，第 81 页。

并由此进一步观察作为生产力水平主要标志的人的道德觉悟及其作为生产力的作用。对此,托尔斯蒂赫有其视角独特的比较深刻的见解,他说,"不仅提高生产物质财富的数量和质量(这仅仅是初始条件),而且不断完善人们之间的关系即人本身,这都已成为社会主义制度下社会生产发展的规律。如果不考虑到,社会主义社会中社会生产的增长和不断完善,只有在人日益广泛地掌握自己的社会关系并在更高的基础上再生产这些关系的过程中才能实现,也就是说,只有在人们不断地改变和完善自己的关系即社会个人自身的过程中才能实现的话,那么,就无法理解这种社会生产的增长和不断完善的动态"。他还说,"以社会个人的发展为主要目的的社会生产的形成,就标志着超出以前划分开物质生活生产和意识生产的界限。其高级形态的意识——科学、艺术、道德、哲学——就成为人们自己现实社会生活生产的不可分离的组成部分,成为所有的人和每一个人实际的社会变革活动的必要条件。劳动人民群众的高度觉悟、充沛的精神和充实的生活是他们表现出社会生产积极性的经常起作用的因素。人愈是成为自己社会关系的创造者、社会发展的真正主体,人的物质实践活动就在愈大的程度上获得精神活动的性质,也就是说,这种活动不仅要求体力,而且要求脑力的发展和紧张活动"。① 托尔斯蒂赫在这里不仅指出社会生产力水平的提高要有完善的人和完善的关系,而且特别强调,包括道德在内的高级形态的意识是实现完善的人和完善的关系的必不可少的条件。

第三,生产力是一个有多种要素结合在一起的综合概念,而且,各要素之间的结合关系说到底是人与人之间的关系,考察社会的生产力水平就同时应该考察生产力内部关系的道德状态。我曾经指出②,生产力本身的发展也有赖于生产力内部各要素之间的合理联系和理性存在,即是说,劳动者与劳动工具、劳动对象如能实现合理的理性的结合,生产力才会正常发展。假如人成了作为劳动工具的机器的附属物,或者劳动资料和生产资源不属

---

① [苏]托尔斯蒂赫等:《精神生产—精神活动问题的社会哲学观》,安起民译,第316—317页。
② 王小锡:《道德与精神生产力》,载《江苏社会科学》2001年第2期。

于劳动者,劳动者与它们是被动的、被迫的、不合理的结合,这样的生产力内部的不协调状况,势必严重影响生产力的存在和发展。而要实现生产力内部各要素之间的合理联系和理性存在,需要建立符合道德和理性要求的生产关系,更需要劳动者的道德认知水平和道德协调措施。不知道道德为何物的人,也就难以把握自身与生产力其他要素的关系及其处置方式。因此,说到底生产力内部人与物的结合方式就是一定意义上的人与人关系的生存和协调方式,也是一种道德存在方式,生产力水平的考察离不开基本的道德理念。

三、对"道德生产力"质疑的质疑

我在1994年初提出"道德生产力"概念以后,同仁们认真的质疑或认同使得该问题的研究一直在不断深入。观点的不同有多种原因:有的是基于不同的学科理念,有的是基于不同的理论认知,有的是基于不同的研究方法等等。为了进一步深入研究道德生产力问题,我将针对最基本的概念上的不同观点做一回应与交流。

首先,生产力是什么? 有的作者认为"生产力根本就不是什么东西",并认为它是"某种东西的某种属性","按我们一般的生产力定义,就是社会生产中劳动者所具有的改造自然、获取物质生活资料的能力,是人的一种属性,反映的是人与自然的关系,如果要说明这种关系的大小、强弱,即所谓量化,那么可以说生产力是一种关系量,用科学的语言说是一种能量","是人这种特殊的物质所具有的一种属性,是一种能量"。因此,作者接着认为,把生产力当成某种东西,即把人当成生产力,把与人的生产直接相关的生产、劳动对象等物质要素当成生产力,把与人间接相关的诸如科学技术、生产的组织形式、管理、教育、乃至社会科学、伦理道德等都当成生产力,这样,生产关系、上层建筑的内容也成了生产力。这种思路是错误的。[①] 其实,以

---

① 参见胡友静、李蕾,《关于生产力的新认识》,载《江西教育学院学报》2005年第2期。

上观点偷换了一个概念,即生产力是什么与什么是生产力不是一回事,说生产力是一种属性或能量没有错,但因此就说明生产力不是什么东西,并由此得出结论说"生产力不是物,也不是精神"。① 这样一来,反而把生产力抽象成无法把握的虚幻的东西。问题是生产力是什么的生产力,作为生产劳动过程的属性或能量是哪里来的。就现有的认识平台来说,生产力要么是物质生产力、要么是精神生产力。其实,持"生产力根本就不是什么东西"的作者也认为,"生产力是人这种特殊的物质所具有的一种属性,是一种能量","而能量是依附于物质实体的,是物质的属性",②因此,生产力一定是某种东西(物质和精神)的生产力。马克思的关于"资本的生产力"、"个人生产力"、"物化生产力"、"人的生产力"、"生产力属于劳动的具体有用形式"等概念和命题,都说明了这一点。当然,该作者还强调,即使这样,"只能说某物具有能量,不能说某物是能量"。其实物质生产力和精神生产力概念中的"物质"和"精神"在一定的话语背景中完全可以理解成"具有能量"或"是能量"。

当然,要进一步说明的是,物质和精神不等于生产力,即生产力不是物质和精神本身。以生产工具为主要内容的劳动资料在没有进入生产过程以前都是"死的生产力",只有进入生产过程,在作为"主观生产力"的人的作用下,物质和精神才可能成为生产力的要素。

其次,物质生产力和精神生产力如何理解?就物质生产力来说,一是指生产物质产品的能力,二是指以生产工具为主要内容的劳动资料的生产能力,它既可以生产物质产品,也可以生产精神产品。按照马克思主义的观点,生产也是人和社会关系的再生产,这其中包括精神和精神产品的生产和再生产。就精神生产力来说,一是指生产精神产品的能力,二是指以科学、思想、道德为主要内容的进入生产过程的生产能力,它既可以指导和影响生产物质产品,也可以指导和影响生产精神产品。这里要说明的是,物质生产

---

① 参见胡友静、李蕾:《关于生产力的新认识》,载《江西教育学院学报》2005 年第 2 期。
② 参见胡友静、李蕾:《关于生产力的新认识》,载《江西教育学院学报》2005 年第 2 期。

力和精神生产力不是可分离的两种生产力,至今也没有哪位学者把精神生产力当做独立的生产力来看待。事实上,物质生产力只有作为精神生产力的科学、思想、道德等等在进入生产过程并发挥作用(激活作为死的生产力的劳动资料等)时,物质生产力作为劳动的社会生产力才得以成立;同样精神生产力只有进入生产过程并指导或影响物质和精神生产时才得以体现。为此,物质生产力和精神生产力是相辅相成的两大生产力要素。

第三,道德是不是生产力?对于这一理论问题,一直以来讨论比较热烈。一个带本质性的质疑结论是有的作者认为道德生产力的错误在于过分强调生产力的作用,动摇了历史唯物主义的存在基石,[①]我认为这是对道德生产力观点的错误理解所得出的错误结论。一方面,有作者认为道德生产力不是独立的生产力,它不存在生产力意义上的作用。我曾强调,道德生产力作为精神生产力,它不是游离于劳动的社会生产力之外的独立的生产力,它是生产力的因素或要素。同时,前面已经提到,没有精神生产力的物质生产力是不能成立的,它只能是"死的生产力"。我还曾强调,精神生产力离开了物质生产力,精神生产力将是没有意义的虚词。另一方面,有作者认为最终决定社会意识形态的是生产力,如果认为道德也是生产力,那就颠倒了决定与被决定的关系。其实,我主张道德生产力,是说明人的完善和人际关系和谐对于物质生产力存在和发展的特殊而又不可替代的作用,强调道德在生产力中的能动作用,这从何谈"动摇了历史唯物主义的基石"?强调物质生产力和精神生产力的辩证关系和相互作用,并在一定的话语背景中凸现道德生产力的能动作用,这恰恰是历史唯物主义的基本观点和思维方法。

（原载《伦理学研究》2008 年第 3 期）

---

① 李敏:《道德生产力研究综述》,载《资料通讯》2005 年第 7、8 期。

论道德资本

——道德资本的概念及其价值实现

资本的形式和内容是多种多样的,有实物资本、货币资本、人力资本等等。在经济运作过程中,人力资本起着决定性的作用。① 诺贝尔经济学奖获得者、美国经济学家西奥多·W.舒尔茨曾指出:"设想某一经济体系拥有土地和可进行再生产的物质资本,包括如同美国现在所可能拥有的生产技术,但是它的运转却受到下列的各种约束:不可能有人取得任何职业经验;没有受过任何的学校教育;除了所居住地区的信息之外,谁也不拥有任何别的经济信息;每个人都受其所在环境的巨大约束;人们的平均寿命仅仅为40岁。在这样的情况下,经济生产肯定会悲剧性地大大下降。除非通过人力投资使人的能力显著地提高,低水平的产出必定会与极其僵硬的经济组织同时并存。"②然而,与人力资本直接关联的道德资本,又影响或制约着人力资本的效益的获得。人的创新能力的提高、劳动技能的加强等等,有赖于人的正确的价值取向和科学道德精神与道德实践。因此,就经济运行过程来看,道德是而且必然会是投入生产过程的重要资本。为什么"作为世界经济强国的美国,还有欧洲发达国家,搞了几百年的市场经济,突然发现自己根本不懂什么是经济,还处在类似于近代医学创立之前的中世纪医学水平上!"③其中重要

---

① 赵曙明:《企业人力资源管理与开发国际比较研究》,人民出版社1999年版,第3页。
② [美]西奥多·W.舒尔茨:《论人力资本投资》,吴珠华等译,北京经济学院出版社1990年版,第19页。
③ 陆晓禾:《走出"丛林"——当代经济伦理学漫话》,湖北教育出版社1999年版,第17—18页。

原因之一是他们始终没有弄懂道德在生产过程中的特殊能力。

一、资本与道德资本

资本是经济学范畴,在资本主义条件下,资本是能带来剩余价值的价值。在社会主义条件下,由于其经济制度决定了资本是能带来利润的体现为实物和思想观念的价值。由此可见,在现时代,"资本是一种力,是一种能够投入生产并增进社会财富的能力"。"科学的伦理道德就其功能来说,它不仅要求人们不断地完善自身,而且要求人们珍惜和完善相互之间的生存关系,以理性生存样式不断创造和完善人类的生存条件和环境,推动社会的不断进步。这种功能应用到生产领域,必然会因人的素质尤其是道德水平的提高,而形成一种不断进取精神和人际间和谐协作的合力,并因此促使有形资产最大限度地发挥作用和产生效益,促进劳动生产率的提高。"①因此,道德也是资本。当然要指出的是,道德在生产过程中成为资本,它一定是科学的道德。

道德资本有以下几方面特点:

1. 道德资本是无形的,它是人力资本的精神层面和实物资本的精神内涵

首先生产过程的主体是人,人是在生产过程中发挥作用并获得利润的核心资本。假如人仅仅作为实物资本投入生产过程,②那么,整个生产过程就无法运作,效益和利润也就无从谈起。事实上,任何东西只要不与人结合起来投入生产,那就无所谓"资本",至多是作为资产或资源而存在。而以劳动者身份投入生产的人,并不只是一个"经济人","传统经济学理论将经济活动的主体抽象为'经济人',并以此作为经济分析的前提。由自利动机驱使追求自身利益最大化,是'经济人'概念的基本内涵。然而,实际活动

---

① 王小锡:《21世纪经济全球化趋势下的伦理学使命》,载《道德与文明》1999年第3期。

② 这是不可能的,人只要投入生产过程就是"活劳动"体。这里仅仅是为说明问题而进行的假设。

中的经济活动主体是负有经济、社会和环境责任的'道德人',有着远比'经济人'丰富的内涵"。[1] 因此,人在生产过程中一定是受到一定的意识支配和价值导向的,人的道德觉悟直接影响和制约着人的劳动积极性和人的劳动能量的释放。

其次,实物资本在生产过程中发挥多大效益,获得多少利润,往往取决于劳动者的价值取向和对自身和社会的负责精神。海尔集团的洗衣机近年来能在欧洲市场打开销路,其中重要原因之一正如外国经销商所说,海尔集团生产的洗衣机符合欧洲人的生活要求和生活习惯。同样是洗衣机,许多外国经销商一改往日只销售日本洗衣机为现在只销售海尔集团产的洗衣机。这里有集团对自身利益、国家利益和对欧洲人生活需求负责的精神。没有这一优势,海尔集团生产的洗衣机也就没有对欧洲市场占有率的提高,也就没有更多的效益和利润。由此可见,道德资本比起实物资本来说意义更加重大。因此,道德在使实物资本成为资本的同时能最大限度地激活实物资本,它是获取利润的基础。

2. 道德资本是渗透型、导向型和制约型资本

首先,道德资本不是独立存在资本,它渗透在生产过程的各个方面和多种层面。以它独特的独立的价值功能发挥着作用。生产过程从一定意义上说是人们的思想或精神的物化过程。社会历史发展过程也说明,一个文盲充斥或一个道德觉悟低下的民族,其生产过程有着明显的盲目性和仅仅为了活命的目的性,不可能产生更大的效益或利润。假如生产的出发点和生产目的有着崇高的价值取向,生产过程又渗透着劳动者的责任意识,以及在分配、交换、消费中贯穿着对任何正当利益负责的理性精神,其效益不只是利润的增加,更在于扩大再生产在更新阶段的实现和扩大再生产过程理性水平的进一步提高。这就使得道德成了生产本身的重要内涵,道德也成了生产的需要,成了生产获取利润的重要条件。这在社会主义市场经济条件

---

[1] 此段话是陆晓禾对美国经济伦理学家观点综述,见陆晓禾:《走出"丛林"——当代经济伦理学漫话》,第46页。

下完全应该而且可以做得到。

其次,道德资本是"精神资本"或"知识资本"的一种,其特殊性就在于道德具有超前性(理想性)或导向性,它作为资本投入生产过程必然会形成一种其他资本无法替代的"力"。它作为一种看不见的理性之手或理性力量,能促使所有投入生产过程的资本实现理性化运作,牵引着人们实现利润的最大化。邓小平提出的让一部分人和一部分地方先富起来,并带动后富的人和地方,最终实现全国人民的共同富裕,这既是我国经济建设的目标,也是社会主义道德建设的目标。作为经济层面的道德理想,它推动着经济建设的快速发展,同时也实现着各个个人的正当利益和全国人民的共同利益。这是社会主义道德资本作用力尤其是导向力的集中体现。

再次,道德资本在生产过程中起着独特的协调和制约作用。生产过程需要有和谐的人际协作关系,需要有合乎理性的制度与规范。这是道德作为资本投入生产过程的又一特殊的内容和作用方式。社会主义市场经济从本质上来说是法制经济、是规范经济,但这绝不是自然生成的。"应该"是一回事,实际的可能又是一回事。只有发挥道德作为资本的特殊功能,才能实现社会主义市场经济正常运行。否则,社会主义市场经济将会成为无序经济。因此,通过道德协调,促使社会生产关系的理性存在和人际合力的形成,促使道德制度化,这不仅能使生产过程的各个环节和方方面面最大限度地产生效益,而且能实现投入生产过程的资本实现互补,最大限度地实现利润。有的企业家认为和谐的人际关系也是资本,合理的制度能出效益这是不无道理的。

3. 道德资本的形成是缓慢的、艰巨的

道德资本形成有一个独特的过程,其独特性就在于,首先,道德资本形成与道德认知水平和道德觉悟的提高是相一致的。道德资本在生产过程中要发挥作用,其基本前提是作为生产活动主体的人必须充分认识道德为何"物",明白科学道德是什么。同时,真正将道德责任作为自己的行为出发点和行动"坐标"。然而,道德自觉并不是一蹴而就的,它有一个由道德认识不断深化,经过道德意志的培养,逐步强化道德信念的过程。由此可见,道德认知水平和道德觉悟的提高是缓慢而长久的过程。

其次,道德资本形成是一项系统工作。它需要学校、家庭、社会等各方面的精心培育,尤其需要加强社会公德、职业道德和家庭美德教育。同时,道德资本形成还有赖于经济和科技文化教育的发展。经济不发达或科技文化教育水平低,势必影响人们道德认知水平和道德觉悟的提高。就一个生产企业来说,需要不断地加强"硬件"和"软件"建设,促使道德资本的形成。就硬件建设来说,应该完美工厂环境和工作条件等。就软件来说,应该完善工厂管理制度和生产运作机制,创造良好的道德和文化氛围等等,尤其需要加强道德教育力度,以各种有效措施,促进全体员工道德觉悟和企业道德水准的提高。

再次,道德资本形成是一个十分艰巨的过程。在社会主义市场经济条件下,多种经济成分并存,有可能形成各种不同的价值观和价值取向;同时,西方不同的道德观念也在不断地影响人们的社会生活,这就给道德资本形成增加了复杂性。一些企业之所以出现不讲信誉、坑害顾客的败德行为,与他们不懂道德、不讲道德和唯利是图、损人利己的价值观有着密切的关系。因此,这就需要我们在道德资本的形成过程中,分清良莠、扬善抑恶,真正使科学道德成为生产过程的重要的作用力。

二、道德资本价值的实现

如前面所说,道德作为资本投入生产过程,其作用力无处不在,它在促进产品质量提高的同时也能缩短单位产品的社会必要劳动时间。作为理性无形资本,道德资本投入生产过程后不断地在实现着有形效益,同时还在更完善意义上实现着自身。① 笔者将从以下几个主要方面来分析。

1. 人的道德素质与生产力水平

---

① 投入生产过程的道德资本,随着社会生产关系的不断发展和完善,道德也在不断地得到发展和完善。这是因为,科学的道德从来都是社会物质生活条件决定的,生产关系的发展和完善,必然地会促进道德的不断发展和进步。而且,道德也只有投入社会主义的生产过程,才能不断得到升华。否则,容易出现"道德教条状态"。

生产力水平的提高与否,其主要标志是物质性的,但人的素质是决定性因素。社会主义的生产力中的人都已作为"主人"的身份而存在着,人真正成了社会和自然的主宰。因此,人尽管是首先作为活动着的物质而存在着,但人的素质将直接决定着人的创造性劳动的自觉性和经济发展的速度。假如人不能作为真正的或完美意义上的人而存在,甚或成为一个消极被动甚至反动的"存在物",那么不管技术设备有多好、物质资源有多丰富,其生产力水平注定是提不高的。然而,人的素质是复杂的多方面的,它包括人的身体素质、心理素质、文化素质、思想政治素质和道德素质等等。在这些素质中,人的道德素质是基础性素质和核心素质。只有在充分认识到自身的存在及其存在的意义,明确并确定崇高生存价值取向的基础上,人才能树立一种不断进取精神,创造生产力发展的核心的和基础的条件。① 具体地说,"只有人们的思想觉悟和认识能力提高了,综合素质提高了,积极性和主动性充分调动起来了,他们才能自觉地提高业务能力和管理水平,提高操作技能和劳动效率;才能积极学习文化知识和科学技术,改进生产工具,革新工艺,采用新技术,改进劳动组织,改善经营管理,直至在生产过程中作出重大发明创造。这样,就能够大幅度地增加产量,提高质量,提高经济效益,从而大大促进生产力的发展。"②为此,我们完全有理由相信,人的道德觉悟和道德品质也是生产力的重要因素,谁具备了科学道德素质,谁就将会在生产过程中取得更多更好的效益和利润。

生产力水平除了决定于人的素质,尤其是道德素质外,还受制于社会主义生产力内部各要素结合的方式及其理性程度。生产力内部各结构要素的协调,并不是简单的人与物的关系的协调。物是归人所有并被人掌握的,因此,人与物的关系实质上是人与人之间的生产关系、权利关系、地位关系的协调。假如劳动者能在自由、自主状态下把握劳动资料,实现与劳动对象合理的结合。也就意味着人际关系、人际利益关系处在了理性协调状态,这无

---

① 王小锡:《中国经济伦理学》,中国商业出版社 1994 年版,第 129—130 页。

② 王小锡:《中国经济伦理学》,第 129—130 页。

疑将充分实现人对劳动资料和劳动对象的认识、改造、发展等。①

2. 管理道德与企业活力

管理在本质上是管人,而"泰罗制"式的把人当做机器的管理方法绝对不适应我国现代企业的发展要求。"一个不尊重人性的企业,是人的个性和活力被疏远被低估的企业。这样的企业,实际上是一个由提供劳动力来交换金钱的场所,无法实现和展开人性",②在社会主义市场经济条件下,这样的企业将会逐步失去它生存的时间和空间。

现代化的管理应该是以人为本的管理,它充分体现管理中的道德性,唯此才能促使企业员工同心协力,实现生产的正常运转。

首先,实现人格平等,激发全体员工的活力。企业管理工作者的一个基本目标是要统一员工的思想,调动员工的积极性,圆满实现企业发展指标。然而,这一基本目标的实现需要员工树立主人翁精神。这样一来,一方是管理工作者,一方要树立主人翁精神,应当如何处置? 笔者认为,企业管理工作者应展示既是领导又不像领导的形象。说是领导,他应该统揽全局,有效指挥。说不像领导,他应该努力倡导和实现与员工的人格平等,要以自己的实际行动来说明,企业的所有成员,只有分工不同,没有贵贱之分。因此,企业管理工作者应该从尊重员工入手,在努力为员工服务的同时,广泛征求员工意见,变"管理全员"为"全员管理",即企业管理工作者的管理目标、管理内容、管理方法和手段是全员集体智慧的结晶,企业实际是在全体员工的思想观念引导下运作。一些企业经营不好,其中重要原因之一是管理工作者以"领导"自居,员工成了被动的只受支配的劳动者,管理工作者与员工之间形成了"鸿沟",员工的积极性受到挫伤。一旦前后两者情绪对立,管理失效,那企业失去的不仅是活力和利润,最终完全有可能走向死胡同。

其次,坚持利益公平,获取更大效益。员工的切身利益是员工工作中关注的焦点,员工的劳动积极性来自于自身利益的最大限度的获得和全体员

① 尉萍:《思想政治工作与发展生产力》,载《人民日报》2000 年 3 月 28 日。
② 王成荣主编:《中国名牌论》,人民出版社 1999 年版,第 67 页。

工利益的公平合理的兑现。因此,可以说,不懂得他人的利益,就不懂得管理。一个合格的企业管理工作者,他首先考虑的是员工利益和利益的协调。员工利益的实现程度(已得利益占企业效益和自身应得利益的比重)和员工利益协调的公平程度,往往与企业未来利润的实现成正比。一个正当利益不能正常获得的员工是不可能全身心投入工作的。为此,对员工的切身利益处置随便,甚至严重不公,那能力最强的管理者终究是管理的失败者。

再次,身先士卒以身作则。企业管理工作者的形象直接联系着企业的命运。一个尽心尽责的管理工作者能让员工在他身上看到希望,即使企业暂时遇到困难或挫折,员工们也会发扬团队精神,戮力同心,努力工作。假如企业管理工作者让员工感觉到整天忙于无为的应酬,忙于捞取一己私利等等,那必将严重挫伤员工的积极性。这样的企业管理工作者实际上在起着增加企业负担、提高产品成本、降低企业利润的负面作用。因此,在社会主义市场经济条件下,不管是什么性质的企业,管理工作者应充分认识到管理者的自身行为是无声的命令、无形的杠杆。企业的效益和利润直接受制于管理者本身。

3. 道德含量与产品质量

产品是物,但任何产品都是精神化了的物。首先,任何产品都是按照人的一定的科技文化认识水平和技术路径设计的。正由于此,同样是酒瓶,啤酒瓶和其他酒瓶所要求的质量就不一样;同样是自行车,一种产品就是一个不同的品牌,诸如此类,可以说,有多少类产品就有多少不同的文化和技术物化体。其次,任何产品也都是人的道德觉悟或道德素质的物化体,而且产品中的道德含量最终决定着产品的质量。同时产品的特性,除了科技文化因素外,更重要的还取决于产品道德性。产品的道德含量和道德性主要地是由产品的"人性设计"和制作产品的责任心、以及产品生产的基本理念等要素构成。

首先,产品的"人性设计"主要地应体现在关注人的生理和心理等需求,"注重人的自然属性,使新产品在物质技术上符合使用要求,同时按照人的精神需求,使新产品获得艺术设计,在其外观的审美质量上满足人的求美享受。""具有完全、可靠、方便、舒适、美观和经济等功能。"①例如,制作一只玻璃茶杯,最好是双层真空杯,这样,倒进开水既不烫手,心理上也不紧张,用者有一种舒适和满意感。这种杯子尽管在价格上要高出一般玻璃杯好几倍,但仍然有人选择价值贵的买。这说明,产品设计越是接近于人的生理和心理等需求,越有销路,也越能赚钱。

其次,产品设计是一回事,制作又是一回事。即是说,产品设计好了不等于就能造出符合设计要求的产品,不等于高质量的设计就有高质量的产品。为用户着想、对用户的负责精神应该渗透在制造产品的各个环节和各个方面。严格地说,一个欲创名牌、求发展的企业,生产过程中不应该出现不合格产品,一旦出现,也应该不出厂门,不销售给顾客。我国许多知名企业都有销毁不合格产品的经历,一来告示社会,本企业生产的产品均是合格品,二来教育企业员工,合格产品是企业员工责任心、良心的结晶。

之所以国内的和国外的一些知名企业很受用户欢迎,根本原因在于人们从该企业产品质量就能够理解到企业的理性精神和员工的严谨认真的工作态度。因此,这些企业不用借助广告也能推销产品,这也是在情理之中的事。

再次,企业的利润并不仅仅在于产品质量好坏,更在于企业的优质低价的经营理念。日本松下公司的"自来水哲学"的经营理念,是松下公司赢得国际市场的重要法宝。该公司的经营目标是要像生产自来水一样,产品越造越好,价格越来越低。这是对用户负责精神在产品中的集中体现。产品的价值虽然不是随产品质量提高而提高,但产品质量却因价格没涨而相对地又提高了。事实上职工的进取精神和认真态度,客观上在提高了工效的同时也相对降低了产品成本。

4. 信誉与市场占有率

信誉能赚钱,这是毋庸置疑的命题。德国著名学者马克斯·韦伯在概括资本主义精神时,引用了以下观点,"切记,信用就是金钱。如果有人把

---

① 胡正祥等编:《中国产品人性设计》,广州出版社 1994 年版,第 7 页。

钱借给我,到期之后又不取回,那么,他就是把利息给了我,或者说是把我在这段时间里可用这笔钱获得的利息给了我。假如一个人信用好,借贷得多并善于利用这些钱,那么他就会由此得来相当数目的钱"。"善待钱者是别人钱袋的主人。谁若被公认是一贯准时付钱的人,他便可以在任何时候、任何场合聚集起他的朋友们所用不着的所有的钱"。① 这一观点对于企业生产经营过程来说是同样的道理,人们相信某种企业的产品并乐于购买就等于向该企业"送钱"。正因为这一点,在德国,无论是大型企业奔驰公司,还是中小企业,都认为企业卖的不仅仅是产品,而且是在卖信誉。并认为卖信誉比卖产品更重要。

我国许多知名企业深知信誉与市场占有率、市场占有率与利润的关系,把信誉视作企业的生命。一方面将信誉的建立落实到生产产品的全过程,确保产品质量的万无一失。另一方面将信誉建立在销售服务的全过程。他们将企业信誉作为最大限度地实现利润的根本。同时,他们也深知,失去信誉,也就丧失了企业的生存条件和生存理由。为此,江苏省著名的春兰集团推出了"金牌保姆服务"、伯乐集团推出了"全过程无忧无虑服务"、小天鹅集团推出了"12345"服务准则,都产生了良好的社会效益和经济效益。几年前曾有报载《经营道德也是订单》为题的文章,介绍某知名冰箱厂在同类厂家的冰箱订货数量均下降的情况下,唯独该厂订货数量上升,其原因是该厂奉行不合格产品不出厂的宗旨,从而赢得了顾客的信任,提高了该产品的市场占有率。② 对此,我们可以说,企业信誉虽无价,但它能带来巨大的经济效益。

(原载《江苏社会科学》2000 年第 3 期)

---

① 〔德〕马克斯·韦伯:《新教伦理与资本主义精神》,于晓等译,三联书店 1987 年版,第 33—34 页。
② 参见《扬子晚报》1998 年 10 月 28 日。

再论道德资本

——道德资本及其功能和作用

笔者曾率先撰文对道德是不是一种资本、道德作为资本所具有的三大特点以及道德资本价值实现的存在样态进行了较为系统和全面的理论探讨,并初步从功能角度对道德资本给予概念诠释,认为道德作为资本范畴,是一种力,是一种能够投入生产并增进社会财富的能力。本文旨在承继上次研究课题,试图从概念界定、功能与作用等层面,对道德资本做进一步的学理透视,以期引起学界同仁对"道德资本"这一崭新的道德范畴的关注和研究。

一、道德资本的概念界定

要明确界定"道德资本"的概念内涵和适用范围,有必要先了解"资本"范畴的本真意蕴。这是因为不仅现代西方经济学与国内几乎所有政治经济学教科书对"资本"范畴的定义大相径庭,而且马克思本人在《经济学手稿(1857—1858 年)》(即《资本论》第一手稿)与最后完成并公开出版的《资本论》中对"资本"范畴的诠释亦存在很大差异,甚至在《资本论》中,马克思对"资本"范畴的阐述也有"一般性"与"特殊性"之别。

首先,从现代西方经济学和国内现有政治经济学教科书对"资本"范畴的定义来看。美国著名经济学家、诺贝尔经济学奖获得者萨缪尔森在其名著《经济学》中曾对"资本"下过这样的定义:"资本一词通常被用来表示一般的资本品,它是另一种不同的生产要素。资本品和初级生产要素的不同之处在于：前者是一种投入，同时又是经济社会的一种产出。"而"资本品表示制造出来的物品，这种物品可以被用来作为投入要素，以便从事进一步生产。"①在这里，萨缪尔森的话包涵了两层意思：一是资本是一种生产要素，它与劳动和土地等初级生产要素一样，共同参加经济过程，生产出经济物品；二是资本不仅是一种投入性的生产要素，而且是一种可以被生产出来、又能重新投入生产的流动性生产要素，具有保值与增殖的功能。由此可见，萨缪尔森对"资本"范畴的界定只局限于资本的实物形态与自然属性，忽略了它的价值形态与社会属性。与此相反，国内"几乎所有的政治经济学教科书都这样定义：资本是剥削雇佣劳动而带来剩余价值的价值，它体现着资本家对雇佣工人的剥削关系。"②显然，国内教科书对"资本"范畴的界定比较注重资本的价值形态和社会属性，并将其作为资本主义经济的特有范畴。

其次，从马克思本人在《经济学手稿(1857—1858年)》与最后完成并公开出版的《资本论》中对"资本"范畴的诠释来看。在《经济学手稿(1857—1858年)》中，马克思是从简单的、一般的范畴与具体的、特殊的范畴之间关系的视角来研究资本一般，并未把它作为资本主义的特有范畴。在这个手稿中，马克思一方面将资本作为简单的一般范畴进行理论抽象，蒸馏出资本范畴的一般规定与本质特征。马克思认为："作为必须同价值和货币相区别的关系来考察资本，是资本一般，也就是使作为资本的价值同单纯作为价值或货币的价值区别开来的那些规定性的总和。"③而那些规定性的总和概括起来就是：资本"只有不断地增殖自己，才能保护自己成为不同于使用价值的自为的交换价值"，④同时由于价值的自我保存依赖于自我价值的增殖过程，因此，资本从最一般、最抽象的角度来诠释，就是一种在经济过程中能够自我保值、增殖的独立化价值；另一方面，马克思在这个手稿中

① ［美］保罗·萨缪尔森、威廉·诺德豪斯：《经济学》上册，高鸿业译，中国发展出版社1992年版，第88页。
② 白光编著：《现代政治经济学基础理论教程》，中国人民大学出版社1998年版，第281页。
③ 《马克思恩格斯全集》第46卷(上)，人民出版社1979年版，第270页。
④ 《马克思恩格斯全集》第46卷(上)，第226—227页。

又将资本作为具体的特殊范畴来研讨,试图揭示资本作为"一种现实存在"在资本主义生产方式中的社会本质,剥离出资本背后所隐藏的资本与雇佣劳动的剥削关系。然而,在《资本论》中,马克思不再使用在手稿中曾经使用的资本一般的涵义,而将资本认作是资本主义的特有概念,侧重于从社会经济关系和阶级关系的视角指认"资本"范畴的社会属性和价值形态。

最后,从马克思在《资本论》中对"资本"范畴的阐述来看。虽然马克思在《资本论》的创作过程中几易其稿,但最终仍把《资本论》的研究对象确定为"资本主义生产方式以及和它相适应的生产关系和交换关系"这就决定了整个《资本论》对"资本"范畴界定的着力点不在"资本一般",而在"资本特殊"。马克思在《资本论》第一卷中曾这样写道:"资本来到世间,从头到脚,每个毛孔都滴着血和肮脏的东西",①"一旦有适当的利润,资本就胆大起来。如果有10%的利润,它就保证到处被使用;有20%的利润,它就活跃起来,有50%的利润,它就铤而走险;为了100%的利润,它就敢践踏一切人间法律;有300%的利润,它就敢犯任何罪行,甚至冒绞首的危险。"②为了进一步阐释"资本"范畴的特殊性,马克思曾专门在《雇佣劳动与资本》一文中论述道:"资本也是一种社会生产关系。这是资产阶级的生产关系,是资产阶级社会的生产关系。"③由此可见,马克思在《资本论》中对"资本"范畴的探究主要是与资本主义社会形态联系在一起的,目的是为了揭示资本对雇佣劳动的剥削关系,为无产阶级革命提供锐利的思想武器,因而具有很强的时代性。尽管马克思在《资本论》中对"资本"范畴的界定重在"资本特殊",但他并未否认"资本一般"的存在。比如,他认为:资本总是以货币为前提,但货币不等于资本,"作为货币的货币和作为资本的货币的区别,首先只是在于它们具有不同的流通形式,""商品流通的直接形式是 W—G—W,商品转化为货币,货币再转化为商品,为买而卖。但除这一形式外,我们还看到具有不同特点的另一形式 G—W—G,货币转化商品,商品再转化为

---

① 《马克思恩格斯全集》第23卷,人民出版社1972年版,第829页。
② 《马克思恩格斯全集》第23卷,第829页。
③ 《马克思恩格斯全集》第23卷,第168页。

货币,为卖而买。在运动中通过后一种流通的货币转化为资本,成为资本,而且按它的使命来说,已经是资本。"①这也就是说,马克思事实上是承认通过流通,用来自我增值的货币就是资本,而它并不一定就是要与资本主义所有制与社会形态相联系。

在对"资本"范畴内涵作出界定之后,马克思又根据资本在生产剩余价值中的不同作用将资本分为可变资本与不变资本,即在生产过程中只发生价值转移而不改变自身价值的用于购买厂房、机器、燃料、原材料等生产资料的资本与在生产过程中能创造出新价值的用于购买劳动力的资本,这实际上是马克思对资本概念外延的界定。此外,马克思还提出过"生产力中也包括科学",也就是说,科学由于在促进生产力发展方面具有实现经济物品保值、增殖的功能,因而也可以成为资本。

通过以上分析,我们可以对"资本"范畴进行学理界定:所谓资本,从内涵上,它是指投入经济运行过程,能够带来剩余价值或创造新价值,从而实现自身价值保值、增殖的一切价值实体和价值符号;从外延上,它既包括资金、厂房、机器设备、劳动力、能源等一切实物形态的价值实体,又包括科学技术、管理、制度、社会意识形态等非实物形态的价值符号。一句话,凡是能创造新价值的有用物均可构成资本。由此顺推,我们可以对"道德资本"进行进一步的概念诠释;所谓道德资本,从内涵上,它是指投入经济运行过程,以传统习俗、内心信念、社会舆论为主要手段,能够有助于带来剩余价值或创造新价值,从而实现经济物品保值、增殖的一切伦理价值符号;从外延上,它既包括一切有明文规定的各种道德行为规范体系和制度条例,又包括一切无明文规定的价值观念、道德精神、民风民俗等等。从表现形态来看,道德资本在微观个体层面,体现为一种人力资本;在中观企业层面,体现为一种无形资产;在宏观社会层面,体现为一种社会资本。② 从功能发挥来看,道德资本与其他资本不同,它不仅是促进经济物品保值、增殖的人文动力,

① 《马克思恩格斯全集》第 23 卷,第 168 页。
② 参见罗能生:《经济伦理:现代经济之魂》,载《道德与文明》,2000 年第 2 期。

而且是一种社会理性精神,其最终目标是为了实现经济效益与社会效益的双赢。

二、道德资本的功能与作用

现代市场经济的启动与运作过程,不仅仅是生产销售、资金运转、风险投资、经营策划等纯经济行为的操作过程,而且是一个十分繁杂的、内蕴着政治、法律、道德等多种因素相互作用、交叉影响的社会性行为的整合过程。它不仅需要诸如生产资料、生产对象、生产者等实物形态的资本投入,而且也需要诸如科学技术、管理制度、社会意识形态等非实物形态的资本介入,而道德正是社会意识形态的主要组成部分,因此,"就经济运行过程来看,道德是而且必然会是投入生产过程的重要资本"。①

既然道德资本是投入经济运行过程、实现经济物品保值、增殖的资本,那么它在生产性谋利中又是如何运作呢? 马克思曾把社会生产过程分为生产、分配、交换、消费四个环节,他说:"我们得到的结论并不是说,生产、分配、交换、消费是同一的东西,而是说,它们构成一个总体的各个环节、一个统一体内部的差别。生产既支配着生产的对立规定上的自身,也支配着其他因素。过程总是从生产重新开始。"②也就是说,生产、交换、分配、消费作为四个既相互联系又相互区别的环节共同构成经济运行过程的整体,其中生产环节又决定其他环节,是整个经济运行过程的逻辑起点。因此,要深入理解道德资本的本真意蕴还必须进一步考察其在生产、交换、消费、分配四大环节中的功能与作用。

从生产环节来看,道德资本的功能和作用主要体现在以下几个方面:

(1)道德资本的运作有利于确保作为生产起点的生产目的的双赢性。任何社会的生产都是有目的的,没有目的的社会生产是不存在的。作为经

---

① 王小锡:《论道德资本》,载《江苏社会科学》,2000 年第 3 期。
② 《马克思恩格斯全集》第 2 卷,人民出版社 1972 年版,第 102 页。

济活动的生产目的与作为其他社会活动的目的相比,其根本不同点在于生产活动是以盈利、实现利润最大化为第一目标,以经济效益和经济效率为达到目的的第一衡量尺度,以如何用最少投入获得最大产出为经营决策的第一指挥棒,因而生产活动的首要目的是实现已投入的生产要素的保值、增殖。然而,作为经济行为主体想实现自身利益最大化,必须要考虑愿意与其交换产品的另一方的愿望与需求及其强烈程度,把自我的利益追求与另一方的需要满足结合起来,这样才能实现其生产产品的"惊险的跳跃"。无数事实证明:某种产品能否为生产者带来预期利润,最终取决于能否为消费者所接受;某种产品能给生产者带来多大利益,最终取决于它在多大程度上代表了消费者的现实和潜在需要。[1] 因此,作为经济活动的生产目的除了自我盈利外,还应兼顾他利满足。但在现实生活中,经济主体往往对自身利益的考虑和追求要大于对其他方乃至整个社会利益的顾及和满足,甚至为了实现自身利益不惜损害其他方和社会整体利益,而道德资本的动作功能正在于不断地以有声的社会舆论、无声的个体良知引导生产者从自利与利他的互利出发,使生产目的具有双赢性。

(2)道德资本的运作有利于确保运用于生产过程的生产手段的人本性。所谓生产过程是指生产者利用生产手段作用于生产对象,并且产生一定生产结果的过程。在生产过程中,生产者动用什么样的生产手段以及如何运用生产手段不仅决定着人们改造自然、征服自然的广度和深度,同时也决定着人们所获取的物质资料的质量和数量,而且还反映出不同时代、不同境遇下人们劳动生产效率的高低和资源配置的好坏,因而生产手段越先进、运用越合理、操作越科学,在给定约束条件下,生产出的产品质量就越高、产品数量就越多。从作用对象来划分,生产手段可分为专门作用于物的生产工具和专门作用于人的狭义管理方法以及既可作用于物、又可作用于人的广义管理手段。在生产过程中,人是生产的主导因素。如果没有人的参与、没有劳动者与生产资料的相结合,那么任何现实的生产都是不存在的,因而

---

① 参见郭夏娟:《市场营销行为的道德意蕴》,载《浙江社会科学》1999 年第 5 期。

对人的管理就必然成为生产手段运用于生产过程、创造经济绩效的核心因素。长期以来,由于受西方"泰罗制"管理模式的影响,一些企业的管理者在生产手段的运用上不善于"以人为本",只把以劳动者身份投入生产过程的人当作与劳动对象、劳动资料一样的物来对待,把企业只当作"一个由提供劳动力来交换金钱的场所"①,其结果极大地挫伤了企业员工的生产积极性,严重妨碍了企业生产效率的提高和经济利润的实现。因此,为改变企业管理者在生产过程中"见物不见人"的状况,必须要依赖道德资本的有效运作,使他们在运用生产手段管理人的时候多一点"人性"色彩,让人在自主、自由和平等、愉悦的状态下,发挥最佳劳动效能。

(3)道德资本的运作有利于确保作为生产结果的生产产品的生态性。所谓产品的生态性是指作为生产结果的生产产品不仅要具有满足消费者本人的有用性,而且要具有对消费者以外的其他人和社会以及自然环境的无害性。厉以宁先生在分析生产效率时曾提出:"难道不管生产出什么样的产品,都等于社会生产有一定的效率吗?假定生产出来的东西是对人体健康有危害的,使环境遭受污染的产品,难道也表明生产有效率吗?不生产这些产品,效率不更高吗?"②由此可见,衡量一个企业生产效率的高低,不能仅仅看其产品是否适销对路,是否满足一定人群的特殊价值偏好以及生理和心理需求,而且要看其产品是否有伤社会风化、是否会破坏生态平衡、是否会危及人类持续发展,否则生产帮人治病的良药与生产使人堕落的毒品就不会有本质的区别。因此,在生产过程中,道德资本的动作功能在于不断告诫生产者要注重其生产产品的生态性。

从交换环节来看,道德资本的功能和作用主要表现在以下几方面:

(1)道德资本的运作有利于纠正交换动机的逐利失范。从一般意义上说,交换是经济主体从满足自身需求的动机出发,凭借手中掌握的、具有满足他人需求的物品和劳务,通过互通有无以实现互利互惠的理性选择过程。

---

① 王成荣主编:《中国名牌论》,人民出版社 1999 年版,第 67 页。
② 厉以宁:《经济学的伦理问题》,三联书店 1995 年版,第 3 页。

在市场经济条件下,无论哪种意义上的交换行为,都内蕴着经济主体的双重动机:一方面无论经济主体作出怎样的理性选择,满足自身需求和效用最大化永远是交换行为价值取向的最终决定者和评判者;另一方面由于市场环境充满竞争,单纯自利的交换行为往往难以实现经济主体的交换需要,经济主体必须把自身的利己需求推及与其交换者,满足与其交换者的利己需要,这样才能实现自身的目的。倘若经济主体只想从别人那里获取而不想或不愿给别人提供些什么,那么,在自由交换的市场经济中别人便有正当理由不同他发生联系,因而交换的本质必然是自利与他利的结合即互利。在实际交换过程中,经济主体总面临着自利与利他的双重选择,总力求寻找自身利益满足和与其交换者利益满足的均衡点。尽管在通常情况下,经济主体能理性地驾驭自利的野马,以利他为手段,实现互利目的。但是,在暴利的诱惑下,经济主体心中的利益天平就会发生倾斜,大大强化交换行为的为己性,弱化为他性,导致损人利己。因此,道德资本运作功能不仅是常态下对交换主体的理性关照,更是非常态下的对交换主体逐利失范的伦理纠正。

(2)道德资本的运作有利于克服交换过程中的伦理缺陷。美国经济学家罗纳德·丁·奥克森指出:"经济思想的核心是交换这一概念,该概念表示经济关系,即市场模型中人与人的基本关系。交换基于双方之间明确的补偿",①然而,通向交换主体之间明确补偿的道路却并不是平坦的。

首先,由于信息不对称,容易产生交易欺诈。在交换过程中,交易双方由于所处地位不同,因而对交易对象信息的把握就存在着很大差异:一方面卖方对交易对象的质量、性能、结构、特征、同类产品价格等信息相当了解,另一方面买方对交易对象的相关资讯却知悉甚少或者根本不知。在这种情况下,卖方为了自身利益的实现就有可能不讲道德,对买方故意采取或"隐瞒信息"或散布虚假信息,使买方上当受骗。

其次,由于履约过程存在诸多不确定因素干扰,容易产生信用危机。任

---

① [美]V.奥斯特罗姆:《制度分析与发展的反思——问题与抉择》,王诚等译,商务印书馆1992年版,第109页。

何一个成功的交换都包含两个过程:一是达成契约的过程,一是履行契约的过程。如果说达成契约凭借以诚相待,那么,履行契约则依赖于彼此的相互信任及其程度,因为只有彼此相互信任,才能自觉为对方所用,以实现互利目的。然而,在履约过程中,由于存在诸多不确定因素的干扰,往往造成履约程序的复杂和监督履约成本的过高,因而会导致交易双方彼此信任度降低,甚至出现信用危机。

再次,由于买方市场存在,容易造成卖方间的不正当竞争。在买方市场条件下,不同卖方为了实现自身盈利目的,必然采取各种方式增加自己的影响力,吸引更多的买者,使自己在竞争中立于不败之地。然而,就在这残酷的竞争过程中,少数卖方往往会放弃对交易规则的遵循,采取违反道德的不正当竞争方式,直接或间接地给同行制造麻烦和困难,迫使竞争对手退出竞争。正因为在交换过程中存在诸多伦理缺陷,因此,离开道德资本的运作,正常的交换秩序将无法维持。

(3)道德资本的运作有利于内化交换结果的负外部效应。所谓外部效应,按照西方制度经济学代表人物诺思的解释是"当某个人的行动所引起的个人成本不等于社会成本,个人收益不等于社会收益时,就存在外部性",[①]也就是说,某种经济活动所产生的影响并不一定在其自身的成本或收益上表现出来,但却会给其他经济主体乃至整个社会带来好处或坏处。当其结果能给他人或社会带来好处时,被称为外部经济(正的外部效应),反之,则被称为外部不经济(负的外部效应)。长期以来,人们对交换结果的研究往往仅囿于交换双方的利益实现,而对其可能对非交换方所产出的外部效应却熟视无睹,这种状况直到新古典经济学的著名代表人物庇古那里才有所改变。其实,任何交换行为都会对非交换方产生这样或那样的影响,呈现出或正或负的外部效应。比如:A 生产面包,B 生产皮衣,两者相互交换,从内部效应来说,满足各自对食物和衣服的需求,从外部效应来说,则促进了社会经济发展。再如:A 进行贩毒,B 进行吸毒,两者相互交换,从内

---

① 卢现祥:《西方新制度经济学》,中国发展出版社 1996 年版,第 59 页。

部效应来说,满足了各自对毒品和赚钱的需求,从外部效应来说,则败坏了社会风气。因此,在交换过程中,必须依托道德资本的有效运作,提高交易双方的道德素质,从而使交换结果的负外部效应实现"零存在"。

从分配环节来看,道德资本的功能和作用主要表现在以下几方面:

(1)道德资本的运作有利于凸显市场分配的"效率优先",重在把蛋糕做大。在经济学中,分配有广义与狭义之分:从广义上讲,分配是指生产条件的分配和生产产品的分配;从狭义上讲,分配是指生产产品的分配,其中由活劳动创造的新价值而构成的国民收入的分配是其主要内容,因而通常意义所指的分配是指国民收入在社会成员中的分配。在市场经济条件下,社会成员的收入分配是按照效益分配的原则来实行的,也就是说,它是根据各个作为生产要素供给者的经济主体所提供的生产要素的质量和数量来决定其获取收入份额的多少。在这里,决定收入分配有两个方面:一是经济主体所提供的生产要素必须符合市场需要,否则其供给是无效的,收入也就无从取得;二是经济主体所提供的生产要素必须与市场需要相匹配,少则满足不了需要,多则造成浪费,导致供给低效,减少应得收入。因此,在变动不居、充满竞争的市场中,经济主体要想在收入分配上有所得、得许多,就必须不断根据市场需要及其需要程度,调整生产要素的供给量,提高生产要素的利用率。由此可见,在市场分配中,效率是优先的。人们只有想方设法不断提高劳动生产率,合理配置和充分利用各种资源,把蛋糕生产出来,并把它尽量做大,这样人们才可能有蛋糕可分,才可能分得相对多些。否则便无蛋糕可分,或即使有蛋糕可分,也只能分得很少。长期以来,由于受"不患寡而患不均"的平均主义思想影响,不少人有意、无意地在分配上追求收入的绝对平均和财产的绝对均等,抹煞了人们在自然生产条件(人的气质、天赋等)、社会物质条件(家庭环境、财产占有、教育及就业条件等)和现实生产条件(自然地理环境等)的差别,割裂了人的主观努力程度与生产效率高低的必然联系,结果极大挫伤了经济主体的劳动积极性,从而引发有限劳动资源和生产资料的浪费,导致整个社会劳动生产率降低。因此,在分配环节上,人们需要道德资本的有效运作,需要道德从理论上为人们大胆地追求

"效率优先"提供价值论证和道义支撑,并在实践中消除平均主义,从而有效地调动人们的生产积极性。

（2）道德资本的运作有利于维护社会分配的"兼顾公平",力求把蛋糕分好。所谓"分好",是指国民收入在社会成员之间分配达到一种均衡和合理状态。它包括两层含义:一是收入本身是否达到均衡合理,是否体现了"效率优先",是否体现了个体收入与其所提供的生产要素的效益相挂钩,从而为经济发展提供持久动力;二是分配成员之间的收入差距是否达到均衡和合理,是否体现了"兼顾公平",是否体现了政府基于维护社会稳定的需要而对收入分配进行强制调节,从而为经济发展提供安全网和减震器。厉以宁先生曾在《经济学的伦理问题》一书中把市场分配称为第一次分配,把政府主持下的社会分配称为第二次分配,他认为"第一次分配在市场经济的环境中进行,着重的是效率,效率优先将在这里体现出来。第二次分配是在政府主持下进行的,既要注意效率,又要注意公平,既要有利于资源的有效配置,又要有利于收入分配的协调。"①因此,就整个社会而言,在坚持"效率优先"的前提下,要"兼顾公平"。否则一味追求效率优先,置社会公平于不顾,纵容收入分配差距无限扩大,无视贫富分化日趋严重,从而使弱势群体无法满足最基本的生存需求,其结果必然影响社会的稳定有序,而"社会的不安定又导致经济发展的受阻碍,导致效率的增长缓慢、停滞或下降,导致人均收入水平的降低或难以提高。"②由此可见,人们在通过提高劳动生产率把蛋糕尽量做大之后,在社会分配领域,还要注意发挥道德资本的功能,努力协调分配各方利益,力求把蛋糕分好。既要保证那些对社会有不同贡献的成员获得不同的利益,在收入分配上拉开一定的差距,以便进一步激发人们为社会创造更多的财富;同时又要把收入分配差距控制在不至引发社会动荡的范围内,为社会所有成员提供最起码的生活保障,因为"社会主义的本质,是解放生产力,发展生产力,消灭剥削,消除两极分化,最终达

---

① 厉以宁:《经济学的伦理问题》,第 21 页。
② 厉以宁:《经济学的伦理问题》,第 30 页。

到共同富裕"。①

从消费环节来看,道德资本的功能和作用主要表现在以下几方面:

(1)道德资本的运作有利于刺激需求、拉动经济、摆脱"消费瓶颈"的制约。与分配一样,消费也有广义与狭义之分:从广义上讲,消费既包括生产消费又包括生活消费;从狭义上讲,它是指生活消费,即人们通过使用消费资料(产品和劳务)满足自身生活需求的行为和过程。日常语言中所使用的消费概念是从狭义上去界定的。从社会再生产的视域来看,消费作为所有生产的最终目的(斯密语)具有承前启后的效应,它不仅"替产品创造了主体",而且"创造出新的生产需要"。② 如果消费环节遭遇障碍,没有创造出相应的生产需求和销售市场,出现有效需求不足,那么,整个社会再生产将无法正常运作,经济发展也必然受阻,因而从某种意义上讲,消费对社会再生产和经济发展在特定条件下具有决定性的瓶颈制约作用,这种作用在过剩经济时代表现得尤为突出。据有关材料显示,自进入20世纪90年代末期以来,我国国民经济已告别了短缺常态,跨入了以买方市场为特征的过剩经济时代。这种过剩不仅表现为生产能力的过剩,出现产品大量积压;而且表现为生产要素的过剩,出现失业、下岗人数增多和资金大量闲置,于是刺激需求、拉动经济、摆脱消费瓶颈制约作用便成为国家宏观调控的重要政策指向。③ 近几年来,我国政府虽然出台了许多诸如连续多次调低利率、住房货币化、教育产业化等政策,但与预期的效果仍有很大差距,究其原因,我们认为主要是由于人们把注意力过多地聚焦于消费中的经济承受力,而忽略了消费中的伦理承受力。其实,消费不仅取决于人们的经济承受力,即人们能不能或有多大可能的经济支付能力,它构成消费的物质基础;而且消费也取决于人们的伦理承受力,即人们愿不愿或有多大愿望去支付,它构成消费的观念形态。尽管经济承受力决定着伦理承受力,但伦理承受力对经济承受力具有反向互动作用,解决了前者并不意味着后者的必然解决,也就是

① 《邓小平文选》第三卷,人民出版社1993年版,第373页。
② 参见《马克思恩格斯全集》第12卷,人民出版社1972年版,第740—742页。
③ 参见陈淮:《过剩经济:挑战中国》,载《新华文摘》1998年第10期。

道德资本与经济伦理

说,具有一定经济消费能力的人,并不一定愿意消费或愿意多消费。如果人们不能形成与过剩经济时代相适应的消费伦理,即使国家再三提高人们的经济收入,恐怕也未必能从根本上改变目前消费领域中出现的有效需求不足的状况。因此,道德作为一种资本,其在消费领域中的首要功能就是要重塑人们的消费理念,从思想道德观念上为国家的刺激内需、拉动经济的宏观调控政策提供有力的伦理支撑和心理援助。

（2）道德资本的运作有利于建构自主性消费理念,摒弃"丰饶中的纵欲无度",促进经济可持续发展。所谓"自主性消费理念",是指一种以自我实现和提高生活质量为目的,以放弃各种与可持续发展相悖离的享受性和挥霍性物质消费为核心内容的消费伦理观念。① 这种消费理念主要包括两层含义:首先,它是一种主动性消费。与传统"宁俭勿奢"的被动性消费理念不同,自主性消费理念一方面立足于为生产创造需求、为生产提供市场、以发展生产力和推动社会进步为目标,另一方面着眼于为市场主体创造财富、为市场主体提供服务、以满足人性需要和促进人性发展为导向,因而它既反对过分抑制需求,又反对过分无视人性需要,主张变被动消费为主动消费,不断提高人们的生活水平和质量。其次,它是一种合理性消费。一方面,就个人自身消费而言,它主张量入为出,即个人的消费支出必须与个人的收入、财力、物力相适应,当然这时所指的个人收入不仅包括他的现期收入、以前积蓄,也包括他的预期收入;②另一方面,就个人消费的社会效应而言,它主张适度消费,即在资源的社会供给量为既定的条件下不过多地占用和消耗该资源,同时对超出必要消费之界限的挥霍性的物质欲望与物质享受作出自愿的限制与放弃,从而维护生态平衡和促进经济可持续发展。长期以来,在消费领域中一直存在两种表面似乎对立然而本质却殊途同归的片面消费理念:一是前面所提到的"宁俭勿奢"的消费理念,这种消费理念由于孕生于生产不足、经济短缺的自然经济时代,因而把生产与消费绝对对立起

---

① 参见甘绍平:《论消费伦理》,载《天津社会科学》2000 年第 2 期。

② 参见周中之:《消费的伦理评价与当代中国社会的发展》,载《毛泽东邓小平理论研究》1999 年第 6 期。

来,目的在于将人们的消费需求压低到最低限度,以建构"尽量少消费、最好不消费、迫不得已才消费"的被动性消费理念来维护社会的长治久安;二是以享受性和挥霍性为主导的消费理念,这种消费理念由于是在中国过剩经济时代和西方消费主义思潮东侵的双重背景下萌发的,因而盲目强调消费对生产的刺激作用,目的在于把对人的消费欲望的满足扩大到社会生产与个体生理所能承受的极限,以建构"丰饶中的纵欲无度"的感官刺激性(消极性)消费理念来促进经济的增量发展。从表面上看,这两种消费理念似乎是对立的,一个过分压抑人性的物质需求,一个过分放纵人性的需要满足,然而就其本质而言,都是把人不当作"人",把人降低到只有物质需求的"动物"水平。因此,在消费领域,要想建立与现代市场经济相适应的消费理念,必须充分发挥道德资本的功能,排除以上两种片面消费理念对建构自主性消费理念的干扰,从而把提高生产力和改善大众生活水平有机地结合起来。

(与杨文兵合作,原载《江苏社会科学》2002 年第 1 期)

三论道德资本

——道德资本的依附性和独立性

"道德资本"的理论阐述,得到了理论界广泛而积极的回应。笔者认为,它的提出既是对传统的资本概念作超经济学分析的直接产物,更是因应经济和伦理相结合的要求而出现的必然结果。为了更好地界定这一范畴,厘清人们关于此范畴的诸多疑惑,笔者将从道德资本的二重性出发,在更为充分和广阔的意义上对长期以来形成于人们头脑中的对资本的固有认识进行革新,并对道德资本这一新的理论范畴进行系统阐释,力求对人们关于"道德资本"的理解有所裨益。

一、道德资本的依附性

由于自身特有的性质,道德资本相对于有形资本具有依附性,即它不能完全游离于有形资本及其运作而独立存在和正常运营。所谓有形资本是指其价值与使用价值在现实上融为一体,通过一定的流通能够给所有者带来经济利益的价值实体,主要包括实业资本、金融资本和产权资本等。科学地认识道德资本的依附性不仅是深入理解道德资本概念的基本要求,也是道德资本发挥其自身独特功能的基础。而这种依附性主要体现为以下几方面:

第一,道德资本运营的直接目的是促成有形资本的增值。

资本运营的直接目的是获得价值的增值,道德资本的运营也不例外,只不过它的资本增值体现为有形资本的增加。如若道德资本的运营最终只局限于形而上的玄思,则其必将因为失却了技术有效性而被抛弃。正基于此,有些学者提出:"无形资本的使用价值体现在其他有形资本上,要得到无形资本的使用价值,就必须将无形资本和有形资本结合起来"。① 即认同无形资本(包含道德资本)必须要"物化"为有形资本才具有其现实价值。当然,这种"物化"不是捷·卢卡奇所指之"物化",而是指道德资本通过参与资本运作的整个过程,发挥自身的独特功能,进而在资本循环的过程中不断促进有形资本的保值和增值。同样,布尔迪厄在谈到文化资本(包含道德资本)②时认为转换是必然的和必须的,他认为"资本依赖于它在其中起作用的场③,并以多少是昂贵的转换为代价,这种转换是它在有关场中产生功效的先决条件"④。而转化的真正内涵就是道德资本在其发挥作用的区域和过程中最终促成有形资本的增值。同时,他还批评了"经济主义"和"符号学主义"两种偏颇的观点⑤,确认了非物质资本转化为物质资本的可能性。事实上,依附于有形资本的道德资本只有通过自身的运作,发挥自身的独特功能,在终极意义上转化为有形资本,或最终促进有形资本于实质性价值层面的增值,才会获得自身存在的现实意义,并真正得到社会的承认和重视;而有形资本的运作从内在性上也需要道德资本的渗透和作用发挥,并将因为道德资本的加入而最大程度和最优化地实现自身价值的增值。可以讲,道德资本的依附性最为本质的体现就是其运营的直接目的是为了促成有形资本的增值,并由此获得道德资本于精神和物质两方面的双重价值。

----

① 雷霖、刘倩:《现代企业经营决策——博弈论方法应用》,清华大学出版社 1999 年版,第 222 页。
② 布尔迪厄认为要科学地"解释社会世界的结构和作用",就应"引进资本的所有形式",并将资本分为"经济资本"、"文化资本"和"社会资本"三种基本的形态。按他的解释,道德资本从某种意义上看,是包含在"文化资本"之中的。参见[法]布尔迪厄:《文化资本与社会炼金术——布尔迪厄访谈录》,包亚明译,上海人民出版社 1997 年版,第 189—211 页。
③ 布尔迪厄认为:"从分析角度看,一个场也许可以被定义为由不同的位置之间的客观关系构成的一个网络,或一个构造"。参见[法]布尔迪厄:《文化资本与社会炼金术——布尔迪厄访谈录》,包亚明译,第 142 页。
④ [法]布尔迪厄:《文化资本与社会炼金术——布尔迪厄访谈录》,包亚明译,第 192 页。
⑤ [法]布尔迪厄:《文化资本与社会炼金术——布尔迪厄访谈录》,包亚明译,第 208 页。

第二,道德资本的投入依赖于有形资本的投入。

道德资本的投入是科学运作道德资本的前提,而道德资本的投入必须依赖有形资本的投入,即道德资本的投入要伴随着有形物质,包括各种人力、物力和财力的消耗。具体地说,这种物质形态的有形资本的介入主要有以下几方面:首先是道德教育的实施。只有进行有效的道德教育,才能系统地提高企业员工的道德素养,实现道德资本的有效投入。它主要包括家庭、学校、相关组织、社会四个层面的道德教育。而要进行有效的道德教育则必然要借助一定的物质工具,即需要各种物质的或有形的教育资源的投入、耗费。其次是道德实践的完成。企业员工只有通过道德实践的过程,才能将道德律令内化为道德信念,实现道德资本的有效投入。事实上,作为实践精神的道德必然要付诸现实行动,但不论道德行为具有怎样的高尚性,其行为本身要顺利完成就离不开一定的物质中介,仅仅存在于思想中的道德行为是毫无意义的,甚至是不能被称作为"道德行为"的。而在道德实践过程中的物质中介总是以有形资本投入的形式,即企业投入人力、物力或财力去创设的。再次是社会道德环境的营造。道德资本的投入离不开人及其道德水平的提高,也就离不开社会道德环境的营造。一方面是道德软环境的建设,包括社会道德氛围的营造,社会道德评价体系的建立,社会信用体系的创设等;另一方面是道德硬环境的建设,包括人性化公共设施的设立,富含道德意蕴的公共艺术品的设置等。不用赘述,道德软环境和道德硬环境的建设都离不开企业在人力、物力和财力上的投入。离开了这些投入,道德环境建设必然失去物质上的支持而丧失其现实性。事实上,我们在承认道德资本本身具有继承性和传递性之外,更应认识到道德资本的投入实质上必然依托于独立于自身之外的有形资本的投入。道德资本在投入上的特殊性充分地反映出自身具有的依附性。

第三,道德资本价值的实现依赖于原有资本的运作过程。

运动性是资本的重要特征,一切资本都必须存在于运动之中。有形资本要实现保值、增值就必须进入资本运作过程,道德资本要实现自身独有的价值也必须活动起来,参与运作。所不同的是,道德资本不能脱离实物形态的资本而单独地进行资本运营并完全独立地实现自身的价值,它一定要参与到原有的资本运作过程,即以有形资本运作为主体的资本运作过程中去。笔者在研究道德资本的运作机制时曾指出"道德资本的运作机制,从本质上讲,就是其在生产、交换、分配、消费四大环节中的功能发挥"。① 可以讲,以实物形态的经济物品为基础的生产、交换、分配和消费过程是有形资本实现保值、增值的过程,同时也是道德资本发挥功能并实现价值的过程。道德资本在生产环节"确保生产目的的双赢性、生产手段的人本性、生产产品的生态性";在交换环节能够"纠正交换动机的趋利偏失、克服交换过程中的伦理缺陷、内化交换结果的负外部效应";在分配环节使分配更合理;在消费环节促使各类消费行为更加理性,进而促进经济的持续稳定发展。② 当然,这些功能的发挥都必须以道德资本参与有形资本的运作过程中为前提,脱离了原有的资本运作过程,道德资本的功能将无从发挥,其价值也必然得不到实现。事实上,道德资本存在的价值实际就是直接参与有形资本的运作过程,并在不同的经济运行环节中发挥自身的独特功能,最终实现有形资本和自身在不同维度上的价值增值。这种对有形资本运作过程的依赖正是道德资本依附性的一个重要体现。

第四,道德资本正常运作依赖于相关要素的支持。

道德资本的依附性还体现为其运作要顺利进行必须得到相关要素的支持和保障。从微观、中观、宏观三个不同视角出发,我们就能够认识到人的道德素质、企业伦理状况和社会大环境这三类要素是支持和保障道德资本正常运作的相关要素:首先,在微观层面,离开了人及人的道德素质就不存在道德资本。道德资本的运营必然是以人为本的资本运营,离开了人的资本运作是没有意义的,也是不存在的。特别是在完善的市场经济条件下,企业要发展,道德资本要真正发挥其固有的功能,就必然呼唤具有较高道德素质的现代企业家的出现。可以讲,道德资本和人具有天然的不可分割性,道

---

① 王小锡、杨文兵:《再论道德资本》,载《江苏社会科学》2002 年第 1 期。
② 王小锡、杨文兵:《再论道德资本》,载《江苏社会科学》2002 年第 1 期。

德资本与人及其道德素质的紧密结合是其存在和实现价值的必然要求。其次,在中观层面,道德资本参与资本运作,实现有形资本的保值、增值必然依赖相关社会组织的伦理状况的改善。一个企业伦理水平低下的公司在现实上必将忽略道德的作用,漠视道德资本的应有地位。在企业中,道德资本功能要充分发挥就应得到企业伦理,特别是企业管理伦理的支持和保障。企业管理伦理的提高能够使企业在经济实践的过程中更为科学地、自觉地开发道德资本,运作道德资本,从而实现道德资本功能的充分发挥。换句话说,企业伦理特别是管理伦理水平的提高与道德资本功能的发挥是互为因果的关系。最后,在宏观层面,道德资本的出现有赖于社会大环境的支持。经济发展到一定水平,社会发展到一定水平,得到其他社会规范(法律、政治制度)的支持,道德资本的出现和发挥作用才会成为可能。一个制度本身使得不道德行为能够带来利益增进的社会,是道德受到冷落的社会,是道德资本失去用武之地的社会。

二、道德资本的独立性

道德资本在参与现代市场经济的各个运作过程时,始终要与有形资本的运作相统一,要内蕴于实物形态资本的操作过程,并通过生产、交换、分配、消费四大环节发挥自身的功能,实现其固有的价值。但道德资本却不仅仅具有其寄生性,更具有其独立性。道德资本之所以具有独立性,是由于它具有与传统资本概念有别的某些特殊性。可以说,正是这些特殊性使道德资本表现出相对于其他资本类型所特有的独立性。科学地解析道德资本的特殊性,因类制宜地运作道德资本,才能真正实现道德资本的价值,发挥道德资本的功能。

第一,道德资本的投入具有广泛性。

道德资本的独立性在其投入上将表现为独特的广泛性。从理论和实践的角度都可以发现,与其他类型的资本投入仅仅局限于一定企业、产业、领域有所不同,道德资本的投入具有广泛性,即不论是什么企业均自觉不自觉地进行了道德资本的投资。同时,企业在进行道德资本投入时还被赋予持续追加的要求,即企业往往被要求不断地追加道德资本,以更优化的方式运作道德资本,否则道德资本的功能将得不到有效的发挥,更有甚者,这种对道德资本的漠视将逐渐消解原有道德资本投入所带来的各种无形和有形的收益。究其原因,可以从主客观两方面去探寻:客观方面,社会环境形成的外在压力迫使企业必须不断地追加道德资本。一个企业要使自身利益获得最优化的实现就必须因地制宜地投入道德资本,并科学地运营它,即发挥道德在经济活动中的作用。引用博弈论的方法来分析,以典型的"囚徒的困境"(Prisoner's Dilemma)为例,每一个囚徒都有两种策略,同时他们每个人都有一个"严格占优"的个人策略,即无论其他囚徒采取什么样的做法,这一策略都能使自己的目标最大化(己方收益不低于对方收益)。"但是,如果每个人都采取不同于占优策略的策略(更合作的策略),他们的目标反而能够得到更大的满足。"①可以讲,来自社会环境的外在约束及企业对自身利益的考虑迫使企业在实际经济活动中采取更合作、更诚信的做法。广而言之,企业进行道德资本投资的广泛性和不断追加性有其必然的客观原因。另一方面,从主观方面来看,企业在追求物质利益的同时,也有精神方面特别是道德领域的追求。企业的存在不仅仅具有其经济意义,也有其精神意义,将在社会中扮演特定的道德角色,承担一定的道德义务。企业是由人组成的,人是有其特有追求的,而其较高层次的追求几乎全部内含于道德领域。所以,社会中的人及由人组成的企业在进行物质谋利的同时,也能从自主、自觉意义上去投入道德资本。

第二,道德资本的运作具有优化性。

道德资本的独立性在运作上将表现为其运作具有优化性,即道德资本的运作能够激活有形资本;能够促成有效率的"毗邻效应"②的实现;能够在

①〔印〕阿马蒂亚·森:《伦理学与经济学》,王宇、王文玉译,商务印书馆2000年版,第82—83页。
②〔美〕艾伦·布坎南:《伦理学、效率与市场》,廖申白、谢大京译,中国社会科学出版社1991年版,第31页。

更广阔的意义上促使企业实现规模经济。

首先,道德资本运作的优化性表现为道德资本对有形资本的激活。

马克思在论述资本的总公式时,开篇就讲:"商品流通是资本的起点。商品生产和发达的商品流通,即贸易,是资本产生的历史前提。世界贸易和世界市场在十六世纪揭开了资本的近代生活史。"①可以讲,资本要"活",要不停运动,不然就不称其为"资本"。道德资本的运作具有优化性,能够激活有形资本,提升其活动性,加快资本的运行速度。发挥道德资本的功能就能增强企业员工的凝聚力和主人翁意识,既而促进企业有形资本的合理运营,也能通过提高企业信誉等途径盘活企业原有资产。总之,与其他无形资本一起运作,道德资本就能起到四两拨千斤的作用,即人们通常所言"以无形资产盘活有形资产"。另一方面,道德资本参与经济运行,能够避免资本边际收益递减的出现。如现实的经济运行所反映,资本收益在一定情况下并没有出现所谓资本边际收益递减的情况。这被 80 年代以来的新增长理论解释为是技术进步的结果,但不可否认的是,道德资本功能的发挥也是而且必定是造成这种情况出现的因素之一。首先,技术的进步使得人们能够在拥有同样多的货币资本时,购买到技术含量比以前高的生产机器,获得比以前高得多的效率,从而避免生产机器使用不充分的发生和资本收益递减的出现。同样,道德资本参与经济运行能够使生产者以优于以往的组织形式和更为积极主动的状态投入到生产活动中,同样能够提高生产效率,避免资本收益递减的出现。其次,道德资本在深层次上决定了技术进步的方向和实际利用的程度。道德资本的运作影响到人,进而影响到科学技术的发展和利用。事实上,人的道德素质提高了,则科学技术的研发就更为活跃、技术向产品的转化就更为通畅、科技产品的利用就更为合理。换句话说,道德资本运作的水平越高,道德资本的功能就发挥得越好,经济增长的可能性就越大。

其次,道德资本运作的优化性表现为"毗邻效应"的有效性。

---

① 《马克思恩格斯全集》第 23 卷,人民出版社 1972 年版,第 167 页。

道德资本在运作过程中,自身将具有普遍有效的毗邻效应,同时能够优化经济活动中的某些无效率的毗邻效应,将之转换为有效的毗邻效应。艾伦·布坎南在《伦理学、效率与市场》中提到:"市场的批评者们一直认为,毗邻效应(或外差因素)的普遍性和严重性是市场不能取得有效结果的关键所在。"①不容质疑,消极的外差因素会导致市场的无效率,如"在确定一化学产品的平均价格时,如果把生产总费用(包括人们由于呼吸被污染的空气而不得不花费的费用)都考虑进来,那么这一产品的实际费用就比可能计入的费用更大"。② 而道德资本的运作能够重新唤醒人们对以往忽略掉的第三者费用的重视,使人们从更负责、更长远的角度去看待和解决这些问题,进而克服无效率毗邻效应的产生。另一方面,"积极的外差因素(有益的第三者效应)也是无效率的。"如接种疫苗的有益效应不仅是对本人有益,其他没有接种疫苗的人也能从中"获益"(接触疾病的概率降低了)③,即所谓"搭便车"。而道德资本的毗邻效应不仅具有有效性,而且能在本身运作过程中发挥积极功能,优化外差因素,防止"搭便车"现象发生。道格拉斯·C.诺思在运用经济学的方法研究制度及其变迁时,提到:"我是在讨论由家庭和教育灌输的价值观念,这些观念导致人们限制他们的行为,以至于他们不会做出像搭便车那样的行为",④并认为解决"搭便车"问题的最优方式是求助于伦理道德的力量,因为只有这种方式是经济可行的和卓有成效的。可以说,把道德作为一种资本来经营,使之真正发挥道德资本的功能,将会为解决"搭便车"现象提供一种最经济可行的方法。

再次,道德资本运作的优化性还表现为促使企业实现规模经济。

道德资本运营能使企业在内部和外部两个层面实现适度的资本扩张,既而实现规模经济。规模经济的基本含义是指"在其他条件不变的场合,

---

① 〔美〕艾伦·布坎南:《伦理学、效率与市场》,廖申白、谢大京译,中国社会科学出版社1991年版,第31页。

② 〔美〕艾伦·布坎南:《伦理学、效率与市场》,廖申白、谢大京译,第31页。

③ 〔美〕艾伦·布坎南:《伦理学、效率与市场》,廖申白、谢大京译,第31页。

④ 〔美〕道格拉斯·C.诺思:《经济史中的结构与变迁》,陈郁、罗华平译,上海三联书店1991年版,第50页。

随着投入的增加,产出以高于投入的比例增加"。"规模经济形成的主要原因在于成本降低"。① 首先在企业内部,一方面良好的道德资本运作能够培养员工的主人翁意识,调动员工的主动性,从而以低成本提高劳动生产率,扩大生产和产出规模。另一方面能使企业凭借良好的社会形象和品牌,利用企业原有的知名度与美誉度,引导消费者对新产品、新品牌产生认可和信任,既而将消费者对固有企业的信任感传递到新产品和新品牌上,加快新产品、新品牌的市场定位和被消费者认同的速度,从而在实现产品名牌化、系列化和规模化的同时降低新产品、新品牌被消费者接受的费用,促成企业向内拓展的规模经济的实现。其次在企业外部,一方面可以利用道德资本运作带来的先进的企业文化和优良的企业声誉,增进合作伙伴对自身企业的信任,促成合作伙伴与自己建立良好的、长期的、固定的合作关系,既扩大规模又有效降低一系列的联系成本,从而促成企业实现规模经济。另一方面,道德资本渗透在其他形态的资本之中得以合理运作,使企业获得优良的社会形象,创出社会影响广泛的品牌。企业可以通过形象或品牌的有偿转让,迅速扩大自己的经济规模,打破扩大经济规模必须投入有形资本的定式,实现规模经济。

第三,道德资本在资本市场上的运作具有规范性和引导性。

首先,对资本市场进行规范,使其理性化。

道德资本的独立性在资本市场的运作中将表现为对资本市场的规范并使其理性化。应该承认,我国的资本市场还有待于进一步的规范,诸如投资者诉讼赔偿机制较为缺乏、"圈钱"运动较为盛行等情况还普遍存在。特别是银广夏事件发生后,广大投资者对一些中介机构的独立公正性和某些上市公司的信用度产生了巨大的怀疑。可以讲,我国的股市在某种意义上是以"筹资"为主导的,资本市场上投机要多于投资。我们的目标是要塑造一个以"投资"为主导的运行良好的资本市场,而资本市场中信息不对称状况的普遍存在是我们面对的主要的和不得不解决的问题。于信息经济学方面

---

① 秦法萍:《企业资本扩张的意义及应注意的问题》,载《学习论坛》2000 年第 7 期。

有巨大贡献的乔治·阿克洛夫（GeorgeAkerlof）在研究"柠檬市场"（旧货市场）时提出信息严重不对称会造成违反一般经济学理论中价格曲线解释的逆向选择的后果①，并最终极大地抑制市场的活跃程度。如果我们要防止中国的资本市场成为一个尴尬的"柠檬市场"就必须解决信息不对称的问题，而理论和现实都证明，道德资本的运作将有利于这一问题的解决。实际上，道德资本功能的发挥将带来中介机构从业人员职业道德素养的提高，使得中介机构能够独立公正地出具财务、审计报告，保证投资者获得信息的真实可靠性；同时将规范上市公司的各种经济活动，使得公司的运作过程规范、合理，并使投资者能够比较清楚地了解其公司的各方面状况，消除由于信息不对称给投资者带来的各种疑虑。一旦信息不对称问题得到很好的解决，资本市场上的欺骗行为将被极大地避免，投资者也将不再局限于投机行为而转向真正的投资，资本市场最终将获得巨大发展。

其次，对投资者进行引导，投向具有社会责任心的公司。

道德资本的独立性反映在资本市场上，还表现为其将对投资者的投资方向作出独特的引导。道德资本的运作已经不仅仅局限于依附于物质资本的形式，作为一种同物质资本同样重要的资本形式，道德资本的运作已经以道德指数的形式反映出来。英国伦敦股票交易所和《金融时报》共同拥有的《金融时报》股票交易所国际公司于 2001 年 7 月 31 日推出 8 种名为"FTSE4GOOD"的"道德指数"。在解释推出道德指数的原因时，《金融时报》股票交易所国际公司的行政总裁梅克皮斯表示，他们是应投资者的要求推出这种指数的。他说："我们推出该指数的原因，是由于投资方在选择投资对象时，越来越多地希望挑选那些有社会责任感的公司。近期，投向这方面的资金是以往的 4 倍。"②"道德指数"以社会公德的一定标准来衡量和选择企业，鼓励投资者把资金投向具有社会责任，有较高道德水准的公司，这一做

---

① 一般经济学理论中价格曲线的解释认为，商品的价格上升，则市场需求减少，购买者减少；商品的价格下降，则市场需求增加，购买者增加。如果一个市场上买卖双方信息严重不对称，就会出现逆向选择，即商品的价格下降，市场需求却减少，购买者减少。

② 刘桂山：《英国推出"道德"股指》，载《北京青年报》2001 年 7 月 12 日。

法使得道德资本的运作更具现实性和可操作性。表面上是公司道德指数的高低在引导投资者的投资方向,而实际上真正引导投资者投资方向的是这些公司道德资本的运作状况。特别是在新经济条件下,"衡量企业价值的不再是企业所拥有的资产和资金,而是企业的市盈率。而决定企业市盈率的不是投资者预期,而是企业拥有的'眼球率'(price-to-eyeball-ratio),亦即'注意力'"。[①] 而这种"注意力"很大程度上决定于企业的道德指数。那些道德资本投入多、运作好的公司会具有较高的道德指数,能够吸引更多的投资,并在资本市场上得到良好的回报,即体现为融资规模的扩大和股票价格的提高。相反,那些持有"缺德有利"、"持义无利"想法,道德资本投入较少、运作不良的公司其"道德指数"会降低,将吸引不了投资者的兴趣,其股票价格最终将暴跌。

第四,道德资本价值的实现具有多维性。

道德资本的独立性在其价值实现上将表现出多维性。道德资本的寄生性决定了道德资本运营的直接目的是促成有形资本的增值,但有形资本的增值或物质形态的经济物品的增加并非道德资本价值实现的唯一表现。事实上,道德资本通过科学的运作,能够在不同维度上实现自身的价值。首先,道德资本价值的实现表现为物质形态上的经济物品的保值和增值。道德资本得以科学的运营,完整地发挥自身的功能,就能够实现在有形资本意义上的保值和增值,包括实业资产的增进、金融资本的增值和产权资本的优化和增进等。这是道德资本存在和参与运作的根本原动力。其次,道德资本价值的实现也表现在自身于价值层面的进步。这种道德资本自身的增进主要表现在各种有明文规定的道德规范体系的完善和道德制度条例的合理化、可行化;各种无明文规定的道德精神、道德信念和道德观念等与时代发展不断的趋同化。再次,道德资本价值的实现还表现为促使了无形资本的增值。所谓无形资本是指"资本化的无形资产,是指特定主体控制的,不具有实物形态,对生产经营与服务能持续发挥作用,并能在一定时期内为其所

---

① 张锐:《新经济运行的典型特征》,载《经济与管理研究》2000 年第 5 期。

有者带来经济利益的资产",①道德资本在社会效益上的价值实现将优化企业的社会形象,增加消费者对企业文化的认同感,提高企业的声誉。在企业内部,特别是在人力资源上,道德资本价值实现将表现为企业职工个人道德素质的提高,企业职工间人际关系的和谐,企业整体凝聚力的增强,也将提高企业员工责任感,进而促进企业专利权、专营权的科学运用等。道德资本也能从精神层面提高企业科技人员的积极性和创造性,进而能够提高科技发明的速度和合理化程度,提高科技转化为现实生产力的速度,促进企业专利技术的不断增加等。

第五,道德资本效益的产生具有长期性和持久性。

道德资本效益的产生必须历经一个较其他类型资本更长期的过程,也将发挥比其他类型资本更为持久的积极影响。此前,笔者已经系统地阐述了道德资本实现的长期性,这里要强调的是道德资本效益的产生不仅需要经过一个长期的过程,其效益作用的发挥同样具有持久性,能够为企业带来相对长远的影响。首先,道德资本效益的产生由于其形成需要经过"一个独特的过程",所以"道德资本形成是缓慢的、艰巨的"。② 一种具有积极意义的美德的形成和完善及人们道德水平、道德自觉的提高必须要经历一个相对长期的过程,即道德资本的形成要花费比积累一般资本更多的时间。而要促成道德资本在多维度的价值实现就更要经过一个复杂、缓慢的运作过程。其次,道德资本效益的产生具有持久性。道德资本渗透在其他形态的资本之中运作并得以价值实现的一个表现就是企业名牌的创立。而名牌一旦产生,就会因为它所具有的"发展的持续稳定性、占据优势的生产地位、巨大的经济价值、很高的社会声誉"③而长时间地给企业带来经济效益。实践也证明,一旦一个企业在社会中塑造了良好的企业形象,将给该企业带来持久的、长期的积极影响。相反,漠视道德资本的企业可能遭遇的打击也将是致命的。可以讲,道德资本的效益发挥需要经过一个较其他资本更长

① 雷霖、刘倩:《现代企业经营决策——博弈论方法应用》,第 221 页。

② 王小锡:《论道德资本》,载《江苏社会科学》2000 年第 3 期。

③ 王海平:《资本运营实务》,工商出版社 1997 年版,第 117—120 页。

的时间,但将发挥比其他资本更为持久的积极效益。但忽视道德资本的投入和运作,或否认道德在经济活动中的作用,则会给企业带来灭顶之灾。

(与朱辉宇合作,原载《江苏社会科学》2002 年第 6 期)

四论道德资本

——道德资本的经济学解读

几年前,拙文《论道德资本》①中首次提出了并阐述了"道德资本"范畴,而后又在"再论"和"三论"中对"道德资本"作了进一步的研究和阐述。这一范畴提出并阐述以后,在学界引起了关注,有些学者对其呼应、质疑、讨论,使得对道德资本问题的研究逐步走向深入。本文则主要从经济学的角度对道德资本范畴进行进一步的探究,以更好地揭示道德资本的合理内涵,就教于同行专家学者。

一、广义资本观与道德资本

"资本"是经济学的一个极为重要的语汇。撇开社会制度的特殊规定性,资本的一般属性是指投入商品与服务的生产过程并能够创造社会财富的能力。具体地说,资本是经过投资而来的,任何投资就是以增加经济主体未来创造财富能力为其根本目的的。投资是流量,其结果形成资本这一存量。换言之,资本就是由投资累积而得到的未来创造财富能力的具体体现,因此,资本体现了财富创造能力,这就构成了现代社会中资本的基本内涵和本质属性。

那么,资本的外延又是什么呢? 应该说,在资本是"创造社会财富的能力"这一内涵之下,资本的外延就既可以是传统理论所认为的物化的或货

---

① 王小锡:《论道德资本》,载《江苏社会科学》2000 年第 3 期。

币化的物质资本与货币资本,也可以是非物化的存在,比如现在理论界已经没有什么异议,也都已经接受的"人力资本"范畴①;既可以是有形的物力、财力与人力,也可以是无形的增进社会财富的能力。这就是说,除了物质资本、货币资本、人力资本这些公认的也可以显形存在的资本范畴以外,资本还包括所谓的无形资本。无形资本包括管理学中标志企业核心竞争力的"知识资本"、社会学的关键范畴"社会资本"以及我们将要着力论述的"道德资本"等,这些无形资本是符合资本的一般属性的。这是因为这些无形资本都存在于一般生产过程之中,并且都能够增加经济主体创造社会财富的能力。

"道德资本"范畴的提出,其坚持的是广义资本观,而广义资本观的立足点正是资本的这种"创造社会财富的能力"的一般属性。

在经济思想史中,广义资本观的出现和演变是首先从人力资本思想的产生和演变开始的。我们可以通过考察人力资本思想以及理论的由来而将道德资本纳入到广义资本观下的资本理论中来。

先于舒尔茨与贝克尔等人,从配第起,到后来的亚当·斯密、H. 冯·屠、欧文·费雪、马歇尔等经济学家,早已经把人当做是"资本"来看待了,只是由于人力投资很少被纳入经济学的正规的核心内容之中,而使得资本观只限于物质资本与货币(金融)资本两方面。但是,在西方经济思想史中,规范的人力资本理论一直到二战以后,才由凭借人力资本理论而获得诺贝尔经济学奖的美国经济学家西奥多·W.舒尔茨以及加里·贝克尔创立。舒尔茨认为,一种客观存在,"假如它能够提供一种有经济价值的生产性服务,它就成了一种资本"②。由此出发,随着人的知识技能和综合素质的提

---

① 自被马克思称为是"政治经济学之父"的配第起,经济学就开始重视人力在经济运行和发展中的作用,配第的名言是"土地是财富之母,劳动是财富之父及其能动的要素",配第不讲"土地是财富之母,劳动是财富之父",而加上"能动"二字,意味深长。当然,现代人力资本理论还是在二战以后由舒尔茨所奠定的。在人力资本理论的视野里,人力资本就是蕴涵在人自身中的创造财富的能力,这一能力包括人所具有的知识、技能以及身体健康状况。
② [美]西奥多·W.舒尔茨:《论人力资本投资》,吴珠华等译,北京经济学院出版社1990年版,第68页。

高,人既能内涵地扩大生产能力、提高生产效率,也能够提供有经济价值的生产性服务。因而,可以初步地说存在人力资本,广义资本概念中就应当包括人力资本。

在我国,长期以来,我们所接受的"资本"概念是生产关系层次上的。学习过马克思主义政治经济学的人都知道:资本是带来剩余价值的价值;资本不是物,而是资本家与工人之间特定的生产关系;生产资料(物)之所以成为资本就是因为它是这种特定的生产关系的物化形式,即物化的生产关系;资本是一个特定的历史范畴,资本所体现的资本主义的生产关系,固然比起封建社会是历史进步,但资本主义生产关系这一"外壳"终究不能包容革命性的生产力的发展而趋于消亡。如此等等。

事实上,我们所认识的生产关系层次上的"资本"并不是马克思主义资本观的全部。《政治经济学批判(1857—1858 年草稿)》是马克思在 19 世纪 50 年代起重新开始研究政治经济学的重要成果。在其中,马克思指出:"节约劳动时间,等于增加自由时间,即增加使个人得到充分发展的时间,而个人的充分发展又作为最大的生产力反作用于劳动生产力。从直接生产过程的角度来看,节约劳动时间可以看作生产固定资本,这种固定资本就是人本身"[1]。马克思是在"(c)生产资料的生产由于劳动生产率的增长而增长。资本主义社会和共产主义制度下的自由时间"这一节中写下这段话的。马克思说到:"直接的生产过程本身在这里只是作为要素出现。生产过程的条件和物化本身也同样是它的要素,而作为它的主体出现的只是个人……他们在这个过程中更新他们所创造的财富世界,同样地也更新他们自身"[2]。

我们认为,"固定资本就是人本身"这一断语无疑是马克思的资本观的进一步拓展。很显然,马克思在此所得出的作为"固定资本"的人类能力的充分发展的论断是以抽象掉资本主义生产关系而代之以直接的生产过程为

---

① 《马克思恩格斯全集》第 46 卷(下),人民出版社 1980 年版,第 225 页。
② 《马克思恩格斯全集》第 46 卷(下),第 226 页。

前提的。正如马克思把直接的生产过程中充分发展了的人本身称为"固定资本"一样。人力资本成为资本的一种形态,使得经济发展中的资本范畴的内涵与外延成为广义资本,而且人力资本还是广义资本的核心。马歇尔早就说过:"资本大部分是由知识和组织构成的……知识是我们最有力的生产动力"①。而从经济发展的后续能力——资本积累角度看,舒尔茨也指出:"人力资本概念为广义的资本积累理论奠定了基础"②。

再回到道德资本范畴。本着兼容的学术态度,那么,在广义资本观的视野里,同样可以认为,道德是"财富之父及其能动的要素"的劳动力使用过程中的要素;道德是"能够提供一种有经济价值的生产性服务"的一种能力;道德也是人本身这一"固定资本"的构成要素,更进一步说,道德是"人力资本的精神层面和实物资本的精神内涵"③。既然"资本大部分是由知识和组织构成的……",道德作为人对人自身完善和人际关系和谐规律及其行为规范的认识和把握,是人对自身与其所处社会环境的"知识"及适应能力,当然也是资本的有机组成部分。所以,道德资本范畴及其理论体系也应该是作为"广义的资本积累理论"的一个有机组成部分而存在的。在资本理论中,道德资本理论是应该占有其一定的位置的。

二、作为制度资源的道德资源

一种物,或者一种存在,欲成为资本,首先必须具备"资源"的一般属性。道德是一种资源吗?

我们知道,道德是人们对人自身完善和人际关系和谐规律及其行为规范的认识和把握,是交易个体所自觉遵循的社会伦理规范与准则。无疑,按照新制度经济学的理论框架,制度就是规则,就是用于约束人们交易行为的

---

① [英]阿尔弗雷德·马歇尔:《经济学原理》(上卷),朱志泰译,商务印书馆1981年版,第157页。
② [美]西奥多·W.舒尔茨:《论人力资本投资》,吴珠华等译,第93页。
③ 王小锡:《经济的德性》,人民出版社2002年版,第85页。

规范与准则,因此道德也就是一种制度,是有别于主要包括法律制度在内的"正规约束"的所谓"非正规约束"①。在讨论道德问题的时候,我们必须提到制度,这是因为,在我们看来,包括道德与法律在内的制度其实也是社会经济运行和发展中的资源。

一般来说,"资源配置"范畴中的"资源"总是指称具有稀缺性的经济资源——土地(自然资源)、资本(物质资本)、人力资源等等。我们认为,制度也是对经济运行和发展极为重要的一种要素和资源,并且具有其自身的特殊属性②。我们可以将资源分成两大类:一类是可以独立存在的资源,如土地、资本和人力;另一类则是指不能独立存在的资源,如技术、组织、道德与制度。

那么,制度何以成为一种资源呢?

首先,所有资源始终是作为投入来看待的。从任何一种社会生产过程看,制度或规则也是一种重要的"投入"。没有一定的有序规则,任何生产只能是"鲁宾逊式"的生产,而生产过程的社会性(包括家庭生产与经营所显现的社会性)必然要求引入适合于这种生产过程的有序规则,不管这种规则是正规的条文制约(法律与法规)还是非正规的社会习惯(道德与习俗)。

其次,所有资源的使用都是需要成本的。在不同的生产与交易过程中,制度与规则的引入和设立,也需要不同水平的设立与维持成本。正如诺斯

---

① 我们认为,在新制度经济学中将法律与道德分别视为"正规约束"和"非正规约束"的说法是有问题的。按照新制度经济学的逻辑,正规约束是人们有意识创造出来的一系列政策与规则,从法律到个别契约都被归入此类,按照逻辑上的"排除法",将道德(属于意识形态)归入非正规约束无疑就是说道德不是人们有意识的创造出来的用以约束人们行为的规则,这是不符合社会经济运行和发展的现实的。良好的道德体系显然不是自然形成的,它同样需要创造、建设与维护,也需要有意识地构建推进良好道德体系建设的"惩罚"机制。在现实社会生活中,社会道德约束机制的构建绝不是渐进的无意识的,道德建设是社会主义精神文明建设的重要内容,否认道德的"正规约束"的性质其实也对道德在社会经济生活中的重要性的某种意义上的否定,借此,我们提出应该对新制度经济学中关于制度的这一"正规约束"和"非正规约束"的分类进行重新的认真研究,本文对这一问题不做深究。关于"正规约束"和"非正规约束"的理论阐述参见道格拉斯·C.诺斯:《制度、制度变迁与经济绩效》,上海三联书店1994年版。

② 关于制度资源的特殊属性的论述,可参见华桂宏:《有效供给与经济发展》,南京师范大学出版社2000年版,第183—191页。

所说:"要界定、保护产权及实施合约是要耗费资源的"①。制度的设立为生产过程提供了原始制度资源,而新制度的引入则标志着制度的变迁与创新,但不管是制度的设立还是制度的变迁,都必须为之而耗费一定数量的非制度资源。更具体地说,微观经济主体在设立和变更其制度规则时,必然会产生一定水平的直接成本,而宏观的社会制度变迁实际上意味着社会经济主体之间的利益调整和重组,在大多数时候会产生一定水平的社会成本。因而,从总体上说,制度是一种有成本的稀缺资源,制度的配置和运用总是需要付出一定的成本和代价。

第三,最为关键的是,不同质资源的不同配置方式将会导致不同的经济绩效。不同制度资源之间的差异性也将会影响经济绩效。

从微观层次看,现代西方新制度经济学中的交易费用理论的要旨就在于分析制度与制度变迁是如何决定和影响在非零交易费用世界中的交易费用水平的。的确,制度对交易费用水平构成了显著影响并进而影响经济效率,我们所熟知的"科斯定理"就说明了资源配置的效率与(产权)制度有密切关系。制度影响交易费用的途径主要在于增减经济主体所面临的不确定性、外部性、机会主义行为等重要参数的水平。值得注意的是,制度对交易费用水平的影响还可以通过改变交易方式来进行。一般认为,企业是对价格机制的替代,企业的设立由于减少了大量的市场交易费用而实现了资源配置效率的提高。但是,企业的设立并不必然会带来效率改进。这不仅是因为拥有同等非制度资源的同类型企业具有效率差异,而且是因为有时分立或撤销企业也将带来效率的提高。其实,企业的设立与变更的实质是将外部的市场交易转化成企业的内部交易,内部交易制度和规则的合理与否将导致交易费用的增减,并且,它还进而影响组织的合理性程度,而使资源配置呈现出"X 效率"或"X 非效率"格局。② 对于这一格局的分析,《论道

---

① [美]道格拉斯·C.诺斯:《制度、制度变迁与经济绩效》,第 84 页。
② [美]道格拉斯·C.诺斯在《制度、制度变迁与经济绩效》中指出,制度对经济绩效的影响比制度单纯对或主要对交易费用水平构成的影响要复杂得多,实际上,技术、制度、组织、转换费用与交易费用之间的影响是相互的和交叉的。

德资本》一文中曾从"道德资本价值的实现"的角度分别就"人的道德素质与生产力水平"、"管理道德与企业活力"、"道德含量与产品质量"以及"信誉与市场占有率"等四个方面对道德如何影响资源配置效率作了较为详细的论述。①

从宏观上看,不同的制度框架对长期经济成长和发展的影响非常巨大。诺斯的一个非常著名的论点就是,"一个有效率的经济组织在西欧的发展正是西方兴起的原因所在"。而"有效率的组织需要在制度上做出安排和确立所有权,以便造成一种刺激,将个人的经济努力变成私人收益率接近社会收益率的活动"②。其中,制度与规则对经济发展与效率的影响是比组织更具基础性和前提性的。诺斯的目的是要否定大多数经济史学家所认为的技术创新是西方经济成长的主要原因的观点。我们当然不能全部接受诺斯的观点,他犯了"矫枉过正"的错误,但诺斯的论断还是给予了我们以深刻的启示:对于一国经济发展而言,制度资源与其他可资利用的非制度资源一起,遵循着"木桶效应"的规律。假如制度不健全、规则无序,那么,非制度资源再丰富、投入再多,也不能使一国的生产可能性边界持续扩张,总体资源配置效率也难以改进,这时,制度的缺失将严重地制约着经济发展;相反,制度的变革与创新将使经济发展摆脱"木桶效应"规律的制约,从而成为经济发展的重要源泉。

通过上面关于制度的资源属性的简单讨论,我们可以发现,作为制度的一部分的道德也是一种资源。

正是因为任何一个非"鲁宾逊式"的特定社会经济体的生产都需要在一定的规则下才得以开展,所以特定的道德体系成为必要。而且,适合这一特定经济体运行与发展的社会道德规范的形成直至发生作用并不是一朝一夕的事情,我们可以把道德的变迁看作是社会变迁中的最不容易变化的"慢变量"。社会道德规范的形成也不是不需要任何投入的自在之物,恰恰

---

① 王小锡:《论道德资本》,载《江苏社会科学》2000年第3期。
② [美]道格拉斯·C.诺斯、罗伯特·托马斯:《西方世界的兴起》,厉以平、蔡磊译,华夏出版社1988年版,第1页。

相反,道德体系及其作用的发挥、社会道德水平的提高、社会文明与社会进步是要靠"建设"出来的,换言之,道德体系的营造是要花费大量的资源代价的。道德体系一旦形成,就开始在经济的微观和宏观层面发挥其独特的作用。良好的道德体系首先作为一种有效的社会约束,还作为一种十分有效的"激励机制",它将有效抑制"机会主义"动机与行为,通过限制"道德风险"而减少"机会主义"行为所造成的社会经济资源配置的效率损失。相反,如果道德规范体系没有有效地建立起来,那么,"木桶效应"规律将不以我们的意志为转移地发挥"作用",我们没有必要去精确估价我国直到目前为止的社会经济转型期中"缺德"和"失信"行为给社会资源配置所造成的损失,但是,在我国的经济运行与发展中,缺乏道德和失去诚信的代价也太大了。从宏观角度看,20多年来出现的若干经济滑坡现象,多多少少与人们不懂经济运行中的道德力有关;从微观角度看,大凡在竞争中倒闭的企业,相当多的情况都与它们缺乏道德和失去诚信有关。

在社会经济制度结构或制度安排体系内,法律与道德是共同起作用的,所以我们在提及制度资源的时候,还必须重视法律与道德起作用的过程、效果的联系与区别。简而言之,经济分析法学(也叫"法与经济学")已经对法律与社会经济发展的影响以及与法律制度自身的效率进行了大量的研究。结果表明法律是可以保障产权、防止胁迫、消除意见分歧、减少不合作的损失来降低交易成本并进而提高资源配置效率和推进经济发展的。值得我们注意的是,与法律相比,道德还应该是一种更为重要和更为经济(具有更高经济效率)的资源。在交易过程中,仅仅遵守法律是不够的,良好的商誉才是获得更多市场价值的资源,一个企业的兴旺发达,靠的绝不仅仅是法律,而是靠信誉和诚实。如果普遍的缺乏诚信,那么确实可能会造成"法不责众",有感于此,茅于轼先生说到:"契约必须确立在信用可靠的基础之上,缺乏信用而光有法律保障的契约,其作用即使不等于零,也要大打折扣"[1]。事实上,就是在经济分析法学家看来,法律也是一种"奢侈品"。在社会经

---

[1] 茅于轼:《中国人的道德前景》,暨南大学出版社2003年版,第141页。

济秩序的治理和规范中,法律的制定与运用十分的昂贵。立法成本暂且不说,而法律的运用确实有如考特和尤伦所感叹的那样:"没有人知道法律纠纷花费了多少社会财富"①!

这样,相比较而言,道德作为非强制性的、内省的、正向激励的社会规范与准则,确实是社会经济运行和发展中的更宝贵、更经济的资源。与物质资源、货币资源以及人力资源可以成为资本资源的道理在本质上一样,道德也是一个运行有序和发展有效的社会经济体、生产总过程、交易过程和秩序中必不可少的并且带来巨大经济效率的资本资源——道德资本资源。

三、道德资源何以成为道德资本的经济逻辑

道德资源为什么可以被称为是"道德资本"?这还需要我们提供符合经济学逻辑的合理解释。

我们曾经反复论证过,在社会财富创造的过程中,也就是在包括生产、交换、分配与消费等在内的生产总过程之中,道德是无处不在并起着其独特的作用的,经济中充满了"德性",而且经济中的德性具有"依赖性"、"独立性"、"渗透性"、"导向性"等特性②。进一步说,仅仅说明在经济中充满德性,这对于论证道德资本的存在性和功能性还是不够的,我们还应该对道德在社会经济发展中的作用进行"实证"分析,即着力论证道德资本对于社会经济运行和发展的不可缺少的作用,阐述道德资本对于社会生产和社会财富创造来说具有其独到的功能。

首先,自在的不加约束的生产总过程与交易过程存在着极大的交易成本。

在生产总过程中,人和人之间交互作用时是必须耗费一定的资源代价,这种代价被新制度经济学叫做"交易成本"。这里的"交易"一词是广义的,

---

① 〔美〕罗伯特·考特、托马斯·尤伦:《法和经济学》,张军等译,上海三联书店 1994 年版,第660 页。

② 参见王小锡:《经济的德性》,第三编《道德资本与企业伦理》。

实际上就是指人和人之间的交互作用,在经济领域内的"交易"也远比"交换"的含义来得深刻,在某种意义上说,交易过程就是广义的生产总过程,因为两者的实质都是指在创造财富过程中人们之间的交互作用与互动关系。交易成本通常包括三个部分:搜寻信息的成本、谈判和签订契约的成本,以及维持契约得以有效完成的成本。无疑,人们之间的交易过程是在信息不完备和有限理性的条件下展开的,撇开搜寻信息的成本不论,缺乏约束的自在交易过程将没有规则可言,交易过程和交易结果变得充满了不确定,最为典型的后果已经被信息经济学加以深刻揭示,那就是:"逆向选择"和"道德风险"。这就引入了约束与激励机制存在的必要性,道德约束与道德激励显然是其中不可或缺的内容。

其次,道德是有效减少机会主义行为的约束机制。

在交易过程中,每一方的动机以及未来的行为具有不确定性,因此,交易成本的产生的一个非常重要的来源就是交易各方侵害对方利益的"道德风险"行为。在现实经济生活中,不可否认的是,人是自利的,如果没有有效的道德约束,那么,试图"免费乘车"的"机会主义"行为将盛行,使得交易无法完成,交易成本非常之大。

从一般意义上说,道德之所以具有生产性,正是因为在生产总过程中,道德资源的利用可以减少人和人之间交互作用以"交易成本"作为集中体现的物质资源的耗费与代价。道德与法律都是制度资源,他们的利用共同构成了对交易主体的有效约束。无疑,如果在交易过程中具有有效的道德约束,那么,交易成本将会大为降低,道德对资源配置效率的作用就显得很是关键了。

第三,道德的利他本质构建了交易各方的自律机制和激励机制。

我们可以说,道德,它与其他经济资源的投入一样,通过渗入到经济运行的整个过程,通过构建对交易各方的有效的自律机制,降低交易成本,提高资源配置效率,加速社会财富的创造,从而使其获得了与其他资本资源一样的创造社会财富的能力,获得了资本的一般属性。

道德之成为资本,正是因为其构成了对交易各方的有效约束。交易各方遵循共同认可的交易规则,进而在一定的道德规范与准则下交易过程得以被规范和有序开展。道德在本质上体现为"尽责",因此,在以"利己"为目的的经济交易过程中"嵌入"来自于交易各方——"经济人"——所遵循的一致的道德规范,将会使得利己的目的和利他的行为被统一起来,既能够满足他人需要,又能够实现自身价值。实际上,在有序运转的市场经济中,在良好的道德规范约束下,任何交易一方也只有首先满足交易的另一方的需要之后,才能够实现自己的目的。孔子有云:"己所不欲,勿施于人"。我们可以套用这一用语格式,道德的激励在于:己欲所求,必先予人。生产者如果不能够向购买者提供满足其有效需求的商品或者服务(这一行为在本质上是具有利他属性的),又怎么能够实现其所生产的商品与服务的价值,从而实现其自身的主观利益呢?

再进一步,我们甚至可以说,在有序的市场经济中,没有利他(尽责)的行为,则没有更好的利己的结果,而这利他(尽责)的行为背后的动机则是来源于良好的道德规范、道德约束和道德激励,来源于道德资本的独到功能的有效发挥。

总之,正是由于道德具有特定的约束与激励功能,防止了交易过程中的"道德风险",减少了经济中的人为的不确定性,降低了交易成本,进而提高了资源配置的效率,加速了社会财富的创造,道德才具备了资本的一般属性,成为宝贵的制度资源,也最终有理由成为广义资本的一部分——道德资本。

(与华桂宏合作,原载《江苏社会科学》2004 年第 6 期)

五论道德资本

——道德资本概念与功能的历史界说与当代理念

　　"道德资本"是近年来出现的、引起过较大争议的一个新概念,引起争议的主要原因在于:"道德资本"概念可以展开来表述为一个判断,即"道德是一种资本",其中暗含了两个基本概念:一个是"作为资本的道德",一个是"道德形态的资本",这两个基本概念似乎背离了人们对"道德"和"资本"概念的传统理解。不过,笔者认为,"道德资本"概念正是传统"道德"和"资本"概念历史发展的时代产物。本文的目的正在于揭示"道德资本"概念的历史形成及其时代意义,在更深层面上说明道德独特的工具性功能及其在经济建设中的作用。

一、从"道德的目的性功能"到 "道德的工具性功能"

　　"作为资本的道德"与"一般意义上的道德"最主要的区别在于对道德功能的不同理解。在一般意义上,道德①具有两大功能:一个是目的性功能,它通过明确人和社会的意义及其目的,赋予道德主体以应该为依据的责任,并提供以规范为形式的道德约束;另一个是工具性功能,它是在道德主体自觉把握以应该为依据的责任的基础上,以其他事物的存在和发展为目

―――――――――

① 这里所说的"道德",是指在一定历史阶段符合历史发展规律和要求的道德,在现阶段更是指科学意义上的道德。

的,提供能够促进这些事物存在和发展的道德支撑,并以此体现道德存在的理由或价值。[1] 事实上,在经济领域,资本从一开始就作为工具存在,作为获取利润的工具存在,人们之所以想拥有更多的资本,并不是被资本本身所吸引,而是想通过它来获取更多的利润。"作为资本的道德"将道德首先视为一种工具,视为获取利润的工具,从"一般意义上的道德"到"作为资本的道德",最主要的变化在于突出道德对于获取利润和经济发展的工具性功能。

将道德视为获取利润和经济发展的工具,似乎背离了人们对道德功能的传统理解,因为在一部分人看来,道德主要承担的不应该是工具性功能,而应该是目的性功能。不过,道德观念的发展历史却表明:承认和突出道德在经济发展中的工具性功能,正是道德观念发展的基本趋势之一,也是现代社会发展的根本要求之一。

在传统道德观念中,道德的目的性功能被放在首位,道德的工具性功能处于边缘地位,工具性功能完全服从于目的性功能。这主要表现在三个方面:

第一,从研究主题来看,传统道德观念最关注的主题是一个人或群体存在的最高目的和终极意义,这一主题就确立了道德的目的性功能在整个社会中的主导地位。传统思想家们提出的主要问题是:什么样的人是合乎道德的人?什么样的生活是合乎道德的生活?什么样的社会是合乎道德的社会?这些问题的核心只有一个:人存在和生活的最高目的是什么?亚里士多德恰如其分地表达这个意思,他提出了"最高的善"[2]这个概念。在他看来,一切行为和选择,都以某种善为目的,目的可以区分为从低到高的不同层次,善也可以区分为从低到高的不同层次,居于目的链顶端的、为自身而被期求的目的就是"最高的善"。这个"最高的善",也就是终极目的,它对

---

[1] 关于"道德的双重功能",参见李志祥:《论经济伦理学研究的双重向度》,载《伦理学研究》2006 年第 1 期。

[2] [古希腊]亚里士多德:《尼各马可科伦理学》,苗力田译,中国社会科学出版社 1992 年版,第 2 页。

于其他一切社会行为都具有终极性的约束力,因而,以"最高的善"为主要内容的道德必然要承担更多的目的功能。在古希腊罗马和中世纪时期,思想家们大都遵循着亚里士多德式的大伦理学思考方式:先提出一个处于最高地位的道德目标,再以这个道德目标去统率各种社会领域中的行为和选择。中国儒家学者同样如此,他们将道德推及社会生活的各个方面,在"义利观"上反复强调"义高于利"和"以义制利"的思想。

第二,从伦理学与其他社会学科的关系来看,伦理学高高凌驾于其他社会科学之上,这一学科格局同样表明,伦理学的主要功能是确定人类存在的最高目的,而其他所有学科则研究和提供实现这一最高目的的各种必需手段。亚里士多德在提出了"最高的善"之后接着指出,以最高善为对象的政治学"属于最高主宰的科学,最有权威的科学",它让"其余的科学为自己服务",包括战术、理财术和讲演术在内的其他科学都隶属于政治学。① 伦理学统率其他学科的情况在此后一直延续,伊壁鸠鲁甚至让自然科学都从属于伦理学,他在将"好"定义为免除痛苦之后指出:"如果天空中的怪异景象不会使我们惊恐,死亡不令我们烦恼,而且我们能够认识到痛苦和欲望是有界限的,我们就根本不需要自然科学了。"②而以《国富论》闻名的亚当·斯密仍然是在"道德哲学教授"这一头衔下从事经济学研究,这一情况表明:即使到了18世纪的英国,经济学仍然只是伦理学中的一个分支。在儒家传统思想中,这种学科关系更为明显,"正、诚、格、致、修、齐、治、平"的成人模式表明:只有以伦理道德为研究对象的伦理学才是最根本的学科,其他学科所需要做的就是将伦理道德从个人推及家庭和社会。

第三,即使从工具性功能的角度谈道德,发挥工具性功能的道德也是与道德目的紧密联系在一起,即它们主要是服务于道德目的,而不是服务于脱离道德的其他目的。在传统道德观念中,道德也可以作为工具而存在,但是,作为工具的道德主要是实现道德目的的工具,而不是实现其他社会目的

---

① [古希腊]亚里士多德:《尼各马可伦理学》,苗力田译,第2页。
② [古希腊]伊壁鸠鲁、[古罗马]卢克莱修:《自然与快乐:伊壁鸠鲁的哲学》,包利民等译,中国社会科学出版社2004年版,第39页。

的工具。柏拉图在界定"勇敢"概念时指出,真正的勇敢是指"一个人的激情无论在快乐还是苦恼中都保持不忘理智所教给的关于什么应当惧怕什么不应当惧怕的信条"①。在这里,"理智所教给的关于什么应当惧怕什么不应当惧怕的信条"就提供了一个道德目的,而"勇敢"正是服从于这一道德目的并且有利于实现这一道德目的的道德工具。柏拉图的思想与中国儒家思想不谋而合,孔子在谈到"勇"时同样指出:"见义不为,无勇也。"②真正的勇,乃是从属于仁义并且推动仁义实行的有力工具。

进入近代社会以后,各门社会科学纷纷从大伦理学中独立出来,它们在强调"价值"与"事实"相区别的基础上,把价值问题从各自的领域中清除出去,转而确立了道德色彩相对淡化的独立目的,以此来摆脱伦理道德的束缚。在这种情况下,发挥目的性功能的道德的绝对统治地位开始受到冲击,发挥工具性功能的道德开始慢慢脱离道德目的的束缚,它们不再只服务于纯粹的道德目的,也开始为各门独立学科的独立目的提供道德工具。

在政治学领域内,饱受非议的意大利人马基雅维利最先搁置了道德的目的性功能而强调道德的工具性功能。他在谈到君王之术时提出,一个成功的君王,必须"既是一头最凶猛的狮子又是一只极狡猾的狐狸"③。在这里,"成功的君王"从道德上讲是中性的,他可能是善的,也同样可能是恶的;它可能给民众带来幸福,也同样可能给民众带来灾害。因此,使一个人成为成功君王的品质,也就脱离了道德目的的束缚,只作为一种纯粹的道德工具而起作用。也就是说,勇敢("狮子一样的凶猛")和智慧("狐狸一样的狡猾")之所以值得提倡,并不是因为它们有利于实现某一个道德目的,而仅仅是因为它们有利于实现一个政治目的。因此,马基雅维利主义的冲击意义在于:他将政治与伦理彻底分离开来,"力求说明为达到既定目的所需用的手段,而不讲那目的该看成是善是恶这个问题"④,从而开辟了结合

---

① [古希腊]柏拉图:《理想国》,郭斌和、张竹明译,商务印书馆1994年版,第170页。

② 《论语·为政》。

③ [意]马基雅维利:《君主论》,潘汉典译,商务印书馆1996年版,第95页。

④ [英]罗素:《西方哲学史》(下卷),何兆武、李约瑟译,商务印书馆2003年版,第18页。

伦理学与政治学的另一条道路:不同于"伦理政治"的"政治伦理"。"伦理政治"追求"合乎伦理性质的政治","政治伦理"则寻求"合乎政治要求的伦理"。

因做同样事情而饱受非议的另外一个重要人物是荷兰人曼德维尔。曼德维尔的名著《蜜蜂的寓言》以"私人的恶德,公众的利益"为副标题,向世人揭露了这样一个事实:"只要经过了正义的修剪约束,恶德亦可带来益处;一个国家必定不可缺少恶德,如同饥渴定会使人去吃去喝。纯粹的美德无法将各国变得繁荣昌盛;各国若是希望复活黄金时代,就必须同样地悦纳正直诚实和坚硬苦涩的橡果。"①曼德维尔受人非议之处在于:他的思想从表面上看为恶德作出了合理性辩护,因而有可能进一步激化恶德的泛滥,但同样不可否认的是,曼德维尔给后人留下这样一个思考问题的方式:为了创造一个物质繁荣昌盛的社会,我们到底需要什么样的道德? 很显然,这里所说的"道德",就是实现物质繁荣昌盛的一种手段。

马基雅维利和曼德维尔的思想,后来被实证社会学家们整理成了他们的主导思想之一,即"价值中立"原则。"价值中立"原则要求研究者在分析某一社会现象时,应该把价值评价和道德情感放在一边,只是从实证的角度分析什么样的手段将导致什么样的目的,而不问这个目的是合乎道德的,还是不合乎道德的。韦伯提出:"经验科学无法向任何人说明他应该做什么,而只是说明他能做什么——和在某些情况下——他想要做什么。"②实证社会学家们试图通过"价值中立"原则将包括终极目的在内的道德评价从各门经验学科中驱逐出去,以保证社会科学研究的"科学性"。

在这样一种思想大潮中,经济学家们也努力清洗经济学研究中的道德判断因素,转而确立属于自己的经济目的。马歇尔比较明确地表达了这一思想,他在《经济学原理》一书中提出:"日常营业工作的最坚定的动机,是

---

① [荷]伯纳德·曼德维尔:《蜜蜂的寓言:私人的恶德,公众的利益》,肖津译,中国社会科学出版社 2002 年版,第 28 页。

② [德]马克斯·韦伯:《社会科学认识和社会政策认识中的"客观性"》,载韩水法编:《韦伯文集》(上),韩水法、莫茜译,中国广播电视出版社 2000 年版,第 8 页。

获得工资的欲望,工资是工作的物质报酬。工资在它的使用上可以是利己地或利人地用掉了,也可以是为了高尚的目的或卑鄙的目的用掉了,在这一点上,人类本性的变化就发生作用了。但是,这个动机是为一定数额的货币所引起的,正是对营业生活中最坚定的动机的这种明确和正确的货币衡量,才使经济学远胜于其他各门研究人的学问。"①这就是说,为什么样的道德目的而使用工资,已经被排除在经济学研究之外,只有不带道德色彩的获取工资才构成了经济学研究的主题。对这一研究方法作出过明确表述的代表人物是约翰·内维尔·凯恩斯和罗宾斯。凯恩斯提出:"政治经济学的功能是观察事实,发现事实后面的真相,而不是描述生活的规则。经济规律是关于事实的本来面目的定理,而不是现实生活的实际规范。换句话说,政治经济学是科学,而不是艺术或伦理研究的分支。在竞争性社会体制中,政治经济学被认为是立场中立的。它可以对一定行为的可能的后果做出说明,但它自身不提供道德判断,或者不宣称什么是应该的,什么又是不应该的。"②罗宾斯同样表示:"不幸的是,这两个学科从逻辑上说似乎只能以并列的形式联系在一起。经济学涉及的是可以确定的事实;伦理学涉及的是估价与义务。"③诺贝尔经济学奖获得者阿玛蒂亚·森对这一局面的总结是:"可以说,随着现代经济学的发展,伦理学方法的重要性已经被严重淡化了。"④其实,经济学排斥道德判断因素,表面上是经济学的"纯净",实质上是经济学科发展中的倒退。

经济学中的"价值中立"原则仅仅只是清除了发挥目的性功能的道德,他们仍然保留了发挥工具性功能的道德。经济学家们割断了道德工具与道德目的之间的联系,让道德工具转过来成为服务于经济目的的工具。他们

---

① [英]阿尔弗雷德·马歇尔:《经济学原理》(上卷),朱志泰译,商务印书馆1994年,第35页。

② [英]约翰·内维尔·凯恩斯:《政治经济学的范围与方法》,党国英、刘惠译,华夏出版社2001年版,第8页。

③ [英]莱昂内尔·罗宾斯:《经济科学的性质和意义》,朱泱译,商务印书馆2000年版,第120页。

④ [印]阿马蒂亚·森:《伦理学与经济学》,王宇、王文玉译,商务印书馆2000年版,第13页。

不再关心经济生活的道德目的,但很关心经济生活中的道德工具,即哪些道德对于经济发展具有重要意义。对经济学家来说,一种品质或行为为什么是道德的,这不属于他们的研究范围,他们只关心一件事:从有利于经济发展的角度看,什么样的道德才是应该提倡的。强调道德工具对于经济发展的意义,在亚当·斯密那里已经有所体现。他对"节俭"美德的分析,就不是源于什么样的欲望是必要而且合理的这样一个伦理学视角,而是源于是否有利经济发展这一经济学视角。亚当·斯密很明确地指出:"资本增加,由于节俭;资本减少,由于奢侈与妄为。"①凯恩斯后来为"奢侈"翻案时也采用了同样的方法,只不过他所借助的工具是"有效需求"理论,而不是"资本积累"理论。

在思想史上,明确强调道德的经济工具功能的人当数马克斯·韦伯。韦伯的宗教社会学主要分析了由宗教提供的各种道德对于资本主义发展的影响,这实际上是以资本主义发展这一目的重新检视了各种各样的宗教道德。韦伯发现,不同宗教在资本主义兴起过程中扮演了不同的角色,有些宗教促进了资本主义发展,有些宗教却阻碍了资本主义的兴起。究其原因,在于不同宗教所提倡的伦理精神,与资本主义所要求的伦理精神是否相合。韦伯的结论是,最能促进资本主义发展的是新教伦理,新教伦理所提供的包括禁欲精神和进取精神在内的"天职"观念,正好构成了资本家和雇佣工人的精神内核。他说:"集中精神的能力,以及绝对重要的忠于职守的责任感,这里与严格计算高收入可能性的经济观,与极大地提高了效率的自制力和节俭心最经常地结合在一起。这就为对资本主义来说是必不可少的那种以劳动为自身目的和视劳动为天职的观念提供了最有利的基础:在宗教教育的背景下最有可能战胜传统主义。"②

韦伯的新教伦理分析开辟了这样一种新视角:首先确定一个非道德性

① [英]亚当·斯密:《国民财富的性质和原因的研究》(上卷),郭大力、王亚南译,商务印书馆1994年版,第310页。
② [德]马克斯·韦伯:《新教伦理与资本主义精神》,于晓等译,北京三联书店1992年版,第45页。

的目的,再寻求有利于实现这一非道德性目的的各种道德因素。在现代经济学理论中,比较好地继承这一研究思路的是制度经济学。自从科斯分析了企业的组织成本之后,制度经济学家们就发现,制度才是推动社会发展和经济发展的重要因素。诺斯强调指出:"决定经济绩效和知识技术增长率的是政治经济组织的结构。人类发展的各种合作和竞争的形式及实施将人类活动组织起来的规章的那些制度,正是经济史的中心。"①那么,什么是"制度"呢?简单地说,制度就是"人类相互交往的规则"②,毫无疑问,道德规则是所有交往规则中最为基础的规则。制度经济学家们分析道德的基本思路是:寻找最能降低合理制度组织成本的道德,以最终推动经济和社会的发展。福山在《信任》一书中表明:"一国的福利和竞争能力其实受到单一而广被的文化特征所制约,那就是这个社会中与生俱来的信任程度。"③这就明确揭示出了"信任"这样一种制度道德在社会发展的重要性。

制度经济学的出现,最终为伦理学研究提供了这样一种分析道德的全新方法:将道德视为经济发展的一个必要而且有效的手段,突出道德的工具性功能。"作为资本的道德"概念正是这一全新分析视角的产物。其实,道德的目的性功能与工具性功能是不可能截然分开的,也不是天生排斥的。没有目的性功能所提供的目的、责任和约束,道德就不能称其为道德;反过来,没有工具性功能所提供的现实意义,道德就难以显示其现实价值。

二、从"实物资本"到"道德资本"

单纯从字面上看,"资本"与"道德资本"的区别在于:"资本"体现资本一般,它涵盖各种形态的资本;"道德资本"体现资本特殊,它仅仅包括道德

---

① [美]道格拉斯·C.诺思:《经济史上的结构和变革》,厉以平译,商务印书馆 2005 年版,第21页。

② [德]柯武刚、史漫飞:《制度经济学:社会秩序与公共政策》,韩朝华译,商务印书馆 2002 年版,第35页。

③ [美]弗兰西斯·福山:《信任:社会道德与繁荣的创造》,李宛容译,远方出版社 1998 年版,第12页。

形态的资本。因此,"道德资本"概念的意义仅在于通过缩小概念的外延来进一步明确"资本"概念。不过,如果从"资本"概念的发展史来看,我们就会发现"道德资本"概念具有深刻得多的意义:"资本"概念在其初期并不是指资本一般,而同样是指资本特殊,是指实物形态的资本。道德资本概念把非物质形态的道德纳入资本之内,其意义并非缩小了资本概念的外延,而是补充扩大了它的外延。

从古典政治经济学开始,"资本"就成为一个非常重要的经济学概念。古典政治经济学家在分析经济活动的构成要素时基本上采取了"三分法":资本、劳动和土地。资本由资本家提供,相应的收入是利润;劳动由工人提供,相应的收入是工资;土地由地主提供,相应的收入是地租。不过,随着现代化和工业化的发展,资本不断入侵土地,资本家不断战胜地主,土地在生产中的重要性越来越低,于是,土地这一因素被并入到资本之中,整个经济活动出现了马克思所说的"二元对立":资本与劳动的对立,资本家和工人的对立,利润和工资的对立。在在后人看来,这个经济学体系中的"资本"至少具有三个特征:

第一,资本必须是能够支配整个利润生产过程、从而使利润生产过程体现为资本自我增值过程的总体性资本。尽管后人都承认资本是"期望在市场中获得回报的资源投资"①,但古典政治经济学家和马克思在谈到资本时都潜在地强调一点:资本不仅能够生产利润,而且必须自行生产利润,资本生产利润的过程必须体现资本的自我增值过程。资本的自我增值是这样实现的:资本首先化身为生产所需要的各个要素,一方面是以不变资本形式出现的劳动资料,一方面是以可变资本形式出现的生活资料(即劳动),然后是这些资本化身的自我运动,即由生活资料控制的劳动,运用劳动工具对劳动对象进行加工改造,其结果是生产出包括利润在内的商品。从表面上看,利润好像是各种生产要素相结合的产物,从实质上看,利润生产过程完全是

---

① [美]林南:《社会资本:关于社会结构与行动的理论》,张磊译,上海人民出版社 2005 年版,第 3 页。

资本的"独舞"。马克思有一段话说得很清楚："如果把自行增殖的价值在其生活的循环中交替采取的各种特殊表现形式固定下来，就得出这样的说明：资本是货币，资本是商品。但是实际上，价值在这里已经成为一个过程的主体，在这个过程中，它不断地变换货币形式和商品形式，改变着自己的量，作为剩余价值同作为原价值的自身分出来，自行增殖着。既然它生出剩余价值的运动是它自身的运动，它的增殖也就是自行增殖。"①因此，古典政治经济学家与马克思所说的"资本"都是指自行增殖的资本，是指作为"不变资本"与"可变资本"之和的总体资本。有所不同的是，"自行增殖"在古典政治经济学家看来是利润生产，而在马克思看来是剩余价值生产。资本的总体性特征意味着：只有能够独立生产利润的东西才能称为资本，利润生产过程的每一个必需要素都不能独立称为"资本"。具体说来，利润生产过程离不开生产资料、土地和劳动，但这些东西都不是独立的资本，因为这其中的每一个要素都不能独立生产利润。

第二，资本在其抽象形式上表现为货币，而在其具体形式上表现为充当生产要素的各种实物。抽象出来的资本在起点上可以表现为一定量的货币，在一个周期的终点上仍然可以表现为一定量的货币。但在整个利润生产过程中，货币必须化身为生产过程所必需的各种要素，即它首先化身为一定量的生产资料和生活资料，前者包括劳动对象和劳动工具，后者包括工人的生活必需品，然后化身为一定量的商品。在这里，无论是货币，还是生产资料和生活资料，还是包含着利润在内的最终商品，都象征着或具体体现为一定的、有形的实物。正是在这个意义上，古典政治经济学家和马克思的资本被后人称为"实物资本"。要指出的是，"实物资本"概念意味着：不能以有形实物形态出现的东西，比如说制度、法律、文化等利润生产过程的必需因素，就有可能被排除在"实物资本"范围之外。"实物资本"概念与总体性资本概念密不可分，它们的结合就使利润生产过程就体现为有形物质财富的自我增殖过程。当然，马克思曾深刻地指出，所有经济物的本质是人与人

---

① 《马克思恩格斯全集》第 44 卷，人民出版社 2001 年版，第 180 页。

之间的经济关系,因此,换个角度说,经济关系最终仍然必须通过一定的有形实物体现出来。马克思的"实物资本"有其深刻的内涵。

第三,实物资本具有可以与所有者相分离的客观独立性。实物资本是作为与"人"相区别的"物"存在的,也是作为外在于"人"的"物"存在的。尽管所有的实物资本都有其所有者,但实物资本可以与其所有者相对独立地存在。获取、占有和转移实物资本对所有者来说,仅仅意味着外在物质财富的增减变化,人自身则没有发生任何变化。尽管马克思强调指出"资本家是资本的人格化",但利润生产过程很明确地体现为:一方面是自我增殖的实物资本不断地进行形式转换,一方面是看着资本自我增殖的资本家纹丝不动。实物资本的相对独立性意味着,只有可以外在于人而独立存在的东西才有可能是资本,而那些内在于人、与人不可分离的东西将被排除在"资本"范围之外。

后人在把古典政治经济学家和马克思的"资本"概念统称为"传统资本"概念或"实物资本"概念之后,对这一资本概念进行程度不同的批判。较早提出异议的是人力资本论者。他们认为,如果资本主要是指以自然资源为基础的实物资本,并且资本是推动社会经济发展的主要力量,那么一个必然成立的推论是:拥有自然资源最多的国家就应该是经济发展最快、生产利润最多的国家。但这个推论与事实情况明显不符,事实情况是:拥有自然资源很少的一些国家能位居发达国家之列,而拥有自然资源丰富的众多国家却停留在发展中国家水平。由此出发,人力资本论者提出,真正决定一国财富增长速度的因素,既不是自然资源,也不是机器,也不完全是科学,而是人口质量。舒尔茨的结论是:"改善穷人福利的生产决定性的要素不是空间、能源和耕地,而是人口质量的提高和知识的进步。"[1]这就是说,与实物资本相比,人力资本是一种更为重要的资本。

人力资本论者试图改变了人们对资本的传统理解,他们更倾向于用边际分析方法来理解资本。他们首先分解出利润生产的各种要素,然后再分

---

① [美]西奥多·W.舒尔茨:《人力投资》,贾湛、施伟译,华夏出版社1990年版,第1页。

析每一个要素的边际投资及其边际收益,他们认为,一个生产要素能不能成为一种资本,就取决于这种生产要素方面的边际投资能否带来一定的边际利润。舒尔茨提出:"我相信,在考虑经济增长时需要确定投资方法。按这种方法,就可通过投资来增加资本量,追加资本的生产性服务就可使收入增加,这正是经济增长的关键所在。……因而对全部追加投资进行核算便可全面协调地解释资本量的边际变化、由资本带来的生产性服务的边际变化、收入的边际变化以及随之而来的增长。"①

在这样一种资本视角下,人力资本理论提出:人口质量也是一种资本。因为在人口质量方面的投资也可以带来一定的利润。无论是对健康、儿童教育、成人教育以及技能培训方面进行投资,都能生产出超过投资成本的利润。舒尔茨指出:"我对人口质量的分析方法是,把质量作为一种稀缺资源来对待。这意味着它具有经济价值,获得它需要成本。人的行为决定着一段时间内人们获得的人口质量的类型和数量。分析这种行为的关键,是追加质量的收益和获得它的成本之间的关系。当收益超过了成本时,人口质量就提高了。"②

需要说明的是,将人力本身视为一种资本并要求进行人力投资的思想,在马克思那里已经有所体现,因为生产剩余价值的可变资本就体现为劳动力(即人力),马克思的"主观生产力"和"精神生产力"概念的提出,关注的就是人在投入生产过程的作用。"科学技术是第一生产力"这一论断中也蕴涵了人力投资思想。

人力资本理论把人口质量视为一种资本,试图从三个方面突破传统资本概念:

第一,人力资本概念试图突破总体性资本的束缚,把利润生产过程中的必需因素也视为资本。实物资本可以自行生产利润,可以化身为各个生产要素,而人力资本不能独立生产利润,仅仅只能作为一个生产要素而存在。

---

① [美]西奥多·W.舒尔茨:《人力资本投资:教育和研究的作用》,蒋斌、张蘅译,商务印书馆 1990年版,第6页。
② [美]西奥多·W.舒尔茨:《人力投资》,贾湛、施伟译,第9页。

实物资本尽管从抽象形式上表现为一定量的货币,但在利润生产过程中可以转化为生产过程中的一切要素,它完全通过自身的物质转换而产生利润,整个资本增殖过程都是资本的物质形式转换。人力资本尽管也会参与利润生产的全过程,但是在利润生产过程中,人力资本仅仅体现在劳动者身上,包括生产资料在内的诸多生产要素都不是人力资本的物质化身。因此,整个利润生产过程并不能体现人力资本的自行增值过程。而人力资本之所以被视为一种资本,仅在于一点:在其他生产因素相对不变的情况下,对人口质量进行投资可以带来超出投资成本的利润。因此,把人口质量视为资本,开启了分析各种生产要素资本性的大门:利润生产过程中的每一种要素,都有可能作为一种独立的投资对象,只要投资成本低于投资收益就可以了。

第二,人力资本概念试图突破有形实物这一形态限制,把无形的东西也纳入到资本中来。最终来源于自然资源的实物资本是一些有形的、实物,而在人力资本中,存在着大量的、无形的因素。人力资本理论所说的人口质量,主要包括人的身心健康情况、受教育程度、所掌握的知识和技能等,在这些东西中,如果说身体健康情况还带着有形实物资本的特色,那么,心理健康、受教育程度、知识和技能等则完全是无形的、观念性的东西。当人力资本理论确认了这些无形之物同样能带来经济利润时,它实际上使资本完全摆脱了形态的制约,即一种东西,只要能带来经济利润,不管是有形的还是无形的,都可以称为资本。

第三,人力资本概念试图突破资本独立于人而存在的限制,将完全内化为人之组成部分的东西也视为资本。实物资本是一种独立于人之外的实物,它可以为任何人所拥有,也可以以一定的法律手段而自由转移。人力资本则完全内化为人力资本所有者的组成部分,它与所有者无法分离。由于人力资本与所有者不可分离,在人力资本的形成过程中,所有者必须亲身参与,身体力行,才能确实改善自己的人口质量,在人力资本形成之后,它也无法被所有者自由转移给另一个人。

以人力资本理论为基础的人力资源管理理论则从企业管理的角度进一步扩充了人力资本概念,它将人才招聘、员工激励、技能培训等等有助于提高员工生产能力的东西,都纳入到了人力资本范围之内。对人力资源管理理论来说,只要是有利于提高员工劳动生产率的措施,都可以视为一种人力资本投资,这就大大发展了以人为载体的人力资本概念。

在人力资本理论广开了"资本"的大门之后,"文化资本"理论也随之出现。以布尔迪厄为代表的文化资本论者发现:文化其实也是一种资本。文化资本论者指出,个人通过学校学习或其他途径接受统治阶级指定的价值观念,也可以在市场上获得超出一般人的财富。布尔迪厄指出:"形成这一区分的特殊象征性逻辑,为大量占有文化资本的人额外地提供了对其物质利润和象征利润的庇护:任何特定的文化能力(例如,在文盲世界中能够阅读的能力),都会从它在文化资本的分布中所占据的地位,获得一种'物以稀为贵'的价值,并为其拥有者带来明显的利润。"①布尔迪厄的"文化资本"概念带有强烈的意识形态色彩,因为他认为文化资本之所以能带来利润,完全是统治阶级出于意识形态考虑而给予奖励的结果,其目的是将统治阶级的文化观念推广为整个社会的文化观念。此后的文化资本论者则逐渐剔除了这一因素,他们以经济学的成本收益方法分析文化,认为获取一定文化资本所带来的收益可以超过获取成本,从而在经济学意义上确定了文化的资本性。一位文化资本论者分析道:"从某种意义上说,如果一项文化制度,如一种特定的语言或两性的分工,能对一个社会产生未来收益,并且创造和维持该项制度要付出昂贵的代价,那么这项制度就可被视为文化资本的一种形式。"②

"文化资本"与"人力资本"有很多相似之处,比如说在内容上,二者有一定的重叠,布尔迪厄所提出的"文化资本"三形态③,其第一种形态(即"具体的形态")就被后人指认为是人力资本的内容,人力资本理论在其发

---

① [法]布尔迪厄:《文化资本与社会炼金术——布尔迪厄访谈录》,包亚明译,上海人民出版社1997年版,第196页。

② 克利斯朵夫·克拉格、索姗娜·格罗斯,巴得·斯哥茨曼:《文化资本与经济发展导论》,吴丹译,载薛晓源、曹荣湘主编:《全球化与文化资本》,社会科学出版社2005年版,第222—223页。

③ 布尔迪厄认为,文化资本可以区分为三大形态:一种是具体的状态,以个体文化形式存在,一种是客观的状态,以文化产品形式存在,一种是体制的状态,以文化制度形式存在。

展过程中也明确把文化资本纳入其中;在形式上,二者都强调以观念形态出现的、无形的东西。

但是,"文化资本"与"人力资本"有更多的不同之处:"人力资本"概念侧重资本的载体,强调资本的载体是"人",只要包含在人之中而与生产效率有关的东西都可以纳入到人力资本之中;而"文化资本"概念侧重于资本的内容,强调资本的内容是"文化",只要是以文化为其内容并且可以提高收入的东西都可以纳入到文化资本之中,如被具体化的个人文化观念,被客观化的文化艺术作品,被制度化的社会文化制度等,都属于文化资本范畴之列。另一方面,人力资本主要是将自然科学技术和社会科学技术内化为个人的知识和技能,从而可以直接提高劳动者的劳动生产效率;文化资本更侧重于人文科学和文化观念,它从一开始就是指人文价值观念的个人化、物化和制度化。

其实,较早体现文化资本思想而没有提出文化资本概念的是二战后兴起的企业文化理论。企业文化理论要求培养企业的文化氛围,提出要塑造企业的各种理念:如社会理念、管理理念、营销理念等等,在这一系列要求中存在一个问题:企业为什么要发展企业文化? 不可否认,企业不可能为了文化而发展文化,而是为了创制更多的企业发展条件并获得更多的利润而发展企业文化。在建设企业文化的企业家眼里,企业文化就是一种资本,发展企业文化就是在进行文化资本投资,这种投资所带来的利润将超过所需花费的成本。这种思想正好暗合了文化资本论的观点。

从"实物资本"到"人力资本",破除了资本的总体性特征、有形性特征和独立性特征,从"人力资本"到"文化资本",又揭示了文化观念可以具有的资本性质。至此,道德资本概念的基础已基本确立,因为文化的内核就是道德。将道德纳入到资本范围之内,实际上是资本概念不断扩展的必然结果,也是经济成为社会生活中心的必然要求。

三、道德资本概念的意义

从道德的目的性功能走向工具性功能,从实物资本走向道德资本,"道德资本"概念确实是创新性的概念,这种创新并不是以空想为基础的文字游戏,而是对社会实践发展的自觉的、理论的把握。在概念创新的背后,是社会实践发展的强烈要求。

在传统社会,由于科学技术的局限,人能够从自然界获得的财富是有限的,能够被满足的人类需求也是有限的。有限财富和有限需求这种实践状况决定了当时的理论主题:人们必须从理论上说明有限需求论,必须说明在人类所拥有的各种需求中,哪些需求是合乎道德而可欲的,哪些需求是超出道德而不可欲的。这些问题最终都要由目的性道德来解决,即从终极价值上确定有限需求和有限满足的道德性。当然,为了获得有限财富以满足有限需求,也需要一定的工具性道德,比如说勤劳、节俭、友爱等等,但这些工具性道德在当时无疑处于道德体系的边缘,从属于有限需求这一目的性道德。

进入近代社会以后,随着科学技术的进步,人对自然的改造几乎达到一种为所欲为的地步,人所能创造的物质财富也呈现出无限增长的势头。在无限财富的实践生活中,人对财富的欲望被彻底解放了,真正达到了另一种"所欲即可欲"的地步。在这种情况下,欲望本身的道德性证明已经下降为一个次要的理论问题,真正的理论问题在于:如何才能提供最大限度的财富以满足人类最大限度的欲望。

在现代化进程中,财富增长开始以资本自行增殖的方式占据历史舞台的中心位置,财富和资本取得了对各种社会事物的重新解释权。它们首先需要夺回在传统社会中被伦理化了的经济阵地。抢夺的方式就是剥下经济实物的宗教和道德外衣,重新恢复经济实物的经济本性,抢夺的结果就是以"实物资本"概念为自己建立最稳固的根基。当财富和资本稳固了自己的经济阵地之后,又将自己的势力伸入了传统的非经济领域。财富增长和资本变成了一种"以太之光",这种"以太之光"射向各个社会生活领域,对各种社会事物进行属于它的重新解释。在财富增长和资本的重新解释下,各种社会事物都呈现出不同于过去的面貌,都将自己服务于财富增长的一面及其本身利益机制的一面彻底地显露出来。于是,"社会人"衍生出了"经济人","政治统治者"发展出了"政客",一切人类行为都可以进行"经济分析"①。"人力资本"概念和"文化资本"概念正是资本改造各种社会事物的成果。

资本介入到各种非经济领域,道德也不可避免地受到了一定程度的影响。在世俗化的大潮中,道德尽管仍然担负着赋予世界以意义的崇高地位,但由于其特殊功能和作用,它也不可避免地要显露出资本的一面。在物质财富和资本的统治下,道德不再抽象地高高凌驾于一切社会事物之上,它像其他社会事物一样,也被置于经济财富的运作过程中,并做出相应的调整,以便为经济发展做出最大的贡献。"道德资本"概念正是这一道德状况的理论化。

因此,道德资本概念的理论和实践意义在于它把握了经济发展是当今社会发展的中心这一现实。当今世界的主题是发展,发展的核心是经济发展,尽管近年来包括社会发展在内的全面发展已经形成了一定的力量,但不可否认,全面发展的主动力仍然在于经济发展。既然经济发展是时代的主题,那么,在现实生活中,就应当尽力发掘能够促进经济发展的诸多因素,调动一切能够促进经济发展的力量。"道德资本"概念正是顺应这一时代要求,指明道德对于促进经济发展的工具性作用,从更开阔的层面上寻求有利于经济发展的道德因素。

既然理论的发展趋势和实践的发展趋势都在指向道德资本,那么为什么还有一些人不愿意接受道德资本概念呢?笔者认为,这主要是由于部分人心中存在这样一个疑问:作为资本的道德还是道德吗?把道德视为一种工具,是否有损道德的纯洁性呢?进一步说,把道德当作获得经济利益的手段,是否会导致道德的虚假性?

舒尔茨在倡导"人力资本"概念时也碰到过类似的问题。他发现,很多人不愿意接受"人力资本"和"人力投资"这样的概念,主要是因为他们认为

---

① [美]加里·S.贝克尔:《人类行为的经济分析》,王业宇、陈琪译,上海三联书店1996年版,第5页。

把人本身当作一种投资对象会有损人格。他说:"把人类视为能够通过投资来增加的财富是同根深蒂固的道德准则相违背的。这就像把人又贬低成一种纯粹的物质因素,贬低成某种类似财产的东西。因而,一个人倘若把自己看成是一种资本货物,那么纵然这并不损害他的自由,也会贬低他的人格。有一段时间,一位像 J.S. 穆勒一样有身份的人坚持认为,不应把一个国家的人民当做财富看待,因为财富仅仅是为人而存在的。但是,穆勒肯定错了;他认为财富仅仅是为人而存在的,可是人力财富的概念同他的想法一点也不矛盾。人通过对自身投资便能扩大自己可资利用的选择范围。这正是自由人可以增加自身福利的一个途径。"①当"道德资本"概念重新面临"人力资本"概念所面临过的问题时,我们的回答是肯定的:"道德资本"概念与"人力资本"概念一样,不仅不会有损人的自由和人格,有损道德的纯洁性,相反,它会增强人的自由和人格,促进道德的全面发展。

第一,将道德视为资本,是强调道德的工具性功能,要求培育符合经济发展需求的道德因素,可以为经济生活中的道德建设打下最真实而牢固的基础。历史唯物主义很明白地告诉我们:利益,也只有利益,才是道德产生的真正基础。与个人的自我利益和社会的集体利益相一致的道德,最终都将被人们所接受,尽管这一接受过程可能是一个艰难的、漫长的过程;而与个人的自我利益和社会的集体利益相脱节的道德,最终必将被人们所抛弃,尽管这一道德可能会在某一时期得到纵容。历史已经证明,道德要求与利益要求完全脱节的时期,也就是伪君子和双面人大量流行的时期。道德资本论所要求的道德必须能起到资本作用,必须能够促进经济的发展,因而它正是经济生活所要求的道德,是与现实利益相一致的道德。倡导这种道德不会产生"说一套、做一套"的局面,反而能够真正促进道德的生活化。因此,将道德视为一种资本,探求能够促进经济发展的道德,是推动经济与道德内在结合的一条最为有效的主要途径。

---

① [美]西奥多·W.舒尔茨:《人力资本投资:教育和研究的作用》,蒋斌、张蘅译,第 23—24 页。

第二,将道德视为资本,仅仅意味着要重新对待以前被相对忽视的工具性道德,要重新摆正工具性道德与目的性道德的关系,并不意味着道德仅仅只能作为资本而起作用。正如亚当·斯密提出"经济人"概念并不是要取代和否定"社会人"概念一样,道德资本概念从来没有取代和否定一般道德的意思,它只想指明被以前伦理学研究相对忽视的一个方面:即道德也有资本的一面,也负担着促进经济发展的工具性功能。毫无疑问,道德应该而且必须具备目的和工具两大功能,但在以经济发展为主题曲的今天,道德的目的性功能固然重要,道德的工具性功能则显得更为迫切。因此,提出道德资本概念,并不是要否认道德的目的性功能,而是要在承认道德的目的性功能的基础上,进一步强化道德的工具性功能研究,以为经济发展提供道德方面的有力支持。

第三,将道德视为资本,强调经济运作过程中经济主体的"觉悟"程度和主体与主体之间协调的理性水平直接影响和制约着经济的效益和发展速度,这不仅没有贬低道德,没有损害道德的崇高性和纯洁性,反而说明了道德无可替代的、特殊的作用。"道德资本"概念并没有涉及到"什么是道德"这一问题,因而没有改变道德概念的外延,它涉及到"道德可以起什么作用"这一问题,并且强调道德对于经济发展的工具性功能。在现时代,起工具作用并促进经济发展的科学道德,当然可以是崇高而纯洁的。事实上,"道德资本"概念通过阐释道德可以具有的资本功能,说明经济发展中道德资本的无可替代性,进一步明确和扩充了道德的现实意义。总之,发展道德资本论,培育具有工具性功能的道德,将产生经济建设和道德建设的"双赢"结局:一方面,经济建设将由于道德资本的介入而获得更全面的资源;另一方面,道德建设也将由于道德资本的发展而获取更深刻的影响。

(与李志祥合作,原载《江苏社会科学》2006 年第 5 期)

六论道德资本

——兼评西松《领导者的道德资本》一书

自从我 2000 年发表《论道德资本》一文以来,我又分别和我的同仁们发表了系列文章论述道德资本,并撰写出版了《道德资本论》一书,先后多角度地论证了道德资本的概念、存在依据、基本特征、作用机理和作用形式等,受到学界的关注。有的学者对有关道德资本理论给予了充分的肯定,但有的学者认为道德资本没有存在的理由,有的并撰文提出质疑。这有必要对道德资本问题进行更深入的研究。不久前出版的由西班牙阿莱霍·何塞·G.西松著的《领导者的道德资本》一书,以其独到的视角论述了道德资本的内涵、特点、管理和作用方式等,具有明显的理论启迪意义和实践参考价值。

一、何谓道德资本?

道德资本是什么?道德资本有无存在的理由?这是我研究道德资本问题中反复论及的问题。针对不同意见和质疑,结合对西松著作的评述,再做如下分析。

1. 资本有不同社会背景的多维度的解读

道德可以成为资本,从解析资本就可以做进一步确认。首先要说明的是,资本在资本主义条件下是能够带来剩余价值的价值,这是资本的本质所在。西松在其《领导者的道德资本》一书中忽视了马克思的这一些经典思想。因此,他的道德资本思想有其局限性。因为在特定的社会制度下,社会通行的道德有理性与非理性之分,道德是否能成为资本要作具体分析,同时,在特定的社会制度下,资本不一定是道德的,或者说资本不一定具有道德意义。只有在真正通行公正、平等、自由的社会主义公有制度下,道德的资本意义和资本的道德价值才可达到真正的统一。

当然,西松在书中已经看到了资本的主体性特点。他指出:"斯密认为,资本是生产性财富,能够产生收益,被储备起来用于将来——这一点与即期消费不同。"①"大众商业学习惯于将资本理解为财富的同义词,并将财富理解为一种储备,而不是其中的特定的种类或者一部分。在商人和财务人员看来,资本是财富的净价值,是扣除了负债之后的资产。"②总之,"起初,资本几乎总是与财富和财产相联系"。③"但财富本身并不代表资本,资本也不一定必然会带来收入"。④因为,"仅仅拥有资源、资产或者财富是不够的;人们还必须能够将这些财富资本化"。⑤即"资本如果不以产权的形式适当地体现,就难以实现其资本的功能"。⑥而且"财富转化为财产权或者资本的条件无疑存在于物理的资产之上,但此种转化本身是人类思想和诚信的成果。换言之,没有人类的介入,就不会产生财产权或者资本,因为我们的智力影响对于财产化和资本化的过程至关重要:在资源之上把握并且赋予其社会经济信息。然而令人吃惊的是,在经济学发展史中的相当长的时间里,劳动——即人类对于财富生产的杰出贡献——被视为游离于资本甚至直接对立于资本的一种要素。有理由说,这也是卡尔·马克思的最主要观点"。⑦

西松的观点是深刻的,他指出,由于财产权不明晰,财富尤其是无产权

---

① 〔西班牙〕阿莱霍·何塞·G.西松:《领导者的道德资本》,于文轩、丁敏译,中央编译出版社 2005 版,第 7 页。

② 〔西班牙〕阿莱霍·何塞·G.西松:《领导者的道德资本》,于文轩、丁敏译,第 7 页。

③ 〔西班牙〕阿莱霍·何塞·G.西松:《领导者的道德资本》,于文轩、丁敏译,第 6 页。

④ 〔西班牙〕阿莱霍·何塞·G.西松:《领导者的道德资本》,于文轩、丁敏译,第 8 页。

⑤ 〔西班牙〕阿莱霍·何塞·G.西松:《领导者的道德资本》,于文轩、丁敏译,第 10 页。

⑥ 〔西班牙〕阿莱霍·何塞·G.西松:《领导者的道德资本》,于文轩、丁敏译,第 10 页。

⑦ 〔西班牙〕阿莱霍·何塞·G.西松:《领导者的道德资本》,于文轩、丁敏译,第 11 页。

无制度程序的财富不可能实现资本化。财富转化为财产权,才能发挥资本功能,资产才有可能成为资本,"因为它使人们能够以一种便捷的方式,对资源在经济上有价值的方面进行识别、描述、掌握和组织"。① 同时,财富转化为资本过程一定是财富所有者在一定的思想指导下,以诚信为价值取向或行为原则,通过劳动生产使财富增殖的过程。这些思想说明,一方面,资本虽然是货币是实物,但它应该有明确的归属;另一方面,资本成其为资本,只有按照人的意图运作到生产过程才能被说明或实现。可惜的是,西松似乎在全书都没有进一步展开论述资本的关系性本质,对资本的精神层面(如思想、道德等)与物质层面的逻辑关系没有作系统而深刻的哲学分析。这也许跟指导思想和基础理念有关。尽管如此,能有一家之说已经是很有意义了。

其实,资本的关系性本质表明在私有制条件下,财富或资产所有者在将财富或资产投入生产过程时,其目的一定是靠他人劳动使财富增殖;而且是尽可能多地积聚再投入的财富,尽可能少地支出维持再生产所需的条件。资本在社会主义公有制条件下,其基本目的也应该是财富增殖,但公有制在其本质上来说,财富的投入与支出是平衡的、理性的,尤其是在使用财富时始终关注绝大多数人的利益。

就是在私有经济活动中的资本增殖的财富的流向或使用也要受到符合社会主义制度要求的指导或限制。

同时,资本的物质层面的作用是靠资本的精神层面的作用来实现的,也许西松的关于财富资本化是人类思想和诚信的成果的思想与我的观点不完全是一回事,但是,作为对特殊资本的道德资本的存在的认同,我们是共通的。同时,西松也认同知识资本、人力资本、社会资本等等的存在,在此基础上认同道德资本的存在也是顺理成章了。

2. 道德资本即美德

道德资本是什么? 我在《论道德资本》一文中认为,道德资本是指道德

---

① [西班牙]阿莱霍·何塞·G.西松:《领导者的道德资本》,于文轩、丁敏译,第10页。

投入生产并增进社会财富的能力,是能带来利润和效益的道德理念及其行为。① 西松的定义有不同,他认为:"道德资本可以被定义为卓越优秀的品格,或者拥有并实行特定的社会背景下认为适合人类的各种美德。如今,道德资本的含义亦可被表述为'诚信',即一种让人联想到值得他人依靠或者信赖的人格上的健全性和稳定性的品质。具备美德或者优秀的品质可以被视为道德资本,这不仅因为它们是一种财富形式,而且还因为它们是在个人身上积累和发展起来具有生产力的能力或者力量,其积累和发展途径是在时间、努力和其他方面的投资,其中也包括在资金方面的投资。"②在这里,西松的定义很具理论价值,第一,他把道德资本定义为"卓越优秀的品格",同时,认为道德资本可表述为"诚信",而将"卓越优秀的品格"与"诚信"相提并论,这是本书之特定话语背景下的精当提示。因为,诚信尤其是被西松界定为"一种让人联想到值得他人依靠或者信赖的人格上的健全性和稳定性的品质"之诚信是推动资本增殖的重要杠杆。第二,他认为道德资本是"拥有并实行特定的社会背景下认为适合人类的各种美德"。这里他应用了"特定的社会背景"、"适合人类"等词语,这是明智之举,因为,美德有时代性和民族性,唯此才不至于泛化作为资本的道德。第三,他指出人的美德或优秀的品质被视为道德资本,不仅是因为它们是一种财富,更是因为它们是具有生产力的能力或力量。这里讲到了道德之所以为资本的一个重要前提或依据。事实上,道德或美德、或优秀的品质等,它们只是可能的道德资本,或者至多是没有进入生产过程之前的道德资产,还不能把道德、或美德、或优秀的品质等同于道德资本。为此,西松以上关于道德资本的定义尚需斟酌,否则就会是"道德可以被定义为道德资本"、"道德资本可以被视为道德"的具有严重语病的概念表述。

3. 道德资本的表现形式及其本体

道德资本之道德,是投入生产过程并能增进社会财富的有用的道德或

---

① 参见王小锡:《论道德资本》,载《江苏社会科学》2000年第3期。
② [西班牙]阿莱霍·何塞·G.西松:《领导者的道德资本》,于文轩、丁敏译,第41页。

称科学的道德,这样的道德一定是一定社会生活中道德"应然"的体现,作为资本的道德也就是经济活动中的"应该"。下面的西松对此的思维角度虽特别,但在情理之中。他说:"幸福在一定意义上代表了道德资本的确定的表现形式。幸福就是最大的道德资本,这种资本只会不断的积累和收益,而不会有任何损耗。对这种道德资本的使用并不会使之变少,相反会更加促进它的增长。体现为幸福的道德资本一经养成,就不会受到任何未来的风险,而且价值将变得更加内在,而不是简单的工具性。积累道德资本就是在追求幸福。"①西松接着表达了亚里士多德的思想,即"一种真正幸福的生活要追求一种本身具有意义的事物,而且最好是一种对人类最高的、终极的善的目标"。② 因此,"在幸福的最佳状态,只有收获的享乐,没有任何损失或风险。幸福作为道德资本,价值是本体性的而非工具性的。"③

西松把幸福作为道德资本的表现形式,并指出价值是幸福的本体。以这样的角度来理解幸福,是在更深层面上说明道德资本由于其进取性、导向性、完善性之特点而有充分的存在理由。

当然,幸福作为道德范畴有其时代性和阶级性,作为道德资本表现形式的幸福应该是体现为一定社会的生活追求之"应当"的幸福。

4. 道德资本的完美性决定了其作用和效益的"正向性"特点

道德资本在经济运行过程中,它不存在随着利润和效益的增加或减少而增加投入或撤出投入的问题。这是因为道德资本是精神资本,其作为资本存在时就意味着作为经济活动主体的人已经具备优秀的品德,同时也表明实物资本或货币资本已经在按照人的一定的价值取向和善的目标在运作。否则,道德资本就不能成立。既然如此,就不需考虑道德资本的退路问题,它永远只会起促进经济发展的作用。尽管有时实物资本或货币资本投入后的效益不明显,甚至有时会亏本,但这不可能是道德资本的原因。倒是

---

① [西班牙]阿莱霍·何塞·G. 西松:《领导者的道德资本》,于文轩、丁敏译,第189页。

② [西班牙]阿莱霍·何塞·G. 西松:《领导者的道德资本》,于文轩、丁敏译,第190页。

③ [西班牙]阿莱霍·何塞·G. 西松:《领导者的道德资本》,于文轩、丁敏译,第195—196页。

道德资本会因高尚的经济活动主体及其价值取向,努力改变实物资本或货币资本的投资方式或投资去向,进而获得效益和利润的增值。而且,有时实物资本或货币资本因经济不景气、经营不善时撤出原投资渠道时,此举动本身往往是道德资本在发挥着引导、协调作用。

西松在这一问题上观点鲜明,解释也较为有理,他认为,"道德资本不能像其他形式的资本那样具有善恶二重性或者同等的效用","它永远不会被用于罪恶的目的"。[①] 它的"一个显著特征就在于不会引发任何损失"。[②] 他还说:"道德资本或者美德在一个人身上得到体现的同时不会排他、也不会消耗,美德具有'正外部性'。这意味着:一个人美德的增加不意味着另外人的美德的减少;事实上,如果要阻止一个人从自己美德中获得收益,比之相反要难得多。同样地,如果一个人的美德只能够使自己受益,那么,基于'公共物品'的属性,我们可以认定美德已经出现缺失。由于我们常常能够从别人的美德中获益而不需要我们付出任何成本,因此市场机制是不能解释美德的。"[③]这里的关于"市场机制是不能解释美德的"结论是精当的表述,作为道德资本,它的确不存在买卖关系、交换关系,也不存在消耗、亏本之类经济现象,它只有进取、协调、完善、发展之功用。尽管西松此观点很值得赞赏,但他在谈"作为道德资本的美德"时,思维逻辑上出现了漏洞,他说:"道德资本与人力资本、知识资本、文化资本或者社会资本不同,这些形式的资本仅从有限的方面去完善个人,例如从健康、知识、智力或者技能等方面,或者通过获得有利的人际交往、形成人际关系实现;但道德资本却非常不同,它将人作为一个整体进行全面的完善。道德资本不会使人更加有力、更加聪明、更加节俭(相反,它会使人更加慷慨);它甚至不会使人必然在商业上取得成功。但是,道德资本却可以使人成为人类的优秀分子。这并不是说,具有较丰富的道德资本的人必定会丧失强健的体魄、健康和智

---

① [西班牙]阿莱霍·何塞·G.西松:《领导者的道德资本》,于文轩、丁敏译,第46页。
② [西班牙]阿莱霍·何塞·G.西松:《领导者的道德资本》,于文轩、丁敏译,第130页。
③ [西班牙]阿莱霍·何塞·G.西松:《领导者的道德资本》,于文轩、丁敏译,第216—217页。

慧,或者必需要放弃商业利益;而只是说,具有较丰富的道德资本的人不会较易地以牺牲其优秀的道德品质为代价,去追求健康、知识、社会关系或者利润。"①这里,西松似乎把道德资本作为完全独立的资本来看待,并把道德资本与其他形式的资本分开、甚至对立,这是片面的甚至是错误的观点。因为,道德资本不是以独立资本身份在经济运作过程中发挥作用的,它的"渗透型"特征决定了它必须依托人的言行、实物资本、管理制度等才能发挥应有的作用。② 同时,其他形式的诸如人力资本、知识资本、文化资本和社会资本等,它们的存在和作用的发挥都离不开道德资本的独特的功能;人的健康、知识、智力和技能等水平的提高也并不是与道德资本无关。认为"道德资本不会使人更加有力、更加聪明、更加节俭;它甚至不会使人必然在商业上取得成功",这更是形而上学的,并在西松书中是自相矛盾的理论观点。

5. 行动才有道德资本意义

行动才有道德资本的意义。这是西松著作中表达的关于道德资本的一个重要观点。西松指出:"开发道德资本的关键,在于充分利用人类自身在行动、习惯以及性格这三个操作层面上所具有的动力。在这些层面中,行动是最基本的构成要素,可以被视为道德资本的基础货币。这就意味着,除非付诸行动或者产生结果,否则人类的活动将不具有道德上的意义。"③还说:"道德资本主要依赖于行动,这意味着,首先,无论思想或者观念多么不可或缺,但它们本身都是不够的。领导力,或者个人或其所在组织的道德资本的增长,其本身并不是一种理论,而是一种艺术,一种实践。"④他还特别强调,"道德资本由行动构成,这意味着,仅具有行动能力——或者仅能够依理智行事——是不够的。除此之外还需要真正地运用此种能力","而非仅仅对行动能力的拥有"。⑤

① [西班牙]阿莱霍·何塞·G.西松:《领导者的道德资本》,于文轩、丁敏译,第41页。
② 参见王小锡:《论道德资本》,《江苏社会科学》,2000年第3期。
③ [西班牙]阿莱霍·何塞·G.西松:《领导者的道德资本》,于文轩、丁敏译,第62页。
④ [西班牙]阿莱霍·何塞·G.西松:《领导者的道德资本》,于文轩、丁敏译,第84页。
⑤ [西班牙]阿莱霍·何塞·G.西松:《领导者的道德资本》,于文轩、丁敏译,第85页。

西松的观点揭示了道德资本的重要特征,因为道德意识不管有多完美,道德规范不管有多系统,假如没有付诸行动就不能形成道德资本。

这里要进一步分析的是,道德付诸行动意味着什么? 西松在书中论述不够,甚至没有涉及,这也是西松在书中许多地方学理透视和逻辑分析的严密性不够所致。西松的道德资本依赖于行动的观点,强调的是思想观念或道德本身不能成为道德资本。但要确认的是,思想观念或道德一旦付诸行动,思想观念或道德也属于道德资本要素。因此,西松的道德资本"其本身不是一种理论",如果改为"其本身不只是一种理论"更为妥帖。同时,思想观念或道德付诸行动,不能只理解为一般道德活动,还应包括由思想观念或道德指导下的诸如生产管理、销售服务、企业制度建设等经济活动中。而且,一般的诸如讲文明礼貌、助人为乐、保护环境等道德行为,如果不与经济活动相联系、不在经济发展或利润提高过程中发挥一定的作用就不能成为道德资本。

二、道德资本的作用及其运作方式

道德资本的作用及其运作方式,在我和我的同仁的一论至五论道德资本的文章中以不同维度多有论述,就道德资本的作用来说,一方面它影响和决定着经济活动主体或称生产者的价值取向、劳动态度和行为方式等,另一方面它协调着经济运作过程中各种利益主体的关系,以特有的道德力促进代表着各种利益的群体和群体与群体之间的关系始终处于理性生存与和谐状态,并产生增进社会财富的特殊的能力。

道德资本的基础作用是增强领导的道德。西松的《领导者的道德资本》一书,重点关注了"领导者",他认为领导力来自于道德力,"领导力是一种存在于领导者与其被领导者之间的双向作用的、内在的道德关系。在领导关系中所涉及的双方——领导者和被领导者——通过相互作用,在道德上相互改变和提升。由此,在道德上的领导就成为主要的领导途径,基于此,个人及其所服务的组织都具有伦理道德性。领导力丰富了个人道德,使个人道德不断成长,并有助于形成良好的组织文化"。① 西松从领导者的领导力角度,强调了"领导力的核心是伦理道德"②而且,西松的一系论述都表明,缺德的领导者是会丧失信任和权威的领导者。事实上,更进一步思考,领导者缺乏道德力,也就没有感召力,其自身也必然不具有道德分析力、道德组织力,更不会懂得道德在经济运作过程中的渗透机制。因此,缺乏道德力的领导,在其管辖范围内的经济活动必然会削弱甚至丧失道德资本的作用。西松在本书重点研究了领导者的道德资本,其理论的切入点是十分有其学术价值和实践指导意义的。

西松认为作为道德资本的领导者的道德力,首先要求领导者在道德上合格,并且,"优秀的领导者的必备条件是,不仅要在道德上合格,同时还要在职业上合格或者高效"。③ 其次要求领导者同时具备服务型和仆人型领导方式,"服务型领导体现了领导力思维方式上的重大变革,因为其强调领导者对组织及其员工的深层次的道德责任","应当认可员工就其自己的工作做出决定的权利,以及其影响组织的目标、组织、制度的能力。""仆人型领导与服务型领导相比更具革命性,它颠覆了传统的领导力思维模式,否认领导者的特殊地位和干预的权力。仆人型领导者不仅应当认可组织中其他人的利益,而且他还有义务超越自己的利益以更好地服务于他人的要求。仆人型领导者的义务是,为受其领导的人提供成长和发展的机会;他还应当提供机会,使被领导者能够通过在组织中的工作,获得物质和道德上的收获"。④ 再次要求领导者确立信任理念。因为,没有信任,"就不会有对话,不会有理解,不会有合作,不会有商务,不会有社区","由相互信任发展起来的社会凝聚力降低了交易成本,推动了创业活动,并促进了经济的竞争性"。⑤ 西松的观点是深刻的。说到底,一个具备道德力的领导者,或者说,

---

① [西班牙]阿莱霍・何塞・G.西松:《领导者的道德资本》,于文轩、丁敏译,第50页。
② [西班牙]阿莱霍・何塞・G.西松:《领导者的道德资本》,于文轩、丁敏译,第49页。
③ [西班牙]阿莱霍・何塞・G.西松:《领导者的道德资本》,于文轩、丁敏译,第48页。
④ [西班牙]阿莱霍・何塞・G.西松:《领导者的道德资本》,于文轩、丁敏译,第50—51页。
⑤ [西班牙]阿莱霍・何塞・G.西松:《领导者的道德资本》,于文轩、丁敏译,第52页。

领导者要积聚更多更好的道德资本,他应该是"道德型"的领导者,应该具备人格平等、群众或职工至上的理念,应该是群众智慧的集大成者,更是道德楷模等等。大凡等级观念强烈的领导者或善于玩弄权术的领导者,他一定是平庸、无能之辈,是缺乏甚至丧失道德资本的重要根源。

道德资本的核心作用是促进经济活动主体的道德觉悟提高和崇高的价值取向的确立。因为,经济是人的经济,全部经济活动过程都是人的思想观念和道德的外化、物化的过程。所以,道德资本的作用不同于其他形式资本的作用,道德资本的首要的直接的任务是解决资本的精神层面的问题。一是提高人们的道德觉悟,二是完善经济行为规范,三是明确行动方向和行为价值取向。可以说,没有经济活动主体的道德觉悟,不仅道德资本不能产生,而且其他资本也不能顺利获得应该获得的效益或利润。甚至"缺少了道德资本,其他形式的资本都很容易由企业的优势转变为其衰败之源"。[①]西松在书中用美国安然公司等企业作为例证,说明企业丧失道德资本就将丧失其他资本。我国的一些企业(有的是老字号企业),经营不景气甚至倒闭,究其根本原因是经营者缺乏基本的道德觉悟、丧失信誉、缺少道德资本所造成的。

道德资本直接作用是提高产品质量或降低产品成本,获得更多收益。我曾在"论道德资本"一文中论述过这一观点,这里要强调的是,一般情况下,企业具备道德资本就能保证产品质量。但是,企业发展是一个经营过程和经营链条,产品质量好不一定能获得预期效益或利润,当然,也有可能获得比预期更好的效益或利润。假如企业能在销售产品后很好地兑现服务承诺,那就会扩大企业产品的市场占有率,加速产品销售和资金流转速度,获得更多的利润,这相对来说就又提高了产品质量;假如企业不能在销售产品后很好地兑现服务承诺,那就会缩小企业的产品的市场占有率,放慢产品销售和资金流转速度,就会减少利润获得,这就相对来说降低了产品的质量,提高了产品成本。

---

① [西班牙]阿莱霍·何塞·G.西松:《领导者的道德资本》,于文轩、丁敏译,第56页。

三、道德资本的培育与增强

道德资本形成的前提是经济活动主体具备一定的道德觉悟,并在经济活动中指导或影响经济行为。如果仅仅是懂得一些道德知识,或者仅仅是社会明确了善恶价值标准及其行为规范体系,这还不足以形成道德资本,因为道德要求没有成为经济活动主体的自觉意识或没有在经济活动中发生作用并促使财富增值,道德的资本功能就没有发挥,也就无所谓道德资本。因此,培育人们的道德品格是培养和增强道德资本的重要途径之一。

事实上,道德资本不是实物资本,它需要通过培育来不断得到增强。西松认为:"努力培养美德,即是为道德资本增加投资股。"①

西松在前面提出行为是道德资本的基础货币的基础上,提出要培养人的习惯,有创见地认为习惯能使道德资本的不断增加和延续。他认为"习惯产生于人类自愿行为的反复","如果行为可以视为道德资本的基础货币,构成了账户的本金,那么习惯就可以看作行为产生的复利。习惯就是人类反复的自发行为所产生的道德资本。"②西松在这里把习惯作为道德资本,不无理由,但把道德资本称之为"人类反复的自发行为所产生的",这里的"自发行为"概念不清,会引起误解,假如把"自发行为"改成"自觉行为",观念表述就更会清楚。

西松提出习惯形成需要两个条件:一是时间。他认为"时间意味着一定的性能和状态持续存在"。③ 我认为这一条件作为理论观点没有多大的实际意义,可以忽略不计。西松是在强调"习惯总是通过行为的反复出现而逐渐形成的"得出时间的条件,这是常人都能体会到的显而易见的事实,可以说,以时间作为专门的条件来叙述显得多余而失去理论力度。其实,视角和语词稍作转变,即可把"习惯总是通过行为的反复出现而逐步形成的"

① [西班牙]阿莱霍·何塞·G.西松:《领导者的道德资本》,于文轩、丁敏译,第155页。
② [西班牙]阿莱霍·何塞·G.西松:《领导者的道德资本》,于文轩、丁敏译,第97页。
③ [西班牙]阿莱霍·何塞·G.西松:《领导者的道德资本》,于文轩、丁敏译,第111页。

客观事实,由强调时间改变为强调行为的反复锤炼、强调不断实践的重要性更有理论力度。二是自由。西松把自由分为物理自由、心理自由和道德自由三个层面,认为物理自由"意味着个人所处的环境开放,运动自如",心理自由"是指一个人作出选择时,不受任何外来因素的支配,而只依赖于他的主观意愿",道德自由"是一种超越个人自然状态的更强大的自由,道德自由来自于个人的美德和善德习惯"。① 他评论说,"物理自由和心理自由均属'消极自由',是指不受到外来力量干涉的自由。而道德自由则是一种'积极的自由',"②是"更强大的自由"。西松在这里是为了强调道德自由的本质特征而提出物理自由和心理自由的概念,并与之相比较。问题是依据西松对物理自由和心理自由的解释,这种自由客观上不存在,而且说到底,"消极自由"就是不自由。我指出这一问题的意思是强调自由只能是在把握自然和社会客观发展规律并按客观规律行动的真正的自由,因为,只有这样理解才能真正懂得"善德习惯"的培养与自由的关系,换句话说,只有依据道德生活规律而获得的自由,即所谓的"道德自由",才能养成作为道德资本的习惯。

为培养美德,为道德资本增加投资股,西松在强调"习惯的性质代表了一种优于其他活动的道德资本"的基础上,认为"习惯并非道德资本形成和发展中的最终决定因素","但是人的性格往往发挥着比习惯更大的影响力"。③ 这是因为,性格是由习惯塑造的,"我们可以把性格或文化称为道德资本中的债券。债券是政府或公司用来实现资本增值的一种金融工具。投资者延迟消费而购买债券,为的就是在若干年后收取红利。只有经过了特定期间后,他才可以收回利润和最初的资本"。④ "性格和文化与债券类似,是一种长期投资的结果,通常意味着主体多年来坚持不懈的努力。不过一旦形成,他们就不会轻易发生改变,也不会随便丢失。他们所产生的风险很

---

① [西班牙]阿莱霍·何塞·G.西松:《领导者的道德资本》,于文轩、丁敏译,第112页。
② [西班牙]阿莱霍·何塞·G.西松:《领导者的道德资本》,于文轩、丁敏译,第112页。
③ [西班牙]阿莱霍·何塞·G.西松:《领导者的道德资本》,于文轩、丁敏译,第127页。
④ [西班牙]阿莱霍·何塞·G.西松:《领导者的道德资本》,于文轩、丁敏译,第129页。

小。这是由于他们是主体多年来自由和理性的结果,体现出了主体的良知和意愿,深植于主体的习惯之中。与债券不同的是,性格和文化可以在低风险的同时保持较高的收益率。一旦一个人的习惯完全形成为他的性格,他就不仅能够做的更多更好,而且可以养成其他与之相关的习惯,并相辅相成,不断实现自我完善"。①

西松的观点作简要概括的话,那就是培育和增强道德资本需要培养"善德习惯",道德资本增加投资股需塑造性格。这是形成道德资本的一个中心问题,西松用"习惯"、"性格"的视角来论述道德资本的培育和增强问题是立足于应用的独到的有价值的研究思路。

要指出的是,西松仅仅从人或"企业作为人"的人格角度研究道德资本的培育和增强问题,似乎思路不周延,尽管人的习惯的养成和性格的塑造需要多种因素的加入或配合,但有些条件还是需要专门的关注和创制。一是要创造其他形式资本的道德理念的可渗入性。企业制造某产品首先是需要一定的技术和文化参数,同时一定的道德理念要能影响或改变按技术和文化参数常规所设计的产品,使之更适合人的生产和生活需求。同时,道德理念要能在产品制造的全过程进行有效的指导、规范和监督。二是要研究道德资本的作用机理和机制,并使之成为可操作的程序和制度,否则,即使人们已具备高尚的道德觉悟,并已形成西松所说的"习惯"与"性格",那也不可能使道德成其为道德资本。三是道德资本的形成与发展需要道德付诸实践,然而道德"却需要适当的社会文化背景或者社区环境"才能够付诸实践。因此,培育和增强道德资本不能忽视对社会文化背景和社会环境的净化与完善。

四、道德资本的管理

西松在书中提出了道德资本管理问题,这的确是从理论到实践都需要

---

① [西班牙]阿莱霍·何塞·G.西松:《领导者的道德资本》,于文轩、丁敏译,第130页。

考虑的课题。管理不好道德资本就意味着道德资本的效益会降低,甚至可能丧失道德资本。

西松指出,"管理道德资本的最佳战略,是投资于追求善德的生活方式"。① 因为,"一个人的生活方式融合了他的感觉、行为、习惯和性格;人的生活赋予结构和存在意义"。② 他同时指出,公司的生活方式或称"公司的历史"如同个人生活方式一样。西松主张以"追求善德的生活方式"来实现道德资本的管理,这是很有见地的观点。因为,管理道德资本首先要存有道德资本,否则,管理道德资本就无从谈起。而"投资于追求善德的生活方式",是西松主张在更广泛的意义上即人或企业的全方位生活方式上培养道德觉悟,实践公正、节制、勇敢、谨慎的美德,实现最大量或最好的"道德资产"。

西松同时认为,要实现对道德资本的有效管理,要能够衡量道德资本。他认为,对道德资本有两种"衡量战略","一个是间接衡量,针对缺乏道德资本所产生的后果;另一个是直接衡量,针对存在道德资本时的后果"。③ 西松认为,针对缺乏道德资本所产生的后果分析的间接衡量,是指通过对员工的流动率、旷工率和懒散等行为和对员工的诸如殴打、袭击、杀人、盗窃、故意或疏忽盗用公司资源等违法犯罪行为的定量分析,通过对员工生活质量、快乐程度、宗教信仰、价值取向等等的负面因素的定性分析,了解道德资本的缺少量。④ 由此推理,我想西松针对缺乏道德资本所产生的后果分析的结果,自然地会形成如何消除后果、培育和增强道德资本的理念和举措。西松的直接衡量是指"公司层面上人力资本适格水平、人力资本忠诚度、人力资本满意度指数以及公司氛围指标等等"⑤的定性指标分析。具体说来,可以衡量公司和个人社会责任、环境责任和伦理责任,衡量公司吸引、激励

---

① [西班牙]阿莱霍·何塞·G.西松:《领导者的道德资本》,于文轩、丁敏译,第194页。
② [西班牙]阿莱霍·何塞·G.西松:《领导者的道德资本》,于文轩、丁敏译,第195页。
③ [西班牙]阿莱霍·何塞·G.西松:《领导者的道德资本》,于文轩、丁敏译,第205页。
④ 参见[西班牙]阿莱霍·何塞·G.西松:《领导者的道德资本》,于文轩、丁敏译,第206—208页。
⑤ [西班牙]阿莱霍·何塞·G.西松:《领导者的道德资本》,于文轩、丁敏译,第211页。

和留住人才的能力,衡量公司有效留住客户群、增强员工忠诚度和投入度的声誉,衡量企业家是否"强调团队合作、以客户为中心、欣赏公平竞争、不断创新、富有主动性"。[①] 他的直接衡量道德资本的定量分析包括"人力资本收益、人力资本投资回报和人力资本附加价值"。[②] 直接衡量道德资本,不仅能从中了解道德资本的现状或现有量,而且同样能了解道德资本的缺损,从而厘清管理道德资本的经验和教训,并为积累道德资本货币更有效地选择道德资本投资股。

西松的道德资本的管理理念是对当代企业经营管理思想的重要的突破,它的崭新的视角开拓了当代企业经营管理的新领域。

当然,道德资本的管理是一项系统工程,从道德资本管理的内容、道德资本管理的方法和途径到道德资本管理的目标等等都需要有明确的计划,并且要从思想道德观念与实践操作、从公司与个人、从矫正与投资等方面来考虑道德资本管理策略和举措。而且,在不同的国度、不同的地区和不同的企业,道德资本的管理有不同的要求,甚至有的有本质的区别,这就更需要有针对性地规划道德资本管理方案,以促使实现道德资本的高效管理。

在我国,当务之急是要全面地盘点企业道德资本。诸如企业的经营理念和经营目的、企业领导的道德素质、企业职工的道德品质、企业制度的道德化、企业文化的道德性、企业道德环境、企业产品蕴含的人性要求、企业与其他企业的合作诚意、企业产品售后的服务承诺及其兑现、企业的社会责任意识、企业的道德与道德资本管理等等,都应该有一个清晰而深刻的分析,惟此才有可能更多更好地积累道德资本,并充分发挥道德资本的应有的作用,不断增强现代企业的核心竞争力。

（原载《道德与文明》2006 年第 5 期）

---

① ［西班牙］阿莱霍·何塞·G.西松:《领导者的道德资本》,于文轩、丁敏译,第 212 页。
② ［西班牙］阿莱霍·何塞·G.西松:《领导者的道德资本》,于文轩、丁敏译,第 219 页。

七论道德资本

——道德资本的基本形态研究

　　近十年来,笔者以系列研究成果阐述了道德资本问题,尤其是多视角地探讨并强调了道德资本的功用问题,可以肯定地说,"没有道德资本,其他形式的资本都很容易由企业的优势转变为其衰败之源"[①]。理论、历史和现实一再证明这一点。道德资本作为一种特殊的资本,不仅具有一般资本的特点,而且具有自身的特质。正如一般资本根据性质、作用和功能可以分为不同的资本形态一样,道德资本也同样具有不同的资本形态,它至少有道德制度形态,理性关系形态,主体觉悟形态,道德产品形态等四种主要形态。研究和阐述道德资本的四种形态,有助于我们以新的视角来认识道德资本及其具体存在形式,并进而更好地把握道德资本的运作机制。

一、道德制度形态

　　道德制度形态是道德资本的具有根本性意义的基本形态。社会中存在着诸多规范和约束,有些是"有形"的,有些是无形的。制度是一种"有形"的规范形态。如果没有制度的保障,经济的运转和企业的营运就无从谈起。因此,制度是经济运行过程正常化、程序化和高效化的基本保障。但制度本身是为了人并服务人的,应该具有某种价值合理性,因而,理性的制度本身不可能游离于道德之"应该"之外,它应该是道德化(道德性)的制度,即道

---

① [西班牙]阿莱霍・何塞・G.西松:《领导者的道德资本》,于文轩、丁敏译,第56页。

德制度。所谓道德的制度化或者制度的道德化,实际上是在寻求道德与制度的良性互动,而非在绝对对立的两极之间来思考道德与制度的关系,不然,就很可能得出"道德不是制度、制度无须道德"的极端结论。

从某种意义上说,如果一项道德制度能通过规范或制约人的行为,促进经济社会利益的增加,那么这项制度就可被视为具有道德资本意义。因此,道德制度也是道德资本。而且,道德制度形态的道德资本在发挥作用过程中具有决定性意义,一旦制度缺乏道德性,甚或制度成了摧残人性、扭曲人际关系的工具,那么,采取任何手段的任何经济活动将达不到预期效益,甚至正常的经济活动会被破坏。美国学者诺斯的话从一个侧面说明制度对经济效益的重要性,他说:"决定经济绩效和知识技术增长率的是政治经济组织的结构。人类发展的各种合作和竞争的形式及实施将人类活动组织起来的规章的那些制度,正是经济史的中心。"①加以引申,我们认为道德制度更有其特殊的经济作用。

历来有人认为,市场无伦理,经济无道德,制度无人性,几个世纪以来理论家们宣称公司是一个"非道德"的实体,因此公司无需承担道德责任就是这一观点的具体体现。然而,与之相反,今天的社会赋予了公司应有的道德责任。管理和制度"伦理无涉"的时代宣告终结了,"主管们开始重视公司道德,不再只是把它作为一种装饰或特殊嗜好,而是把它作为有效管理的有机组成部分,涉及到公司运营的方方面面。"②这就是经济活动中所谓商务管理上的"价值的回归"。这种"价值的回归"就是马克斯·韦伯语境中的"文化"回归,因为他认为,利益驱动行为,文化(以宗教的形式)决定行动的方向。而我认为,道德引导行动的合理性,因而它是一种重要的制度资源。作为制度资源的道德实现制度化后有何作用? 一般而言,它可以对人的行为进行必要的约束,没有这种"必要的"约束,生产经营活动的自由是难以

---

① 〔美〕道格拉斯·诺斯:《经济史上的结构和变革》,厉以平译,北京商务印书馆2002年版,第21页。

② 〔美〕林恩·夏普·佩因:《高绩效企业的基石》,杨涤等译,机械工业出版社2004年版,第25—26页。

实现的。概要说来,道德化的制度对于企业经营活动①的功能主要有二:

其一、从企业外部来说,它是一种有效减少机会主义行为的约束机制。在交易中,双方行为具有不确定性,交易成本产生甚或增加的一个非常重要的来源就是交易双方侵犯对方利益的"道德风险"行为。道德制度可以制约搭便车的机会主义行为的发生。所以,交易过程中必要的道德制度约束,交易成本就会降低。进而言之,道德制度的"应该"特质构建了交易各方的自律机制和激励机制,减少了交易成本,增加了互利收益。

其二、从企业内部来说,一方面有了必要的道德制度的约束,就可以促使劳动效率提高、经济效益增加、资源利用率更加充分和良好生态环境和社会生态的形成。因此,"经理们所确定的伦理氛围对于其组织的成功也是关键的。"②一方面道德制度约束可以保证产品的人性化程度和产品销售后的服务承诺兑现程度。另一方面,道德制度约束可以保证人性的完善和人的全面自由发展的实现。正如西松所言:"研究所得的主要的最终产品,或者说研究结果,并非是一种独立的人造物品,而是一种日常道德习惯。个人从中获得的是一种美德,因此,从这个以上可以说,自我生产的过程同时也是一种自我完善的过程。"③这就是说,理性企业行为创造的不只是物品,更造就人的完善。而理性企业行为的基本前提是不断完善道德制度。

今天,以各种诸如经济的、政治的、社会的、环境的和安全的维度展开的全球性的拓展中,道德资本是必备的。然而,我们如何将道德的观点融入到企业管理制度和经济决策过程中去呢? 佩因认为,有四个问题代表着四个模式,这四个问题是:我们的目标是什么? 我们应该做什么样的人? 我们亏欠别人什么? 我们有什么权利? 与此相对应的四个模式分别是:其一,目的——这一行动是否是为一个有价值的目的服务,其二,原则——这一行动

---

① 这里的企业经营活动是广义意义上的理解,它包括各类企业经营活动和企业经营活动全过程,在一定意义上可以说,企业经营活动就是经济活动的代名词。

② [美]丹尼斯·J.莫贝利:《作为管理德性的可信性与有良心》,见[美]金黛如编著:《信任与生意》,陆晓禾等译,上海社会科学院出版社2003年版,第195页。

③ [西班牙]阿莱霍·何塞·G.西松:《领导者的道德资本》,于文轩、丁敏译,第121页。

是否与有关的原则一致，其三，人——这一行动是否尊重了可能涉及到的人的合法权益，其四，权利——我们是否有权利采取这一行动。[1] 如果按照上述四个模式来决策和制定制度，其实也就是在实现道德制度化即进行"道德资本"的创制了。这就是说，道德制度的终极价值追求是企业责任或企业道德。对于何为企业道德，西松指出："在基本的道德资本货币生产过程中，主要的美德是公正：一种持续而坚定的意志，依法为公司的关系人以及公司的美味股东提供其所应得的一部分。公正使公司尊重他人的权利，与他人之间建立起一种和谐的关系，促进平等和友善的氛围。"[2]这应该是制度化道德之本。当然，就我国当今的道德理念来说，企业道德制度化之道德就是爱国、公正、诚信、人道、友善等等。

二、理性关系形态

理性关系形态是道德资本的主体性维度的基本形态。作为道德指向的人与人之间以及人与社会之间的理性关系的形塑，它将直接决定着企业经济活动的成败与效益，这就是作为理性关系形态的道德资本。它的主要功能通过协调人际关系，减少人际"摩擦消耗"，提高生产效率和资源的利用率，说到底，它能够产生"1 + 1 > 2"的巨大经济效益。

首先，企业内部理性关系的建构助推道德资本的形成。企业内部理性关系可以减少人际关系的"摩擦消耗"，走向人际的和谐，实现人际生态。同时，体现理性人际关系之道德是社会关系的润滑剂，"就凭着他们被信任、被爱着这一事实，那些不值得我们去信任或去爱的人或许也会变得可信和可爱。"[3]这种信和爱主导下的人际生态是一种特殊的道德力。

企业是由复杂的主体构成的，由扮演着各种角色的主体之间相互交往

---

① ［美］林恩·夏普·佩因：《高绩效企业的基石》，杨涤等译，第215—221页。

② ［西班牙］阿莱霍·何塞·G. 西松：《领导者的道德资本》，于文轩、丁敏译，第217页。

③ ［美］费尔南多·L. 弗洛里斯、罗伯特·D. 所罗门：《信任的再思考》，见［美］金黛如编著：《信任与生意》，陆晓禾等译，上海社会科学院出版社2003年版，第76页。

和合作共同构成企业实体。同时,企业内部有着复杂而严密的分工,即使是简单的产品也往往由许多人的共同的协作才能完成。因此,员工之间既存在竞争关系,又存在合作关系,没有竞争的合作和没有合作的竞争都是不可想象的。需要强调的是,尤其是在现代化、集约化的大生产条件下,理性关系形态会使员工树立起现代性的竞争理念,即"竞合"的理念。这一理念的养成直接会促进生产活动和经济交往活动朝着理性、自觉方向发展,从而提高生产效率和劳动效率。

但是,有些企业和公司,长期以来由于受到西方"泰勒制"管理模式的影响,管理手段是以"物"为本而非以"人"为本,只是把以劳动者身份投入生产过程中的人当做"物"、"会说话的工具"来对待,企业异化为"一个由提供劳动力来交换金钱的场所"①,损害了员工的人格,挫伤了其工作的积极性,难以发挥最佳劳动效能。"见物不见人"且目光短视的企业已逐渐为市场所淘汰。相反,许多企业尤其是一些跨国公司工作场所的设计非常人性化和合理,它能融工作、教育和休闲于一体,这本身就是构建理性关系形态的必要条件,因而受到了人们的称道,并引领企业人性管理的潮流。而且,事实上,大凡管理和竞争理性化的企业,一定是"和谐生财"的企业。

其次,在企业外部,企业关系包括企业之间的关系以及企业与其他社会因素(个人、集团、社会等)之间的关联。企业外部关系的和谐协调可以使企业最大程度地利用可能共享的资源,发挥资源自身的最大效益。如前所述,竞合理念不仅对于企业内部员工,而且对于企业之间都是适用的。合作是共赢的基础。比如,企业竞标已经成为企业生存和发展的基本活动形式,而就业主的利益来说,因为竞标项目内容比较庞杂,任何一家企业都无法独自完成。化整为零,分项招标,引入竞争机制,有利于控制项目质量、进度和造价;就竞标单位来讲,大家都有一次公平竞争的机会,如果"入围"的话,又多了一次合作的机会,大家各用所长、优势互补、利益共享。这就告诉我们,竞争和合作的统一,就是道德人和经济人的统一,这样就由原来竞争中

---

① 王成荣主编:《中国名牌论》,人民出版社 1999 年,第 67 页。

的"我赢你输"对抗性、排斥性的思维方式变为"我赢你也赢"的合作性的思维范式,在企业之间就会构建和生成一种理性关系形态,并有效促进企业发展的道德资本。

同时,企业和社会之间的理性关系也是道德资本形态表现。和谐合作能够充分利用各种可以利用的资源,也能够充分协调各种力量,最大限度地创造物质和精神财富。我们在社会是理性的这一假定的基础上,认为企业首先要承担必要的社会道德责任,也只有这样,企业才能使得与社会的交往关系成为增益的依据和条件。

当然,企业内外部理性关系的成熟及其作用发挥的程度取决于关系各方尤其是企业本身社会责任意识的强弱。关于企业有何社会责任的问题有三派观点:一则是"利润优先论",认为企业以"赚钱"为正业,对社会只有经济责任,其他责任都服从于经济责任或在经济责任之中;二是"伦理优先论",认为企业具有法人地位与道德人格,其社会责任是包括直接经济责任以外的责任,如企业对环保、政府和公众、顾客与雇员的责任等;三是"调和论",主张从动态的社会系统来考察企业的社会责任。实际上,企业社会责任是一个动态的概念,关键是要在让企业承担社会责任与不让承担过多责任之间保持必要的张力。只有企业承担了必要的社会道德责任,在企业和社会之间就会构建和生成了一种理性关系,这进而会生成所谓企业形象和"信誉",而拥有良好商业信誉的企业和没有良好信誉的企业在竞争中的地位是具有质性差异的。信誉直接决定企业的竞争中的成败。良好的信誉会使得企业立于不败之地。换个角度说,企业信誉是达到相互之间信任、合作的根本,是实现理性关系并促进增益的前提,正如西松所说:"信任能够降低交易成本,并且是解决协同行动问题的关键。"①美国学者福山考察了"信任"这种道德资本,也认为若在某一社会网络内形成了普遍的信任感,则这一网络内任两社会成员之间的合作(交易),比他们在一个充满不信任感的

---

① [西班牙]阿莱霍·何塞·G.西松:《领导者的道德资本》,于文轩、丁敏译,第28页。

社会网络内的合作（交易），将花费更少的交易费用。①

当然，应该看到，作为理性关系形态的道德资本的形成和建构受到诸多内外部因素的影响，因而其运作机制也就更难、更复杂。

三、主体觉悟形态

主体觉悟也是道德资本的主体性维度的基本形态。如果说，制度化形态和理性关系形态的道德资本则是着眼于主体之间的关系、环境、交往和博弈等复杂的互动关系的话，那么，主体觉悟形态的道德资本就是着眼于主体的崇高的价值取向和积极的人生态度。

人是文化的携带者，更是道德的承担者。主体觉悟形态的道德资本主要体现在从事生产、经营和服务活动的主体身上。其实，这样说法并不确切，因为经济活动主体的主体不单是载体（被动的、机械的），同时还是主体（主动的、创造性的）。换言之，从事现实经济活动的人，不是莱布尼茨语境中的"单子"，而是正如恩格斯所说的，"在社会历史领域内进行活动的，全是具有意识的、经过思虑或凭激情行动的、追求某种目的的人；任何事情的发生都不是没有自觉的意图，没有预期的目的的。"②既然人的活动不是一种纯粹的自发冲动，那么，可以说，从事经济活动的人的活动也是必定具有其目的性和针对性的。

因此，问题不在于活动的有无目的性，而在于这些目的性本身是否具有合理性，它们是否合理以及合乎什么"理"？按照理性行为假设即古典经济学中的理性人假设这一西方主流经济学的立足点和根本前提，凡是符合自利最大化（或者称之为帕累托最优）的行为，就是理性行为，而不符合这一"金律"的都是非理性的。代表这一逻辑悬设的典型模型是经济学界所谓"囚徒困境"的博弈论理论。其实，"囚徒困境"的博弈论理论仅仅是个人理

---

① 参见［美］弗朗西斯·福山：《信任——社会美德与繁荣的创造》，彭志华译，远方出版社1998年版。

② 《马克思恩格斯选集》第4卷，人民出版社1995年版，第247页。

性,而个人理性的结果可能导致集体的非理性。① 退一步说,即便是集体理性(不同层面),的确也需要道德的追问。由是观之,作为主体觉悟形态的道德资本就必须介入,实现对于经济行为本身真正的理性宰制功能。②

首先,主体觉悟形态的道德资本决定了人生价值取向,从而决定了劳动态度和劳动积极性,就会解决经营活动的价值取向问题。作为主体觉悟形态的道德资本,反映的是经济活动主体的主观精神状态和理性行动力。作为主体觉悟形态的道德资本的缺失,实物资本在生产过程中能够产生的效益就会大打折扣。同时,道德资本的其他三种形态,即理性关系形态、制度化形态、物化形态的构建和再生产也会受到根本性的制约。作为主体觉悟形态的道德资本所反映的经济活动主体的主观精神状态和理性行动力集中体现为主体的负责精神、道德责任精神,尤其是社会责任精神和道义精神。主体具备道德资本,或者说主体内含着主体觉悟形态的道德资本,就会具有对于经济活动的高度"阅读"能力,能够理性审视自身、现实交往对象和经济对象之间的关系。正如西松所言:"具有丰富的道德资本的人不会轻易地以牺牲其优秀的道德品质为代价,去追求健康、知识、社会关系或者利润。"③

反之,没有主体觉悟形态的道德资本,就没有道德责任,就会带来个体的、集团的甚至是世界性的灾难,从三鹿奶粉到美国的金融海啸所造成的危害,犹如多米诺骨牌效应致使很多无辜者"罹难"。这从反面再次证明了作为主体觉悟形态的道德资本的终极性和基础性的价值。当然,三鹿奶粉和美国金融海啸就其原因并非个人而是集团所为,但是集团本身也是一种

① 参见王小锡:《经济道德观视阈中的"囚徒困境"博弈论批判》,载《江苏社会科学》2009 年第 1 期。

② 关于理性概念本身,不同的学科和学派的界定不同,本文认为,"真正的理性",正如科斯特洛夫斯基引用帕斯卡的话认为,"不仅要有几何学的机智,而且要有智慧的技巧"。参见[德]彼得·科斯特洛夫斯基:《伦理经济学原理》,孙瑜译,中国社会科学出版社 1997 年版,第 6 页,(译文有改动)。即是说,理性不仅要有计算理性,而且要求有智慧,道德是其中的终极性构成。或者说,理性不仅有经济学的维度,而且要有伦理学的维度。

③ [西班牙]阿莱霍·何塞·G.西松:《领导者的道德资本》,于文轩、丁敏译,第 41 页。

道德资本与经济伦理

"人格化的个人",一旦游离于道德的统摄,缺乏道德资本,势必会畸变为一只"迷途的羔羊",掉入了越是赚钱心切却越发不能的"怪圈"。正是在此意义上,经营者不要眼中只有钱,而要善于运用道德力量来赚钱,所谓"迂直之道者胜"(《孙子兵法》)。2008 年温家宝总理面对三鹿奶粉事件时感言:"企业家要有道德。每个企业家都应该流着道德的血液,每个企业都应该承担起社会责任。合法经营与道德结合的企业,才是社会需要的企业。"①因此,道德决定人生价值取向,决定劳动态度和生产目的,决定劳动者的生产积极性,这其实就是一个为谁服务的问题。解决了为谁服务的问题,才会有市场,有盈利,有发展。在市场海洋中有觉悟的主体和无觉悟的主体所造成的结果不同,他们的命运也如同天壤之别了。

其次,主体觉悟形态的道德资本还决定了资源的利用和效率的发挥。如果经济活动的参与者具有高度的主观觉悟状态,就会按照科学发展、绿色环保和以人为本的要求从事生产经营活动,必然会提高资源的利用率和效率的提高,这就会直接促进企业经济效益的增值,并且会产生联动效应甚至是"滚雪球式"的效应,带来实物资本、货币资本和道德资本的积累和增殖。

值得一提的是,企业领导者的道德素养对于道德资本更是起到示范性和引领性的作用。所谓"上行下效","榜样的力量"和楷模的力量。换言之,领导者是重要的主体觉悟形态的道德资本。西松认为,领导力来自于道德力,"领导力是一种存在于领导者与其被领导者之间的双向作用的、内在的道德关系。在领导关系中所涉及的双方——领导者和被领导者——通过相互作用,在道德上相互改变和提升。由此,在道德上的领导就成为主要的领导途径,基于此,个人及其所服务的组织都具有伦理道德性。领导力丰富了个人道德,使个人道德不断成长,并有助于形成良好的组织文化。"②企业领导者缺乏道德力,就没有感召力,其自身也必然不具有道德分析力、道德组织力,更不会懂得道德在经济运作过程中的渗透机制,企业内外部的良性

---

① 温家宝:《在夏季达沃斯论坛年会企业家座谈会上回答提问》,载《人民日报》2008 年 9 月 28 日。

② [西班牙]阿莱霍・何塞・G.西松:《领导者的道德资本》,于文轩、丁敏译,第 50 页。

关系的构架就是一句空话。因此,缺乏道德力的企业领导者,必然会削弱甚至丧失道德资本。

还要说明的是,"主体觉悟形态"之"主体",不仅仅是指个人,经济行为主体还应该包括各个经济单位,每个经济单位都有其经济行为理念,有其觉悟水准,在经济建设或企业发展中,它也一定能作为道德资本形态发挥如同作为人的主体觉悟形态一样的甚至是更加重要的作用。

四、道德物化形态

道德资本的实物性载体是道德产品,这是道德资本最终实现价值的依托,因而也是实现道德资本积累和增殖的"关键的一跳"。可以说,"商品价值从商品体跳到金体上,像我在别处说过的,是商品的惊险的跳跃。这个跳跃如果不成功,摔坏的不是商品,但一定是商品所有者。"①笔者曾经指出,"海尔集团的洗衣机近年来能在欧洲市场打开销路,其中重要原因之一正如外国经销商所说,海尔集团生产的洗衣机符合欧洲人的生活要求和生活习惯。同样是洗衣机,许多外国经销商一改往日只销售日本洗衣机为现在只销售我国海尔集团产的洗衣机。这里有集团对自身利益、国家利益和对欧洲人生活需求负责的精神。没有这一优势,海尔集团生产的洗衣机也就没有对欧洲市场占有率的提高,也就没有更多的效益和利润。"②正由于道德资本最终落脚于道德物化形态即道德产品之上,所以可以获得良好的商业信誉和声誉,反过来,这种道德资本又会转化成实体资本,从而使得企业进一步做强做大。国外尤其欧美许多公司莫不如此。佩因认为,许多的公司"采取行动来加强自己的声誉,或是对公司顾客的需要与利益作出积极

---

① 需要说明的是,马克思"惊险的跳跃"在此的意思是商品本身要卖出去,实现其价值;其实,所有形态的道德资本最终要体现在道德性产品能否做成,没有这个马克思的所谓"一跳"就失去了前提。在此意义上,我把道德性的产品的制成称之为生产领域中道德资本的"关键的一跳"。

② 王小锡:《论道德资本》,载《江苏社会科学》2000 年第 3 期。

的反应"，"大公司的行政管理者们谈论着保护公司的名誉或品牌，然而企业家们谈论更多的是建立信誉或品牌"①。

毫无疑问，道德产品这种道德资本的存在形式直接关系到企业的生死存亡，关系到道德资本向实体资本和经济资本方向的转化，因此，许多企业都把提供优质高效、物美价廉、适销对路的人性化的商品作为自己在商海立足的命运攸关的核心任务。在这种意义上，"人性化的商品"笔者把它称之为"伦理实体"的产品或道德产品，恐怕有一定道理。

道德产品是道德资本和经济资本的统一。道德产品既可以表现出物质性的一面，也可以表现出符号性的一面。在物质性方面，道德产品预先假定了经济资本；而在符号性方面，道德产品则预先假定了道德资本。由于具有这种综合性，道德产品就带有了和普通产品不一样的特征。特别是符号性的一面决定道德资本能够多次重复使用，它不仅丝毫无损其价值，而且使得其价值无限增殖。大体说来，企业生产的生活用品和生产用品，都是为人所用的，道德产品一方面可以最大限度满足人性的需求，发挥着它的效益。反过来，又能产生效益，为人所用，又能够产生新的效益。另一方面，道德产品可以扩大市场占有率，加速资本流转过程，加速资金流转过程，从而产生效益的最大化。那么，如何生产道德产品，打造道德资本的物化形态呢？

首先，在产品生产过程中要秉承一切为了用户，一切为了满足用户的"人性需要"②，是企业的生产目标和产品设计的基本理念。尤其是在经济全球化趋势越来越明显的今天，企业将面对全球具有各种习俗、爱好甚至特殊要求的国外消费者，这本身就要求有一种认真的"用户至上"的精神去研究和开发适销对路的产品。

其次，为用户着想、对用户的负责精神应该渗透在制造产品的各个环节和各个方面。产品是"精神化了"的物。一方面，"任何产品都是按照人的一定的科技文化认识水平和技术路径设计的"，另一方面，"任何产品都是

---

① ［美］林恩·夏普·佩因：《高绩效企业的基石》，杨涤等译，第3、7页。
② 这里的"人性需要"主要是指人的生理需求、心理需求和社会需求。

人的道德觉悟或道德素质的物化体。"①当然,没有后者就没有前者,但是,没有前者后者也就没法依附。

　　尤其在环境恶化和环保理念深入人心的今天,道德产品必须具有生态性维度,即产品不仅具有有用性,而且要有对消费者以外的其他人和社会生态环境的无害性。正如厉以宁在考问效率时指出:"难道不管生产出什么样的产品,都等于社会生产有一定效率吗? 假定生产出来的东西是对人体健康有害的,使环境受污染的产品,难道也表明生产有效率吗? 不生产这些产品,效率不更高吗?"②扩而言之,产品生产出来就能发挥他的功能并产生效益了吗? 为此,产品本身可以是指事物本身,也可以是服务性的介绍和人性化的服务本身,这其实是扩大了的产品本身。而有的产品虽然质量上乘,而售后服务搞得不好,照样在竞争中处于劣势甚至最终被淘汰出局。这些反映了在商场这个"没有硝烟的战场"上道德产品对企业的生死存亡有着至关重要的作用。

　　综上所述,从类型学的角度对道德资本的分析和阐述,毫无疑义地会深化我们对道德资本的理解与认识,从而为我们进一步探究道德资本的运行机制问题做了一个关键性的前提研究。道德资本的主要的四种基本形态在道德资本的运行过程中分别扮演着不同的角色,承担着不同的功能。道德资本的四种基本形态中的道德制度形态主要渗透于经济制度,理性关系形态主要存在于经济领域的人际关系,③主体觉悟形态主要渗透于经济主体,道德物化形态渗透于产品之中。因此,道德资本的四种基本形态也就是道德资本的四大基本职能形式。当然,四种基本职能形式之间并非绝对分割开来的,而是为分析之便所做的相对性区分,它们之间是相互渗透、相互影响的关系。具体说来,从道德制度形态的道德资本与主体觉悟形态的道德资本、理性关系形态的道德资本和道德物化形态的道德资本之间的关系来

---

① 王小锡:《论道德资本》,载《江苏社会科学》2000 年第 2 期。
② 厉以宁:《经济学中的伦理问题》,三联书店 1995 年版,第 3 页。
③ 此处的制度是指的多个层面宏观、中观和微观的制度,并非仅指宏观层面的社会基本制度。

看,前者是第二、第三两种形态得以实现的保证,而第二、第三两种形态则是前者最佳功能发挥的必要前提条件;前三者是物化形态的道德资本的保证,而物化形态是前三者的具体体现和最终归宿。值得一提的是,道德资本四种基本职能形式在空间上并存,在时间上继起,这是保证道德资本良性运转必要的前提条件。在此意义上,正如真理是一个过程一样,道德资本及其实现机制也是一个过程。关于此点,笔者谋划另文专论,在此不再赘述。

(原载《道德与文明》2009 年第 4 期)

第 四 部 分

市场经济之伦理道德审视

道德是商品经济新秩序的深层要素

建立社会主义商品经济新秩序,首先是针对当前社会经济生活的混乱提出的。因为,经济生活的无序状态,在物质力量很不雄厚的现阶段任其发展下去,其后果会比资本主义商品经济发展所造成的经济危机、社会混乱的局面更惨。所以,建立社会主义商品经济新秩序,是理顺经济关系、稳定社会经济文化生活的一条理性原则,也是促进经济、政治体制改革顺利发展的重要手段。

对如何建立商品经济新秩序,现在是见仁见智,众说纷纭。归纳起来大体上有两种思路:一种主张建立商品经济新秩序主要靠健全运用经济手段,诸如理顺市场运行机制和价格体系,建立合理的社会分配体系,增强大中型企业活力,强化政府经济管理职能等等;另一种则认为应把重点放在加强法制建设上,主张以健全法规来把人们的经济生活引导到社会所需要或允许的轨道上来。毋庸置疑,目前经济生活出现的混乱,尤其是"官倒"现象的产生,同我国的经济运行机制不完善、经济法规不健全的状况是密切相关的。因而上述两种思路都是极有价值的。但是,这两种思路有一个共同的缺陷,就是它们都只是重视商品经济新秩序的"硬件"建设,而忘掉或忽视了新秩序的"软件",即作为这个秩序深层要素的道德。

纵观人类历史,任何社会秩序的建立、巩固和完善,道德都具有举足轻重的作用。因为社会生活的运行归根到底是通过人的社会行为实现的,一个社会要从无序走向有序,能够正常稳定地运行和发展,就必须对人们的行为进行一定的规范和约束。道德作为人们社会行为的规范体系,不像法律制度、经济手段那样,只是通过一定的物质力量,外在地强制性地将人们的行为纳入一定的社会秩序之中,而是依靠习惯、舆论长期积淀在人们心理的深层结构上,以内心的信念和价值取向的方式,实现对人行为的规范,因而具有一种内在的自觉性。在日常的、具体的社会生活(包括经济活动)中,对人们的行为更多地起着规范、约束作用的就是道德。从这个意义上可以说,道德是建立商品经济新秩序的一个极为重要的要素。

在今天的条件下,要建立社会主义商品经济新秩序,尤其需要给伦理道德以高度的重视。首先,商品经济新秩序的建立是在改革过程中实现的,改革是一项巨大的系统工程,不可能一蹴而就。各项改革措施也不可能立即配套成功,因此,对社会生活的管理,难免会暂时出现一些漏洞,使一些人有机可乘,干出危害社会的事来。在这种情况下,必然需要强化社会道德舆论的监督、约束作用。道德可以通过舆论在整个社会形成良好的氛围,从而在一个更大的时空范围内,以一种无形而强大的力量制约人的经济活动、经济行为,使人们自觉地把自己的行为纳入到商品经济新秩序的轨道上来。如果,我们既是法制不健全,又忽视了发挥道德的应有作用,人们的行为失去应有的规范,那社会主义的商品经济又怎么能从无序走向有序?

其次,单凭经济手段、法律制度这些"硬件"还不能从社会心理的深层结构上为商品经济新秩序提供坚强的保证。一旦经济运行出现"障碍"或经济矛盾(如供需矛盾、价值与价格的矛盾、计划与市场的矛盾等)加剧时,这种秩序仍然有被冲破搅乱的危险。建立商品经济新秩序,从一定意义上来说,就是要理顺一系列经济关系和社会关系,有效而正确地处理经济和社会生活的各种矛盾,与发展商品经济相适应的道德则从社会心理的深层结构上,为我们理顺和处理这些关系提供了正确的价值取向和行为原则。要是人们不能建立或失去了这样的价值取向与原则,只要稍有可能(上述矛盾的加剧往往就提供了这种可能),就会连法律也置于不顾,而作出有损于社会的事情来。例如,行贿受贿、非法倒卖、制造伪劣商品等这些行为已严重扰乱我国经济生活的混乱现象,对此,我国法律并非没有明令禁止,可有些人却热衷于此,说到底并不是由于他们不懂法,而是由于他们在金钱的诱惑下,丧失了做人的良心,丧失了起码应有的社会职业道德;所以,社会主义商品经济新秩序的建立与巩固,都有赖于道德这个"软件"的优化。

要建立商品经济的新秩序,就必须有效地治理当前经济生活中的种种混乱现象。这些混乱现象的产生无疑同我们社会经济运行机制不健全、法制不完备有直接联系,但是透过这些显而易见的表面的原因,我们常常可以看到一个更深层的原由:伦理道德文化的落后,以及在新旧体制交替过程中人们道德观念、伦理生活的困惑与混乱。例如,当我们从过去忽视经济效益转到重视、强调经济效益的轨道上后,有些人却又忘了"社会主义"这个前提,把提高经济效益看作就是一切对钱负责,为了追逐自身或本单位、本地区"金钱"的增殖,连对他人、对社会、对国家应尽的责任也给遗忘了,甚至以不惜丧失良心和人格,用尔虞我诈的手段去谋利。在这样完全颠倒的道德观念支配下,经济秩序还会不被搅乱吗? 至于像"官倒"这种混乱现象,其根子就在于我们一些干部已经丧失了起码的社会责任感,完全忘掉了全心全意为人民服务的宗旨,还利用控制生产资料、控制人事管理等权力,去攫取个人或小团体的利益,以至不惜损害社会和国家的利益。而对一个有较强的责任心和对人民高度负责的当权者来说,那他就不仅自己不会"倒",而且能够运用手中的权力对"官倒"进行有效的抑制和打击。可见,要克服经济生活中的混乱现象,进而建立起社会主义商品经济新秩序,就不能只立足于或满足于经济手段的完善和法规的健全,不能忽视道德建设的重要意义。可以这样说,人们没有一个高尚的人格追求,失去一种正当的价值取向,新经济秩序就不可能牢固地确立。所以,要注意加强伦理道德教育,增强人们的责任感和羞耻心,端正人们的人生价值追求,并在全社会树立自重、廉洁、公正、平等、信用等新道德风尚,从而把每个人在经济活动中的行为纳入社会主义商品经济新秩序的轨道。

为了增强道德教育的效果,当前应特别注意以下几点:

一、要利用各种宣传工具,造成一个良好的舆论环境和社会氛围,在人们心目中和社会生活中逐步建立起行之有效的"道德法庭",使各种有碍于正常社会秩序的非理性行为没有立足之地,让缺德者感到无地自容。

二、要把道德手段引入生产和竞争的领域,帮助人们确立这样的观点:

要靠诚实劳动、公平买卖和护己利民来取信于民,增强自身在竞争中的生命力。

三、领导干部要带头通伦理、懂道德,身体力行,做出表率。不能设想,在一个官德缺乏的社会里会有好的道德风尚。

四、要敢于揭露和批判腐朽的道德思想和道德行为,同时还要着力宣传社会主义的道德典型,使人们逐步增强反腐蚀的能力。

(原载《群众》1989 年第 5 期)

市场经济离不开伦理道德

确认和建立社会主义市场经济体制,是我国在经济建设过程中具有划时代意义的建设思路。然而,社会主义市场经济体制的建立,并不是纯经济行为,它离不开社会主义的伦理道德建设。

一、从社会主义市场经济实现其直接目的和最终理想来看,要有伦理道德的协调配合

市场经济的一个最基本目标是实现资源的合理配置,从而实现最佳经济效益。资源包括人力资源和物质资源,合理配置是使这两方面及其关系实现最佳处置,其能量得到最佳程度的发挥。社会主义市场经济要实现人力资源的合理配置,意味着人的素质要得到全面的培养和发展,人的生存和工作位置要实现最佳调适,就这一点而言,资源的合理配置往往直接取决于人的伦理道德素质。人生没有崇高的价值追求、生活理想和生存准则,素质的全面发展和生存方式的最佳调适都将是不可能实现的。因此,社会主义市场经济要求,人不能做纯经济活动的主体,人的生存和发展不应被"金钱"所控制或支配,而要受到理性的约束。

就物质资源的合理配置来说,尽管是由市场经济运行过程中的价值规律来实现的,但丝毫离不开人的参与,人的素质尤其是伦理道德素质、价值观念将直接影响物质资源合理配置的方式和程度。诸如在拜金主义、个人主义伦理原则引导下出现的盗用技术秘密、假冒商标、假合同、假合资,以及乱涨价乱收费、行贿受贿、偷税漏税等现象,就直接扰乱了社会主义市场经

济秩序,也破坏了物质资源合理配置的进程和效益。由此可见,理性与伦理道德精神是完善社会主义市场机制的一种内在动力。

社会主义市场经济体制把社会主义制度的优越性同市场机制对资源的合理配置和效率利用结合起来。实现这一最终理想,需要人们在经济活动过程中,具有宏观意识和长远观念,坚持和发扬社会主义集体主义道德原则。具体地讲,就是要把握市场经济的"社会主义"特性,解放生产力,发展生产力,共同致富。经济发展既要立足于现实利益,又要着眼于未来利益,要正确协调两种利益关系。假如以个人主义、利己主义、拜金主义为价值导向,社会主义市场经济发展将会阻力重重,甚至会走上歧途。假如这一代人不管下一代人的利益,本世纪不管下世纪的事情,那么诸如生态平衡、环境保护等要求,就会被短视的经济发展行为所忽视,甚至化为泡影,以致最终破坏了市场经济正常运行。

二、从市场经济运行特点来看,
伦理道德是生命力之所在

市场经济从本质上来说就是竞争经济,社会主义市场经济主张和鼓励的是正当的竞争。这种正当的竞争,需要国家用经济的、法律的和伦理道德的手段来保护。经济手段和法律手段是外在的约束力,对于没有自觉性和责任心的竞争者来说,只要能躲过法律制裁或钻政策法规的空子,他就会不惜一切,哪怕用生命作赌注去牟取不义之财。而伦理道德手段是通过伦理道德教育,逐步使人们在实现切身利益的体验中认识到什么是善的,什么是恶的;什么是崇高的,什么是卑鄙的,从而自觉地反对欺行霸市、强买强卖、垄断市场、哄抬物价、封锁信息、欺骗同行等破坏市场经济正常运行的不道德手段,坚持公平竞争,共同保障社会主义市场经济的健康发展。

优胜劣汰是市场经济基本经济现象和运行规则。在社会主义市场经济条件下,优胜劣汰不是目的,而是手段。它要通过这样一种机制,促进生产要素的流动,优化资源配置,提高生产要素的使用效率。因此,作为社会主义市场经济的这种特有的优胜劣汰的目的,与其说是一种经济行为,倒不如说是伦理行为。事实上,没有一定的道德观念的指导,不采取必要的政策措施,优胜劣汰的结果必然是两极分化,随之而来的是公正、平等的丧失。

三、从建立完善的市场经济新秩序来看,伦理道德是更深层的要素

随着社会主义市场经济快速发展,我国原有的计划经济秩序虽然已经被打破,但市场经济新秩序的建立,有一个从不完善到完善的过程。在此期间,由于市场经济秩序混乱,产生了权权交易和权钱交易等腐败现象,一些不法分子乘机钻空子,肆意损害人民利益而聚敛暴富。这种状况要尽快改变。

如何建立社会主义市场经济新秩序?一般说来,应该有一种强有力的保证市场经济正常运行的经济手段,有一套系统科学的保证公平竞争的政策和法规。同时,还应认识到伦理道德在建立、巩固和完善社会主义市场经济新秩序中有着举足轻重的作用。单凭政策和法规手段,还不能从社会心理的深层结构上为完善市场经济新秩序提供坚强的保证。一旦市场经济运行出现"障碍"或经济矛盾加剧时,已经建立起来的经济秩序仍然有被冲破的危险。例如,走私、行贿受贿、非法倒卖、制造伪劣商品等这些严重扰乱我国市场经济的混乱现象,在我国法规中并不是没有明令禁止的,可有些人却热衷于这些不法行为,说到底并不是由于他们不懂法或不知错,而是由于他们在金钱的诱惑下,丧失了做人的良心,丧失了起码应有的社会职业道德。因此,一方面需要通过一定的戒律和物质力量,外在地强制性地将人们的行为纳入到社会主义市场经济所需要的秩序中来,另一方面要以逻辑和事实的力量进行宣传教育,逐步使人们在价值取向和道德责任上产生情感的共鸣,并由此延伸到市场经济活动中的目标和手段上的共识,在真正实现内心自觉的基础上,共同创造社会主义市场经济发展的稳定、有序、高效的局面。

（原载《南京日报》1994 年 3 月 1 日）

道德作用与社会主义
市场经济运行机制的完善

社会主义市场经济的运行过程并不只是受价值规律的支配,仅仅表现为投入、产出、效益、利润等等的纯经济现象,道德作用将直接影响社会主义市场经济运行的活力和速度;同时,社会主义市场经济的运行机制也并不只是经济手段、法律条文和生产、经营、管理方式等,完善的社会主义市场经济运行机制离不开道德的支撑、协调和制约。邓小平早在 1980 年强调经济调整的方针时就指出:"没有共产主义思想,没有共产主义道德,怎么能建设社会主义? 党和政府愈是实行各项经济改革和对外开放的政策,党员尤其是党的高级负责干部,就愈要高度重视、愈要身体力行共产主义思想和共产主义道德。"①对此,本文试图从社会主义市场经济运行机制的几个主要环节或主要方面来论证和说明注重和发挥道德作用是完善社会主义市场经济运行机制的重要杠杆。

一、生产与动力机制的完善

在社会主义市场经济条件下,生产为了什么、依靠什么、怎样生产等问题是经济运行过程中必然会遇到的问题,而这一系列问题均涉及到价值取向、理性手段等道德问题。可以说,道德作为生产过程中内在运行机制的主要方面,它直接影响到生产的进程和效益。社会主义生产的直接目的是物

---

① 《邓小平文选》第二卷,人民出版社 1983 年版,第 367 页。

质利益,搞经济建设"不讲物质利益,那就是唯心论"。① 而就社会主义生产目的之宏观意义和本质内涵来说,它不只在物质利益本身,而具有充实的道德内涵。一方面,物质利益实现的同时又实现着人的完美性的伦理道德目的。因为,发展经济是人和人类追求完美并体现人和人类的完美的重要标志。另一方面,社会主义"生产是为了最大限度地满足人民物质、文化需要","使人民生活一天天好起来","而不是为了剥削"。所以,邓小平指出:"社会主义的目的就是要全国人民共同富裕,不是两极分化。"②有了以上认识,社会主义的生产将会在人的崇高道德精神引导下发展。如果仅仅是为实现少数人的私欲而生产,那就很有可能出现唯利是图、尔虞我诈等畸型的生产经营方式,最终导致两极分化,而"如果搞两极分化,情况就不同了,民族矛盾,区域间矛盾,阶级矛盾就会发展,相应地中央和地方的矛盾也会发展,就可能出乱子",③如果那样,社会人际关系也会紧张和复杂,道德风貌也必然日趋堕落,生产将会在无序的、运行机制不协调的状况下遭到破坏。

社会主义生产的发展要靠资金和技术,然而人的因素更重要。邓小平强调:"人的因素重要,不是指普通的人,而是指认识了人民的利益并为之而奋斗有坚定信念的人。"④所以,生产的发展更要依靠人的素质尤其是人的道德素质。假如人们不理解自身的存在及其存在的意义,那就不会有崇高的人生追求;不懂得人的人生价值在于自身的理性完善和创造性劳动,就不会有积极进取的人生态度;不承认人们之间的协调及其在此基础上形成的合力是社会发展的力量所在,就不会有相互尊重、相互支持、共同发展的思想境界。在这样的情况下,有的人利欲熏心、自私自利;有的人精神颓废、玩世不恭;甚至还有的人灵魂肮脏,盗用资金和技术等,破坏生产。由此可见,人的素质低下,就会缺乏基本的道德觉悟,即使资金最多、技术最高也不能在生产中发挥应有的作用。因此,人的素质尤其是道德素质是生产发展

① 《邓小平文选》第二卷,第146页。
② 《邓小平文选》第三卷,人民出版社1993年版,第110—111页。
③ 《邓小平文选》第三卷,第364页。
④ 《邓小平文选》第三卷,第190页。

的动力所在。

社会主义生产是一项系统工程,其生产过程内涵着经济、政治、法律、道德等多方面的作用,而道德作为规范、作为管理手段,在经济运行过程中发挥着十分独特的主导作用。邓小平对此有十分明确的论述。首先,邓小平认为搞经济要有协作精神,经济协作能使力量增加。他说:"搞经济协作区,这个路子是很对的。……解放战争时期,毛泽东同志主张第二野战军和第三野战军联合起来作战。他说,两个野战军联合在一起,就不是增加一倍力量,而是增加好几倍的力量。经济协作也是这个道理。"①邓小平在这里揭示了经济建设的一个基本伦理原则,它更适用于当前的社会主义市场经济建设。其次,邓小平多次强调搞生产要实事求是。他认为,不说假话,不务虚名,脚踏实地才能真正把握生产规律,才能真正看清问题,解决矛盾。这既是一种敬业精神,也是生产道德准则。第三,邓小平强调生产管理过程中要充分应用道德手段。他认为,经济要民主,权力要下放,要让职工民主参与管理;领导要身先士卒,要带头,要首先从管好自己开始,从自己做起,同时要善于应用德才兼备的人才;要尊重人的人格,尊重人的意见;要严格考核,赏罚分明,在生产中造成一种你追我赶、争当先进、奋发向上的风气。

二、经营与竞争机制的完善

社会主义市场经济是竞争经济,但在一定意义上又是理性经济、道德经济。在社会主义制度下,搞竞争与讲道德是相辅相成的。道德性竞争会在消除弱肉强食的情况下,使经营处在一个良性循环之中。

社会主义市场经济的竞争,首先是资金和技术力量的竞争、管理水平的竞争等,但作为理性无形资产的道德精神则是决定经营和竞争胜败的根本之所在。首先,竞争是产品质量的竞争,而产品质量首要的是理性或道德"含量"。产品质量所体现的好用和耐用等与生产原料、生产工艺等固然有

①《邓小平文选》第三卷,第25页。

着密切关系,但企业员工的责任心和服务意识,企业内部的协作精神等直接决定着产品质量的好坏。没有责任心,没有基本的服务意识和协作精神,原材料和生产设备再好也生产不出过得硬的产品。所以,生产高质量的名牌产品,更需要首先确立一种企业精神,使产品成为既是物质实体,也是"道德实体"。

其次,社会主义市场经济体制下的竞争是企业信誉和企业形象的竞争,丧失了信誉或企业形象不佳,任何企业都将在激烈竞争中被淘汰。一些名牌产品为什么最终成为"无名之辈"或销声匿迹,一些经济基础和技术力量雄厚的企业为什么在竞争中败下阵来,究其原因是多方面的,但丧失信誉和不可信任的形象是其根本原因。由此看来,信誉是企业的生命。为此,邓小平同志曾经指出:"一切企业事业单位,一切经济活动和行政司法工作,都必须实行信誉高于一切,严格禁止坑害勒索群众。"[1]实践证明,一个企业的信誉度与市场占有率和拥有顾客的量是成正比的。因此可以说,一个企业能否获得更多的利润,决定于其市场占有率和拥有的顾客量,而市场占有率和顾客量又决定于企业产品的质量和服务承诺的实现程度。所以,在竞争中所获得的利润高低与企业信誉和企业形象所体现的道德水平是密切相关的。

第三,社会主义市场经济作为竞争经济,优胜劣汰是其基本经济现象和运行方式。然而,社会主义市场经济的本质特征并不表现为汰则垮、汰则灭。优胜劣汰在社会主义市场经济条件下不是目的,而是完善企业经营与竞争机制的重要环节。社会主义市场经济体制下的竞争,竞争双方决不以"弱肉强食"为基本竞争方式,社会主义制度本身要求竞争双方视对手为朋友,互相鞭策、互相督促、互相帮助、共同发展。即"优者"要引"劣者"为戒,发展的更稳、更快、更好;"劣者"要吸取教训,取人之长,补己之短,实现自立、自强,并在竞争中奋起成为优胜者。因此,完善意义上的企业经营与竞争机制是发展先进、鞭策落后的运行机制,竞争目的不是优胜劣汰,而是通

---

① 《邓小平文选》第三卷,第145页。

过优胜劣汰实现共同发展,最终实现共同富裕。

三、分配与消费机制的完善

社会主义市场经济运行机制的完善与否和市场经济建设速度的快慢,在很大程度上取决于分配与消费机制能否与社会主义市场经济要求相吻合,而分配与消费机制的完善要靠法规和政策,更要靠人们的道德精神。

社会主义分配的基本原则是按劳分配。邓小平说:"按劳分配就是按劳动的数量和质量进行分配。根据这个原则,评定职工的工资级别时,主要是看他的劳动好坏、技术高低、贡献大小。政治态度也要看,但要讲清楚,政治态度好主要应该表现在为社会主义劳动得好,做出的贡献大。"①事实上,能否按邓小平所提出的要求进行分配,这不只是个经济行为,更是个道德举动。能否真正实现按劳分配,这是对贯彻党的政策的态度问题,也是对人们劳动成果和人格的尊重问题。违反党的分配政策,必然带来人民群众对党的政策的怀疑;不尊重人的人格和劳动成果,必将挫伤广大人民群众的劳动积极性。因此,道德觉悟影响分配行为,分配过程中的理性程度又直接影响到劳动者的积极性和社会主义市场经济建设的效果。

为了能通过合理地解决人民群众的待遇来促进经济建设,邓小平曾指出,"合格的管理人员、合格的工人,应该享受比较高的待遇",②要增加农民收入,要改善知识分子待遇,并特别强调:"要注意解决好少数高级知识分子的待遇问题。调动他们的积极性,尊重他们,会有一批人做出更多的贡献。"③在这里可以看出,能否真正实现按劳分配与未来的经济建设密切相关。社会主义市场经济条件下更是如此。

当然,理性意义上的按劳分配,不只是尊重人们的劳动成果,还应该包括对国家、集体和他人利益的关心和尊重。邓小平指出:"我们提倡按劳分

① 《邓小平文选》第二卷,第101页。
② 《邓小平文选》第二卷,第130页。
③ 《邓小平文选》第三卷,第275页。

配,承认物质利益,是要为全体人民的物质利益奋斗。每个人都应该有他一定的物质利益,但是这决不是提倡各人抛开国家、集体和别人,专门为自己的物质利益而奋斗,决不是提倡各人都向'钱'看。要是那样,社会主义和资本主义还有什么区别?我们从来主张,在社会主义社会中,国家、集体和个人的利益在根本上是一致的,如果有矛盾,个人的利益要服从国家和集体的利益。为了国家和集体的利益,为了人民大众的利益,一切有革命觉悟的先进分子必要时都应当牺牲自己的利益。我们要向全体人民、全体青少年努力宣传这种崇高的道德。"①邓小平还指出:"我们必须按照统筹兼顾的原则来调节各种利益的相互关系。如果相反,违反集体利益而追求个人利益,违反整体利益而追求局部利益,违反长远利益而追求暂时利益,那么,结果势必两头都受损失。"②的确,公平的分配应该包括对国家、集体、个人三者利益的理性协调,唯此才能在更广泛意义上调动人们的积极性,也才能发展社会主义市场经济。而且事实上,只顾个人利益,不顾甚至损害国家利益和集体利益,最终受损的是人们自身的利益,国家和集体的繁荣富裕才是个人利益实现的基础和条件。

消费同分配相比,分配更多地受法规和政策制约,而主要表现为生活支出的消费,则更多地受道德的约束。而且,此类消费及其机制的合理与否对社会主义市场经济建设的影响并不比分配公平与否所造成的影响小。因为,不正当甚至表现为道德堕落的消费,既影响社会主义市场经济的正常运行,又影响人们的精神生活。邓小平曾严肃指出:"建国以来我们一直在讲艰苦创业,后来日子稍微好一点,就提倡高消费,于是,各方面的浪费现象蔓延,加上思想政治工作薄弱、法制不健全,什么违法乱纪和腐败现象等等,都出来了。"③这样一来,错误的消费、畸形的消费不只是对财富的浪费,更重要的是滋长了腐朽生活思想,这不仅直接影响人们的道德觉悟,而且最终要影响社会主义市场经济正常运行和发展。所以说,理性消费看似是一种支

① 《邓小平文选》第二卷,第 337 页。
② 《邓小平文选》第二卷,第 175—176 页。
③ 《邓小平文选》第三卷,第 306 页。

出,实质是对社会主义市场经济建设的一种投入;而错误的和畸形的消费不只是浪费,更是对社会主义市场经济建设的一种破坏。

四、资源配置与经济可持续性发展机制的完善

社会主义市场经济建设的一个直接目标是实现资源的合理配置,并由此为增强经济发展后劲提供物质保障。而资源的合理配置,主要地应理解为人力资源和物质资源实现最佳存在形式,其能量亦能实现最佳程度的发挥。要实现人力资源的合理配置,起主导作用的应该是人生价值取向和对人的负责精神。一方面,人力资源的合理配置,意味着人的素质要得到全面的培养和发展,人的生存处在最佳状态并发挥最佳效能。就这一点而言,人的道德觉悟及其人生价值取向决定着人的素质及其生存方式和生存态度。没有追求、不思进取甚或以吃喝玩乐为人生目标的人是不可能实现这一资源配置目的的。因此,就这种意义上来说,人如果缺乏品性、没有基本的道德境界,对自己的人生不负责任,实质是对资源的浪费甚至破坏。另一方面,人应该处在何种位置上以及发挥怎么样的效能,往往直接受制于管人的人。管理人的人,不管是从何种角度以何种方式管人,其思想政治觉悟和道德水平将制约和支配着他的管人目标、目的和管理方式。讲政治、讲正气者,将会通过他的工作,使人力资源实现最佳配置。否则,人才浪费以及由此导致挫伤人们的积极性,将会严重影响人力资源配置,影响经济发展后劲。就实现物质资源的合理配置来说,人的思想道德觉悟将直接影响物质资源合理配置的方式和程度。具有崇高价值取向和集体主义精神的人,其资金的去向和市场投放均会考虑到有利于经济的持续发展;其建设项目的确认,一定会考虑到全社会的利益和未来的经济和社会效益;就连个人支配资金的开支也要从有利于个人素质的全面发展和有益于社会和他人的角度考虑,决不会人为地去浪费甚至破坏资源。然而多年来,少数人在市场经济负面效应影响下,热衷于拜金主义、唯利是图,践踏社会主义道德秩序,采取多种不道德手段盗用技术秘密、制造假冒商标、订假合同、搞假合资,还有的

乱涨价、乱收费、行贿受贿、偷税漏税等肆意侵吞国家和他人资财,这直接扰乱了社会主义市场经济秩序,不仅违反了物质资源合理配置原则,而且破坏了物质资源合理配置的过程和效益。如任其发展,其结果将会改变社会主义市场经济的发展方向,最终将不是共同富裕而是两极分化,人们也将不是社会的主人,而是"贪欲"和"金钱"的奴隶。

（原载《哲学研究》1999 年增刊）

道德:经济运行健康与否的关键

社会主义市场经济的运行并不只是受价值规律支配的纯经济现象和经济过程,道德也直接影响着社会主义市场经济运行的活力和速度。社会主义市场经济的建设离不开道德的支撑、协调作用。

一、道德是推动经济发展的重要力量

在社会主义市场经济条件下,生产为了什么、依靠什么、怎样生产等问题必然会涉及到价值取向、理性手段等道德问题。

在社会主义市场经济条件下,生产的直接目的是物质利益,但社会主义的最终目的不只在物质利益本身,也具有充实的道德内涵。一方面,发展经济是人和人类追求完美并体现人和人类的完美的重要标志。另一方面,社会主义"生产是为了最大限度地满足人民物质、文化需要"。有了以上认识,我们的生产将会在人的崇高道德精神引导下发展。如果仅仅是为实现少数人的私欲而生产,那就很有可能出现唯利是图、尔虞我诈等畸形的生产经营方式,人际关系也会紧张和复杂,道德风貌也必然日益堕落,生产将会在无序的状况下遭到破坏。

经济发展要靠资金和技术,然而人的因素更重要。邓小平强调,人的因素重要,不是指普通的人,而是指认识了人民的利益并为之而奋斗有坚定信念的人。所以,生产的发展更要依靠人的素质尤其是人的道德素质。不懂得人生价值在于自身的理性完善和创造性劳动,就不会有积极进取的人生态度,不懂得人们之间的协调即在此基础上形成的合力是社会发展的力量所在,就不会有相互尊重、相互支持、共同发展的思想境界。

二、道德将使竞争机制变成鼓励先进、鞭策落后,实现共同发展的机制

社会主义市场经济是竞争经济,但在一定意义上又是理性经济或道德经济。在社会主义制度下,搞竞争与讲道德是相辅相成的,而且,道德性竞争会在消除弱肉强食的情况下,使经营处在一个良性循环之中。

社会主义市场经济条件下的竞争,首先是资金和技术力量的竞争、管理水平的竞争等,而作为无形资产的道德精神则是决定经营和竞争胜败的根本之所在。

首先,竞争是产品质量的竞争,而理性或道德"含量"对产品质量有重要影响。产品质量所体现的好用和耐用等与生产原料、生产工艺等固然有着密切的关系,但更与企业员工的责任心和服务意识、企业内部的协作精神等直接相关。生产高质量的名牌产品,更需要先确立一种企业精神,使产品既是物质实体,也是"道德实体"。

其次,竞争也是体现企业道德水平的企业信誉和企业形象的竞争。一些名牌产品为什么会销声匿迹,一些经济基础和技术力量雄厚的企业为什么在竞争中败下阵来,究其原因是多方面的,但丧失信誉、形象不佳是根本原因之一。

三、道德促进资源的合理配置

经济发展要通过资源的合理配置来进行,而资源的合理配置,主要地应理解为人力资源和物质资源实现最佳存在形式,其能量亦能实现最佳程度的发挥。这个过程离不开道德因素的作用。

能否实现人力资源的合理配置,取决于人的人生价值取向和负责精神。一方面,人的道德觉悟及其人生价值取向决定着人的素质及其生存方式和

道德资本与经济伦理

生存态度,从而决定着人力资源的配置。没有追求、不思进取甚或以吃喝玩乐为人生目标的人是对人力资源的浪费甚至破坏;另一方面,人应该处在何种位置上以及发挥怎样的效能,往往取决于管人的人。管理者的思想政治觉悟和道德水平将制约和支配着他的管理目标、目的和管理方式。讲政治、讲正气者,将会通过他的工作,使人力资源实现最佳配置。否则,将会挫伤人们的积极性,严重影响人力资源的合理配置。

人的思想道德觉悟直觉影响物质资源合理配置的方式和程度。具有崇高价值取向和集体主义精神的人,其投资时会考虑到要有利于经济的持续发展;其建设项目的确认,会考虑到全社会的利益和未来的效益;就连个人资金的开支也能从有利于个人素质的全面发展和有益于社会和他人的角度考虑。然而多年来,少数人在市场经济负面效应影响下热衷于拜金主义,唯利是图,践踏社会主义道德,采取多种不道德手段盗用技术秘密、制造假冒商标、订假合同、搞假合资,还有的乱涨价、乱收费、偷税漏税、贪污受贿等,肆意侵吞国家和他人资财,直接扰乱了社会主义市场经济秩序,这表明,只有提高全社会的道德水平,才能实现社会资源的合理配置。

(原载《南京日报》1998 年 8 月 5 日)

社会主义市场经济的伦理分析

一些人把社会主义市场经济及其运行过程看做是"纯经济"的现象,实际上他们不理解社会主义市场经济的特殊本质,不懂得社会主义伦理道德建设和法制建设是与完善市场经济体制是一致的。故把社会主义市场经济的发展单纯地理解为"大把赚钱,快快发财",有的甚至置伦理道德和法律于不顾,以牺牲他人和国家利益为代价,获取所谓"个人的经济效益"。这不仅影响了社会主义市场运行机制的完善,而且干扰甚至破坏了社会主义市场经济的正常运作。本文试图通过对社会主义市场经济及其运行过程中伦理涵义的探讨,说明社会主义市场经济体制的完善和发展离不开社会主义的伦理道德建设;同时说明,能不能把伦理道德建设作为社会主义市场经济建设的基础工程来抓,直接关系到社会主义市场经济发展的速度和前途问题。

一、道德是动力生产力

就生产力的构成要素来看,社会主义生产力与一般意义上的生产力甚或资本主义的生产力没有什么本质区别。但是,社会主义生产力除了相对于社会主义经济关系而言以外,更重要的还在于以下两个特征:一方面,社会主义生产力强调人的因素和人的地位,在社会主义制度下,人真正成了社会和自然界的主宰,每一个人都作为"主人"的身份而存在着,同时,不是物质或经济支配着人的素质,而是人的素质直接决定着人们的创造性劳动的自觉性和经济发展的速度。假如人不能作为真正的或完美意义上的人而存在着,或者说假如人作为被异化的人而存在着,又假如人的素质不能获得全面提高,总是在被动地、消极地生存着,那么,社会经济的运行只能处在一种自发状态下,其发展速度的缓慢和发展进程的曲折也就可想而知了。这些正是社会主义生产力发展进程中自觉力避的问题。另一方面,社会主义生产力内部各结构要素间实现了最佳协调和结合。在这里,劳动者对劳动资料的把握和与劳动对象的结合,完全是在自由、自主的状态下进行的。因此,在这样一种前提下,劳动资料和劳动对象必将能获得最大程度的认识、改进和发展,实现最佳的经济和社会效益。而物质资料生产的发展,同时又体现不断促进着人的完美性。

由此可见,第一,人的素质是生产力发展的决定性因素。然而,人的素质是多方面的,它包括人的身体素质、政治素质、文化素质、思想素质、道德素质等。在这些素质要素中,道德素质是基础性素质、核心素质。只有充分认识到自身的存在及其存在的意义,明确并确立崇高生存价值取向,人才能树立一种进取精神,才有可能以创造性劳动去改进发展和充分利用劳动资料和劳动对象。第二,生产力内部各结构要素的协调,并不是简单的人与物的关系的协调,物是归人所有并被人掌握的,因此,人与物的关系实质上是人与人之间生产关系、权益关系、地位关系的协调。故生产力内部各结构要素之间的关系说到底是一个伦理道德关系。只有人与人之间的伦理道德关系实现了最佳协调,生产力的伦理道德关系实现了最佳协调,生产力的发展水平才有可能提高。由于人的主观能动性在生产力发展中起着举足轻重的作用,人与人之间的和谐协调与否直接制约着人对劳动资料和劳动对象的认识、改进、发展等,因此,我们可以得出结论:道德首先是生产力,而且是"动力"生产力。

二、人的道德素质影响着资源的合理配置

社会主义市场经济的一个最基本目标是实现资源的合理配置,并进而实现最佳经济效益。而资源的合理配置,主要地应理解为人力资源和物质资源最佳存在样式,其能量亦能实现最佳程度的发挥,这一目标的实现在很大程度上取决于人的道德素质。

人力资源和物质资源与伦理道德的关联各自有着不同的逻辑形式。社会主义市场经济要实现人力资源的合理配置,意味着人的素质要得到全面的培养和发展,人的生存和工作位置要实现最佳调适,就这一点而言,资源的合理配置往往直接取决于人的伦理道德素质。人生假如没有崇高的价值追求、生活理想和生存准则,素质的"全面发展"和生存方式的最佳"调适"都将是不可能实现的。剖析我国新一代的"富翁",有相当一部分人的思想、道德素质、以及能力和工作主动性都处在最佳状态中,因此,不断伴随而来的是事业蒸蒸日上,效益不断提高。但也有一部分人,在他们的思想和行为中除了赚钱还是赚钱,没有理想,不谈道德,吃喝玩乐,生活糜烂。这种人的素质是畸形的,尽管腰缠万贯,但作为人力资源来说,他不可能实现最佳生存样式,也势必会削弱其在市场经济运行中发挥作用的力度。甚至有些人因品质低下而成为社会主义市场经济运行过程中的腐蚀剂。因此,社会主义市场经济的一个重要特点是人的生存和发展不应被"私利"、"金钱"所控制或支配,而要受到理性的约束,人不是纯经济活动的主体,在社会主义市场经济完善过程中,人首先(而且应该)是"理性动物"。

就物质资源来说,它的合理配置也绝不是一个纯经济的活动过程,尽管市场经济运行过程中是由价值规律来"指令"的,但人的参与是一个逻辑事实。对于物质资源本身来说,它是无法实现合理配置的。这样一来,人的素质尤其是集体化道德素质,价值观念将直接影响物质资源合理配置的方式和程度,诸如在拜金主义、个人伦理原则引导下出现的盗用技术秘密,假冒商标、假合同、假合资、侵犯专利,以及乱涨价乱收费、行贿受贿、偷税漏税现象,直接扰乱了社会主义市场经济秩序,不仅破坏了物质资源合理配置原则,而且必将阻碍物质资源合理配置过程和效益,其结果只能出现像资本主义条件下市场经济自发调节的状况,导致经济危机此起彼伏的被动局面。

三、社会主义市场竞争与理性精神并存

市场经济从本质上来说就是竞争经济,在资本主义条件下,竞争是自由

竞争,谈不上公正(主动公正、道德公正)的干预。即使在市场经济中出现的"公正"行为,也只是竞争到一定程序被迫出现的"公正",即所谓的"被迫公正"。所以资本主义条件下的市场竞争,是"弱肉强食"的争斗。而社会主义市场经济主张和鼓励正当的竞争。这种正当的竞争需要国家的宏观调控来保护。而国家的宏观调控应包括两大内涵:一是诸如价格、财政、税收、内外贸、产业、资源开发利用等方面主要以政策法律形式出现的经济手段,一是伦理道德手段,即所谓非经济手段,经济手段对于竞争者来说仅仅是外在的约束力,从严格意义上来说是一种消极手段。对于没有自觉性和责任心的竞争者来说,只要能躲过法律制裁或钻到政策法律的空子。他能不惜一切,哪怕用生命作赌注去赚不义之钱,发不义之财。而伦理道德手段是要通过伦理道德教育,逐步使人们在实现切身利益的体验中认识到什么是善的、什么是恶的、什么是崇高的、什么是卑鄙的。从而自觉地反对欺行霸市、强买强卖、垄断市场、哄抬物价、封锁信息、欺骗同行等破坏经济正常的不道德手段。真正做到人人坚持公平竞争,共同保障市场经济的运行机制,促进社会主义市场经济健康发展。

市场经济既然是竞争经济,那么优胜劣汰是其基本经济现象和运行原则。然而社会主义市场经济发展得本质要求并不主张汰则垮、汰则灭。优胜劣汰在社会主义市场经济条件下不是目的,而是手段。它要通过这样一种机制,促使竞争者或竞争双方视对手为朋友,互相督促、互相帮助,共同发展。即"优"者要引"劣"者为戒,要发展得更快、更好;"劣"者要吸取教训,取人之长,补己之短,实现自立、自强,并敢超"优"者。因此,作为社会主义市场经济的这种特有的优胜劣汰的目的,与其说是一种经济行为,倒不如说是伦理作为。其实,没有一定的道德觉悟,缺乏一定的责任心,优胜劣汰的必然结果是两极分化,随之而来是公正、平等的丧失。

改革开放的经验和成就已经说明,要健全社会主义的市场运行机制,不能把眼光停留在国内市场,要瞄准国际市场参加国际市场的竞争,在实现国内市场与国际市场接轨的基础上,充实和完善社会主义市场运行机制。

参与国际市场的竞争,其经济行为必须向国际惯例靠拢,按国际上通行的市场规则办事,忽视了这一点,我们的跨境经济行为和经济交往将寸步难行。

由于经济行为的复杂多样,国际上通行的市场规则也五花八门,但归纳起来主要有两类:一类是见之于文字的协议章程和决议等契约(含约定俗成的习惯性做法);一类是取决于价值观念的伦理道德准则。在国际市场上,假如在质量上以次充好、弄虚作假,在经济交往中丧失信誉等,那就意味着要冒失败、跨台、倒闭的危险。资本家为了赚钱,往往是男盗女娼,什么都干。作为社会主义国家来说,考虑到社会主义的利益,社会主义的市场经济行为决不允许冒险,而要求以高尚的伦理道德准则去指导在国际市场上的经济行为。事实上,这也是我国市场经济的"社会主义"性质之重要内涵,是区别于资本主义市场经济行为的根本所在。

四、市场经济体制的完善离不开道德手段

社会主义市场经济体制的完善要依托社会主义市场经济秩序的建立。而市场经济新秩序的建立需要一套行之有效的法规,但更需要治标尤其是能够治本的道德手段。

随着社会主义市场经济的快速发展,我国原有的计划经济秩序虽然已经被打破,但市场经济新秩序的建立,有一个从不完善到完善的过程,在此期间,权权交易和权钱交易等成了社会腐败现象的根源。一些不法分子乘机钻空子,为了大把捞钱,有出卖灵魂和肉体的;有窃取经济情报、一夜之间成为富翁的;有不顾他人利益甚至不惜伤害他人生命而追逐利润的,等等。诸如此类,绝不是社会主义市场经济的必然产物,而是市场经济秩序混乱所造成的。为此,理论界、经济实业界以及党和政府领导都已十分关注社会主义市场经济新秩序确立问题。

如何建立社会主义市场经济新秩序?一般说来,应该有一种强有力的保证市场经济正常运行的经济手段,有一套系统科学的合理的公平竞争的政策和法规。同时,更应认识到伦理道德在建立、巩固和完善社会主义市场经济新秩序中有着举足轻重的作用。尽管政策法规必不可少,但在保证社会主义

道德资本与经济伦理

市场经济正常运行过程中,伦理与政策法规相比,前者意义更重大,这是因为,单凭政策和法规手段还不能从社会心理的深层结构上为完善市场经济新秩序提供坚强的保证,对于社会腐败现象来说往往只能是治标不治本。一旦市场经济运行出现"障碍"或经济矛盾加剧时,已经建立起来的经济秩序仍然有被冲破的危险,例如:走私、行贿受贿、非法倒卖、制造伪劣商品等这些严重扰乱我国市场经济的混乱现象,在我国法规中并不是没有明令禁止的,可有些人却热衷于这些不法行为,说到底并不是由于他们不懂法或不知错,而是由于他们在金钱的诱惑下,丧失了做人的良心,丧失了起码应有的社会职业道德。从一定意义上来说,建立市场经济新秩序就是要理顺一系列经济关系和社会关系,有效地处理经济和社会生活的各种矛盾。然而理顺和处理好关系和矛盾需要全社会成员的共同努力,需要人们的自觉意识和自觉行动。这就决定了不能仅像政策法规和经济手段那样,只是通过一定的戒律和物质力量,外在强制性地将人们的行为纳入到社会主义市场经济所需要的秩序中来,而是要通过对逻辑和事实力量的宣传教育,逐步使人们在价值取向和道德责任上产生情感上的共鸣,并由此延伸到市场经济活动中的所要实现的目标和能够采取的手段上的共识,在真正实现内心自觉的基础上,共同创造社会主义市场经济发展的稳定、有序、高效的局面。这才是真正的治本之举。当然,要做到这一点是需要作出长期而艰苦的努力的。

社会主义市场经济体制的完善是一个系统工程,而社会主义首先是建设其基础性工程和"软件"工程。

在社会主义市场经济的运行过程中,经济建设是主体工程。人们的经济活动的基本过程和目标是按价值规律有针对性地投放劳动力和资金,有效地利用各种资源,实现最大限度的经济效益。然而要搞好社会主义市场经济这一系统工程建设,一方面要明确社会主义市场经济的发展,不仅仅是产、供、销等经济部门的事,它应该有一系列的基础工程和外围工程。在伦理道德方面没有民族文化水平的整体提高,没有基本的伦理道德觉悟和责任心,没有强烈的国家观念和法制观念,人们就很难自觉到市场经济运行过程中的人的主观能动性的作用,其结果只能导致市场经济运行处在自发或半自发状态下,它的"社会主义"特性也必然遭到致命的削弱。同时,官僚主义和腐败现象不铲除,政府的指导、调控尤其是服务职能不落实,假如办一件经济实事要拖上数月数年,盖上数十甚或上百个印、送上厚礼才能解决等诸如此类情况不改变,市场经济发展将会阻力重重,甚至会走向歧途。另一方面要明确社会主义经济不应是"周期性经济",更不应该出现可以避免的周期性经济危机,而应该在稳定中求快速发展,在发展中就十分需要既立足于现实利益,又要着眼于未来利益,实现两种利益关系的正确协调。在这里除了物质利益关系的协调外,其中一个不容忽视的核心问题是人们应该具备崇高道德境界,未来的价值取向应该是符合社会主义物质文明和精神文明建设的规律和要求,假如我们这一代人不管下一代人的利益,本世纪不管下世纪的事情,那么诸如生态平衡、环境保护等要求,就会在社会主义市场经济发展的短视行为中被忽视,甚至成为泡影。长此下去,最终很可能会破坏甚至葬送社会主义市场经济的正常运行。

社会主义市场经济体制的完善既要有"硬件"设施,也要有软件"条件"。这就是说,一方面市场经济体制的完善要有合理的管理机构和严密的管理制度;要有相当的物质基础和技术力量;要有现代化的通讯、交通设施,等等。同时,市场经济的发展说到底取决于人的思想道德和文化科技素质。因此,市场经济体制的完善应该包括教育的全面、快速、高效的发展和人才的大面积成长,包括政策和策略的完善和管理决策的科学;包括面对市场经济发展要求的市场的高层次和实用性的科研项目和研究成果;还要包括直接影响人民群众工作积极性和创造性的思想政治工作、伦理道德教育等精神文明建设手段。只有"硬件"和"软件"协调发展,科学配置才能真正完善社会主义市场运行机制,从而真正实现"资源"的合理配置。

(原载《南京社会科学》1994 年第 6 期)

公民道德建设与社会主义
市场经济建设

加强公民道德建设,离不开社会主义市场经济建设这个大背景。厘清公民道德建设与社会主义市场经济建设之间的关系,明确公民道德建设在社会主义市场经济建设中的地位和意义,对于加强公民道德建设和社会主义市场经济建设都具有十分重要的意义。

一、社会主义市场经济建设呼吁
与之相适应的公民道德

在不断深化和强调社会主义市场经济建设的今天,为什么会提出公民道德建设这个问题呢?搞公民道德建设,是不是与社会主义市场经济建设相冲突呢?答案只有一个:公民道德建设不仅不与社会主义市场经济建设相冲突,相反,它正是为了推进社会主义市场经济本身而提出的。

从直观来看,公民道德建设问题的提出,其起因是我国在道德建设层面上出现了一定的问题。改革开放以来,我国在经济建设方面取得了举世瞩目的成就,社会生产力的发展速度居于世界首位,人民群众的生活水平也日新月异,国家的综合国力也在快速而平稳地提高。但是,在这些值得欣喜和称道的物质成就背后,人们又看到了几许乌云:我们在精神道德建设方面并没有取得与物质财富建设方面相对称的成就,社会道德领域里一直存在着诸多疑惑:20 世纪 80 年代初出现了"潘晓来信",90 年代展开了道德"爬坡论"与"滑坡论"的争论,世纪末又开始了"诚信"问题大讨论。邓小平同志在 1989 年就意识到了这个问题,他指出:"我们最大的失误是在教育方面,思想政治工作薄弱了,教育发展不够。我们经过冷静考虑,认为这方面的失误比通货膨胀等问题更大。"①

从另一方面来说,这些社会道德问题存在于社会主义市场经济建设的发展过程中,它与社会主义市场经济建设有着密不可分的联系。

发生在 20 世纪 80 年代初的"潘晓"来信,是对革命年代"大公无私"价值观的一种反思,表达了人们对于个人正当物质利益的一种渴望。经济体制改革回答了这一问题,它借助不断扩大的市场力量,重新确认了个人的合法权利和责任。邓小平同志关于"物质利益"与"革命精神"关系的论述,关于"允许一部分人先富起来"的论述,充分承认和肯定了个人物质利益的伦理正当性。

而道德"滑坡论"与"爬坡论"的争论直接反映了社会主义市场经济建设过程中存在的道德问题。经济体制改革通过肯定个人物质利益的正当性,重新回答了"公"与"私"的关系问题,为生产力的解放找到了巨大的动力。但社会主义市场经济建设过程中又产生了自己新的伦理问题:人们在追逐"利"的过程中应该如何处理"利""与"义"的关系?应该如何达到"公"与"私"的平衡? 在社会主义市场经济建设过程中,这些道德问题并没有得到很好的处理和解决,出现了一些私利泛滥和道德冷漠的现象,从而引发了人们对社会道德现状的反思。

世纪末的"诚信"问题,则是中国社会主义市场经济建设发展到一个新台阶后出现的问题,也是与社会主义市场经济相配套的道德建设还不成熟的体现。加入 WTO 是我国经济融入世界经济一体化进程的重要标志。然而,世界市场已经形成了自己的稳定规则,并要求加入这个世界市场的每一个人都能遵循它的规则。在这样一种背景下,我国企业和公民诚信意识薄弱的问题就暴露无遗。如果说以前在刚刚起步的国内市场上,凭借薄弱的诚信意识我们还能勉强支撑下去的话,那么在已经成熟的国际市场上,仅仅

①《邓小平文选》第三卷,人民出版社 1993 年版,第 290 页。

只具有这种道德观念的企业是远远跟不上趟的。① 这种忧患意识推动了"诚信"问题的大讨论。

从以上的分析中我们不难发现：我国已经出现了的和正在出现的道德问题，都与我国正在进行的社会主义市场经济建设有密切的联系。这并不是说，当前所有的道德问题都是由社会主义市场经济建设引起的，而是意味着，这些道德问题存在于社会主义市场经济建设中，必然会对社会主义市场经济建设起一定的负面作用。要搞好社会主义市场经济建设，就必须正视这些道德问题，着手解决这些道德问题。从这个意义来说，针对社会道德问题而提出的公民道德建设，其实也是社会主义市场经济建设本身所提出来的，是社会主义市场经济建设的一个重要组成部分。

二、公民道德建设可以为社会主义市场经济的发展提供动力

公民既是道德承载的主体，也是社会主义市场经济建设的主体。一个具有良好道德素质的公民，同时也是一个具有强烈动力和优秀品质的经济参与者。因此，加强公民道德建设，提高公民的道德素质，培养有道德的公民，同时可以为社会主义市场经济建设提供必要的伦理支持。

首先，有道德的公民也是具备"社会主义精神"的公民，他们能够充分理解社会主义市场经济本身的合理价值，能够充分认识自己经济行为的道德意义，具备与社会主义市场经济相适应的金钱观、财富观、职业观和劳动观，从而能够更好地献身于社会主义市场经济的发展。早在 20 世纪初，韦伯就指出："一定的经济秩序必然要求与这相应的伦理精神和具备这种伦理精神的职业人员，任何一种经济秩序、任何一种经济行为，要想得到长久的发展，就必须有与之相应的文化观念和伦理精神，必须有具备这些文化观

---

① 这部分观点可以参阅王小锡、李志祥：《论经济全球化对中国企业的伦理挑战》，载《南京社会科学》2001 年第 2 期。

念和伦理精神的公民。缺乏了这种文化观念和伦理精神,相应的经济秩序和经济行为就很难得到真正长久的执行。"[1]这一思想无疑是非常深刻的,它充分肯定了伦理文化对于经济建设的巨大意义。

在进行社会主义市场经济建设的时候,我们也需要培养与社会主义市场经济建设相适应的、体现"社会主义精神"的文化观念和伦理精神,培养具有社会主义精神的公民,使他们能够认同社会主义市场经济,能够理解劳动和职业本身的意义。

对于社会主义市场经济建设来说,公民的伦理素质与他们的科技知识和劳动技能具有同等的重要性。一个人敬业与否,直接影响着他所释放出来的生产力的大小,直接影响着他对社会的贡献。一个劳动者能否很好地与其他的劳动者合作,直接影响着整个经济组织的工作效率。从这个角度来看,只要有一定形式的人类劳动,就必然需要有一定的劳动伦理与之相应。

其次,有道德的公民不仅具备积极的职业态度和工作精神,还能正确处理个人与他人、社会之间的关系,既充分追求个人自己的正当利益,还合理肯定他人和社会的正当利益,从而建立一个人人都能够合理追求自己利益的社会关系,为社会主义市场经济建设提供一个宏观上有利的社会伦理环境。

制度经济学的研究成果表明,市场上的资源配置实际上是由两个因素决定的:一个是企业之间的资源配置,这是由价格机制决定的;另一个是企业内部的资源配置,这是由企业家决定的,[2]这说明市场经济中存在两个核心要素:一个是发生在市场中的交换行为,一个是发生在经济组织内部的合作行为。无论是哪一个要素,都离不开一些基本而重要的伦理环境。

对于市场交换和经济组织来说,都存在一个不易被人重视的理论问题:

---

① 参见[德]马克斯·韦伯:《新教伦理与资本主义精神》,于晓、陈维纲等译,三联书店1992年版。

② 参见[美]罗纳德·哈里·科斯:《企业的性质》,载[美]罗纳德·哈里·科斯:《论生产的制度结构》,盛洪、陈郁译,上海三联书店1994年版。

一个经济主体凭什么会与另外一个经济主体进行交换或合作？经济学家可能会告诉我们，人们是为了获得更大的利益才与另一个人进行交换或合作的。亚当·斯密早已让世人明白：人们确实可以通过交换或合作获得一定的利益，但是，交换或合作双方如何才能相信自己的交换或合作伙伴呢？法学家可能会告诉我们：法律可以充当维护交换或合作顺利进行的武器。但法律真的无所不能吗？撇开法律条文对于具体违法现实的滞后性以及在法律执行过程中存在的问题不谈，如果一个社会的所有交换或合作都要通过法律来予以保障，那么这个社会用来维持正常秩序的法律成本将是不可想象的。

在这种情况下，我们为什么还要去交换或合作呢？福山指出，人类行为有百分之八十符合"经济人"模型，但还有百分之二十不能由经济因素来加以说明，而必须用文化因素才能说明。他的结论是："法律、契约、经济理性只能为后工业化社会提供稳定与繁荣的必要却非充分基础，唯有加上互惠、道德义务、社会责任与信任，才能确保社会的繁荣稳定，这些所靠的并非是理性的思辨，而是人们的习惯。"[①]由此可以看出，市场交换和经济合作的顺利进行，既离不开经济因素和法律因素的作用，同样也离不开道德文化因素的作用。

一定程度的信任不仅是大规模、深层次的交换和合作行为的基础，还可以为社会节省大笔的经济成本。福山曾经明确指出："一个社会能够开创什么样的工商经济，和他们的社会资本息息相关，假如同一个企业里的员工都因为遵循共通的伦理规范，而对彼此发展出高度的信任，那么企业在此社会中经营的成本就比较低廉，这类社会比较能够并井然有序的创新发展，因为高度信任感容许多样化的社会关系产生。"[②]

要形成一定规模的社会信任，要为社会主义市场经济建设提供必要的伦理环境，就需要每一个经济活动参与者的共同努力，需要每一个人都以

---

① ［美］弗兰西斯·福山：《信任——社会道德与繁荣的创造》，李宛蓉译，远方出版社1998年版，第18页。
② ［美］弗兰西斯·福山：《信任——社会道德与繁荣的创造》，李宛蓉译，第37页。

"诚信"作为基本的行为准则。公民道德建设要求每一个公民都"明礼诚信",做到"言必行信必果",从而可以在营造良好的社会大环境方面做出自己的贡献。

三、公民道德建设可以保证社会主义市场经济的发展方向

公民道德建设可以为社会主义市场经济建设提供精神上的动力和文化上的必要条件,从而成为社会主义市场经济的一个重要手段。但是,道德对于经济并不只是具有手段的意义,道德还具有一定的超经济性,它既有服从经济的一面,还有超越经济的一面。这种超越性使公民道德建设还负有另一项使命,对社会主义市场经济建设起监督、制约和引导的作用,从而保证社会主义市场经济的正确方向。

首先,公民道德可以提供一个规范和制约社会主义市场经济的更高的伦理标准。市场经济需要与之相适应的道德观念和道德秩序,但是,对市场经济以及与其相适应的道德观念,我们却不能盲目推崇,而必须对它们的适用边界有一个清醒认识。公民道德就可以为社会主义市场经济提供这个伦理边界。

在西方市场经济发展的现有历史中,我们不难发现这么一种趋势:经济及其相关的理论、观念正在不断突破自己的应有边界,强行向一些非经济领域渗透,并试图成为整个现实世界和理论界的霸主。这是一种经济霸权主义的趋势,也有人称之为"经济主义"。当经济学的理论形成一种经济霸权主义的时候,整个社会又将是什么样子呢?法国著名科学家雅卡尔愤怒地指出:"将经济学家的主张奉为绝对真理就等于从经济这门科学的边缘,走向经济主义,那是与宗教的完整主义同样具有毁灭性的。"①这种毁灭性的

---

① [法]阿尔贝·雅卡尔:《我控诉霸道的经济》,黄旭颖译,广西师范大学出版社2001年版,第53页。

结局是我们可以想见的。

经济规律,经济理论,以及与之相适应的思想观念都应该有一个界限都只能在经济领域里存在,而不能够肆意扩张自己的适用范围。从另一个角度看,这意味着一个事实:经济并不能为自己的存在提供足够的依据,经济本身不是自足的,经济的存在,必须以其他的东西为目的,经济的发展也必须由这样一个东西来约束。在这种情况下,一旦我们将经济奉为至高无上的绝对神明,那就是颠倒了目的与手段的位置。

那么,真正高于经济并且能够制约经济的东西是什么呢?只有一个,这就是"人"。人类社会的一切行为,都只有一个最高的目的,那就是人自己。我们认识世界,改造世界都是为了最终满足人类自身的需要,用马克思的话来说就是要实现"全面发展的个人"①。经济也好,政治也好,文化也好,都是为着这一目的而存在的,都是由于这一目的而发展起来的。一旦经济从服务于人的手段变成了人为之服务的目的,整个社会就处于马克思所说的"异化"状态,它表明"个人还处于创造自己的社会生活条件的过程中,而不是从这种条件出发去开始他们的社会生活"。②

公民道德不是经济的道德,而是人的道德,它不是立足于纯粹的经济之上,而是立足于人的全部现实生活关系之上。相对于经济标准而言,公民道德标准具有更高的约束力,它可以约束经济生活。从这个意义上说,在社会主义市场经济的发展过程中,我们不能够只从经济本身出发,不能把经济效益当作唯一的最高标准,而是必须将经济发展与人的发展结合起来,将经济标准与公民道德标准结合起来,使经济走上一条符合人的发展之路。

其次,公民道德建设可以在一定程度上确保社会主义市场经济的社会主义方向。市场本身只是一种"经济手段",是"可以为社会主义服务"③的。如果撇开强调市场这一点,我们从小平同志的这些论述中还可以发现另一层意思:市场本身既不姓"社",也不姓"资",因此,市场本身是不具有

---

① 《马克思恩格斯全集》第30卷,人民出版社1995年版,第112页。
② 《马克思恩格斯全集》第30卷,第112页。
③ 《邓小平文选》第三卷,第367页。

方向性的。但是,我们建设的是社会主义市场经济,社会主义市场经济是有方向性的,这是一种不同于资本主义市场经济方向的市场经济。那么,社会主义市场经济的社会主义方向该如何保证呢? 公民道德建设可以在这方面起一定的作用。

关于社会主义的方向性问题,邓小平同志那两段经典论述已经说得很清楚了。他在区分姓"社"姓"资"的标准时指出:"判断的标准,应该主要看是否有利于发展社会主义社会的生产力,是否有利于增强社会主义国家的综合国力,是否有利于提高人民的生活水平。"①在论述社会主义的本质时他再次清晰地提出:"社会主义的本质,是解放生产力,发展生产力,消灭剥削,消除两极分化,最终达到共同富裕。"②

毫无疑问,市场自身不会消灭剥削,市场自身不会消除两极分化,市场自身也不会达到共同富裕,既然市场做不到这些,那么它也就不可能保证自身的社会主义性质;而我们要建设的是社会主义市场经济,是有别于资本主义市场经济的一种市场经济。因此,我们就有必要对市场进行制约,以保障社会主义市场经济的社会主义性质。

要保障社会主义市场经济的社会主义性质,这不是一个简单的任务,也不是可以由哪一门学科或由哪一个部门就可以完成的。但同样毫无疑问的是,公民道德建设在这方面可以起非常重要的作用。从某种意义上说,社会主义市场经济的社会主义性质体现为一定的伦理道德性。剥削问题、两极分化问题以及共同富裕问题,尽管都与物质财富问题密切相关,但同时更是在经济过程中出现的伦理问题。因此,社会主义市场经济的社会主义方向性,从伦理学方面看就是要将市场经济引向更合乎伦理道德的方向。从这个角度来说,加强社会主义市场经济中的道德建设,也就是在确保社会主义市场经济的社会主义性质。加强公民道德教育,提高公民的道德素质,形成正确的道德观念,就可以从伦理观念上起一定的保证作用。

---

① 《邓小平文选》第三卷,第 372 页。
② 《邓小平文选》第三卷,第 373 页。

四、公民道德建设与社会主义市场道德建设

作为社会主义市场经济的参与者,人们必须具有相应的市场道德,作为社会主义国家的公民,人们又必须具有相应的公民道德,那么,市场道德建设与公民道德建设之间,又是一个什么样的关系呢?

一方面,建立社会主义市场道德是公民道德建设中一个非常重要的组成部分。

市场道德是经济道德的一个组成部分,经济道德是公民道德的一个组成部分,所以,市场道德也是公民道德的一个组成部分。市场道德在公民道德中的地位取决于市场在公民生活中的地位。

自改革开放以来,市场在公民生活中的地位与日俱增。改革开放,从经济体制的角度来说,就是逐步将一部分资源的配置权从政府手里还给市场,还给个人,从而充分发挥每一个人的积极性和能量。因此,改革在一定意义上就是重新确立市场的地位。邓小平同志关于计划和市场都是手段的命题提出以后,市场就具有了更为旺盛的生命力。

从整个社会生活来看,改革开放的不断深入,在一定方面体现为市场支配着越来越多的社会生活领域。首先是农村的包产到户制度,这使农民具有一定的经营自主权,以市场为依据来进行经营规划;然后是新出现的个体户和私营企业主,他们是按市场规律办事的领头雁;接下来就是国有企业和集体企业的股份化,原先由政府计划控制的企业也开始逐步走市场化道路;再后是各种不同行业的职业化,如足球的职业化,教育的产业化,原来由政府控制的诸多行业转向了市场。

从个人生活的角度来看,改革开放的发展体现了个人的生活被越来越深入地卷入到市场之中。在改革开放之初,只有部分吃的、穿的和用的消费品由市场提供,其他的东西,要么由自己直接创造,要么由单位提供。但改革开放之后,越来越多的东西需要从市场上获取了。先是劳动制度改革,"铁饭碗"被打破了,失业的人必须到人才市场上找就业单位;然后是住房

制度改革,长期以来由单位提供的住房没有了,取而代之的是名目繁多的商品房;再后是医疗制度改革,享受了几十年的公费医疗取消了,逐步出现的是按市场规律办事的各种社会保险制度。总之,对每一个人来说,由市场支配的生活领域是越来越广泛和深入了。

正因为市场在公民生活中占据着主导地位,当前一些主要的道德问题也主要发端于市场。诚然,在市场生活中,一定的"私心"是必不可少的,毕竟市场就是一个人人逐利的地方。对于私心长期得不到认可的中国人来说,一旦私人对物质利益的追求受到了肯定,就极有可能产生一个物极必反的后果,"私"可能会反过来吞没了"公":人们可能只顾自己的私人利益,而把他人的利益、集体的利益和社会的利益放在一边不管不问,从而可能产生大量损公肥私、损人利己的不道德现象。这种不道德现象在各个社会领域中的蔓延就引发了各种各样的社会道德问题。

整个社会的大量生活领域为市场所支配,每一个人的大部分生活为市场所支配,并且大部分的道德问题都发端于市场,在这样一种情况下,我们要进行公民道德建设,要让公民道德建设真正深入社会,真正深入每一个人的生活,就势必要加强公民在市场生活中的道德建设。不能设想,撇开市场这个重要的生活领域不管,我们还能够建设真正的公民道德。

另一方面,要防止用市场道德取代公民道德的倾向。尽管市场道德建设在当前的公民道德建设中具有非常重要的地位,以至成为当前公民道德建设的主要内容之一,但我们一定要注意一种用市场道德建设取代公民道德建设的不良倾向。因为市场道德仅仅只是从市场交换行为中提取出来的、适用于市场交换领域的相关规范,它具有一定的狭隘性,而不能完全推广为人类一切行为的标准,更不能取代公民道德。

市场道德的狭隘性首先体现为它的某些要求和规范只适用于市场交换领域,而不适用于非市场领域。市场道德作为一个特殊行为领域里的道德,它可能包含有两方面的东西:一种是具有一定共性的道德要求,这种共性使它可以推广到一切行为领域之中。如市场交换中要求讲究诚信,每一个交换者都必须严格遵守自己的承诺。这一条原则就不仅是市场行为中的要求,也可以上升为整个社会的要求。另一方面,市场上所提倡的道德,也有一部分只适用于市场交换行为,是为了保障市场交换行为顺利进行而提出的,这部分道德就不能作进一步的推广,更不能上升为整个社会的行为原则,如等价交换原则、竞争原则等等。

从这方面看,用市场道德取代公民道德,强行将市场道德提升为整个社会的道德,必然会导致一些非市场领域市场化,必然会使权权交易、钱权交易、权色交易等等成为越来越普遍的现象,从而引发更多的社会问题。

市场道德的狭隘性还体现为它的道德要求并不能概括社会生活所需要的全部要求。市场道德是产生并存在于交换领域里的,交换领域有自己的规律和要求,如平等原则、自由原则等等。但人类还包括许多不同的领域,在经济领域里至少还有生产领域、分配领域和消费领域,还有与经济领域不同的家庭领域、政治领域等等。这些领域具有与交换领域不同的特性,因而也具有不同的要求。那么,市场道德能否概括出所有这些领域的道德要求就必然成了一个问题。

一个很能说明问题的事实是:从市场本身的发展规律来说,爱是不属于市场的,爱的精神、奉献的精神并不包含在市场精神之内,爱心、同情心在市场中也不可能具有它应有的地位。但是,对一个社会来说,对一个家庭来说,爱心、同情心是绝对不能缺少的。没有爱心,没有同情心,社会就不能成为一个社会,家庭更不能成为一个家庭。从这方面看,用市场道德取代公民道德,或者只宣传市场道德而忽视整个公民道德,必然会导致整个社会道德情感的淡化,应有爱心和同情心的缺失。

(与李志祥合作,原载《南京社会科学》2004年第4期)

重建市场经济的道德坐标

社会主义市场经济体制的建立和完善,促进了我国经济社会的全面发展,在给人们的社会生活带来深刻影响的同时,也使人们的道德观念和价值观念在利益整合与分化的基础上发生冲突与碰撞。这是社会主义市场经济完善过程中道德冲突下行为选择的社会性后果。

一、市场经济条件下存在四种道德冲突

道德冲突,是人们在道德关系中进行道德选择时所面临的不同道德观念、道德信念、思想动机及其行为的一种矛盾状态。市场经济条件下道德冲突现象纷繁复杂,归纳起来主要有四种:

其一,功利与道义相冲突。在社会主义市场经济条件下,一些人秉持着"逐利利己利人"的思想,放任私欲的发展,认为在对私欲的追求过程中满足私利的同时也可以给社会带来客观效益,也是在为大多数人谋福利。这种以自我为出发点的道德理念往往导致的直接社会后果就是极端个人主义、拜金主义和享乐主义的泛滥,社会道德风气的败坏。

改革开放以来,邓小平共同富裕思想的提出,为社会主义市场经济体制的建立和完善确立了道德价值目标,那就是在个人追求利益达到一定富裕程度之后,要通过先富帮后富,逐步实现共同富裕。这就是说,经济行为的切入点是个人利益,但其行为的出发点及其最终目的应该是个人利益和社会利益的高度统一,并由此实现功利和道义的高度统一。而现实是义利冲突依然严峻,见利忘义、唯利是图的缺德行为还在较为严重地腐蚀着社会有

机体。

其二,个人与集体相冲突。社会主义市场经济体制的建立,使利益主体多元化,个体的地位和价值得到尊重,从而增强了经济社会发展的活力。社会经济结构深刻变动,原有的利益格局发生了变化,一些新的利益集团逐步形成,从而引发新的利益矛盾。虽然随着社会主义市场经济体制的完善,各方面利益关系,如中央与地方、地方与地方、政府与企业、企业与个人、个人与个人之间利益关系更加趋于合理,适应了生产力发展的需要。但各个利益主体都有各自的具体利益,都希望在社会主义市场经济体制的调整完善中不受损失或得到尽可能多的利益,特别是多种经济成分和多种分配方式的存在和发展,使不同利益群体的收入差距拉大,利益矛盾更加多样化、复杂化,表现在人们在道德冲突中的道德选择行为上,就会出现诸如借国有企业改制侵吞国有资产、借口保护地方利益而损害集体和国家利益等不道德行为。

其三,效率与公平相冲突。效率既是经济学的概念,但是也具有对于效率进行价值评价的伦理学含义。因此,并不是任何有效率的经济行为都值得鼓励。

社会财富的创造的确改变了人们的生活,但是,我们没有重视注重效率背后的不平等社会现象的出现,导致了贫富悬殊和两极分化,也带来了一系列的社会问题。随着我国工业化、城镇化和经济结构调整的加速,随着我国经济成分、组织形式、就业方式和分配方式的多样化,发展不平衡的矛盾日益凸显,社会利益关系日趋多样化。当前和今后相当长一段时间内,我国经济社会发展面临的矛盾和问题,尤其是效率与公平的冲突可能更复杂、更突出。

其四,代际利益的冲突。这实际上是平等观的冲突,反映的是当代人的发展与后代人的发展的关系。在市场经济条件下,片面追求效率,导致的结果是高能耗、高污染的畸形发展,会造成人类生存环境的恶化。从当今全球性的生态危机可以看出,只顾及本代人的发展损害后代人的利益,会损害社会的可持续发展能力。

当代人的实践方式和实践效果在一定的程度上预先规定了下一代人的生活条件,如果上一代人给下一代人留下的财富要少于他们从前辈人那里所继承的,就意味着上一代人"透支"了下一代人的财富,甚至上一代人使下一代人的生存状况变差了,并对下代人的发展造成损害。

二、社会要求和个体选择的矛盾引发道德冲突

道德冲突是社会矛盾在道德意识和行为领域的特殊表现,其实质是人们利益关系的冲突所带来的社会道德要求和个体道德选择之间的矛盾冲突。道德冲突并不是在当今时代才出现,从古至今,道德冲突都以不同的形式存在着。一般来说,在社会大变革的历史时期,道德冲突会表现得特别集中和突出,同时促进道德理论的繁荣和发展。

社会主义市场经济条件下的道德冲突,是在利益整合与分化基础上产生的道德价值观念的矛盾选择及社会行为后果。在道德冲突情况下进行道德选择的主体是立足于自身的,道德选择所依据的价值观念往往并不是自觉地从社会利益出发,尤其是在行为主体选择的社会自由度扩大的情况下,这种现象更为普遍。综观社会主义市场经济条件下道德冲突产生的原因,主要有三个方面:

首先,市场经济的双重效应。市场经济对道德具有双重影响。社会主义市场经济在促进社会主义生产力发展方面的作用是毋庸置疑的,它创造了社会主义道德意识强大的物质基础,为社会主义道德建设创设必要的物质条件。但是应该看到的是,我国市场经济的生产力基础并不是高度发达的,在生产力发展落后与不平衡基础上的生产关系不是纯而又纯的公有制,而是以公有制为主体,多种所有制经济并存的基本经济制度。

也就是说,存在着各种形式的私有经济成分,因此,私有经济条件下的自利倾向,往往会导致市场经济条件下的诸如拜金主义、享乐主义、自私自利、极端利己主义等违背社会主义道德的资产阶级价值观念的猖獗。反映

在经济活动中,就是假冒伪劣、诚信缺失、商业贿赂、生态污染等道德失范现象。

其次,利益多元的价值取向。在市场经济条件下,人们的利益意识和竞争意识得到增强,道德价值取向多元化,个体道德价值评价标准呈现多层次的特点。这使个人道德选择的自由度扩大,选择能力得到增强,在一定程度上削弱社会主导价值观的导向功能,国家观念、社会责任意识、集体意识被淡化,从而导致道德冲突。

最后,不同文化的相互激荡。我国社会主义市场经济的建立和完善是在改革开放过程中多种文化交融、碰撞条件下展开的,中国的传统文化当中维护旧经济基础的道德意识不会随着新经济基础的建立而立即消除,它与社会主义道德意识必然会发生冲突,并且会随着我国市场经济的发展,与资本主义腐朽思想一起沉渣泛起。尤其是西方文化及其道德观念,必然地会随着我国改革开放的发展,以其可能的方式影响我国的道德理念和价值取向,由于中外经济、社会、文化、历史等背景的不同,也必然产生价值观的碰撞和对立。因此,在市场经济的发展过程中,面临着多重文化背景的道德冲突。

三、调适和化解道德冲突需要道德和法制支撑

面对市场经济条件下的道德冲突,党的十六届六中全会提出必须坚持用发展的办法解决前进中的问题,大力发展社会生产力,更加注重发展社会事业,更加注重解决发展不平衡问题,推动经济社会协调发展,不断为社会和谐创造雄厚的物质基础。并在社会主义核心价值体系基础上建设和谐文化,从而为调适与化解道德冲突提供智力和德力支撑。

把握市场经济的价值导向。在社会主义初级阶段,我们发展市场经济要充分认识到个人私利与集体利益的辩证关系。社会主义市场经济的利益协调总则是具有公正价值取向的集体主义道德原则。党的十六届六中全会

指出,要适应我国社会结构和利益格局的发展变化,形成科学有效的利益协调机制、诉求表达机制、矛盾调处机制、权益保障机制。坚持把改善人民生活作为正确处理改革发展稳定关系的结合点,正确把握最广大人民的根本利益、现阶段群众的共同利益和不同群体的特殊利益的关系,统筹兼顾各方面群众的切身利益。

在社会主义市场经济条件下,倡导的集体主义原则,不是那种"虚假"的集体主义,而是真实的集体主义。真实的集体主义应当包含对个人利益或局部(部分)利益的肯定,这样的集体主义才能促进社会主义市场经济的健康发展。在社会主义市场经济条件下,倡导集体主义必须以人民利益为基础。没有人民利益这个基础,不是全心全意为人民服务,那么集体主义就变了味,集体主义就会成为小团体主义或地方保护主义的"遮羞布",就会导致集体贪污腐败,以至堂而皇之地侵吞国有资产及挪用国家拨款等肆无忌惮的不法行为大行其道。唯利是图、自私自利的极端利己主义是与共同或集体利益相对立的。我们要反对把共同或集体利益与局部或个人利益完全对立起来的倾向。

私德与公德协调发展。在利益整合与分化基础上的道德冲突使人们在道德行为的选择上,面临着公德与私德的矛盾。公德与私德的关系反映了个人与社会的利益关系。私德反映对个人及其相关利益的增进与协调,公德反映了对公共利益或社会利益的增进与协调。随着市场经济的发展,公共生活领域的扩大,使得社会公德的作用日益重要。

社会主义市场经济是以公有制为主体的,这使公德与私德的协调发展成为可能。现今的私德是相对于已定位了的公德而确认的,就更广和更深意义上来说,私德是公德的一部分,私德就是公德。当然,公德并不是自然而然就可以自动生成的,特别是我国还存在私有制的经济成分,在此基础上的私德发展带来的社会后果会对社会公德的发展产生不利的影响。

因此,党中央针对社会主义市场经济发展过程中出现的问题,诸如是非、善恶、美丑界限混淆,拜金主义、享乐主义、极端个人主义有所滋长,见利忘义、损公肥私行为时有发生,不讲信用、欺骗欺诈成为社会公害,以权谋私、腐化堕落现象严重存在等问题,大力倡导公民道德建设,提出了"二十字指导方针",即爱国守法、明礼诚信、团结友善、勤俭自强、敬业奉献的基本道德规范,努力提高公民道德素质,促进人的全面发展。

法律与道德共建并举。化解市场经济条件下的道德冲突,除了要靠根植于内心的靠信念支撑的道德观念之外,还要靠具有强制功能的法律。

道德实际上就是良心接纳、顺从了的最高法律;法律是公民普遍认同的最低道德。道德建设与法制建设是相辅相成的。从某种意义讲,道德较之法律更为重要,意义更为重大。因为道德观念决定着人们的价值取向、价值目标、生活方式与行为方式,所以道德水平的提高会加强人们的守法意识,使法律的实施得到广泛的社会舆论、传统习惯和内心信念力量的支持,使法律的作用更强大、更有效。法律能否被执行,取决于道德觉悟的驱动,如果没有道德水准,没有一定的自觉守法的道德意识,破坏法律或逃避法律的制裁就会成为社会的普遍现象,法律就会失去其存在的意义。

道德调整的多为人的内心世界和思想信念,形成有效的约束机制是十分艰难的过程。法律则以其明确性、制度性和威严性弥补了道德手段的不足。以法律来推进道德建设,社会主义道德规范才能扎根于现实生活。否则,没有一个有效的约束与奖惩机制,公共服务意识无法确立,甚至道德高尚者最终可能成为社会中的弱势群体。因此,依法治国需要同时进行道德建设,而完善法治又是道德建设的必由之路。法治和德治并举才能有效地倡导社会主义市场经济的价值观念,营造和谐的精神家园。

(原载《中国教育报》2007 年 4 月 24 日)

社会主义荣辱观是市场
经济发展的精神动力

荣辱观是人们对于光荣和耻辱的根本看法和态度,是世界观、人生观、价值观的具体体现。胡锦涛总书记提出的以"八荣八耻"为主要内容的社会主义荣辱观,既继承和发扬了中华民族的传统美德,又立足我国的现实国情,体现改革开放的时代要求,为社会主义市场经济的健康发展提供了精神动力。

一、"八荣八耻"与社会主义市场经济
价值取向的内在契合

社会主义市场经济有着鲜明的道德价值取向,以"八荣八耻"为主要内容的社会主义荣辱观,体现了社会主义市场经济价值取向的内在要求。

国家富强、人民富裕,是社会主义市场经济发展的价值圭臬,"以热爱祖国为荣,以危害祖国为耻;以服务人民为荣,以背离人民为耻"正是这一价值取向的具体体现。社会主义制度决定了其市场经济的发展目标是实现共同富裕",决不允许为了少数人的利益牺牲大多数人的利益,即使是为了多数人的利益牺牲少数人的利益也要看其经济行为是否值得。这是社会主义市场经济发展的客观要求。背离了这一客观要求,也就背离了社会主义的经济制度。在社会主义市场经济条件下,经济行为主体只有统一国家、集体、个人三者利益于一体,才不至于置经济发展于畸形状态下,也才符合社会主义经济制度的本质要求。①

---

① 王小锡:《经济与伦理关系的不同视角》,载《经济经纬》2002 年第 3 期。

辛勤劳动,勇于创新,是社会主义市场经济发展的源泉和动力,"以崇尚科学为荣,以愚昧无知为耻;以辛勤劳动为荣,以好逸恶劳为耻"是对这一基本原理的肯定和支持。劳动是人类生存和发展的基础。在社会主义社会,劳动既是公民生存的手段,也是对社会、国家应尽的义务。按劳分配作为社会主义最基本的分配原则,强调"等量劳动领取等量报酬,不劳动者不得食",从根本上改变了以往剥削阶级以劳动为耻的道德信条,劳动成为全社会范围内衡量每个人价值大小的重要尺度。改革开放以来,社会主义市场经济的发展更使得"勤劳致富"、"致富光荣"成为社会成员的普遍共识。21 世纪,科技革命迅猛发展,人类进入了一个全新的知识经济时代。知识经济的兴起,使得现代市场经济条件下科学知识的占有和创新成为国家、企业、组织和个人竞争能力强弱的重要标志。

公正和谐的人际关系是社会主义市场经济发展的重要目标,"以团结互助为荣,以损人利己为耻;以诚实守信为荣,以见利忘义为耻"为实现这一价值目标提供了处理人际关系的基本准则。不少国内外学者已从不同角度对市场经济条件下"自利"和"利他"的辩证统一关系进行了分析和论证。[1] 市场经济条件下行为主体作为"理性经济人"追求'自利'的动机未必能够产生自身利益的最大化,当代经济学家常常作为例证的"囚徒困境"就是对这一问题的最好说明。根据英国数理伦理学家 Derek Parift 的分析,"囚徒困境"实际上是一个"Each—We Dilmarna(个人—我们困境)"。他还认为,对康德主义伦理学来说,"道德的实质就是从 each 向 we 的过渡"[2]。因此,建立普遍合作与信任的人际关系是走出"困境"的必由之路。美国著

---

① 相关论述,可参见[德]彼得·科斯洛夫斯基:《伦理经济学原理》,孙瑜译,中国社会科学出版社 1997 年版;[印]阿马蒂亚·森:《伦理学与经济学》,王宇、王文玉译,商务印书馆2000 年版;焦国成:《传统伦理及其现代价值》,教育科学出版社 2000 年版;万俊人:《市场经济的道德维度》,载《中国社会科学》2000 年第 2 期;乔洪武、龙静云:《市场经济的道德基础》,载《江汉论坛》1997 年第 8 期;王小锡:《社会主义市场经济的伦理分析》,载《南京社会科学》1994 年第 6 期。

② 韦森:《经济学与伦理学——探寻市场经济的伦理维度与道德基础》,上海人民出版社 2002年版,第 116 页。

名学者福山通过对一些国家和地区社会信任度的实证分析,阐述了"信任"在其经济发展中的不同作用和效果。① 社会主义市场经济与信用制度之间存在的天然的、不可或缺的紧密关系。只有使信用制度建立在一定的诚信道德规范的基石之上,使诚信道德规范内化为社会成员普遍的诚实守信的道德品质并转换为人们的道德行为,严密的社会信用制度才能真正发挥效用。②

完善的法律、法规和制度是社会主义市场经济健康发展的基本前提,"以遵纪守法为荣,以违法乱纪为耻"为实现这一前提条件确立了基本的价值取向。市场经济是法制经济,市场经济的发展过程,同时也是法律、法规和各项制度不断建立和完善的过程。社会主义市场经济是法制经济,靠法制才能维护市场秩序,实现依法治国的基础是全体社会成员树立法治和责任理念,自觉按照法律、法规和制度约束自己的行为。遵纪守法是社会主义市场经济条件下的基本道德要求,也是每个公民应尽的社会义务。

艰苦奋斗,勤俭节约,是社会主义市场经济发展应当树立的基本理念,"以艰苦奋斗为荣,以骄奢淫逸为耻"是新形势下对这一理念的重申和强调。勤俭节约是中华民族的传统美德,在我国传统伦理思想中一直贯穿着"崇俭黜奢"的主线。艰苦奋斗是中国共产党的优良传统,是党的事业取得胜利的宝贵精神。改革开放以来,社会主义市场经济的发展在使人民生活水平不断提高的同时,也使部分社会成员产生了追求享乐、挥霍浪费、骄奢淫逸的观念和作风,出现了"艰苦奋斗过时论"和"勤俭节约无用论"。应当认识到,社会主义市场经济的发展仍须树立"艰苦奋斗,勤俭节约"的基本理念。马克斯·韦伯曾将新教伦理所蕴涵的节俭观视为西方社会完成资本原始积累的精神动力。事实上,节俭"所表现的精打细算"的经济原则与市场资源配置的合理化原则,它所产生的资本或资源的积累性效果与市场经济的扩张性投资目标原则,等等,都有着内在的相互性和共生性关系。

---

① 参见[美]弗兰西斯·福山:《信任——社会道德与繁荣的创造》,李宛容译,远方出版社1998年版。

② 夏伟东:《诚信与市场经济的关系》,载《教学与研究》2003年第4期。

二、"八荣八耻"是与社会主义市场经济
相适应的道德规范体系

从内容上看,"八荣八耻"体现了公民道德建设的核心、原则、基本要求和主要规范,同时针对社会主义市场经济发展的要求和当前出现的现实问题,提出了更加明确和具体的表述。

首先,社会主义荣辱观坚持了社会主义道德建设的核心和原则。为人民服务是社会主义道德建设的核心,也是社会主义道德区别和优越于其他社会形态道德的显著标志。有人认为,倡导为人民服务与发展社会主义市场经济存在矛盾,这是一种错误的观点。为人民服务恰恰体现了社会主义市场经济的本质要求。市场经济和社会主义制度的结合,使得每个社会成员通过市场以自己的劳动为他人服务,人人既是权利主体,又是义务主体,全体人民通过社会分工和相互服务来实现共同利益。集体主义提倡个人利益和社会利益相结合,是社会主义条件下处理国家、集体、个人三者利益关系的基本道德原则。社会主义市场经济体制的运行,使每个人相互服务,使集体和个人利益更加紧密地结合并统一起来,从而为集体主义提供了更为坚实的经济基础。社会主义荣辱观体现了个人荣辱与国家、集体荣辱的有机统一。在市场经济发展的进程中,爱国主义、集体主义和社会主义价值观在一些人心目中出现了淡化,个人主义、享乐主义、拜金主义有所蔓延。"八荣八耻"旗帜鲜明地坚持集体主义原则,倡导热爱祖国、服务人民、团结互助、诚实守信的思想和行为,反对个人主义、极端利己主义和小团体主义,抵制背离祖国、危害人民、损人利己、见利忘义的行为。

其次,社会主义荣辱观体现了"爱祖国、爱人民、爱劳动、爱科学、爱社会主义"的基本要求。"八荣八耻"是对"五爱"的进一步总结和发展。它既强调以"五爱"所倡导的正面要求为"荣",又提出以违背"五爱"的负面思想和行为为'耻';既与"五爱"的基本要求一脉相承,又针对近年来市场经济发展中出现的是非不明、荣辱颠倒的消极现象和问题,提出了鲜明的是

非、荣辱界限。

最后,社会主义荣辱观涵盖了社会生活主要领域的道德准则,是对公民道德规范的提炼和升华。从内容上看,"八荣八耻"既涵盖了社会公共生活、职业生活和家庭生活中公民应当遵循的基本准则又反映了当前市场经济发展中最需要倡导和坚持的价值取向和行为准则;从形式上看,"八荣八耻"通俗易懂,简洁明了,以"荣"与'耻'对应的形式,倡导以讲道德为荣、以不道德为耻和知荣明耻、扬荣抑耻。

三、"八荣八耻"为社会主义市场经济主体提供了行为依据

一方面,社会主义荣辱观所倡导的"八荣",为市场主体提供了经济行为之"应该"。科学的道德是人们立身、处世的应该,"应该"体现为规范,同时,规范必须被履行,它才有存在的理由。因此,道德是应该体现的规范及其被践行。[①] 事实上,只有当行为主体遵守道德规范能够带来内心的荣誉感并得到外在的正面道德评价时,道德才能被视为"应该,而自觉地践行。"八荣",明确地将热发祖国、服务人民、崇尚科学、辛勤劳动、团结互助、诚实守信、遵纪守法、艰苦奋斗视为市场经济条件下行为主体的良好品德,有利于从正面培养行为主体的道德品质,形成健康向上的社会风气。

另一方面,"八耻"为市场主体明确了经济行为之"不应该"。道德上的耻辱感,来自于行为主体内在的羞耻心和外在的道德谴责。当前我国在市场经济发展中出现的一些消极现象和问题,从其实质来看,与行为主体缺乏羞耻心有着密切关系。明末清初著名学者顾炎武认为:"人之不廉,而至于悖礼犯义,其原皆生于无耻也。"[②]人们只有有了"羞耻之心",才能从内心构筑抵御诱惑的坚固防线,自觉地不去做可耻之事。"八荣八耻",明确地

---

① 王小锡:《道德、伦理、应该及其相互关系》,载《江海学刊》2004 年第 2 期。
②《日知录·廉耻》。

道德资本与经济伦理

将危害祖国、背离人民、愚昧无知、好逸恶劳、损人利己、见利忘义、违法乱纪、骄奢淫逸视为行为主体的可耻行为,有利于培养行为主体的羞耻之心,并使种种不道德行为受到社会舆论的谴责。在中国传统伦理思想中,对荣辱观问题比较关注从'耻'的角度进行阐述。孔子曰:"道之以政,齐之以刑,民免而无耻。道之以德,齐之以礼,有耻且格。"①意思是说,严厉的刑法只能使百姓因害怕惩罚而不敢做坏事,但不能使人们自觉知耻而守法;相反,以道德治理国家,以礼乐教化人民,则可以使百姓有羞耻之心,能够自我规范,自我约束,而逐渐成为自觉遵守道德的人。孟子曰:"人不可以无耻,无耻之耻,无耻矣。"②管仲则把"耻"提高到国家存亡的高度,强调"礼义廉耻,国之四维。四维不张,国乃灭亡"③。顾炎武进一步指出,在"礼义廉耻四者之中,耻为尤要。"④可见,在中国古代思想家看来,知耻是人的基本品德,无耻则是人之大恶。"知耻近乎勇"⑤,惟有知耻,才能不断反省,自重自律,趋善避恶。这对于一个人,一个国家,一个民族和一个社会来讲都是如此。正如马克思所说:"羞耻已经是一种革命……羞耻是一种内向的愤怒。如果整个民族真正感到了羞耻,它就会像一头蜷身缩爪、准备向前扑去的狮子。"⑥不无遗憾的是,长期以来,我们在道德建设中更多地是以"当荣之事"为行为主体提供正面的道德价值取向,相对忽视了通过对"当耻之行"的谴责为行为主体提供道德防线。甚至有人觉得,过多地谈"耻"论"辱",不利于弘扬主旋律,会对道德建设产生消极的影响。事实上,要解决当前市场经济中出现的一些消极现象和问题,引导社会主义市场经济的健康发展,不仅需要正面的引导,更需要加强对耻辱行为的贬斥、拒斥和制裁。

(与王露璐合作,原载《南京社会科学》2006 年第 6 期)

---

① 《论语·为政》。
② 《孟子·尽心上》。
③ 《管子·牧民》。
④ 《日知录·廉耻》。
⑤ 《礼记·中庸》。
⑥ 《马克思恩格斯全集》第 47 卷,人民出版社 2004 年版,第 55 页。

道德视角下的知识经济

知识经济是什么？这是近年来人们关注的一个热点问题,虽然对此问题的理解角度和层次等多有不同,但知识经济是以知识为基础的经济的提法已基本形成共识。然而,真正弄清楚知识经济还不能忽视道德(这里仅把社会主义道德称为科学的道德)在其中的"角色",否则,对知识经济的理解将很可能出现以下两种偏差:一是将知识限制在一定的范围内,排除了重要的甚至是在社会科学中居于基础或核心地位的道德知识,似乎人类对自身的认识可以被排除在知识之外。二是曲解经济,仅仅认为经济是建立在自然科学知识基础上的,似乎道德知识与经济发展没有必然的联系。其实,知识经济离开道德将是不完整的或扭曲了的经济。

邓小平同志曾经指出,科学当然包括社会科学,由此我们可以认为,知识经济之"知识"不仅仅是指自然科学知识,应该包括社会科学知识。而且没有社会科学知识,人们也确实难以弄清楚研究自然科学的目的与价值。因此,经济的发展要靠自然科学知识,也要靠社会科学知识。为此,邓小平同志曾经强调,经济与教育、科学,经济与政治、法律等等,都有相互依赖的关系,不能顾此失彼。至此,我们可以说,知识经济是建立在自然科学知识和社会科学知识基础上的经济。而且,要更好地发挥自然科学知识和社会科学知识在经济建设中的作用,对道德科学知识的掌握和应用显得尤为重要。古希腊哲学家们曾经从不同角度论证了道德科学是社会科学之核心科学和目的性科学。这一观点,对于今天充分认识道德在知识经济体系中的地位具有重要的启迪意义。理论研究的成就和经济发展的现实,也已经初步显示,忽视了道德的知识经济很可能是异化人性的甚或是畸形的经济。

首先，知识经济之知识本身就有一个不断被认识和创新的过程。然而，知识被掌握多少，知识创新到什么程度，这决不是仅靠一般的文化教育所能奏效的。同样是青年学生，有的立志成才，有的被动应付。这从根本上说来，是由于人生价值观和人生目的以及由此而形成的责任感不同而造成的。当今世界自学成才者也大有人在，这些人的共同特点是有一种奋发精神。假如没有艰苦奋斗的精神，没有对自己、对社会、对民族的负责精神，不要说知识创新，就连正常的学习也不能坚持下去。因此，创新能力往往直接决定于人们的"德力"。

其次，知识对经济发展的重要性不言而喻，邓小平关于"科学技术是第一生产力"的论断足以说明了这一点。但问题是知识不能自发地发挥作用，知识在经济发展过程中如何发挥作用、发挥多大作用，往往受制于人们的道德知识水平和道德觉悟。"知识爆炸"是人们对今天人类知识快速发展的一种形象表述，"信息高速公路"又将知识全方位、快速度地传递到人们面前。这本身反映出人类不断进取的理性生存状态。然而，人类知识的快速发展，这并不意味着经济也必然快速发展，知识要快速而有效地转变为"资本"，这要决定于人的素质。我曾在一篇拙文中指出，人的素质是多方面的，它应该包括人的身体素质、文化素质、思想素质、心理素质和道德素质等。在这些素质要素中，人的道德素质是基础性素质、核心素质。只有在充分认识到自身的存在及其存在的意义，明确并确立崇高生存价值取向的基础上，人才能树立一种进取精神，才有可能以创造性劳动去改造、发展和充分利用劳动资料和劳动对象。因此，人的素质尤其是人的道德素质是知识与经济的重要"中介"，也是知识经济发展的重要"杠杆"。

第三，道德本身不仅是知识，而且是经济发展中的特殊的"资本"。道德作为揭示人们立身处世规律和规范人们行为准则的社会科学知识，它对经济有着特殊的不可替代的作用，一方面，道德把握着知识发挥作用的方向。因为，任何知识都存在一个为谁服务、如何服务的问题。社会主义道德理想性和进取性必然要求和规定知识服务于社会主义市场经济建设，决不允许知识用于影响甚或破坏社会主义市场经济建设和经济活动秩序，尤其是借用高科技或前沿知识为制假售劣、大肆盗用知识产权等行为,这是"极恶德"的行为,我们要坚决给予道德谴责。另一方面,社会主义道德知识的特殊作用集中在教导人如何做人、以及如何协调好各种人际关系,以实现人和人类的最佳生存状态,在这种生存状态下,人的理性生存觉悟和崇高价值取向必然会极大地调动人们的劳动积极性和创新精神,同时,人际间的自觉协作精神也必然带来"1+1>2"的经济效益。事实上有形资产通过投入生产过程能发挥多大作用,往往不只取决于知识和科技力量、资金和设备等,而是在很大程度上受到企业道德水平和职工道德觉悟的制约。没有基本的企业道德水平或职工道德觉悟,有形资产不能发挥应该发挥的作用。因此,道德是使资本成其为有效或高效资本的重要条件。由此可见,道德也是资本,而且,道德资本与物质资本相比意义更加重大。

第四,道德的特殊功能能促使劳动生产率的提高,并降低经济成本。知识经济的一个明显特征是知识越发展、信息越快捷,劳动生产率水平就越高,经济成本就越低。然而,道德能唤起人们责任心和信誉感,道德作用的加强,必然会使人们以高效的协作态势和以对人民、对社会、对国家的极端负责精神制造产品,而产品质量的提高、信誉度的加强、产品市场占有率的提高又在客观上降低了经济成本,提高了经济效益。为此,经济管理过程决不只是一般的经济决策和经济调度等,而是以提高职工道德觉悟、协调各种利益关系并形成最佳合力为目标的道德手段,也是经济管理的重要手段。唯有"多管"齐下,才能以最小消耗获取最大利益。

第五,道德是创名牌之根本。名牌产品既是知识和物质实体,同时也是伦理道德实体。经济发展一个重要手段和途径是创名牌产品,因为一个名牌产品往往能或托起一个企业、或托起一个城市、或托起一个地区的经济等等。然而,大凡名牌产品都是知识和科技的结晶,但值得注意的是,知识和科技并不表明一定会促使名牌产品的形成,因为,名牌产品还一定内涵着企业员工的创新意识、责任和质量意识,以及企业内部的协作精神和精心服务于社会的态度。一个企业只有坚持一流的质量意识、一流的协作精神和一流的服务态度,才可能有一流的产品。所以,应该说,名牌产品一定是知识和道德的"结晶体"。

最后需要指出的是,知识经济时代固然要十分重视文化知识的教育。然而,文化知识教育不能拒斥德育,因为道德教育和道德训练与培养是学校教育的基础和根本。唯有依赖而不忽视道德教育,才能培养合格的德才兼备的人才,以适应知识经济时代的到来。

(原载《德育天地》1999 年第 2 期)

应对经济全球化进程中的道德挑战

中国即将加入世贸组织,这表明我国将全面融入经济全球化浪潮中。同时,这也意味着中国将在全球化的经济领域全面展开激烈的竞争,开展一场看不到硝烟的"经济战争"①。

面对"入世",面对经济全球化,我们将不可回避地要迎接各种挑战,其中,当今不容易进入人们视线的和思考范围的非"显性"的道德挑战是我们必须应对的挑战。否则,我们将会在经济全球化进程中缺乏经济德性、经济发展后劲和耐力,更难以取得我国在全球经济一体化进程中应有的经济建设成就。

一、我国经济面临的主要的道德挑战

经济的全球化意味着经济建设将在各个领域、各种层面、各种利益之间展开全方位的竞争。同时,经济全球化和经济竞争"并不是一个纯粹客观的过程"②,国民的精神状态尤其是道德觉悟将直接制约着我国"入世"后经济发展进程和经济建设效益。事实上经济全球化进程中的竞争,就其本质意义上来说是道德素质和道德力的竞争。因此,正视我国经济德性化水平与以"入世"为标志的我国经济全球化进程中的要求相比所存在的差距,是加强经济道德建设,促进经济发展的重要前提。

---

① 参见李黑虎、潘新平:《经济全球化对中国的挑战》,社会科学文献出版社2001年版,第152页。

② 参见李黑虎、潘新平:《经济全球化对中国的挑战》,第410页。

1. 影响公平竞争的利益壁垒和旧有政策举措受到了挑战。

经济全球化态势中的竞争应该是透明的公平的竞争。WTO法律体系中的经济行动原则的核心是保护公平竞争。因此，在"最惠国待遇"中，要求"每一成员对于任何其他成员的服务和服务提供者，应立即无条件地给予不低于其给予任何其他国家同类服务和服务提供者的待遇。"这就是说，各成员之间只要进出口的产品或者提供的服务是相同的，就应该享受相同的待遇。同时，"国民待遇"更是强调任何一个成员的产品或者服务进入另一成员境内后，享有不低于本国或本地区的产品或服务享有的待遇，并作出了诸如不得直接或者间接地对产品的加工、使用规定数量限制，不得强制规定优先使用境内产品，不得用税、费或者数量限制等方式，为境内产业提供保护等规定。这些国际经贸活动的基本"公平"要求在目前国内经济贸易活动中尚没有充分体现，省与省之间、地区与地区之间对产品（商品）的限制使用等仍不乏存在。同样一种诸如电动自行车、"轻骑"等交通工具，往往出现只准本地区产品上牌和行驶，其他地区产品被拒之门外，这实际上是变相垄断。这不仅有失公平，而且会客观上削弱竞争和质量意识，生产的责任心也会由此而受到影响。这一点对"入世"后的我国农业更为明显。"入世"前的市场限制，农业尚可正常地自我运作和发展。而我国农业在"入世"后的冲击将会十分明显，其中有的是技术力量和技术含量的问题，但亟待解决的思想观念是农业经济的道德责任意识。就目前我国农业生产过程中农业生态环境污染和农药、化肥、生物制剂的过量和不合理使用，使得本来就生产成本高的农业产品更缺乏竞争力。如能根据我国农业特点，以对自身和客户负责的精神加快发展绿色食品、无公害食品，也许能在经济全球化进程中取得一席之地。

2. 商品市场服务体系及传统的服务意识受到了挑战

"入世"后的商品市场中，包括直销、代理、批发、零售到仓储、运输、售后服务等在内的分销服务也进一步开放。就目前我国的商品分销服务机制和服务态度及水平，还远不敌外商。

长期以来，我国的内外贸在分离体制中运作。外贸管理方法和运作路径、运作惯例的普及率不高。内贸流通基本上是在相对封闭的范围内进行，不规范的运作机制和不完善的服务体系使得国内贸易服务整体水平较低，许多企业长期在低水平层面上运作。尤其是在一些运输过程中的野蛮装卸，销售中的以次充好、以假乱真、哄抬物价、虚假广告等失信行为，售后服务承诺的"折扣"等等，其丧失的不仅是产品的市场占有率，更"排斥"了顾客的潜在需求。一旦在大幅度削减关税之后，大量的外商或外国商品直接进入我国市场，他们的一套比较成熟的服务机制和对用户负责的服务精神，将会置我们国内商人和商品于被动状态。[1]

商品市场竞争很大程度上是"服务精神"[2]的竞争，特殊的诸如金融、保险等服务行业不仅利润取决于服务精神，其生存发展很大程度上决定于服务精神。假如让顾客稍稍产生"存取钱是累赘"、"保险业不保险"的念头，这将是这类特殊行业的致命问题。按照服务贸易总协定，银行、保险、运输、旅游、电信、法律、会计、商业批发和零售等150多种服务行业都属于开放范围，以前我国在这些领域的开放程度不高，有些甚至还没有开放。这就更需要正视我们在服务精神上存在的差距，改善我们的"道德态度"，完善我国服务贸易领域的道德规则，在以信任、忠诚等道德行为充分降低交易支出费用[3]的同时，提高市场竞争能力，减少市场失灵率。[4]

3. 企业经营理念受到了挑战

经济全球化进程中的竞争主体是企业。"竞争并不是空头的，而是实体与实体的较量。中国要参与全球性的事务，参与全球性的社会分工，就面临着国际竞争，就必须依靠企业作主体。我们必须清楚地认识到，现在国际

---

① 参见李黑虎、潘新平:《经济全球化对中国的挑战》，第189页。

② 这里的"服务精神"是指从产品设计、生产到销售及售后服务等全过程的对用户负责的精神。

③ 包括交易双方互相防范所采取的措施中支出的费用、弄虚作假给双方造成的损失、在"信用"基础上的高效、顺畅的交易而节约的能源和财力等，同时，减少市场失灵率客观上也降低了交易支出费用。

④ 参见［德］彼得·科斯洛夫斯基:《伦理经济学原理》，孙瑜译，中国社会科学出版社1997年版，第25页。

间的竞争,实际不是在国家和国家之间竞争,而是在大企业和大企业之间竞争。……没有企业作后盾的国家,根本就无法在将来的国际上谋取到一份重要的角色。"①然而,企业竞争是企业运作过程的全方位的竞争,他既是企业资金的、技术的、管理的、产品质量等等的竞争,更是企业文化和企业形象的竞争,企业道德的竞争,作为企业灵魂的企业道德是企业参与国际竞争的基础和条件。

就我国各类企业目前的道德状况来看,大多数企业或多或少不适应加入 WTO 后的运作规则要求,一些企业缺乏基本的道德底蕴。有的企业压根儿就没有企业道德意识,为赚钱而生产,把企业财富狭隘地理解为物和钱,抛弃了企业既是财富又能帮助财富增长的企业道德。有的企业甚至为了眼前的短期利益,不惜损害他人利益,坑蒙拐骗,丧失了作为企业发展后劲和动力的企业道德。相当多的企业敬业精神缺乏,信用基础薄弱,信誉意识不足,赚钱的欲望大大强于对用户的负责精神。② 实际上,在这种状况下,就是不"入世",我国的企业也难以作长期支撑。多年来纷纷倒闭的国内企业均说明这样的道理:没有道德意识的生产是一种"盲动","没有道德的交易是一种社会罪恶"。③

"入世"后的企业,如果眼光还只停留在本企业的利益,不能同等看待他人利益,这样的企业行为是短视的行为,无法与国外的普遍地将"信誉"当做企业生命、将企业道德作为实现利润基础的企业相抗衡。

二、重视和培养经济德性

面对激烈的全球经济一体化的竞争,我们应该有强烈的经济道德意识。

---

① 李黑虎、潘新平:《经济全球化对中国的挑战》,第 222—223 页。

② 参见王小锡、李志祥:《论经济全求化对中国企业的伦理挑战》,载《南京社会科学》2001 年第 2 期。

③ [德]赫尔穆特·施密特:《全球化与道德重建》,梅兆荣等译,社会科学文献出版社 2001 年版,第 155 页。

讲道德总比不讲道德"有利可图"①,当然,"不是追求利润的事实本身在伦理学上具有重要性,其重要性在于行为和追求利润方式是如何进行的,这种追求利润是正当的还是不正当的,是以公开的竞争还是不正当的竞争进行的。……所以竞争市场不是道德上的中立区。"②企业利润要以道德为基础,不讲道德,企业必垮无疑。

1. 政府职能道德化

在市场经济的激烈的竞争态势下,政府的职能是什么? 这既是一个管理科学问题,也是一个行政道德问题。

可以说,我国市场经济中出现的问题相当多是由相关政府部门滥用权力、过多干预经济行为而造成的。国企改革步履艰难,就在于企业附属于政府,政企不分,产权不明,责、权、利不清。同时,行政意志直接干预企业的人、财、物和企业运作。"改革过程中相当多的阻力并非在于认识和经验的不足,而更多的是来自于利益上的牵制,是新旧交替过程中既得利益思想作用的结果"。③ 银行的许多坏债,一些是政府干预银行兑款决策造成的,这使得要钱的企业缺钱,不能兑款或兑款明显没有效益甚或收不回来的企业反倒能大量聚集资金。资本市场也是如此,"在股票市场上市和企业债券发行的审批方面,存在着明显的所有制歧视,同时透明度不够,随意性较强。""在产权市场上,政府往往用行政力量进行'拉郎配'式的资产重组,不仅不能救活困难企业,还给优质企业背上沉重的包袱。"④许多经济项目的立项往往是一些政府领导"拍脑袋"定夺,其结果是有投资无效益。这实际上是行政道德缺乏甚或是行政道德堕落的表现。

在全球经济一体化过程中,政府应适应市场运作机制的要求,从利润最大化和利益最好化角度去认识和发挥政府职能。只有彻底摈弃"既得利

---

① 生产经营中不讲道德可能会一时得利,但只能是暂时的,绝不因此说明,赚钱、获利可以不讲道德,甚至违背道德。从长远来看,不讲道德的企业实质是在作"慢性自杀"。
② [德]彼德·科斯洛夫斯基:《伦理经济学原理》,孙瑜译,第 182 页。
③ 李黑虎、潘新平:《经济全球化对中国的挑战》,第 375 页。
④ 李黑虎、潘新平:《经济全球化对中国的挑战》,第 364 页。

益"的潜在意识和行为方式,才能在行政管理体制、管理内容和方法上作出必要的改革,也才能真正用心地去把握全球化经济的运作规律和基本发展态势,并集中精神考虑调整对策措施,有效地指导企业参与国际经济竞争。

当然,政府职能转变到宏观调整、指导、服务等管理理念上来,一方面应该利用政策和规范,全面协调各种利益关系,调动各方面的积极性,培育整体经济竞争力。另一方面,要最大限度地提供并帮助分析商业信息,为企业出谋划策。再一方面,也是政府及其职能部门在"入世"前后值得十分注意的是,应从"以人为本"的角度指导调整产品结构和质量标准。例如,我国的农药与国外产品相比,高毒品种所占比例过大,缺高效、低毒、低残留农药和生物农药;一些品种原药含量低,杂物过多,原料和中间体质量差,加工剂型单一等等,这些问题,不仅难以使我国农药参与国际竞争,就是在国内也难以立足。其实,我国作为农业国,这是早就应该思考和解决的问题。多年没有解决早该解决的问题,对于农药来说,政府职能观念或行政道德问题大于技术力量问题。

2. "培育"道德资产,激活生产要素

企业资产或资源有有形的和无形的,在企业发展中,无形资产相对于有形资产来说意义更加重大,因为作为企业无形资产的生产理念、管理方式、企业道德等直接影响着有形资产投入生产过程所产生效益的大小。同时,在无形资产中,企业道德资产又直接制约着无形资产性质、内容和作用方式等。因为,企业职工的所有行为无不受到其生存价值取向的影响。大凡一个管理效益高、产品质量好的企业,与职工的责任心是分不开的。一个企业道德水平低、没有对用户负责的精神的企业是不可能生产高质量产品并获取最好利润的。

事实上,一个企业,不管有多好的设备、多大的资金量和多丰富的生产资料,如果没有对自身、对社会和他人高度负责的精神,不能发挥应有的资产作用,甚至在浪费资产。因此,企业没有道德灵魂,职工没有责任心,是不可能最大限度去激活生产要素并发挥作用的。

企业道德要成为企业无形资产,至少有以下两点值得注意,一是要通过教育和训练,培养职工道德觉悟,让职工树立强烈的生产和服务责任心。二是要通过管理和生产机制的完善,使职工的道德责任意识能渗透到生产的各个环节和各个层面,使之"物化"成良好的企业运作机制和高质量的产品。唯此,也才能使道德成为企业生产本身的重要内涵,成为生产的需要,成为生产要素充分发挥作用并获取利润的重要条件。①

3."信誉至上"树企业形象

时至今日,企业形象的竞争已成为经济竞争"主力",企业形象不仅直接决定一个企业在人们心目中的地位,而且直接影响到企业发展的命运。一般来说,企业形象是企业竞争力的标志。

企业形象是一个具有丰富内涵的综合概念,它包括企业的名称、厂貌、广告图表、产品式样等,还包括企业的生产理念、文化精神、管理制度、道德风尚、信誉度等等。其中,"信誉"是企业形象核心,是企业的命根。在全球经济一体化进程中,信誉度与企业的生存机率是一致的。为此,国内外许多企业都认为,企业卖产品就是卖信誉,而且卖信誉比卖产品更为重要。② 近几年一些纷纷倒闭的企业,其原因是多方面的,资金缺乏、技术力量薄弱、设备老化等固然是一些企业倒闭的主要原因,但相当一部分企业倒闭是由于其缺乏信誉或丧失信誉而造成的。

企业的信誉是深入人心的广告,是不做广告的广告。然而,企业信誉的建立和信誉度的不断增强靠的是产品质量,更要靠树立高质量产品的生产全过程的责任心,靠全方位的服务承诺的兑现。

首先,一切为了用户,一切为了满足用户的"人性需要",③是企业的生产目标和产品设计的基本理念,这是建立企业信誉的基础。而且,"入世"以后,我国企业将面对全球具有各种习俗、爱好甚至特殊要求的国外用户,这本身就要有一种认真的"用户至上"的精神去研究、去开发"对路"的产品。

---

① 王小锡:《论道德资本》,载《江苏社会科学》2000 年第 2 期。

② 参见《扬子晚报》1998 年 10 月 28 日。

③ 这里的"人性需求"主要是指人的生理需求、心理需求和社会需求。

其次,为用户着想、对用户的负责精神应该渗透在制造产品的各个环节和各个方面。任何产品都是精神化了的物。一方面,"任何产品都是按照人的一定的科技文化认识水平和技术路径设计的",另一方面,"任何产品都是人的道德觉悟或道德素质的物化体。"①后者比前者更为重要,没有在产品生产过程中的对每一个生产环节的对用户负责的一丝不苟的精神,最好的技术力量和工艺水平也造不出高质量的产品。而只要某一个环节或某一个方面出现差错,影响的不只是产品质量,它潜在着企业信誉将会受到影响甚或丧失。

第三,服务承诺是企业信誉的直接张扬。在激烈的国际经贸活动的竞争中,服务承诺是增强信誉度的重要举措。"入世"后我国将会遵守市场开放原则,在五年内分阶段取消配额限制,并进一步开放分销服务。这样一来,外国产品的大量进入,必然会同时带来比较成熟的服务规则和手段。同时,涉及电信、银行、保险、旅游、会计、教育、交通运输等服务行业,通过谈判形成协议而实行的"市场准入"和"国民待遇",外国服务业将全方位采用"顾客是上帝"的服务准则。对此,我国的企业一方面要全面了解和弄懂国际经贸活动的"游戏规则"和系统而有效的"服务准则",提出和实行更有效的服务承诺,全力提高产品和"服务"上的市场占有率。另一方面,要面对国际市场,研究方方面面的用户,以强烈的责任心和完善的服务准则,以"信誉至上"的形象去赢得全球"经济战争"的胜利。

4. 培养人的品性,增强生产经营责任心

如上所述,应对全球经济一体化所形成的激烈的经济竞争,说到底是经济德性的竞争。然而,经济德性不是抽象概念,道德在全方位经济竞争中的作用的发挥依赖于人的道德觉悟的提高以及生产经营责任心在经济活动中的全面"渗透"。因此,面对"入世",我们必须有清醒的头脑,应该做充分的"道德应对"。首先,要加快伦理学和经济伦理学理论、社会主义道德观念的教育和普及速度,让人们充分认识到增强国民道德素质是应对经济全球

---

① 王小锡:《论道德资本》,载《江苏社会科学》2000 年第 2 期。

化的全方位挑战的根本性措施。其次,要善于研究全球经济一体化进程中有利于各方利益并能被各方所接受的"经济应该",并构建一套切实可行的适合国际经贸活动"游戏规则"的生产经营准则。第三,要总结和提升我国传统特色的并被国外生产经营者普遍认同的诸如"己所不欲,勿施于人"、"正其谊谋其利"等"经济德性",发挥其特有的经济文化功能,创造我国经济和企业特有的经济竞争力。

(原载《道德与文明》2002 年第 1 期)

金融海啸中的中国伦理责任

金融危机正如同多米诺骨牌效应席卷全球,从发达国家到发展中国家,从金融领域到实体经济,波及范围广、影响程度深、冲击强度大。其间,中国的姿态和作为,与国际社会的行动缓慢而见效甚微相比,成为金融海啸黑幕上少有的亮色。从伦理视角加以审视,的确有三个层面的问题值得考问。

第一,金融危机的实质是什么? 可以说是理念和责任的危机。

一方面,是理念的危机。金融海啸翻江倒海、摧枯拉朽,造成了资金缩水、股票暴跌、银行告急甚或国家破产。金融危机背后的作乱者究竟是谁? 最近召开的 G20 集团金融峰会的联合声明不加点名地以"一些先进国家的决策者、管理者和监督者没有充分理解和应对金融市场的风险"的字眼,指责美国的落后理念是金融海啸的"幕后黑手"。尽管美国市场经济模式和金融秩序确实存在巨大的理念和责任的"黑洞",但他们从来不根本性地解决问题,甚至"为了解决一个问题,却创造一个更大的问题"。此外,美国人的高消费建立在向未来借钱的基础之上,"花明天的钱过今天的幸福日子"成为大多数美国人的生活理念。在美国,无论是家庭还是政府,都不怕负债累累、债台高筑,以至于美国财政一直存在着别人想想都吓得要死的巨额赤字。

另一方面,是责任的危机。美国金融行业过分求利而不顾应尽的监管责任,金融监管远远跟不上金融创新的步伐。美国经济学家约瑟夫·斯蒂格利茨谈道,全球性金融危机与金融业高管的巨额奖金有一定关联,因为奖金"刺激了高风险行为",即便他们失去了饭碗,他们仍能带着一大笔钱走人。在巨大利益诱惑面前,责任意识早已被抛至九霄云外,荡然无存。美国新当选总统奥巴马也一针见血地指出："我们不是因为历史的意外才走到这一步,是华尔街的贪婪与不负责任造成今天这样的局面。"

第二,在金融海啸中中国已经和应该承担怎样的责任?

此间,中国履行责任坚持"内外兼顾、通力合作、共渡时艰"的原则。在国际反应普遍迟缓的情势下,中国沉着、冷静地采取一系列"救危"举措,掀起了一股"挽狂澜于既倒、扶大厦之将倾"的"中国旋风",不仅赢得国人的信任和支持,而且受到国际社会的普遍好评。中国责任包括国内责任和国际责任。

一是国内责任。面对金融危机,中国立足国内,首先把自己国内的事情做好。中国及时采取应对危机的措施,打出扩大内需、刺激经济增长的"王牌",正如胡锦涛总书记所强调的,保持经济增长是应对金融危机的重要基础。中国政府宣布 4 万亿元的投资计划以拉动内需,刺激经济增长。世界银行行长罗伯特·佐利克在 G20 集团金融峰会上赞誉"中国是一个很好的榜样"。世界银行高级副行长、首席经济学家林毅夫也认为,中国经济保持稳定、快速发展,就是对世界经济的一大贡献。

二是国际责任。应对国际金融危机最好的方式就是加强各国在应对危机方面的合作和协调。只有所有国家共同参与、共渡时艰,才能为最终战胜危机带来希望。中国没有"明哲保身",而是将心比心、推己及人,表现出同舟共济于"地球村"的诚挚善意和挺身承担国际责任的勇气,以高度负责的态度对待危机,积极参与国际行动,通力合作,共同应对金融危机。胡锦涛主席在 G20 集团金融峰会上强调指出,中国愿继续本着负责任的态度,参与维护国际金融稳定、促进世界经济发展的国际合作,支持国际金融组织根据国际金融市场变化增加融资能力,加大对受这场金融危机影响的发展中国家的支持。法国总统萨科齐赞扬道,中国对重塑国际金融体系至关重要。这些做法不仅可以进一步夯实中国外交的基石,而且彰显了中国的伦理责任和道义精神,体现了对于新型国际体系构建的一种远见卓识。当然,中国绝不会也不应该承担超出自己能力范围的所谓"大国责任",否则,这又是一种相悖于"负责任"的行为。

第三,中国"救危"行动的背后传达了什么信息?

在金融海啸中,中国的姿态和作为给世人留下了深刻印象,也给世界人民战胜金融海啸"恶魔"以信心。中国行动的背后,留给人们"中国何以如此"的疑问。

声望源于成就,魅力来自实力。说到底,中国担负国际责任绝不是勉强而为,而是一个30年来始终升腾向上的大国的水到渠成之举。改革开放30年,中国的综合国力跃升到了一个新的平台。物质力提升的同时,中国的文化力也与日俱增。尤其是近些年来,中国在国际舞台上始终扮演着特殊而重要的角色。作为政治大国、经济大国的中国在国际舞台上的表现稳健且活跃,国际活动空间大大拓展,行动力令人"刮目相看",负责任的大国形象已然确立。应对金融危机,如果离开中国这样一个负责任、讲道义的大国的参与,必将大为失色,甚至陷入困局。

多难兴邦。我们完全有理由相信,在应对四川汶川大地震那场"天灾"中有着完美表现的日益强盛的中国,在国际社会的通力合作之下,一定能够转"危"为"机",在与金融海啸这场"人祸"的鏖战中续写新的传奇,使中国经济和国际地位跃升到一个新的高度。法新社一篇题为《中国成为亚洲金融危机大赢家》的文章中肯地评论道,"如果说1997年亚洲金融危机有赢家的话,则非中国莫属","因处变不惊而备受称赞的中国已崛起为经济强国,并似乎对另一场金融危机做好了更充分的准备","这场危机起到了一个意想不到的作用:推动中国继续沿着自己选择的道路(即在严格控制金融体系的前提下开放经济)前进"。

笔者以为,所有这一切,在深层上都源于中国多少年来一以贯之并在近些年进一步彰显的伦理责任和道义精神,其本身也是这种伦理责任和道义精神的逻辑必然。

(与张志丹合作,原载《中国教育报》2008年12月4日)

第 五 部 分

企业伦理与诚信

论经济全球化对中国企业的伦理挑战

加入WTO,步入经济全球化进程,并不完全是一个福音,而是一种挑战、一种全方位的挑战。这种挑战决不仅仅限于纯经济方面(如技术、管理和体制等等),更深层次的挑战应该来自于伦理文化领域。但我国目前的研究主要集中于从纯经济的角度探讨"入世对于某一行业、领域和对百姓生活的影响"[①],立足于伦理文化角度的研究相对较少。本文试图从经济伦理的角度分析经济全球化对于我国企业的挑战。

一、经济全球化所带来的伦理挑战

经济全球化对于我国企业的挑战,在经济方面体现为不成熟市场经济体制与成熟市场经济制度之间的差距,在伦理文化方面则体现为我国现有伦理文化与成熟市场经济所要求的伦理文化之间的差距。具体说来,差距主要表现在以下三个方面:

1. 敬业精神稀缺

以世界大市场为基础的市场经济需要什么样的人?对于这一问题,有两个人曾作出过非常精辟的分析:一个人是政治经济学家大卫·李嘉图,另一个人是社会学家马克斯·韦伯。作为古典经济学的集大成者,李嘉图以政治经济学的眼光分析了在市场经济中所出现的资本家和工人。在李嘉图看来,经济发展的根本标志就是国民财富的增长,资本家和工人都是国民财

---

① 薛荣久:《定位WTO——中国WTO研究与对策思考》,载《国际贸易》2000年第2期。

富的工具,最能促进国民财富增长的资本家和工人就是最好的资本家和工人。在市场经济中,工人只是劳动的化身,他唯一的意义就是提供作为"供给他们每年消费的一切生活必需品和便利品的源泉"①劳动,所以最好的工人就是能够为社会提供最多劳动的人,也就是"不是劳动十小时而是劳动十二小时或十四小时"②的劳动机器。而资本家则是资本的化身,他唯一的意义就是为社会财富的增长提供不可缺少的资本,所以最好的资本家就是能够为社会提供最大量资本的人,也就是能够最大量地"节约自己的收入,而增加资本"③的人。

李嘉图的透视角度是经济学,资本家和工人成了市场经济的构成要素,是物的载体,不具有人的特征。而韦伯的透视角度是伦理学,资本家和工人被恢复成为人、具有一定伦理精神的人。韦伯提出一个全新的概念——"天职",通俗地理解,"天职"就是上天(即上帝)赋予人们的职责,其内容就是要"人完成个人在现世界所处地位赋予他的责任和义务"④。资本家的理想类型,也就是真正与市场经济相匹配的、符合资本主义精神的资本家,是以获利为唯一动机的人,与之相应的工人的理想类型就是以劳动为天职的人。二者的共同基础就是工作中的天职精神和消费中的禁欲主义。

把大卫·李嘉图和马克斯·韦伯综合起来,我们不难发现市场经济需要什么样的人。剔除李嘉图和韦伯思想中的资本主义意识形态成分,撇开"资本家"和'工人'这些带有特定含义的名称,我们就会发现李嘉图和韦伯所强调的,实质上就是一种献身于职业的敬业精神,这恰恰就是市场经济所需要的。

敬业精神是市场经济所需要的,更是经济全球化所需要的,对于刚刚步

---

① [英]亚当·斯密:《国民财富的性质和原因的研究》(上卷),郭大力、王亚南译,商务印书馆1972年版,第1页。

② [瑞士]西蒙·西·西斯蒙第:《政治经济学新原理》,何钦译,商务印书馆1964年版,第231页。

③ [瑞士]西蒙·西·西斯蒙第:《政治经济学新原理》,何钦译,第77页。

④ [德]马克斯·韦伯:《新教伦理与资本主义精神》,于晓等译,三联书店1987年版,第59页。

入经济全球化进程的中国人来说具有一种特别的意义。因为我们所面对的是已有四百多年市场经济发展历史的国家。历经数百年的市场发展，他们已经培养出了许多富于理性而进取的人。如果我们的企业、企业家和工人不具有这种伦理精神，就必然会像韦伯所描述的具有传统主义精神的人那样，在具有资本主义精神的人面前"关门歇业"。①

但是，敬业精神在我国还相当缺乏。虽然我们也有自己的企业家，但真正具有敬业意识的、献身于工作的企业家数量还不尽如人意。这并不是说一些企业家没有挣钱的欲望，恰恰相反，我国企业家挣钱的欲望不弱于任何国家的企业家，问题在于：弗兰克林式的企业家，是以挣钱为唯一的、最终的动机，而我们有些企业家尽管也以挣钱为根本动机，但在挣钱的动机背后还有更深的动机而是以高水平的物质享受为最终动机，这就是满足个人的物质需求。所以，很多企业家挣来的钱不是变成了新的资本，重新进入再生产过程，而是变成了个人的消费基金，被各种各样的消费活动所吞噬。

韦伯曾分析过他所谓的我国的传统宗教，他的结论是儒教与资本主义精神是相抵触的，从儒教不可能产生资本主义精神②。诚然，我们的主流传统文化讲究"天人合一"，强调生活而不是生产，强调"安贫乐道"，确实缺乏一种现代理性和不断进取的精神。我国漫长的封建经济所产生的也只是"小富即安"的小农和商贾，建国以来的计划经济虽然突出个人和企业的艰苦奋斗，但过度集中的计划却消蚀着个人和企业的理性。这种状况与经济全球化的要求显然是有一定差距的。

2. 信任基础薄弱

经济全球化一方面将我们的个人与企业放入了世界大市场的竞争之中，另一方面也把我们放入了世界大市场的分工与合作之中。如果说竞争需要人们具有更为理性和进取的精神，那么合作就需要更为开放的态度，这种态度的基础是信任。

① ［德］马克斯·韦伯：《新教伦理与资本主义精神》，于晓等译，第59页。

② 参见［德］马克斯·韦伯：《儒教与道教》，王容芬译，商务印书馆1995年版，第299—300页。

在自然经济中,一个人或企业只需要与少数几个人有经济往来;在市场经济中,一个人或企业需要与众多的人和企业有经济往来;在全球经济中,一个人或企业需要与全世界的人和企业都有经济往来。经济往来范围的变化,不仅在客观上要求我们的技术和产品能够与世界接轨,而且还要求我们在伦理观念上具有与之相适应的成分。

从伦理文化方面看,一个人或企业是否与他人进行经济交往以及与哪些人进行经济交往,并不完全取决于经济因素。有利可图固然是一个人或企业与他人进行经济交往的必要前提,但仅仅是有利可图还不够,还得有另一个不容忽视的因素,这就是个人之间的信任。尽管从理论上讲一个人可能会让我赚钱,但如果他不能让我对他产生信任,我也可能不会与他进行经济交往。

我是否信任别人,以及我信任哪些人,这并不是完全由我的个人爱好所决定,也不完全是由经济理性所决定,它主要受传统文化(尤其是价值取向)的影响。一个社会的传统文化制约着这个社会的信任程度与范围,这种信任程度和范围直接构成了经济交往的基础,并影响着这个社会的经济发展。正因为如此,著名学者福山才提出:"一国的福利和竞争能力其实受到单一而广被的文化特征所制约,那就是这个社会中与生俱来的信任程度。①

我国人与人、企业与企业之间的信任程度如何呢?在福山眼里,中国是一个"低信任度社会",这并不是说中国人互不信任,也不是说中国人不信任其他人,而是说中国人的信任是有一定限制的,它是一种家族主义式的信任。这种信任的最大特点是"只依赖和自己有关系的人,对家族以外的人则极不信任"②。

这种信任表现在企业中就是:许多企业高层管理人员是与自己有一定亲情关系的人,而不一定是具有真才实学的人;企业开创者引退以后多把企

---

① [美]弗兰西斯·福山:《信任——社会道德与繁荣的创造》,李宛容译,远方出版社 1998 年版,第 12 页。
② [美]弗兰西斯·福山:《信任——社会道德与繁荣的创造》,李宛容译,第 12 页。

业传给自己的子女,而不是真正具有管理才能的人;企业交往的对象多为由血缘联结的有限圈子,而不一定是最有利可图的人。

毫无疑问,以亲情为基础的信任很难适应经济全球化的要求,它必然会限制企业的发展。倚赖亲友进行管理,把企业作为财产传给子女,就难以吸引真正有才干的人进入企业,也难以扩大企业规模;多与血缘圈子打交道,就使企业的经济往来更多地受制于亲情关系,而难以真正面向世界,走向世界。全球化的趋势要求人们的信任只以经济为基础,对不同血缘、不同地域的人和企业一视同仁,给予同等的信任。

3. 信誉意识不足

信誉与信任不同,信任表明一个人或企业是否相信他人,它关系着个人或企业将与哪些人或企业进行经济往来;而信誉则是一个人或企业是否能让其他人相信自己,它关系着将会有哪些个人或企业与自己进行经济往来。个人是否相信其他人取决于个人自身的文化信仰或价值取向,而个人是否让其他人相信则取决于个人是否能够始终如一地坚守自己的承诺。

经济全球化不仅要求社会具有较高的信任度,也要求企业和个人具有强烈的信誉意识。经济全球化的基础就是现代大工业生产。大工业生产的一个根本特点就是"可计量性",其生产过程的每一个要素、每一个环节都能够转化为一定的数量,从而可以在事先得到精确的预测和合理的控制。这种"可计量性",一方面给企业生产着信誉的基础,只要原料充足,它一定能够在一定的时间内保质保量地完成生产;另一方面也要求与之交往的企业或个人具有一定的信誉,只有在原料与产品能够按计划准时购进或卖出,企业内部的可计量性才能得到保障,任何一个环节的不守信用都会导致经济秩序的混乱。可以说,信誉既是大工业生产的产物,也是大工业生产的前提和基础。

在今天,由于市场经济的发展,我国企业界的信誉观念有了明显的改善,特别是时间观念。在大机器面前,人们的时间观念有了空前的提高,"时间就是金钱"这句话,很精确地表明了时间在人们头脑中的地位。更让人高兴的是,这种时间观念已经从劳动时间逐步向其他的时间延展,以至人们对于约定时间的最小单位和遵守程度达到了前所未有的程度。

但是，我国的信誉意识还处于肤浅的层面。就时间观念而言，尽管人们在很多时间方面意识很强，但在经济活动中最为重要的时间方面，即债务的支付时间方面，仍然难以做到守时。企业之间大量存在的"三角债"现象就表明了这一点。另一方面是对产品性能、服务的承诺上。撇开"假冒伪劣"现象不谈，即使是一些合法的、具有一定经营规模的大企业，他们在做广告宣传自己的产品性能和售后服务的时候，也常有言过其实的现象。当前日益增多的经济纠纷就表明了这一点。国内外许多企业之所以能在激烈的经济竞争中立于不败之地，其中一个重要原因就是企业信任度高。因此，信誉是产品市场占有率的基本前提，从一定意义上说，信誉就是利润和效益。

缺乏信誉会使我国企业在经济全球化过程中步履艰难，它不仅会招来大量的经济纠纷，更有可能会使我们难以融入经济全球化的圈子。

二、思考与对策

我国企业的伦理现状与经济全球化要求之间的差距，是我们在进入全球化进程中所必将面临的困难，如何使我国企业的伦理道德与经济全球化的要求相协调，则是每一个企业乃至全社会都必须重视的问题。如果这个解决得不好，我们在经济全球化的道路上就会举步维艰，更谈不上充分利用全球化的机会来发展自身。如何解决这个问题，我们提出了两点思考。

1. 面对伦理挑战，必须把握我国社会、经济和文化的特色与现实

要消除差距、迎接挑战，首先必须与我国的现实情况相结合。

第一，必须与我国当前的经济体制改革相结合。不可否认，导致我国与世界差距的一个重要原因是经济体制方面的原因。我国过去一直实行计划经济，真正搞市场经济还不到二十年的时间。尽管计划经济对于我们建国以来的经济发展起过重大作用，但过度的计划与市场是不协调的。长期计划经济所带来的影响是：大多数人还在用计划经济的思想搞市场，而没有形成与市场经济相匹配的思想观念。经济体制方面的原因，只有通过经济件

制改革的不断深化才能真正得以解决。令人欣慰的是,这一点正是我国政府目前正要致力解决的。随着"社会主义市场经济"概念的提出,各种经济体制改革措施的出台,我国的市场经济体制必将不断完善,这些问题终将被证明是暂时的。

第二,必须与我国的传统文化相结合。我国历史悠久,文化传统深厚,对国人的影响甚深,其价值取向会不知不觉地影响着人们的经济活动。在这些价值取向中,有一些是与市场经济相容的,更多的部分是与市场经济相抵触的。不能否认,即使是与市场经济相抵触的部分价值取向,也可能具有消解市场经济负面影响的作用。但是,在步入经济全球化的今天,对我们主流传统文化所起的作用需要重新审视。对于传统文化中与经济全球化不相适应的部分,我们要"通过自觉的努力以导使文化变迁朝着最合理的方面发展"①。毫无疑问,这将是一项意义深远而又十分艰巨的任务,但它并不是本文所能解决的,也不是本文的重点。本文只想说明一点:与韦伯和福山不同,我们相信我国一定可以、也一定要改造出一种具有中国特色的、与市场经济相适应的文化。既然西方的新教改革能够创造具有"资本主义精神"的人,我们也一定会通过自己的文化改革和创新而产生具有"社会主义精神"的人,历史上的新文化运动和延安整风运动就是其实现可能性的明证。

第三,必须与我国在改革后新生的经济人物和经济现象相结合。在社会主义市场经济建设过程中,我国涌现了一大批优秀的企业和企业家,他们代表了我们社会发展的方向,也凝聚着我们时代较为先进的思想观念。不可否认,这些思想也有一些不成熟的地方,但它是一种方向,尤为重要的是,他们是中国传统文化和现代经济相结合的产物。他们在进行经济活动中,必然会产生一定的伦理观念。这些伦理观念,就是我国在伦理文化上通向经济全球化的入口。

2. 面对伦理挑战,我国企业应有的对策

① 余英时:《中国传统思想的现代诠释》,江苏人民出版社 1989 年版,第 57 页。

经济全球化,需要企业用理性的视角来看待经济运作的全方位和全过程,谁在伦理的挑战面前束手无策,谁就将在世界经济大浪潮中被淘汰出局。这点是毋庸置疑的事实。我们只有以清醒的头脑适时应对这一趋势,才能从容面对和加入 WTO 融入经济全球化进程。

第一,熟悉经济运作的伦理规则。经济运作过程绝不是一个纯粹的物质过程,也不是一个纯粹的数字概念。没有人的参与,任何经济活动都不能成立。而人的经济行为又不是随心所欲的,人在经济活动中必然地要受到体现为经济准则的"应该"的制约。坚持"应该","经济人"才能与"道德人"相通约,人才能最大限度和最好地创造经济业绩;坚持"应该",人与人之间的经济贸易往来才能正常而又公正地进行,不断增长的物质财富和日益提高的生活质量才能持久地产生。为此,作为现代企业,应该把认识和遵守经济运作的伦理规则作为企业建设的重要内容和重要环节。

第二,开展伦理教育,夯实企业文化建设基础。企业文化建设是企业发展的精神力量之源,是企业的灵魂,更是企业发展的重要动力。而企业伦理则是企业文化的核心内容。企业文化大致包括企业的物质文化、制度文化和精神文化等要素。而企业物质文化也就是精神化了的物质,是人的科学技能、文化观念、伦理精神的物化。离开了作为主体的人的"介入",任何物质的文化意义都无法理解。同时,离开了人的体现为积极进取精神的价值取向,任何物质文化都只是缺乏内容的、枯燥的、科技物化体的存在,就连其存在的目的都没有定向。因此,企业物质文化的形成及其作用的发挥有赖于企业伦理精神的发扬。这也是企业物质文化精神的根本。企业的制度文化,其合理性及其在企业生产经营过程中所产生效益的高低,取决于企业制度的伦理性。即是说,企业制度如能建立在对企业经营的"应该"的充分认识基础上,真正实现伦理制度化或企业制度伦理化,就会最大限度或最好地引导着企业的发展。企业的精神文化,其核心是企业的伦理精神。企业的伦理精神不仅影响着企业的价值取向,而且直接制约着企业形象的建立。因此,企业的伦理教育应该是企业发展战略中思考的重点,它应该成为企业管理工作的首要的重点。

第三,"盘点"道德资产,发挥道德资本作用。企业道德是企业的理性无形资产,主要体现为企业领导和职工的道德觉悟、企业管理中的道德手段、企业经营目标中的价值取向和企业制度中的伦理内涵等等。面对WTO,企业应该审视一下自己的伦理道德现状,客观分析自己在企业道德建设方面取得的成就和存在的问题,理清思路,明确对策。企业道德要成为企业运作中的资本,就应该在企业生产经营过程中着力提高职工的道德水平,增强职工的责任心;同时,科学地协调好各种人际关系(包括企业之间)和利益关系,使各种关系形成一种"1＋1＞2"的合力。唯此,才能充分发挥各类劳动主体的能量,并"促使有形资产最大限度地发挥作用和产生效益,促进劳动生产率的提高。"①

　　即使最终签订了"入世"协定,也并不意味着我国"入世"问题的自然而然的解决,恰恰相反,它意味着我国"入世"问题才刚刚浮出水面。在经济体制入世、产业结构入世、管理入世和科技入世的同时,我们伦理精神的入世问题必将凸现出来,成为一项紧迫的任务。

　　(与李志祥合作,原载《南京社会科学》2001年第2期)

---

① 王小锡:《21世纪经济全球化趋势下的伦理学使命》,载《道德与文明》1999年第3期。

中国企业伦理模式论纲

企业伦理模式作为承载企业伦理的载体,是提升企业核心竞争力不可或缺的重要因素和工具。对企业伦理模式的研究有助于进一步拓展经济伦理学的研究视野,同时,企业伦理模式的可现代性构建,在引导企业遵守以诚信为核心的基本行为规范的基础上,追求更高的道德目标,继而对促进整体组织的进步和社会健康有序的发展具有积极意义。

一、企业伦理模式的含义及特性

模式是一种结构,也是主体个性的表现形式。企业伦理模式是企业在长期经营实践中价值共识和文化积淀的产物,是企业伦理个性特征的表现结构。其核心部分是企业价值观、企业的伦理精神,其外层的表现形式则是广大员工所认同的企业道德规范及企业规章制度、行为方式中的伦理取向等。就其特质来讲,主要有两个方面:

一是企业伦理模式是企业个性的表现形式之一,具有唯一性和不可复制性。企业伦理是企业社群在发展历程中所凝聚的社会共识,其形成要件是由企业的异质性(所有制的性质不同)、历史传统、文化背景、企业经营管理者的伦理观念企业的制度安排和战略选择、企业的社会基础等变量决定的。就像世界上没有两片绝对一样的树叶一样,不同企业的价值观,伦理精神的形成是"天时、地利、人和等各种因素成就的"[①]。特定的伦理理念是支

---

① 邹东涛:《序言》,见余映丽、李进杰:《模式中国》,新华出版社 2002 年版。

撑和分界不同企业伦理模式的关键要素。这就决定了企业伦理模式的唯一性,即精神可以学习,模式却难以复制。如把毛泽东思想和集体主义伦理作为行动规约和精神支撑走上共同富裕的南街村,尽管前去学习的人和企业无以数计,但在中国大地上难以克隆出一个同样的南街村。海尔模式惊天动地的成功,引得无数企业竞相前去取经。但是,一般参观者在海尔看到的是文化外层,即海尔的物质文化,他们"最感兴趣的是能不能把规章制度传授给他们。其实最重要的是价值观。有什么样的价值观就有什么样的制度文化和规章制度"①。海尔总裁张瑞敏道出了海尔模式没有被其他企业成功复制的真正原因。

二是企业伦理模式从本质上说是一种文化模式,具有继承性、民族性和时代性。企业作为构成现代社会的细胞,不仅具有追求和实现自身利益最大化的经济属性,而且还具有政治法律、文化、历史等方面的社会属性。经济的发展速度和取向离不开文化的支撑,这是近年来人文经济学者高度关注的一个问题,企业的伦理行为和模式选择,从根本上说是一种文化选择。民族的、历史的、时代的因素及社会制度等都在企业的伦理选择中留下自己的足迹。英国著名学者卡尔·莫尔、戴维·刘易斯以当前国际企业研究领域中流行的理论体系——"折中模式"对历史上的跨国企业进行了透视,得出的结论是:尽管企业的模式千差万别,但"我们当今的许多经济结构源自数千年前的经济模式"②。在众多的企业模式中,我们"不能说哪一种模式是正确的,每一种只是反映了它得以产生的文化底蕴。在数个世纪的历史进程中,相似的文化底蕴产生了相似的管理模式"③。考察中国企业伦理建设的历程,不难看出,自从近代企业产生以来,中国企业的不同伦理模式主要在马克思主义、中国传统文化、西方文化三种文化模式的碰撞、融合对比、

① 胡泳:《海尔中国造之企业文化与素质管理》,海南出版社 2002 年版,第 34 页。
② [英]卡尔·莫尔、戴维·刘易斯:《历史能重复自身吗——企业帝国的基石》,钱坤、赵凯译,江苏人民出版社 2002 年版,第 304 页。
③ [英]卡尔·莫尔、戴维·刘易斯:《历史能重复自身吗——企业帝国的基石》,钱坤、赵凯译,第 1 页。

选择中形成。不管是传统的宗法等级伦理、家族伦理模式,计划经济时代的共产主义伦理模式、集体主义伦理模式,还是市场经济时期出现的制度伦理模式、人格感召模式等无不深深地打上了文化的印记。

二、我国企业伦理的若干主要模式分析

就中国目前进行伦理建设的企业来说,它们的模式选择各不相同。我们选择了企业界常见的、具有代表性的几种模式进行分析:

1. 权威模式(企业家的人格感召模式)。和其他行业的领导者一样,企业经营管理者对企业的影响力来自两个方面,即权力影响与非权力影响。非权力影响力主要表现为企业家的人格感召力。由于社会转型、文化、历史的原因及企业自身的实际,在我国经济转型时期,出现了这样一批企业,其领导人或是最大的股东,或是受命于危难之际使企业起死回生之人,广大员工对企业领导人由衷地敬佩和信赖,甚至是一种真诚的崇拜。企业领导人在企业中具有很高的威信和绝对的权威,当然,也逐渐养成了一个人说了算的传统。企业的发展很大程度上靠他们的人格力量在支撑。这种情况在我国社会的转型期比较常见。

企业家的人格或权威决定着企业的命运。这种模式在企业发展的特殊时期是必要的和积极的,但从长远和科学管理的角度来看却是有隐患的。企业作为一个以赢利为主要目标、向社会提供商品或服务的经济组织,其不断发展需要的是优秀领导人率领的英雄集体,而不仅仅是一个"能人"。现代管理学的研究表明,权威领导人具有极高的自信、支配力及对自己信仰的坚定信念。他们的"过分自信常常导致了许多问题他们不能聆听他人所言,受到有进取心的下属挑战时会十分不快,并对所有问题总坚持自己的正确性"[①]。这是我国目前的企业界常见的也是令人担忧的现象。

---

① [美]斯蒂芬·P.罗宾斯:《管理学》,孙健敏等译,中国人民大学出版社1997年版,第418页。

2. 使命和责任模式。对国家、民族、社会等强烈的使命感和责任感是这种模式的核心价值理念。

经商无国界，但企业最大的股东或其经营管理者都是有国籍的。振兴中华民族的理想成为改革开放以来许多中国企业力图做大做优做强的精神支柱。从"海尔，中国造"，到长虹的"高举民族工业的大旗，以产业报国、民族昌盛为己任"等都可以看到一些企业家把自己的经营行为同民族振兴密切联系起来，并通过各种制度融入到经营管理之中。

这种模式的明显特点：一是企业经营管理者具有高度的责任心和使命感，表现为努力追求公有资本人格化的实现。如国家累计投资只有1200万元的许继集团，在公有资本人格化这一伦理理念的支撑下，经过全体员工的努力，换来了目前165亿的国有资产市值。其总裁王继年说的："企业经营者能不能切实为国有资产负责？在走向制度化规范化之前，要靠使命感和责任心处理这个问题。这方面许继确确实实是铁了心，为国家和集体的钱负责。无论大事、小事，从物资采购到基建项目建设，这个精神贯穿始终。"二是有在实践中形成的并被企业绝大多数成员认可的企业价值观。这种价值观是企业千锤百炼的结果，不同于一些公司一成立就诞生的企业价值观。如许继集团的企业价值观"岗位职业化"，是其50多年发展历程的结晶。绝大多数许继人都把岗位工作视为终身事业，以高度职业化精神，在不断提高自己的基础上不断创新，不断提高自己的工作效率和工作质量，把工作做得尽可能精彩，尽可能完美，因此，才创造了许继的辉煌。三是有一种浓厚的企业道德传统。同仁堂这个百年老企业，300多年来一直严格遵守"品味虽贵必不敢减物力，炮制虽繁必不敢省人工"的祖训，同修仁德共献仁术、济世养生的仁德规范一直为新老同仁堂管理者和员工所遵守。四是有一套倡导主人翁精神的机制。[①]

改革开放以来，中国民族工业不断发展壮大，在国际竞争中开始占据一席之地，这和企业家的责任感和使命感是分不开的。国有企业作为我国国

---

① 欧阳润平：《中国企业伦理文化调查报告》，载《道德与文明》2002年第1期。

民经济的支柱,从一定程度上说,其发展和停滞取决于企业领导班子和负责人的责任感和使命感。这种企业伦理模式相对较少,但是需要大力培育的模式。

3. 制度伦理模式。主要以新兴的股份制企业为主,以契约论为理论基础。和传统的国有制企业不同,股份制企业作为契约型团队,其伦理模式有着明显的特征:

一是企业不仅具有基于契约精神而制定的完备的制度系统,而且有严格的保证制度运转的规章。"一切按合同办","一切按制度来"是全体员工的共同理念。"其制度一般比较明确地界定了不同主体的权利、责任与义务,能够代表和保护企业内部大多数成员的共同利益。这些公司成员的行为被明确地纳入基于契约精神而制定的职业道德规范之内。"[1]正如罗尔斯指出的,个人职责确定依赖于制度,首先是由于制度有了伦理的内涵,个人才能具有道德的行为。"一个人的职责和义务预先假定了一种对制度的道德观,因此,在对个人的要求能够提出之前,必须确定正义制度的内容。这就是说,在大多数情况下,有关职责和义务的原则应当在对于社会基本结构的原则确定之后再确定"[2]

二是通过非正式制度提倡职业精神和个人价值实现,营造主动积极的企业氛围,降低管理成本和道德风险,以弥补正式制度的不足。同时,这类企业用人的重要评判标尺是业绩和能力,激励与约束机制比较健全和合理,职工成长的职业通道也比较规范,联想集团等即为这类模式的典型。

这种以契约正义为价值导向的模式,员工的权利和能力得到了尊重。他们既是劳动者,又是企业"老板";既是利润的创造者,也是利润的分享者;既是为企业劳动,也是为自己劳动。员工在劳动和分配的过程中感受到为企业即是为自己。因此,员工的积极性、主动性和创造性可能得到最大程度的发挥。

---

① 欧阳润平:《中国企业伦理文化调查报告》,载《道德与文明》2002 年第 1 期。
② [美]罗尔斯:《正义论》,何怀红等译,中国社会科学出版社 1988 年版,第 105 页。

应该说,这种模式是一种较为理性和合理的企业伦理模式,也是目前中国企业界亟须培育和具有极大发展前景的一种模式。

4. 家族模式。以私营企业尤其是家族企业为代表。这类企业以血缘关系为最基本的框架,其人员构成主要来自具有血缘关系和非血缘关系的家族成员,企业所有权与经营权合二为一,实行"家长式管理",成员对家族的忠诚、彼此间的信任和了解、整体利益的一致性、同兴共衰意识等是企业强有力的凝聚剂。这种以血缘亲情为纽带的企业伦理模式在伦理精神方面的同质性和继承性表现明显。如荣氏"和衷共济力求进取"的家族伦理精神,经荣宗敬和荣德生兄弟两人的多年精心培育,已内化为企业员工和家族成员的经营哲学,成为荣氏家族的传家之宝。

这种以"情"为纽带的家族伦理模式在现代管理中产生了极大的作用,它可以增加企业内部成员的认同效应,降低部门之间的协调成本和费用,并使部门间产生互补效应,有利于整个公司和企业整体功能的发挥。近年来,一些学者的研究表明,儒家以血缘为中心的家族主义伦理在日本"亚洲四小龙"的崛起与腾飞中发挥了重要作用。对以家族主义为核心的血缘伦理模式所具有的优势,法国学者曼弗雷德·凯茨、德·维里尔做了这样的描述:"长期取向、行动的独立性、没有股市的压力、没有收购风险、家族文化是自豪的源泉、稳定性、强烈的认同、承诺与动机、领导的持续性、困难时期的韧性、赚回利润的愿望、有限的官僚主义和非人格性、灵活性、财政收益、成功的可能性大、商业适应、家庭成员的早期培训。"①

但是,家族伦理模式由于偏重于人的作用和价值实现,相对忽略制度效应和条例管理,在人事关系方面理性精神表现得充分,而在任务和规则方面理性精神表现得相对较弱。这种模式因其主要经营管理者皆是一个宗族的成员,身为董事长兼总经理的一把手往往行使族长的权力,企业的行为规章和一个宗族的族规有时很难区分开。因此,一旦治理企业的不是家族成员

① [法]曼弗雷德·凯茨、德·维里尔:《金钱与权利的王国——家族企业的兴衰之道》,机械工业出版社 1999 年版,第 22—23 页。

中的能人,企业的伦理精神就难以维持下去,就会直接威胁到企业的发展和前途。

5. 嫁接模式。跨国公司和外资企业大多采用这种模式。这种模式是经济全球化过程中,企业伦理模式建设的一种趋势。管理大师杜拉克指出:"当前社会不是一场技术,也不是一场软件、速度的革命,而是一场观念上的革命。"嫁接和整合中西伦理文化中的精华,对"请进来"和"走出去"企业的伦理建设来说,都是必须重视的。在经济全球化的背景下,经济文化之间的冲突和融合加剧,跨国公司作为经济全球化的载体,实行本土化政策是其扩张的必然选择和成功的关键因素。同时,借鉴学习他国的先进管理技术也必须结合本国、本地的伦理文化传统,并进行创造性的转换,才能成为企业竞争力提高的动力。中州国际集团对中西伦理文化的成功嫁接,使一个老国有企业在短短的 10 年里,迅速发展成为集团资产规模居全国前列,全国唯一一家同时拥有"皇冠"、"假日"、"雅高"三个世界著名酒店业品牌的旅游企业集团。中州国际集团总经理林寿全先生根据其管理 bass 全球多家公司的经验指出:"外方的管理模式,不能完全嫁接在中国的企业,尤其是国有企业上,要想管理好中国的企业,必须先要了解中国文化和中国人。"因此,"我们的管理既不是完全西方的也不是完全东方的,它是东西方两种管理精华的有机结合"。麦当劳在中国的巨大成功、可口可乐公司在中国饮料业的横刀立马,跨国公司本土化的经营伦理功不可没。

嫁接伦理模式建设中应注意以下原则:一是本土化原则,包括与当地合法政府合作,尊重所在国的文化、道德宗教等传统;二是开放原则企业要以开放的胸襟,平等地吸取中西伦理文化中的精华。在这方面海尔为中国企业的跨国经营提供了很好的范例。2003 年 4 月 3 日在北京大学光华管理学院举行的"中国企业走出去"国际研讨会上,海尔集团监事会主席王安喜把海尔拓展海外市场的经验概括为:"走出去、站住脚、争第一。""走出去",即以开放的全球化视野,先难后易,先进入发达国家,再进入发展中国家。做到"站住脚",主要是通过三位一体"本土化实现三融一创",创出本土化品牌。"三位一体"即设计、制造营销三位一体。"三融一创"即融资、融智、融文化,创出本土化的世界品牌。其中最重要的是融文化。在这一理念的指导下,经过 18 年的发展,海尔已经发展成为一个全球营业额 723 亿元的跨国企业集团。

6. 市场经济中的集体伦理模式。集体主义是社会主义的道德原则,也是计划经济时代国有企业的主要伦理模式。但和计划经济时代相比,市场经济条件下的集体伦理模式有以下特点:一是其伦理假定不仅是"道德人",而且还是"经济人",是两者的共生共存。在高度集中的计划经济体制中,我国的企业不是真正市场意义上的企业,而只是社会工场的车间,是行政单位的附属物。企业只是"道德人",集体伦理表现为对国家、政府的无私奉献,企业作为一个集体,唯一的伦理选择就是一切听命于政府。市场经济条件下,企业作为一个具有独立法人资格的市场主体,是地道的"经济人",追求自身利益的最大化是其出发点和动力,同时也要遵守社会道德规范,表现其"道德人"的一面。二是伦理支点是强调共创、共存共富、共享。市场经济理性与集体主义有机结合,形成了以市场为导向、以集体主义为杠杆的特色模式。南街村的"市场经济 + 毛泽东思想 = 社会主义市场经济"的模式是市场经济中集体伦理模式的一个典型。浙江横店村等改革开放以来通过农村工业化提前步入小康生活的村庄大多采用这种模式。

在中国全面建设小康社会的历史进程中,集体伦理模式对处于特定背景下的企业发展具有重要的借鉴意义。

7. 激情模式。这类企业虽然有的把满足消费者的需求作为核心,有的高举振兴民族工业的大旗,我们也不怀疑其干一番事业的雄心,但就其行为选择来说,他们共同的特点是:企业的领导人坚信激情是企业成功的根本动力。因此,他们不仅迷信于一个创意或一则神话就可改变企业命运,而且在经营上追求最大的轰动效应和造势,豪情有余而理性不足,尤其不注重对企业规律和秩序的尊重,缺乏系统的职业精神和道德感。秦池集团的兴衰是典型之一。秦池酒厂本是一个名不见经传的县级小厂,1994 年的利税之和只有 3000 万元,但 1995 年却以 6000 万元夺得中央电视台的标王。1996 年再以 32 亿元在中央电视台广告中夺冠,成为我国白酒行业的一匹黑马。但面对着社会上对其"川酒入鲁"、"白酒勾兑"的质问和生产能力的怀疑,秦池集团表现出了一个暴发型企业特有的稚嫩,没有找出也不能找到令人信服的辩解,结果很快被市场淘汰。在有关秦池的议论中,最典型的一个声音是,"成也造名,败也造名"。以30万元起家,短短的几年内便建立了一个资产达40多亿的三株帝国,铺天盖地的广告轰炸、充满狂热的人海战术,在某种程度上造就了这个神话。但1998年的一场"八瓶三株喝死一个老汉"的诉讼就把这个企业轻而易举地打败,它足以证明脱离经营规律的过度夸张和对广告的过分依赖可能葬送一个企业。巨人集团从决定建全国第一高楼到多元化扩张,从经营策略上的全面出击到打重点战役,无不显示着其主要经营者的满腔激情。正如史玉柱的一位部下所说:"这位年轻的知识才俊显然对民众智力极度蔑视,而对广告攻势有着过度的自信。"改革开放以来,尤其是在20世纪90年代的中国,中国企业界上演了无数次这样的激情败局。

这种以激情作为企业伦理支点的企业,对其失败的原因,有人认为这跟东方人特有的总渴望有一些超出常规和想象的事件再现有关;有人认为"成也萧何,败也萧何"的是传媒;也有学者认为都是"速成名牌"惹的祸。但如果我们从伦理的角度去分析,发现这类企业有一个共同的现象,就是在一鸣惊人之后往往不能主动地竭力遏制内在的非理性冲动,因此,它们既是市场伦理秩序混乱的制造者之一,当然也就成为这种混乱的受害者。

随着中国市场经济的发展和宏观环境的成熟,产生激情败局的土壤正在减弱,但仍有一些企业的领导者激情依旧。这是我国企业伦理建设中应力戒的模式。

三、中国企业伦理模式建设的机制分析

科学的企业伦理模式的形成有一个长期化和实践化的过程。政府的制度安排、地理环境的改变企业领导人的变动等变量都可能成为企业伦理模式变化的诱因。但就其建立的普遍机制来讲,主要在以下几个方面:

1. 增强政府制度的伦理性。有经济学家认为,制度重于技术,是第一生产力。企业伦理模式建设与政府制度的伦理导向密切相关。提供若干法律法规规定的竞争生态圈,增加违背伦理的行动成本,建立经济宏观环境的伦理秩序是政府的主要职能之一,也是企业伦理模式建设的必要前提。

政府作为制度的制定者,怎样保证制度得到公众的认可,主要依赖于政府的信用度。如果政府所制定的方针、政策能够有效地实施,所制定的制度才易于被公众所认可和遵循。反之,如果政府失去了公众的信任,制定的制度就只能流于文字。在当前政府职能转型过程中,政府信用建设显得更为重要。具体说来:一是提供有效完善的法律服务。在市场经济中,任何企业都是"经济人",在做出某种行为时,都要进行成本和收益的比较。如果没有相关法律的规约,失德者有利可图,企业自然很容易形成一种失德的倾向。二是改革政府行政方式和提供相对稳定的政策环境。如果政出多门、政策多变对企业过多干预,使企业难以对未来发展进行准确预期,就会导致投资经营等行为的短期化。三是强化产权保护。有恒产者有恒心。明晰产权,企业才能为追求长远利益而恪守道德。四是政府要对进入市场的企业责任能力进行严格的资格认证。五是政府要在伦理建设中做出榜样。政府在负责制定市场规则、维护游戏规则的同时,必须制止自己的"打白条"行为。

目前,我国市场活动中的假冒伪劣、恶意欺诈等失德行为,固然是市场主体的利益驱使,但和一些地方政府为了一地私利,大搞地方保护主义有着密切的关系。因此,企业伦理建设,十分需要政府职能道德化。①

2. 设置践行企业独特伦理理念的有效操作模式。企业通过多种载体用企业所信奉和必须实践的伦理理念,去整合员工的思想,使所有的员工认可企业的伦理理念,这是提高企业伦理水平的一种普遍做法。具体说来,一是企业要根据自身经营的实际和目标确立伦理建设的特色。如联想集团"三个取信于"(取信于用户、取信于员工、取信于合作伙伴)的企业道德就

---

① 王小锡:《论企业诚信规范的构建机制》,载《郑州大学学报》2003 年第 2 期。

是根据其企业的目标而设定的。二是企业要通过多种方式把企业的伦理理念灌输给员工,如丰富多彩的企业文化活动、进行伦理培训等。三是要把企业伦理融合到日常管理之中,如设置企业伦理教育的专门机构、设置伦理主管、制定伦理守则、从公司招聘员工开始到生产经营的各个环节增强伦理的监督等等。据统计,到20世纪90年代中期,《财富》杂志排名前500家企业中,90%以上的企业有成文的伦理守则来规范员工的行为,欧洲约有一半的大型企业有负责有关企业伦理运作的机构,日本企业普遍实行的社训、社歌做朝礼等操作性很强的伦理活动,在企业伦理建设中发挥了重要的作用。①四是企业应探索增强员工对企业的归属感安全感、成就感的机制,把员工的个人追求融入到企业的长远发展之中。只有这样,企业的伦理理念才有可能内化为员工自觉的道德情感,企业伦理准则的建立和实践才真正成为可能。这是企业有效管理的手段之一,也是伦理建设的核心目标。正如美国著名经济伦理学家林恩·夏普·佩因所指出的:"明智的管理者认识到,杰出的组织业绩需要组织所有利益相关者特别是公司雇员和其他处理公司日常工作的人员持续的信任和协作。在当今知识经济时代,吸引富有创造性的、精力充沛的员工并培养他们的能力已经成为当务之急。一家公司如果没有富于想象力的、勤奋的员工,就不可能维持其革新能力,并进而在飞速变化的环境中保持竞争力。"②

3. 实现企业规章制度的伦理化。企业制度是员工应遵守的最基本的价值理念和行为准则,企业制度安排是否合理决定着企业的兴衰成败。因此,在企业伦理模式建立的过程中,需要教育,更需要各项科学的企业制度作为平台。一方面,在企业的制度安排和战略选择中要体现企业的伦理观。另一方面,通过企业的各项制度统率员工的思想和行为。如通过目标机制,在企业形成"同舟共济,荣辱与共"的道德氛围,培养企业的向心力;坚持以人为本的企业理念,采取有效的激励机制与约束机制,满足人性中不同层次

---

① 周祖城:《管理与伦理》,清华大学出版社2000年版,第115页。

② [美]林恩·夏普·佩因:《领导、伦理与组织信誉案例》,杨涤等译,东北财经大学出版社1999年版,第3页。

的需要,激发员工的积极性和创造性等,都是企业伦理建设必不可少的制度保证。我国继电器行业的龙头企业——许继集团在推行以人为本、以和为贵、以诚为重的合力文化时,强调要以管理为主线,以股本结构合理化为基础,以发展为动力,把管理的金字塔和技术的金字塔有机地融合起来,使企业的凝聚力不断增强。正如日本学者水谷雅一分析的:"重要的是要研究作为实现组织伦理的经营伦理必不可少的企业制度及其运用,并采取相应的措施"。因此,他提出了企业伦理建设的"3C 组合",即"(1)企业行动宪章——具体的基准规范——的制定与公布。(2)规章制度的检察机构——宪章检察委员会组织等——的设置与运作。(3)开展经营伦理教育——使其人人知晓"(这三项的第一个英文字母都以 c 开头)①。

4. 树立企业经营管理者的道德形象。"其身正,不令而行;其身不正,虽令不从。"企业经营管理者是企业伦理的倡导者、管理者、变革者和实践者,其价值观念和道德修养对企业伦理模式建设具有巨大的导向和示范作用。"企业雇员会首先观察传达组织伦理标准的直接上级所做的示范。通常,拥有大量权力的个体行为对塑造公司的伦理姿态关系重大,因为他们的行为能够传递的信息比写在公司伦理声明中的明确得多。"②同时,在企业的经营管理中,企业各项制度政策中也体现着经营管理者的道德观。再者,企业经营管理者是企业的代言人,他们的伦理行为直接关系着企业的形象。这是因为,一个具有较高道德素质的经营管理者可以带出一个讲道德的领导班子,一个讲道德的领导班子可以带出一支讲道德的队伍,一支讲道德的队伍可以生产出具有道德含量的产品,道德产品经营是企业在市场上的通行证,可以赢得消费者和社会的认可,最终企业获得的是广大的市场和利润。

总之,在经济全球化和社会主义市场经济体制建立与完善的过程中,企业伦理模式将日益成为企业的差别化战略的重要组成部分,同时,中国企业

---

① 〔日〕水谷雅一:《经营伦理理论与实践》,李长明、连奇方译,经济管理出版社 1991 年版。
② 〔美〕林恩·夏普·佩因:《领导、伦理与组织信誉案例》,杨涤等译,第 109 页。

伦理现有模式的过渡时期特征将逐渐弱化,民族化、国际化、个性化、多样化会日趋彰显。因此,企业伦理模式建设需要同企业文化、CS 战略、企业制度、管理、可持续发展、市场开拓等有机结合起来,追求个性,不断创新。

（与朱金瑞合作,原载《道德与文明》2003 年第 4 期）

企业诚信及其实现机制

——以"海尔"为例

    企业诚信是企业核心竞争力的重要资源,也是企业发展的基本要素和条件,更是企业经营的基本原则。我国海尔集团能成为国际知名企业,海尔品牌能走向世界,关键之处在于他们"真诚到永远"的经营理念,视诚信为企业生命的战略思想及其一系列战略决策。

一、企业诚信的表现

    诚信是企业交往中契约关系得以正常维持的基本道德规范,其实质是对顾客、对职工、对同行、对社会履行市场契约的一种体现为责任心的理性精神。

    1. 诚信于顾客

    对于企业来说,顾客是衣食父母,丧失了顾客,就等于丧失了利润,就等于失去了企业生存的理由,也就谈不上企业的生命力。

    诚信于顾客,对于企业来说,应该体现于企业经营的全过程。

    首先,产品设计人性化。任何产品都是为人所用,因此,诚信于顾客应该在产品设计时就一切服从于顾客的人性需求,即充分关注人的生理、心理和社会需求等。要"注重人的自然属性,使新产品在物质技术上符合使用要求。同时按照人的精神要求,使新产品获得艺术设计,在其外观的审美质量上满足人的求美享受。""具有安全、可靠、方便、舒适、美观和经济等功能。"[1]正因

---

[1] 胡正祥等:《中国产品人性设计》,广州出版社 1994 年版,第 7 页。

为如此,"海尔人认为一个产品技术含量的高低不一定由专家来评定,而应由消费者来评定。消费者都来购买你的产品,那么你的技术含量就受到了肯定。消费者不认可,技术含量再高也没有用。"[1]不仅如此,海尔还坚持了产品设计的个性化。顾客需要什么样的产品,企业就生产什么样的产品。海尔冰箱坚持的就是"你设计我生产"。从定制冰箱推出后的短短一个月时间,海尔就收到100多万台的订单的情况来看,设计产品时的对用户负责的诚信举动,即企业产品设计、生产的人性化和个性化,意味着利润的最大化。

其次,生产过程实现零缺点。对于企业经营来说,产品设计是一回事,制作又是一回事。诚信于顾客体现在生产过程中应该是精益求精,产品的质量与设计产品时所要达到的质量完全一致。这是企业真正的责任意识的考验和体现。设计好了,生产不出合格产品,说明企业的诚信有折扣甚至有虚假。更何况,设计还只是精神活动过程,还只是理念或概念的东西,最终说明诚信的是产品质量。海尔为了充分体现本企业产品生产中的对顾客的真诚,坚持了"六个西格玛"(西格玛是统计学里的一个单位,表示与平均值的标准偏差,它用来衡量一个流程的完美程度,具体看每百万次操作中发生多少次失误。"西格玛"的数值越高,失误率就越低。)的管理方法。[2] 即要求百万次操作只能有3、4次失误,即使有失误也只能由企业自身受过。换句话说,对于顾客来说,企业卖出的产品是百分之百的合格。对于企业来说,有缺陷的产品就等于"废品",有缺陷的产品是创名牌的"天敌"。1985年,海尔总裁张瑞敏果断决定由事故责任人当着全厂职工的面砸毁76台不合格冰箱,并主动承担责任扣了自己当月的工资,这无疑是企业表示诚信于顾客的行动,当然,这也无疑会使企业产品的市场占有率大幅度提高。

第三,销售服务一诺千金。企业的诚信行为对于用户来说没有终结之时,服务承诺的兑现,既是商家的事,更是企业的职责。

---

① 胡泳:《海尔中国造之竞争战略与核心能力》,海南出版社2002年版,第237页。
② [美]迈克尔·D. 波顿:《我眼中的中国第一首席执行官——挖掘张瑞敏的管理圣经》,文岗译,民主与建设出版社2002年版,第391页。

日本松下公司创始人松下幸之助曾说:"销售就是服务","不论是多好的商品,若缺乏完整的服务,就无法使顾客满意,并且也会因而失掉商品的信用。"①海尔深知兑现服务承诺的重要性,他们的售后服务可谓是创造了中国的"品牌"。一是他们在观念上独到地提出企业卖的是信誉而不是卖产品。"市场营销不是卖,而是买,"②不仅坚持产品零缺陷、使用零抱怨、服务零烦恼,而且主动征求和虚心听取用户的意见和建议,以便把产品质量造得更好,服务得更周到。二是坚持最好的售后服务标准和模式,服务标准是:售前、售中提供详尽热情的咨询服务;任何时候,均为顾客送货到家;根据用户指定的时间、空间,给予最方便的安装;上门调试,示范性指导使用,保证一试就会;售后跟踪,上门服务,出现问题24小时之内答复,使用户绝无后顾之忧。服务模式是一个结果,即服务圆满;二条理念:带走用户的烦恼,留下海尔的真诚;三个控制:服务投诉率小于十万分之一,服务遗漏率小于十万分之一,服务不满意率小于十万分之一;一个不漏:一个不漏地记录用户反映的问题,一个不漏地处理用户反映的问题,一个不漏地复查处理结果,一个不漏地将处理结果反映到设计、生产、经营部门。以实现"用户的要求有多少,海尔的服务内容就有多少;市场有多大,海尔的服务范围就有多大的"③目标。三是认为企业与消费者的关系不是简单的物与物的关系,而是人与人之间的情感交流,主张"不是用户亦是上帝"的观念,将优质服务拓展到了非海尔用户身上。他们坚持非海尔产品有求必修,甚至非海尔经营之事也有求必应。这种被人们称之为超越时代的服务,最终使海尔赢得了更多的顾客和市场。④ 诚信于内部员工,企业诚信是企业的一种精神,更是企业的一种品质。因此,其诚信举动是全方位的,对企业内部亦是如此。

---

① [日]松下幸之助:《经营人生的智慧(上)》,延边大学出版社1996年版,第187页。
② 胡泳:《海尔中国造之竞争战略与核心能力》,第206页。
③ 参见郭鑫等:《海尔精髓——企业文化与海尔业绩》,民主与建设出版社2003年版,第114页。
④ 胡泳:《海尔中国造之竞争战略与核心能力》,第321页。

可以这样说,企业的诚信首先应体现在对内部员工讲诚信,唯此才谈得上对顾客的诚信。企业失信于员工,必失信于顾客和社会。可以想象,一个内部没有信用的企业是不可能有切实诚信于顾客的举动的。诚信于企业内部员工,首先,应该是实现人格平等。不管是经营何种产品的企业,也不管是国营、民营还是个体户经营,职工都是企业的主人,都应该受到企业领导及其所制定的规章制度、政策等等的尊重。海尔在经营的某个环节出了质量问题,首先查的是领导的责任,罚的是领导的奖金或工资,这在任何情况下,员工不可能不服,对企业不可能不信。海尔企业像个大家庭,不能不说人与人之间无高低贵贱之分是其根本原因。

其次,应该给任何人创造发展的机会,人人在机会面前是平等的。这一点在海尔可谓是又一创举,用张瑞敏的话说,企业用人不能"相马",相马作为一种人事制度,不规范,不可靠;用人提倡"赛马",才能做到公平、公正、公开。[1] 在用人问题上的"三上并存、动态转换"的政策同样是公平合理的人事制度。在海尔,看工作绩效,试用工(临时工)可以转为合格员工,合格员工可以转为优秀员工,反之,可以由优秀员工转为合格员工,合格员工可以转为试用工。这种不是由领导发现人才,而是在实践中选拔人才,不是由企业定员工性质,而是由员工自己的绩效决定员工性质的排除任人唯亲、拉帮结派的用人思路,将极大地提升企业员工的创造力和成就感。尤其值得一提的是张瑞敏的"海尔是海"的思想,他认为,纳百川才能成大海,只有发挥每一个人的力量和作用,才能真正将海尔人凝聚在一起,共同实现企业的宏伟目标。今天的海尔如此生机勃勃,这与每个海尔人都有创造发展的机遇和平台是分不开的,就连看上去并不起眼的后勤工人都以是海尔人而自豪,并时刻不忘为海尔多作一些奉献。

第三,应该努力做到利益公平。企业直接的目的是利润和效益,员工必然要考虑的是劳动成果和劳动收益。企业能否在利益分配上做到公正、公

---

[1] [美]迈克尔·D. 波顿:《我眼中的中国第一首席执行官——挖掘张瑞敏的管理圣经》,文岗译,第128页。

平,这是企业诚信的重要标志,也是企业有无活力之所在。在海尔,员工的工资不是上司或领导说了算,也没有固定不变的数字,而是与其工作的诚信度和质量有关系,既要看工作绩效,也要看市场有无索赔情节。这就是所谓的"市场链"。因此,在海尔,利益分配既是诚信标志,也是内外诚信链条。张瑞敏的股东、用户和员工的"三位一体"的主张,即主张通过企业创造价值实现股东的股价要高、用户的产品要质优价廉、员工的收入更高的希望,这应该是企业内部诚信的最好体现。

第四,应该变管理全员为全员管理。一个有活力的企业,必然是人人都有活力的大家庭。企业管理既有宏观决策,也有微观的操作。对于处在每一个环节和每一个层面的职工来说,工作如何做、企业如何发展,每一位职工都有着独特的发言资格和权利。而他们的意见和建议,往往就是企业经营决策的依据和内容。二次大战后日本松下公司能在较短时间内复苏,其中一个重要原因是松下幸之助一开始就与每一个雇员单独谈话,并在此基础上拿出了企业发展的规划和方案,在得到全公司职工拥护的同时,也激发了广大员工的积极性。海尔今天的做法更是管用而富有创新意义。海尔提倡"你就是老板",既然人人都是老板,那么,人人都是经营者,人人都既要对市场负责,也要对企业负责,同时也要对自身的创新能力负责,更要对自身的绩效和利益负责。在这种情况下,企业对职工和职工对企业的诚信度必将会大幅提升。

3. 诚信于同行企业竞争是企业发展的基本存在方式。在理性经营状态下,企业竞争不应该立足于甚或满足于优胜劣汰。把同行当冤家,只会增加企业发展的障碍。没有合作意识的恶性竞争,相互封锁不该封锁的信息,互不提供互利互惠的帮助等等,企业间只会浪费甚至破坏物质的、精神的和社会的资源,最终损害的是企业自身的利益。松下幸之助说:"与和自己有往来的公司共存共荣,是企业维持长久的唯一道路。""如果牺牲有关系的一方来图谋自己公司的发展,是一件不可原谅的事,最后必然导致自我的毁灭。"①

---

① 〔日〕松下幸之助:《经营人生的智慧(上)》,延边大学出版社1996年版,第102页。

诚信于同行,首先,要求企业不搞互相残杀性的"价格战"。其实,价格战到了一定程度,表面上顾客得利,实际上伤害了企业各方的利益,影响扩大再生产,最终受损的是社会利益。其次,要求企业在让商业机密获得必要保护的情况下,互通信息,互相支持,互相帮助。"在市场竞争中,竞争对手永远存在。一心盯住竞争对手是不会有大发展的。企业经营者常犯的错误之一就是,眼光紧盯着对手的一举一动,以至于迷失了自己的方向"。[①] 第三,要求企业以事业为重,以市场和顾客为主,共同地理性地开发自然和社会资源,在为人类和社会造福的同时,也为同行造福,自觉地成为同行发展的支撑或条件。

二、诚信实现的机制

诚信作为企业行为规范和企业品质,其实现和形成过程需要各种力量和手段的协调和支撑。

1. 完善企业制度和运作机制。企业制度从大的角度讲是产权关系制度,只有明晰产权关系,企业领导和职工各自才能真正体验到自己的角色及其与企业息息相关的联系,也才能真正懂得,企业诚信首先是"我的诚信"。从小的角度讲,只有制定各种奖、惩制度,明确各种纪律,一方面,才能至少让全体员工首先从形式上明确企业行为什么是应该的,什么是不应该的。另一方面,经过严格的制度管理,才能让企业行为的点点滴滴落实到诚信要求上。制度不严,纪律松弛是难以实现"产品零缺陷、使用零抱怨、服务零烦恼"的。海尔的"市场链"管理制度和机制就是当今我国企业实现诚信的手段的典范之一。在海尔企业内部,在严明纪律的同时,上下工序和上下岗位之间形成市场关系、服务关系,每个工序、每个人的收入来自于自己的市场。服务得有效,按合同可以索酬,服务得效果不好,对方可以索赔。市场链就是要使外部市场目标转化成内部目

---

① 胡泳:《海尔中国造之竞争战略与核心能力》,第 391 页。

标；把内部目标转化成每个人的目标；把市场链完成的效果转化为每个人的收入。这就是使市场外部竞争效应内部化，同时，通过市场链的信息交叉与反馈，"以用户潜在的需求确定产品的竞争力，以用户的难题确定开发的课题，以用户的要求制定质量标准，以此良性循环，使企业诚信在企业内外部得到兑现。"①

2. 零距离服务、零距离生产。"谁与消费者的距离越近，谁与竞争对手的距离就越远。"②海尔的零距离服务和零距离生产，真真切切地拉近了与顾客的距离。在观念上，一是海尔认为顾客买的不是东西，而是买解决问题的办法，不是买烦恼，而是买舒心。因此，海尔在"世界多一个海尔，地球多一分安全"，"营造服务名牌比营造产品名牌重要得多"的营销理念下，尽管解决问题的办法大都已经在产品质量中，但他们仍然于细微深处体现服务精神。诸如上门服务一张服务卡、一副鞋套、一块垫布、一块抹布、一件小礼物，足以使顾客顺心、舒心。更有甚者，为了不使用户烦恼，海尔开服务人员坐飞机赶去（厦门）为用户服务之先河。二是海尔认为企业卖产品的同时是在买顾客的意见和建议。坚持面对面解决问题的同时面对面交流意见。通过意见的反馈，做到一切满足顾客的需要，顾客需要什么，企业就开发什么，生产什么，哪怕生产三角形冰箱等异型家电，哪怕制造洗地瓜和洗龙虾的洗衣机等，海尔也会满足，实现零距离生产。在真诚的举动下，企业提高了竞争能力，也最大限度地获得了利润。

3. 加强教育，统一观念。企业诚信举动并不是自然形成的，更不能只是靠制度和纪律来兑现企业诚信，说教更是无济于事、诚信教育首先是对企业员工的责任心教育，让每一位员工明确对国家、对社会、对他人和对自己应有的责任，知道缺乏责任心的人生是欠缺的人生。甚至是丧失意义的人生。同时让每一位员工深知责任心的强度直接关系到企业利润的多寡和自身利益的多少，不仅如此，责任心的教育能有效地培养企业员工的荣誉感和

① 胡泳：《海尔中国造之企业文化与素质管理》，第253—254页。
② 胡泳：《海尔中国造之竞争战略与核心能力》，第181页。

羞耻心,这将为企业诚信承诺的实现打下牢固的理念基础。其次,诚信教育离不开知识和技能的培训。这里的知识应该包括哲学社会科学和自然科学知识,忽视了这一点,企业员工将会是不懂世界、不会价值判断、缺乏文化修养的没有脑袋的"打工者"。在此景况下谈诚信,往往只能知其然而不知其所以然。同时,技能的培养也是不可轻视的。因为,诚信的兑现渗透在企业经营的各个环节、各种层面上,没有基本技能,产品的精益求精也只能是心有余而力不足。为此,张瑞敏说得好:没有培训的员工是负债,培训过的员工是资产。因为培训过的员工获得了一定的知识和技能,其中包含了利润的成分,可以成为利润的增长点,而从负债变成资产的关键在于员工正确的思想观念和高忠诚度的确立。① 第三,诚信教育应该与赏罚机制结合起来。企业也是社会,在当前社会市场经济条件下,企业员工的思想是复杂的, 他们的价值取向也是多种多样的。在这种情况下,奖赏是为了树立榜样, 并由此进一步明确目标;惩罚是为了制止有损诚信行为, 以保证"诚信"这一理性无形资产发挥应用的作用。张瑞敏当着全体员工的面砸毁76台不合格冰箱,并自罚工资,这一举动不只是教育当事人,更在于启发和激励全企业员工,其教育意义和实际效果不亚于作几场报告或看几篇文章。

4. 以身作则,行重于言企业的内外诚信度直接取决于企业领导者自身的诚信度。一方面,企业领导人员的高的诚信度不只是起示范作用,更重要的是激励和导向作用。美国学者林恩·夏普·佩因指出:"由组织领导首先示范很可能是建立和维持组织信誉最重要的因素。显然,企业雇员会首先观察传达组织伦理标准的直接上级所做的示范。通常,拥有大量权利的个体行为对塑造公司的伦理姿态关系重大,因为他们的行为能够传递的信息比写在公司伦理声明中的信息要明确得多。"②大凡对人、对事讲诚信的企业领导会让企业员工看到希望,并有一种强烈的安全感和责任感。另一

---

① 胡泳:《海尔中国造之企业文化与素质管理》,第123页。

② [美]林恩·夏普·佩因:《领导、伦理与组织信誉案例:战略的观点》,韩经纶等主译,东北财经大学出版社1999年版,第109页。

方面,企业领导的诚信品质客观上会制约着不诚实言行的产生,与此同时,企业领导的诚信品质会直接影响整个企业诚信态势。正如一位企业家所说:一个讲诚信的领导可以带出一个讲诚信的领导班子,一个讲诚信的领导班子可以带出一支讲诚信的队伍,一支讲诚信的队伍可以生产出具有诚信含量的产品。同时,以身作则还包括企业领导主动关心企业员工工作、生活、需求等方方面面。张瑞敏认为对员工要做到"三心换一心",即解决疾苦要热心,批评错误要诚心,做思想工作要知心,用此"三心"换来职工对企业的铁心和真心。张瑞敏这一指导思想,使得每一个员工都随时有可能得到他自己所需要的关心和帮助,这着实营造了海尔相依相恋的大家庭氛围。①

5. 建设诚信政府,完善法律法规。企业诚信度还要受到社会环境的影响,一个诚信度不高的社会,就企业来说,诚信举动和目标难以完满实现。政府及其制定的政策的保护、法律法规的支撑是企业诚信得以实现的重要条件,首先,要着力建设诚信政府。一方面,当前在改革政府行政方式、增加政策透明度等等的同时,要实现政府职能道德化,并以此影响和指导企业诚信度的加强。另一方面,要以政府权力及其具体措施保护和推动企业诚信措施的落实和诚信目标的实现。诸如要强化产权保护,以保护产权主体对市场的承诺,推动市场信用体系的建立,要对进入市场的企业责任能力进行严格的资格认证;要不间断地对:企业的诚信度给以检查、督促和引导等等。再一方面,政府自身应该是讲究诚信典范,要以民为本,以国家利益为重,加强服务和指导意识,坚决克服官僚主义和行政不作为作风,在保证政府诚信的同时,促使企业讲道德守信用。其次,企业诚信应该是企业的自觉行为,企业的诚信品质更应该是在持续的诚信行为中养成。然而,建立良好的企业诚信体制,不能只靠劝说、教育和引导,更不可能自发形成,法律法规的制约在现时仍然起着举足轻重的作用。一方面通过法律法规的限制,保证企

---

① 〔美〕迈克尔·D.波顿:《我眼中的中国第一首席执行官——挖掘张瑞敏的管理圣经》,文岗译,第273—274页。

业运作过程中信用机制的完善和诚信承诺的兑现。另一方面通过法律法规的制约和执行,处罚失信者,警示企图违约者和保护守信者,营造强烈的讲诚信者兴、不讲诚信者衰的氛围。

（原载《伦理学研究》2003 年第 6 期）

论企业诚信的实现机制

　　企业诚信是企业在处理内外关系中的基本道德规范,其实质是企业对社会、对顾客、对员工履行契约的责任心,也是企业间建立信任、实现交往的基础。诚信伦理是市场经济的最重要的理念,是市场经济活动的基本道德准则,是企业进入市场的通行证和不断发展壮大的无形资本。这已经成为人们的共识。本文就市场经济条件下企业诚信道德的实现机制作一探索,以使诚信真正成为企业自觉遵守的道德规范,成为企业发展的重要道德理念。

一、严密的法律是企业诚信建立的关键

　　建立良好的企业诚信体制,不仅靠道义劝说,而且需要法律规范。用法律来进行企业信用联合征信在西方发达国家已有上百年的历史,而在我国由于缺少对企业行为资信状况的必要了解和监控,一些部门的有关措施因没有相关的法律支持也不能正常实施。如中国人民银行的全国银行信贷登记咨询系统覆盖全国 301 个城市,是目前我国最大的征信数据库。但没有相关的法律规定无法对外公开。因此,借鉴西方的一些法律,建立企业信用身份认证系统,制定信用标准,统一企业信用代码等对企业失信行为进行约束显得十分迫切和必要。同时,在"执法必严、违法必究"的层面上,一定要讲法律信用,起到惩罚失信者、警示企图违约者和保护守信者的效果。在市场经济中,任何企业都是"经济人",在做出某种行为时,都要进行成本和收益的比较。对失信者不加重处罚,使失信者获得的收益大于失信的成本,即

失信有利可图,企业当然会有一种失信倾向。

二、政府是企业诚信环境的营造者和维护者

市场经济的有序运行需要有强有力的制度作保证,而制度则需要政府的组织论证和制定。

政府制定的制度怎样才能得到公众的认可? 主要依赖于政府的信用度。在当前政府职能转型过程中,政府信用显得更为重要。具体说来:一是改革政府行政方式和提供相对稳定的政策环境。如果政出多门、政策多变、对企业过多干预、使企业难以对未来发展进行准确预期,就会导致投资、经营等行为的短期化。二是强化产权保护,培育信用体系。诚信是产权主体对市场的一种承诺。"有恒产者有恒心",明晰产权,企业才能为追求长远利益而恪守信用。三是政府要对进入市场的企业责任能力进行严格的资格认证。四是政府要在信用建设中做出榜样。政府在负责制定市场规则、维护游戏规则的同时,必须制止自己的"打白条"行为。目前,我国市场活动中的假冒伪劣、恶意欺诈等失信行为,固然是市场主体的利益驱使,但和一些地方政府为了局部利益大搞地方保护主义有着密切的关系。因此,企业诚信的建立和维护,特别需要政府职能的规范化。

三、把信誉当做资本来经营,
是企业诚信建立的根本

诚信的升华是信誉。对企业来说,拥有信誉,就意味着利润和效益。因为,信誉高的企业,就有多的公众和好的市场机会。开放性是现代市场经济的一个重要特点,它决定了企业与公众之间信赖性的大大加强。尤其是现代沟通技术的飞速发展,使企业通过大众传媒可能在很短的时间内被社会公众所了解,企业间的竞争逐渐形成了一种由产品竞争、技术竞争向综合性的企业信誉竞争的重点转移的大趋势。一个企业信誉好坏,是它的公众舆

论及公众关系状况的折射和反映,又反过来作用和影响企业的社会舆论和公众关系。企业信誉已日益成为企业兴衰成败的至关重要的制约性因素。从改革开放以来我国经济的发展历程中可以看出,长盛型的企业都有一个共同的特点,即对信誉的重视;相反,昙花一现的短命企业,相似的一点都是对企业信誉的透支。在中国保健品行业创下年销售额达 80 亿元的三株集团,透支信誉的结果是这个"帝国"的骤然倒塌。美国《财富》杂志每期都列出全美最受尊重的公司名字,根据《财富》的评判标准,信誉因素比财务业绩更能提升或挫伤一家公司的声望。

四、科学的企业管理制度是企业诚信建立的支撑和平台

诚信既是企业制定战略决策的一个重要前提条件,也是企业科学管理的结果。通过多种载体对员工进行诚信教育,大力倡导爱岗敬业、诚实守信的职业道德,是提高企业诚信度的有效途径。但企业诚信的建立是一个综合性的系统工程,需要教育,更需要各项科学的企业管理制度作为支撑和平台。如通过目标机制,在企业形成"同舟共济,荣辱与共"的道德氛围,培养企业的向心力,坚持以人为本的企业理念,采取有效的激励机制与约束机制,满足人性中不同层次的需要,激发员工的积极性和创造性等都是企业诚信确立的必不可少的制度保证。我国继电器行业的龙头企业——许继集团在遵奉以人为本、以和为贵、以诚为重的合力文化时,强调要以管理为主线,以股本结构合理化为基础,以发展为动力,把管理的金字塔和技术的金字塔融合起来。在以诚为贵的合力文化牵引下,近年来,许继集团的核心竞争力不断提升。正如日本学者水谷雅一分析的,以诚信为核心的企业伦理,"重要的是要研究作为实现组织伦理的经营伦理必不可少的企业制度及其运用,并采取相应的措施"。因此,他提出了企业伦理建设的"3C 组合",即"(1)企业行动宪章——具体的基准规范——的制定与公布。(2)规章制度的检察机构——宪章检察委员会组织等——的设置与运作。(3)开展经营

伦理教育——使其人人知晓"（因为这三项的第一个英文字母都以 C 开头）。

五、经营管理者的诚信意识，是企业诚信
建立的前提条件

这是因为，一方面，企业经营管理者的诚信对企业诚信的建立具有巨大的示范和导向作用。美国著名的管理与组织伦理专家林恩·夏普·佩因指出：由组织领导首先示范很可能是建立和维持组织信誉最重要的因素。显然，企业雇员会首先观察传达组织伦理标准的直接上级所做的示范。通常，拥有大量权利的个体行为对塑造公司的伦理姿态关系重大，因为他们的行为能够传递的信息比写在公司伦理声明中的信息要明确得多。另一方面，在企业的经营管理中，企业各项制度、政策中都体现着经营管理者的道德观，并把它融入企业组织结构之中，从而确保组织员工有足够的机会、能力和动机进行负责的活动。同时，企业经营管理者是企业的代言人，他们的诚信行为直接关系着企业的诚信形象。红旗渠集团董事长赵志正对此也有深刻的体会：一个讲诚信的经营管理者可以带出一个讲诚信的领导班子，一个讲诚信的领导班子可以带出一支讲诚信的队伍，一支讲诚信的队伍可以生产出具有诚信含量的产品，通过诚信产品企业可以赢得消费者和社会的认可，最终企业获得的是广大的市场和利润。

企业诚信建立的关键是主要负责人。在有关部门组织的一次调查中96% 的被访者都认为，企业的欺骗造假与企业负责人的人品、道德素养直接相关。近来被曝光的美国安然、安达信等公司丑闻，就是 CEO 和 CFO（首席财务官）勾结一气，虚构利润，从而达到从股市上大捞不义之财的目的所导致的。总之，通过上述五大措施同时并举，企业诚信的实现就具有可能性和可操作性。

（原载《郑州大学学报(哲社版)》2003 年第 2 期）

第六部分

马克思主义经典原著解读

社会主义和共产主义道德的基本特征

——重温马克思、恩格斯、列宁的有关经典论述

以经典文本对马克思主义经典作家关于社会主义和共产主义道德的基本特征的阐述进行专题性的系统梳理,到目前为止鲜有涉及,因而系统梳理这些经典论述,不仅具学术意义,而且由于这些论述的跨时空性,使其对当今中国道德建设亦具有重要实践意义。"共产主义道德"这个概念是列宁于1920年10月2日,在俄国共产主义青年团第三次全国代表大会上的《青年团的任务》这篇演说报告中首次提出来的。而关于社会主义和共产主义道德的基本特征,马克思、恩格斯和列宁等马克思主义经典作家多有论及。他们以不同的视角,从形成、实质、基础、功能和价值等五大层面比较系统地概括了社会主义和共产主义道德的基本特征,强调它们是理性自觉、境界崇高的道德体系。尽管时移世易,马克思主义经典作家对于社会主义和共产主义道德的基本特征的阐述仍然具有时代价值,它不仅是我们把握中国特色社会主义道德建设规律、反思和批判形形色色的非马克思主义道德观的有力思想武器,而且也是提升人们道德境界的不竭思想源泉。

一、形成:在与旧道德斗争中不断自我完善

马克思主义经典作家关于社会主义和共产主义道德形成的阐述十分丰富。在马克思主义看来,真善美与假丑恶是相比较而存在,相斗争而发展的。新道德(即社会主义道德和共产主义道德)与旧道德的关系也是如此。新道德只有在与旧道德的斗争中才能不断发展和完善自己。之所以如此,

其一，因为道德意识形态的具有一定的相对独立性和历史继承性，社会现实中尚且存在旧道德滋生的土壤。列宁深刻地指出："赶走沙皇并不困难，这总共用了几天工夫。赶走地主也不困难，这在几个月内就做到了；赶走资本家同样也不是很困难的事情。但是，要消灭阶级，建成共产主义就无比困难了。"①列宁认为，改变私有制社会里人们从吃奶的时候起就染上的小私者的心理、习惯和观点，改变人们的旧观念、旧习惯，把广大青年培养成具有共产主义道德觉悟，能自觉地把自己的工作和能力都贡献给公共事业的人，这是无比困难的事业。为什么共产主义道德教育的任务如此艰巨呢？列宁指出："在工人阶级和资产阶级旧社会之间并没有一道万里长城。革命爆发的时候，情形并不像一个人死的时候那样，只要把死尸抬出去就完事了。旧社会灭亡的时候，它的死尸是不能装进棺材，埋入坟墓的。它在我们中间腐烂发臭并且毒害我们。"②可见，正是由于社会现实中旧道德滋生的土壤存在的长期性，就决定了新道德与旧道德之间斗争的长期性。

其二，新道德与旧道德根源和服务对象不同。旧道德根源于私有制，"万恶的生产资料私有制以及由小个体经济即私者经济在'自由'交换条件下必然产生（并且经常重新复活）的那种勾心斗角、互不信任、互相敌视、各行其是、尔虞我诈等等恶劣风气"③。新道德根源于公有制，服务于无产阶级事业。列宁认为："在共产主义者看来，全部道德就在于这种团结一致的纪律和反对剥削者的自觉的群众斗争"，"共产主义道德是为了这个斗争服务的道德，它把劳动者团结起来反对一切剥削，反对一切小私有制，因为小私有制把全社会的劳动所创造的成果交给了个人。而在我国，土地已经公共财产了"。作为共产主义者就不能有只顾自己不顾别人的心理和情绪，并认为"旧社会依据的原则是：不是你掠夺别人，就是别人掠夺你；不是你给别人做工，就是别人给你做工；你不是奴隶主，就是奴隶。可见，凡是在这个社会里教养出来的人，可以说从吃母亲奶的时候起就接受了这种心理、

①《列宁选集》第4卷，人民出版社1995年版，第290页。
②《列宁全集》第27卷，人民出版社1990年版，第407页。
③《列宁全集》第39卷，人民出版社1986年版，第99页。

习惯和观点——不是奴隶主,就是奴隶,或者是小私有者、小职员、小官吏、知识分子,总之,是一个只关心自己而不顾别人的人",为此,"既然我种我的地,别人的事就与我无关;别人要是挨饿,那更好,我可以提高价格出卖我的粮食。如果我有了一个医生、工程师、教员或职员的小职位,那么别人的事也与我无关。也许,只要我讨好、巴结有权势的人,就不仅能保住我的小职位,还可以爬到资产者的地位上去",所以要进行"新的共产主义的教育,反对剥削者的教育,同无产阶级联合起来反对利己主义者和小私有者,反对'我赚我的钱,其他一切都与我无关'的心理和习惯的教育"。① 同时"将努力消灭'人人为自己,上帝为大家'这个可诅咒的准则","努力把'大家为一人,一人为大家'和'各尽所能,按需分配'的准则渗透到群众的意识中去,渗透到他们的习惯中去,渗透到他们的生活常规中去"。② 列宁认为,社会主义条件下的工人阶级和劳动人民不可能不受到旧社会的思想影响,不可能一下子克服掉自己身上的弱点和毛病,他们必须在为共产主义而斗争的实践中,不断改造自己,逐步提高自己的共产主义觉悟。这就是共产主义道德教育的任务。

总之,社会主义和共产主义道德是在不断与旧道德斗争中自我完善的过程,正是与旧道德的较量和斗争中,不仅彰显了社会主义和共产主义道德的鲜明特色,而且使得社会主义和共产主义道德能够逐步为人民群众所认同,发挥对社会实践的积极引领和导向作用。

二、实质:真正的人的世界和人的关系的体现

社会主义和共产主义道德的实质是真正的人的世界和人的关系的体现,即它们始终如一地关注人的发展与完善、关注人际关系的协调与和谐。在马克思主义看来,占统治地位的旧道德由于其剥削阶级性,不可能

---

① 《列宁选集》第 4 卷,第 291—292 页。
② 《列宁全集》第 39 卷,第 101 页。

把关注人的发展与完善，关注人际关系的协调与和谐作为终极指归。尽管资产阶级革命实现了政治解放，但是并未实现劳苦大众的普遍解放，劳苦大众抛弃了旧的枷锁，但是套上了"新的枷锁"（道德是其中重要方面）。因此，虽然"任何一种解放都是使人的世界和人的关系回归于人自身"①，但是，真正把所谓"人的世界和人的关系回归于人自身"，并不是靠资产阶级革命带来的"政治解放"来实现，而只能靠无产阶级革命所带来的"社会解放"来实现。

经典作家对于社会主义和共产主义道德的实质是"人的世界"回归于人自身所蕴含之意有三：其一是指在共产主义社会中，"个人的独创的和自由的发展不再是一句空话"；其二是指"与人相称的地位"，即"每个人都能自由地发展他的人的本性"，过着"能满足一切生活条件和生活需要的真正的人的生活"；其三是指劳动已经不仅仅是谋生的手段，而且成了生活的第一需要。正如列宁指出："共产主义劳动，从比较狭窄和比较严格的意义上说，是一种为社会进行的无报酬的劳动，这种劳动不是为了履行一定的义务、不是为了享有取得某些产品的权利、不是按照事先规定的法定定额进行的劳动，而是自愿的劳动，是无定额的劳动，是不指望报酬、不讲报酬条件的劳动，是按照为公共利益劳动的习惯，按照必须为公共利益劳动的自觉要求（这已成为习惯）来进行的劳动，这种劳动是健康的身体的需要。"②尽管所提出的无偿劳动如果在社会主义阶段可能存在过分理想化的成分，但仍然具有一定的启示和价值，而且事实上，社会主义阶段需要也应该逐步培养这样的劳动态度。

从某种意义上说，回归人的世界就是回归人的关系，因为人的世界是由人、人的关系组成的。在马克思主义看来，之所以把"人的关系回归于人自身"的原因是由人的本质决定的，因为在马克思主义的视阈中，"人的本质并不是单个人所固有的抽象物。在其现实性上，它是一切社会关系的总

①《马克思恩格斯全集》第 1 卷，人民出版社 1956 年版，第 443 页。
②《列宁全集》第 38 卷，人民出版社 1986 年版，第 342—344 页。

和"。① 即是说，人是处于"一定历史条件和关系中的个人"，②"人的本质是人的真正的社会联系"。③ 简言之，人不是任何实体性的东西，而是关系性的范畴，因此，把"人的世界回归于人自身"就意味着必然地要求把"人的关系"回归于人自身。需要指出，把"人的关系"回归于人自身的制度基础是社会主义和共产主义社会所确立的制度框架，没有这一制度框架，所谓回归只是一种"无根的空论"。马克思恩格斯认为，共产主义社会"将是一个以各个人自由发展为一切人自由发展的条件的联合体"。④ 同时，作为具有真正意义的社会主义和共产主义社会这样的体现为"人的关系"的共同体，是实现"人的世界"的条件，因为"只有在共同体中，个人才能获得全面发展其才能的手段，也就是说，只有在共同体中才可能有个人自由。"⑤在这样的共同体中，"我为人人，人人为我"的互利互惠的理性的人际关系和交往关系才会蔚为风气，遍地开花。

三、基础：为共产主义事业而奋斗

社会主义和共产主义道德不是自然而然形成的，它们不仅需要与旧道德斗争，其基础是共产主义事业的展开。它们是在无产阶级在为社会主义和共产主义事业的奋斗中产生和形塑自身的，并渗透于为社会主义和共产主义事业而奋斗的伟大实践中。换言之，社会主义和共产主义道德不是空洞的说教和无根的浮萍，而是建立在为社会主义和共产主义的奋斗的现实实践基础之上的。我们不仅要有社会主义和共产主义理想和信念，更要有为社会主义和共产主义事业奋斗的实际行动。

列宁认为，老一代人的任务是推翻资产阶级，新一代人的任务是建成共

---

① 《马克思恩格斯选集》第 1 卷，第 56 页。

② 《马克思恩格斯全集》第 3 卷，人民出版社 1960 年版，第 86 页。

③ 《马克思恩格斯全集》第 42 卷，人民出版社 1979 年版，第 24 页。

④ 《马克思恩格斯全集》第 1 卷，第 294 页。

⑤ 《马克思恩格斯选集》第 1 卷，第 118—119 页。

产主义社会。他认为,青年一代要完成建设社会主义和共产主义的任务,不但必须学习现代的科学、技术和文化,还必须把自己培养成为具有社会主义和共产主义道德品质的新人。他指出,"应该使培养、教育和训练现代青年的全部事业,成为培养青年的共产主义道德的事业。"①为此,青年们只有把自己的训练、培训和教育中的每一步骤同生产者和劳动者不断进行的反对剥削者的旧社会的斗争联系起来,才能学习共产主义。

要做到这点,必须有这样的人尤其是青年一代,他们在有纪律地同资产阶级作殊死斗争中已开始成为自觉的人,成为一个高度思想觉悟的共产主义者。列宁对青年给予厚望,他说,"在这个斗争中,他们中间一定会培养出真正的共产主义者,他们应当使自己的训练、教育和培养中的每一步骤都服从这个斗争,都同这个斗争联系起来。培养共产主义青年,决不是向他们灌输关于道德的各种美丽动听的言词和准则。我们要培养的并不是这些。当人们看到他们的父母在地主和资本家的压迫下怎样生活的时候,当他们自己分担那些开始同剥削者作斗争的人们所受的痛苦的时候,当他们看到为了继续这一斗争以保卫已经取得的成果,付出了多大的牺牲,看到地主和资本家是多么疯狂的敌人的时候,他们就在这种环境中培养成为共产主义者。为巩固和完成共产主义事业而斗争,这就是共产主义道德的基础。这也就是共产主义培养、教育和训练的基础。"②列宁告诉我们,如果失去了社会主义和共产主义事业的基础,社会主义和共产主义道德从根本上失去现实的存在之基。最后,列宁还强调在实践中学、在社会生活中学习的重要性,强调社会实践中训练、培养和教育的价值。他说,"训练、培养和教育要是只限于学校以内,而与沸腾的实际生活脱离,那我们是不会信赖的。……可是我们的学校应当使青年获得基本知识,使他们自己能够培养共产主义的观点,应该把他们培养成有学识的人。我们的学校应当使人们在学习期间就成为铲除剥削者这一斗争的参加者。共产主义青年团只有把自己的训

---

① 《列宁选集》第 4 卷,第 288 页。
② 《列宁选集》第 4 卷,第 292 页。

练、培养和教育中的每一步骤同参加全体劳动者反对剥削者的总斗争联系起来,才符合共产主义青年团这一称号。"①

四、功能:社会的主要协调力量

在马克思主义看来,道德是一种历史性的社会现象。列宁认为,所谓"道德永恒论"显然是站不住脚的,"我们不相信有永恒的道德,并且要揭穿一切关于道德的骗人的鬼话。道德是为人类社会上升到更高的水平,为人类社会摆脱对劳动的剥削服务的。"②既然资产阶级所宣扬的道德具有虚伪性和历史局限性,那么,以具有革命性、真实性、科学性和实践性的无产阶级的共产主义道德取而代之就是一种自然逻辑,当然这一过程不会一帆风顺。

恩格斯富有远见地认为,共产主义道德将来将成为真正的全人类道德。他指出:"在处于战争状态的现代社会里,文明的增进已经可以减少情欲上的强暴表现,要是在共产主义的、和平的社会里,情况还不知要好上多少倍呵! 在每一个人的身体上和精神上的需求都得到满足的地方,在没有什么社会隔阂和社会差别的地方,侵犯财产的犯罪行为自然而然地就不会再发生了。""如果说,文明甚至在现在就已经教人们懂得! 只有维护公共秩序、公共安全、公共利益,才能有自己的利益,从而尽可能地使警察机构、行政机关和司法机关变成多余的东西,那么,在利益的共同已经成为基本原则、公共利益和个人利益已经没有什么差别的社会里,情况还不知要好多少倍呵!"③

不难看出,恩格斯认为,共产主义道德将来将成为真正的全人类道德是有前提的,这个前提是由于在共产主义社会里人与人的利益一致,因此在没有利益冲突的情况下,人在得到与人相称地位的同时,不必担心他人的破坏。恩格斯进一步阐述道:"在共产主义社会里,人和人的利益并不是彼此

①《列宁全集》第 39 卷,第 305—307 页。
②《列宁选集》第 4 卷,第 292 页。
③《马克思恩格斯全集》第 2 卷,人民出版社 1957 年版,第 608—609 页。

对立的,而是一致的,因而竞争就消失了。当然也就谈不到个别阶级的破产,更谈不到像现在那样的富人和穷人的阶级了。在生产和分配必要的生活资料的时候,就不会再发生私人占有的情形,每一个人都不必再单枪匹马地冒着风险企求发财致富,同样也就自然而然地不会再有商业危机了。在共产主义社会里无论生产和消费都很容易估计。既然知道每一个人平均需要多少物品,那就容易算出一定数量的人需要多少物品;既然那时生产已经不掌握在个别私人企业主的手里,而是掌握在公社及其管理机构的手里,那也就不难按照需求来调节生产了。"①列宁也指出:"我们的道德完全服从无产阶级斗争的利益。我们的道德是从无产阶级阶级斗争的利益中引申出来的。"②在这样的个人利益一致并按需生产和按需分配的共产主义社会里,真正的人的生活和没有暴力的和谐社会将会被创造。恩格斯说:"我们就应当认真地和公正地处理社会问题,就应当尽一切努力使现代的奴隶得到与人相称的地位。或许你们当中有人觉得,要提高以前被轻视的阶级的地位,就不能不降低自己的生活水平,如果是这样的话,那么就应当记住,我们谈的是为所有的人创造生活条件,以便每个人都能自由地发展他的人的本性,按照人的关系和他的邻居相处,不必担心别人会用暴力来破坏他的幸福;而且也应当记住,个人不得不牺牲的东西并不是真正的人生乐趣,而仅仅是我们的丑恶的制度所引起的表面上的享乐,它是和目前享受这些虚伪的特权的人们的理智和良心相矛盾的。我们决不想破坏那种能满足一切生活条件和生活需要的真正的人的生活;相反地,我们尽一切力量创造这种生活。"③共同的根本利益,恶性竞争的消失,生活的极大改善,社会的和谐,所有这些社会条件使得社会主义和共产主义道德不仅成为为社会发展服务的唯一合适的道德,而且受到广大人民群众的普遍尊崇和积极践行。

正因共产主义道德将来将成为真正的全人类道德,所以,它就能够成为共产主义社会的主要调节力量。因为在没有竞争、没有暴力的社会里,不再

---

① 《马克思恩格斯全集》第 2 卷,第 605 页。

② 《列宁选集》第 4 卷,第 289 页。

③ 《马克思恩格斯全集》第 2 卷,第 625—626 页。

需要法律等暴力性的、强制性的手段，人们具有高度自觉性和纪律性，所以，共产主义道德自然成了协调社会生活的主要手段就在情理之中了。恩格斯明确指出："在未来的共产主义社会，公共利益和个人利益协调一致，国家机器将成为多余的东西，社会矛盾将通过'仲裁法庭'（即'道德法庭'——笔者注）来调解。"①总之，尽管马克思主义经典作家对道德是共产主义社会的主要调节力量的论述离我们今天的现实尚远，但是它仍然可以启示我们在社会主义条件下，更加注重以德治国，提高广大人民的道德素质，逐步推进人与自然、人与社会、人与人之间关系的和谐。

道德资本与经济伦理

五、价值：平等、自由、权利和义务的统一

马克思主义经典作家对道德的价值层面多有论述，主要涉及坚持社会平等、崇尚真正的自由和坚持权利和义务的统一，这些经典论述在今天仍然具有时代意义和现实价值。

1. 崇尚社会平等

平等观是社会主义和资本主义道德价值观分歧的重大焦点问题。在马克思主义那里，平等总是和一定的阶级要求相联系，而真正的平等只能是无产阶级消灭阶级的要求。在马克思主义经典作家看来，社会主义和共产主义道德崇尚社会平等，当然，同时他们也看到，社会主义阶段的平等和共产主义阶段的平等是有历史性的区别。

马克思指出，在刚刚从资本主义社会中产生出来的社会主义社会，以劳动作为同一尺度来计量的平等，是权利的平等。马克思说："这个平等的权利总还是被限制在一个资产阶级的框框里。生产者的权利是同他们提供的劳动成正比例的"，"但是，一个人在体力或智力上胜过另一个人，因此在同一时间内提供较多的劳动，或者能够劳动较长的时间；而劳动，为了要使它能够成为一种尺度，要当作尺度来用，就必须按照它的时间或强度来确定，

---

① 《马克思恩格斯全集》第 2 卷，第 608 页。

不然它就不成其为尺度了。这种平等的权利,对不同等的劳动来说是不平等的权利。它不承认任何阶级差别,因为每个人都像其他人一样只是劳动者;但是它默认,劳动者的不同等的个人天赋,从而因不同等的工作能力,是天然特权。所以就它的内容来讲,它像一切权利一样是一种不平等的权利。"①列宁也指出:"在共产主义第一阶段还不能做到公平和平等,因为富裕的程度还会不同,而不同就是不公平。但是人剥削人已经不可能了,因为已经不能把工厂、机器、土地等生产资料攫为私有了。马克思通过驳斥拉萨尔泛谈一般'平等'和'公平'的含糊不清的小资产阶级言论,指出了共产主义社会的发展进程,说明这个社会最初只能消灭私人占有生产资料这一'不公平'现象,却不能立即消灭另一不公平现象:'按劳动'(而不是按需要)分配消费品。"②在共产主义第二阶段的平等就不同于社会主义阶段的平等。"共产主义的最重要的不同于一切反动的社会主义的原则之一就是下面这个以研究人的本性为基础的实际信念,即人们的头脑和智力的差别,根本不应引起胃和肉体需要的差别;……换句话说:活动上,劳动上的差别不会引起在占有和消费方面的任何不平等,任何特权。"③平等虽也是资产阶级最喜欢标榜的观念之一,但它所推崇的平等只是针对封建社会阶级特权的形式平等。它不仅极力论证只有形式的平等是唯一可能的平等,而且将其视为唯一美好的平等。可是,在马克思主义看来,平等问题其实就是一个要不要超越资本主义的问题。但是,正如历史所显示的那样,超越资本主义、实现共产主义是一个相当漫长的历史过程,同样地,从形式平等进到事实平等也是一个相当漫长的过程。虽然社会主义必须着手创造事实平等的条件,推进社会从形式上的平等向事实平等转变,但事实平等的完全实现,即共产主义的实现,我们却无法推断。这与其说是一个理论问题,不如说是一个实践问题。正如列宁所说的,"至于人类会经过哪些阶段,通过哪些实

---

① 《马克思恩格斯全集》第 3 卷,第 304—306 页。
② 《列宁全集》第 31 卷,人民出版社 1985 年版,第 89 页。
③ 《马克思恩格斯全集》第 3 卷,第 637—638 页。

际措施达到这个最高目的,那我们不知道,也不可能知道。"①

2. 崇尚真正的自由

不同制度下的自由,含义和内容大相径庭。资本主义社会的所谓自由都是不平等条件下的自由。马克思和恩格斯认为:"人们每次都不是在他们关于人的理想所决定和所允许的范围之内,而是在现有的生产力所决定和所允许的范围之内取得自由的。……到现在为止,社会一直是在对立的范围内发展的,在古代是自由民和奴隶之间的对立,在中世纪是贵族和农奴之间的对立,近代是资产阶级和无产阶级之间的对立。这一方面可以解释被统治阶级用以满足自己需要的那种不正常的'非人的'方式,另一方面可以解释交往的发展范围的狭小以及因之造成的整个统治阶级的发展范围的狭小;由此可见,这种发展的局限性不仅在于一个阶级被排斥于发展之外,而且还在于把这个阶级排斥于发展之外的另一阶级在智力方面也有局限性;所以'非人的东西'也同样是统治阶级命中所注定的。这里所谓'非人的东西'同'人的东西'一样,也是现代关系的产物;这种'非人的东西'是现代关系的否定面,它是没有任何新的革命的生产力作为基础的反抗,是对建立在现有生产力基础上的统治关系以及跟这种关系相适应的满足需要的方式的反抗。"②列宁曾批评资产阶级的关于"绝对自由"的言论时说:"资产阶级个人主义者先生们,我们应当告诉你们,你们那些关于绝对自由的言论不过是一种伪善而已。在以金钱势力为基础的社会中,在广大劳动者一贫如洗而一小撮富人过着寄生生活的社会中,不可能有实际的和真正的'自由',"③这充分说明在的阶级对立和不平等存在的资本主义社会里是谈不上真正的自由的,实际上,真正的自由只能属于社会主义社会和共产主义社会。

恩格斯认为,在共产主义制度下,"不再有任何阶级差别,不再有任何对个人生活资料的忧虑,并且第一次能够谈到真正的人的自由,谈到那种同

① 《列宁全集》第 31 卷,第 95 页
② 《马克思恩格斯全集》第 3 卷,第 507—508 页。
③ 《列宁全集》第 12 卷,人民出版社 1987 年版,第 96 页。

道德资本与经济伦理

已被认识的自然规律和谐一致的生活"。① 列宁也指出："只有在共产主义社会中，当资本家的反抗已经彻底粉碎，当资本家已经消失，当阶级已经不存在(即社会各个成员在同社会生产资料的关系上已经没有差别)的时候，——只有在那个时候，'国家才会消失，才有可能谈自由'。"②当然，作为共产主义社会第一阶段的社会主义社会，由于其社会制度已完全不同于资本主义制度，因此，真正的自由才开始实现。一是"自由就在于根据对自然界的必然性的认识来支配我们自己和外部自然"，③如果我们引申一下恩格斯的这句话，或是概括经典作家的思想，即可把自由理解为对自然、社会发展之规律的正确认识和应用，这实际上是在认识论维度的自由观。社会主义社会是一个消除了阶级对立、社会平等不断实现的社会，因此，在此社会中真正的自由不仅可能而且是生活的现实。二是作为个人来说，"只有在共同体中，个人才能获得全面发展其才能的手段，也就是说，只有在共同体中才可能有自由"。④ 这里，恩格斯强调了个体自由获得的社会依赖性，如果没有制度构架的革命性重构，所谓真正自由的实现只能是一厢情愿的幻想而已。

3. 坚持权利与义务的统一

社会主义和共产主义道德主要特点之一是坚持权利和义务的统一。所谓权利和义务的统一，就是说，权利的享有和义务的履行是不可分离的，每个社会成员都应及自己所能为社会做贡献(尽义务)，同时有应该享受社会提供的物质和精神的满足(享权利)。正如恩格斯说："我们的目的是要建立社会主义制度……赞同者应该承认他们彼此之间以及他们同所有的人之间的关系的基础是真理、正义和道德。他们应该承认：没有无义务的权利，也没有无权利的义务。"⑤尽管权利和义务的统一是具体的、历史的，是一个

① 《马克思恩格斯选集》第3卷，人民出版社1995年版，第454—456页。
② 《列宁全集》第31卷，第85—86页。
③ 《马克思恩格斯选集》第3卷，第454—456页。
④ 《马克思恩格斯选集》第1卷，人民出版社1995年版，第118—119页。
⑤ 《马克思恩格斯全集》第21卷，人民出版社1972年版，第569—570页。

不断展开的过程,尽管权利与义务之间还有相当差距,应然和实然、理论与现实在现实生活中还总是存在这样那样的矛盾,但不论在任何时候,这种"统一观"都是社会主义和共产主义道德不变的价值追求。当然,"统一"实现,差距的解决,"只有通过实践方式,只有借助于人的实践力量,才是可能的"①。

结束语:当代启示

马克思、恩格斯和列宁在长期的革命岁月和理论生涯中,从形成、实质、基础、功能、价值等层面来阐述的社会主义和共产主义道德的基本特征,在理论研究和道德实践方面多有启示。

(1)马克思主义经典作家关于社会主义和共产主义道德是在与旧道德的斗争中不断地发展和完善自己的观点,启示我们,在有阶级社会中,道德意识形态领域不存在绝对的纯粹的主导力量,对立面的统一是普遍存在的"常态"。在今天我们的社会主义市场经济的社会中,旧道德会沉渣泛起,甚至有时会相当泛滥。旧道德往往打着"中性"、"普世"、"客观"和"永恒"的幌子,到处招摇,并借着市场经济的自发性力量来发挥自己的影响,在此情势下,社会主义道德建设面临着空前的挑战,这是我们必须着力解决的道德建设的课(难)题。

(2)马克思主义经典作家关于社会主义和共产主义道德的实质是始终关注人的发展与完善、关注人际关系的协调与和谐观点,具有重要的现实意义。应该承认,社会主义和共产主义道德基本特征的真正落实,尤其是把"人的世界和人的关系回归于人自身"是不可能一蹴而就的,它是一个长期的历史过程,需要在实践中反复尝试,不断推进,才能最终达到目的地。因此,这就要求我们,必须坚持道德要求的超越性和现实性之间的必要张力,结合具体的社会历史条件不断地改善人的世界和人的关系,这样,才能促进

① 《马克思恩格斯全集》第3卷,第306页。

道德资本与经济伦理

以人为本、科学发展和社会和谐、民生改善的目标的实现。

（3）马克思主义经典作家关于共产主义道德基础是为共产主义事业而奋斗的观点，一是启示我们加强社会主义道德对于现实的引领作用、对于社会主义事业的服务作用；二是启示当今我国社会主义道德建立的基础是中国特色社会主义事业，我们社会主义道德建设必须与现阶段的共同理想、与我们当前所走的道路和所干的事业紧密联系起来，将道德建设扎实地铺设在现实之基上。简言之，社会主义道德要在服务现实的同时引领现实，在指导实践的同时不断从实践中汲取营养。

（4）马克思主义经典作家关于共产主义道德的功能和作用是为共产主义事业而奋斗、最终成为共产主义社会的主要协调力量的观点，能使我们深刻地认识到，尽管在社会主义阶段法律和其他制度有其相当的应用空间，但是要想真正发挥其功能，必须很好体现社会主义和共产主义道德的要求，不然，法律和纪律的认同及其功能发挥必将大打折扣。社会主义道德在社会主义条件下对于社会风尚的良性发展是关键性的，因而在社会主义条件下要发扬社会主义道德风尚，实现社会和谐、民生繁荣。

（5）马克思主义经典作家关于社会主义和共产主义道德的价值取向是坚持社会平等、崇尚真正的自由和坚持权利和义务的统一的观点，具有重要的理论和实践意义。今天，尤其在市场领域中盲目崇拜有关抽象平等的声音"不绝于耳"，但是，不得不重视机会平等、事实平等等现实平等问题，否则，就会陷入西方主流意识形态的陷阱之中；同样道理，今天所谓"抽象的"自由观已经混淆人们的理念，重思马克思主义经典作家所阐述的具体的历史的自由观十分具有理论和现时代价值；至于权利和义务的统一的思想也启示我们在二者的辩证关系中去思考道德主体的道德责任与道德权利问题。

（原载《伦理学研究》2009 年第 2 期）

简论马克思、恩格斯的经济伦理观

在马克思、恩格斯的著作中没有使用过"经济伦理"、"伦理经济"等概念,但并不意味着马克思、恩格斯没有经济伦理思想,在马克思、恩格斯的思想体系中,经济伦理思想非常丰富。① 可以说,没有马克思、恩格斯科学的经济伦理观念,就没有系统、完整和科学的马克思主义政治经济学。正因为此点,我曾在一篇拙文中指出:马克思主义的政治经济学,"透过资本主义的经济现象,提示的是不同类型人的阶级本质,并通过对阶级关系和阶级利益矛盾的分析,尤其是通过对资本主义生产方式内部矛盾运动的分析,揭示了社会发展的基本规律,系统提出了解放全人类,实现人的全面发展的政治原则、政治伦理原则和伦理原则。可以说,马克思主义政治经济学在一定意义上也是一部政治经济伦理学或政治伦理经济学"。② 当然,研究马克思、恩格斯经济伦理观,不只在于从新的特有的角度更深入全面地理解马克思主义,还在于以此为基础理论和基本方法去研究和构建我国当代经济伦理学。

一、所有制的道德与道德化的所有制

不管是作为上层建筑的道德还是作为人的品质和品性的道德,其本质指向是人和人的完善、人际关系及其和谐协调。因此,道德以什么样的"样

---

① 章海山:《经济伦理论——马克思主义经济伦理思想研究》,中山大学出版社 2001 年版,第 38 页。
② 王小锡:《经济伦理学的学科依据》,载《华东师范大学学报》2001 年第 2 期。

态"存在,发挥怎么样的作用,它不得不受决定着社会经济关系性质并进而影响社会各类人际关系的所有制的影响。

1. 所有制的道德

所有制是所有权关系的一种制度形式,它是各种利益关系的逻辑起点,也是社会道德存在和发展的根源。一方面,生产资料归谁所有,所有者阶级的道德一定是社会占主导地位的道德;在私有制社会里道德总是阶级的道德,正如恩格斯指出:"一切以往的道德论归根到底都是当时的社会经济状况的产物。而社会直到现在还是在阶级对立中运动的,所以道德始终是阶级的道德。"①另一方面,"表现在某一民族的政治、法律、道德、宗教、形而上学等的语言中的精神生产也是这样。人们是自己的观念、思想等等的生产者,但这里所说的人们是现实的,从事活动的人们,他们受着自己的生产力的一定发展以及与这种发展相适应的交往(直到它的最遥远的形式)的制约。"②这就是说,道德是受制于生产力发展及其与之相适应的"交往的制约"。这里的"交往"首先应该是、而且其本质上是特定的所有权关系基础上的利益关系及其利益交往。更进一步说,这种一定的所有权"关系"的形成,必然地形成一定的生产力内部人与其他要素的关系和生产关系,即形成一定的生产方式。因此,"财产的任何一种社会形式都有各自的'道德'与之相适应。"③这样一来,"与资本主义生产方式相适应的精神生产,就和与中世纪生产方式相适应的精神生产不同。如果物质生产本身不从它的特殊的历史的形式来看,那就不可能理解与它相适应的精神生产的特征以及这两种生产的相互作用。"④

对此,恩格斯曾具体地指出:"私有制产生的最初的结果就是商业,在私有制的统治下,这种商业和其他一切活动一样,必然是商人收入的直接泉源;这就是说,每个人必然要尽量设法贱买贵卖。所以在任何一次买卖中,

---

① 《马克思恩格斯全集》第20卷,人民出版社1971年版,第103页。
② 《马克思恩格斯全集》第3卷,人民出版社1975年版,第29页。
③ 《马克思恩格斯全集》第17卷,人民出版社1963年版,第610页。
④ 《马克思恩格斯全集》第26卷(上),人民出版社1972年版,第296页。

两个人在利害关系上总是绝对彼此对立的;这种冲突带有完全敌对的性质,因为各人都知道对方的意图,知道对方的意图是和自己的意图相反的。因此,商业所产生的第一个后果就是互不信任,以及为这种互不信任辩护,采取不道德的手段达到不道德的目的。"①恩格斯并强调,"只要私有制仍然存在,利益就必然是私人的利益,利益的统治必然表现为财产的统治",在这种情况下,人性被扭曲,"人们的关系被彻底歪曲,社会合乎人性的生活准则即道德将遭到贱踏。"②

由此可见,一定社会的道德受制于一定的所有制形式和经济关系。尽管马克思、恩格斯所处时代的私有制条件下的道德状况与当今私有制条件下的道德状况不能一概而论,而且,人类社会生活中存在的共同道德(或称全球道德或称普遍性道德)已被人们逐步认识和认同,但这并没有改变马克思主义的道德本质观,也没有动摇马克思、恩格斯经济伦理观的"基石",因为,在任何情况下,离开所有制形式及其经济关系和利益关系,其社会道德难以被认识和判明,尤其是在现时代,不坚持马克思主义的道德本质观,不认清现时代特殊的利益关系,社会道德将如同是非不清、价值取向混乱的"一堆乱麻"。

2. 道德化的所有制

在阐述所有制形式决定道德的同时,马克思、恩格斯还强调所有制形式本身就是一种道德存在。马克思曾经指出,体现为所有制的所有权"也只是表现为通过劳动占有劳动产品,以及通过自己的劳动占有他人劳动的产品,只要自己劳动的产品被他人的劳动购买便是如此。对他人劳动的所有权是通过自己劳动的等价物取得的。所有权的这种形式,正像自由和平等一样,就是建立在这种简单关系上的。在交换价值进一步的发展中,这种情况发生了变化,并且最终表明,对自己劳动产品的私人所有权也就是劳动和所有权的分离,而这样一来,劳动将创造他人的所有权,所有权将支配他人

---

① 《马克思恩格斯全集》第 1 卷,人民出版社 1956 年版,第 600 页。
② 《马克思恩格斯全集》第 1 卷,第 663 页。

的劳动"①。这就说明了，所有制看上去是生产力中人对物的占有和使用关系，其实质是劳动和所有权的关系，是人与人之间的利益关系。而且，这种关系势必影响对劳动产品的分配方式，影响人们在社会生活中的角色和地位。这既是道德之"基"，也是道德之"本"。

由此可以看出，马克思、恩格斯的经济伦理观中，所有制性质决定产权关系性质并进而决定生产关系性质，而一定的生产关系的要求又集中体现在所有制形式之中。这样一来，不同的社会历史阶段，就会有不同的所有制、产权关系和生产关系，正如马克思所指出的，"在每个历史时代中所有权是以各种不同的方式，在完全不同的社会关系下面发展起来的。因此，给资产阶级的所有权下定义不外是把资产阶级产生的全部社会关系描述一番。"②

其实，马克思、恩格斯在剖析资本主义社会的经济矛盾时，始终在关注着所有制本身的道德性及其所造成的道德性程度问题。

一方面，马克思、恩格斯揭示了资本主义的所有制本身及其所造成的不道德状态。马克思劳动异化理论较为集中地说明了这一点。一是劳动自身的异化，马克思指出，在资本主义的私有制条件下，"物的世界的增值同人的世界的贬值成正比。劳动不仅生产商品，它还生产作为商品的劳动自身和工人。而且是按它一般生产商品的比例生产的"。这就说明，"劳动所生产的对象，即劳动的产品，作为一种异己的存在物，作为不依赖于生产者的力量，同劳动相对立"。③ 同时，劳动本来应该是"自由的生命表现"，"是生活的乐趣"，但在私有制条件下，劳动是为了生存，为了得到生活资料，"劳动成为直接谋生的手段"。④ 二是人的异化。在马克思看来，由于劳动异化，"工人同自己的劳动产品的关系就是同一个异己的对象的关系。因为根据这个前提，很明显，工人在劳动中耗费的力量越多，他亲手创造出来反

---

① 《马克思恩格斯全集》第46卷（上），人民出版社1979年版，第189页。
② 《马克思恩格斯全集》第1卷，第177页。
③ 《马克思恩格斯全集》第42卷，人民出版社1979年版，第90—91页。
④ 《马克思恩格斯全集》第42卷，第28—38页。

对自身的、异己的对象世界的力量越大,他本身、他的内部世界就越贫乏,归他所有的东西就越少"。① 这就是说,"劳动对工人说来是外在的东西","不属于他的本质的东西","因此,他在自己的劳动中不是肯定自己,而是否定自己,不是感到幸福,而是感到不幸,不是自由地发挥自己的体力和智力,而是使自己的肉体受折磨、精神遭摧残。因此,工人只有在劳动之外才感到自在,而在劳动中则感到不自在,他在不劳动时觉得舒畅,而在劳动时就觉得不舒畅。因此,他的劳动不是自愿的劳动,而是被迫的强制劳动。因而,它不是满足劳动需要,而只是满足劳动需要以外的需要的一种手段。……外在的劳动,人在其中使自己外化的劳动,是一种自我牺牲、自我折磨的劳动。最后,对工人说来,劳动的外在性质,就表现在这种劳动不是他自己的,而是别人的;劳动不属于他,他在劳动中也不属于他自己,而是属于别人。"②三是人际关系的异化。马克思指出在资本主义的商品经济条件下,"不是人的本质构成我们彼此为对方进行生产的纽带"。"我是为自己而不是为你生产,就像你是为自己而不是为我生产一样。我的生产的结果本身同你没有什么关系,就像你的生产的结果同我没有直接的关系一样。换句话说,我们的生产并不是人为了作为人而从事生产,即不是社会的生产。""我们每个人都把自己的产品只看作是自己的、物化的私利,从而把另一个人的产品看作是另一个人的、不以他为转移的、异己的、物化的私利。"③因此,"对我们来说,我们彼此的价值就是我们彼此拥有的物品的价值。因此,在我们看来,一个人本身对另一个人来说是某种没有价值的东西。"④以上足以说明,资本主义的所有制,使得社会出现了劳动异化、人将不人、关系扭曲的历史画卷。

另一方面,马克思和恩格斯在研究和揭示了经济社会发展规律的基础上,构想和展示了道德化的所有制——共产主义。在共产主义社会,"生产

① 《马克思恩格斯全集》第42卷,第91页。
② 《马克思恩格斯全集》第42卷,第93—94页。
③ 《马克思恩格斯全集》第42卷,第34页。
④ 《马克思恩格斯全集》第42卷,第37页。

资料归社会占有",①劳动者"共同占有共同控制生产资料"。② 这是经济制度,其实也是道德化的所有制。在这样的制度下,第一,他是"自由人的联合体","在那里,每个人的自由发展是一切人的自由发展的条件",③人与人之间关系是平等的,和谐与协作是这种平等关系的必然结果。人们在这样的关系中相互观照自身作为真正的人而存在着。第二,劳动肯定了劳动者的"个人生命",劳动成了劳动者"真正的、活动的财产",劳动也成了劳动者"自由和生命表现"和"生活的乐趣"。谁都不会因劳动而视劳动为桎梏或者因劳动而对立人与人之间的利益关系。第三,迫使人们奴隶般地服从分工的情形已经消失,从而脑力劳动和体力劳动的对立也随之消失,劳动已经不仅仅是谋生的手段,而是本身成了生活的第一需要,随着个人的全面发展,生产力也增长起来,集体财富的一切源泉将充分涌流,在那个时候,就能完全超出资产阶级法权的狭隘眼界,在全社会通行"各尽所能,按需分配"。这是理想化的社会,更是道德化所有制的体现。

二、经济具有"人格化"的伦理特质

离开了伦理道德的特殊视角,任何形式的经济是不可能被科学透视和理解的。这一点在马克思、恩格斯创立科学的政治经济学理论中展现的尤为充分。马克思、恩格斯是在充分关注劳动主体、产权关系、生产关系和利益关系、阶级和阶级关系等经济活动中的"人格化"尤其是"人格化"伦理方面的基础上,才使得经济被理解成是"人的经济"和"关系的经济",才有一个完整的科学的对"政治经济"的全面认识和理解。

当然,"马克思和恩格斯从来不夸大道德在经济活动中的作用,从来不从道德上去论证经济的资本主义形态灭亡的必然,而是通过发现和创立剩

---

① 《马克思恩格斯全集》第22卷,人民出版社1965年版,第593页。
② 《马克思恩格斯全集》第46卷(上),第105页。
③ 《马克思恩格斯选集》第1卷,人民出版社1995年版,第294页。

余价值理论从经济学上论证资本主义灭亡的必然性和共产主义必然来临。"①因为,道德毕竟是经济活动的精神层面,"道德不能代替经济事实"。但不能因此认为马克思和恩格斯在分析资本主义的社会经济矛盾中就排除道德因素,甚或认为马克思主义者也不从道德上谴责资本主义。② 其实,马克思恩格斯的政治经济学理论中,经济主体和经济关系分析法,从一定意义上说就是道德分析法,许多经济伦理关系描述和伦理结论恰恰是资本主义经济矛盾的角度特殊的表述。因此,马克思恩格斯对资本主义经济的独特伦理理论分析既是我们理解其经济伦理观的重要依据,也是我们今天构建经济伦理学体系的重要指导思想和认识方法。

经济的人格化,指的是"经济活动人格化"、"经济关系人格化"、"经济范畴人格化"以及"物的人格化"等等。这里的"人格化"之"人格",在马克思的经济学方面的著作中,尤其在《资本论》中,"主要指人在经济活动中所支出的精神和体力的总和,或者说人在经济活动中所支出的精神和体力方面具体体现,基本上不是在人文的、道德的含义上使用"。③ 而本文主要意图在于研究马克思恩格斯关于经济人格化论述的伦理方面,即经济活动中经济主体的本质、经济关系和经济利益关系生存方式及其特点、经济运行规则等等,以进一步系统揭示马克思恩格斯的经济伦理视角及其思想观念。

在马克思、恩格斯的政治经济学理论中,其研究的逻辑起点是商品,研究的核心范畴是资本和劳动,④研究的根本性主题是生产力的解放;其重点关注的经济理性"应该"是竞争中的公正和平等,等等。

关于商品。"马克思在《资本论》中首先分析资产阶级社会(商品社会)里最简单、最普通、最基本、最常见、最平凡,碰到亿万次的关系:商品交换。这一分析从这个最简单的现象中(从资产阶级社会的这个'细胞'中)揭示

① 章海山:《经济伦理论——马克思主义经济伦理思想研究》,第 55 页。
② 章海山:《经济伦理论——马克思主义经济伦理思想研究》,第 56 页。
③ 章海山:《经济伦理论——马克思主义经济伦理思想研究》,第 67 页。
④ 章海山:《经济伦理论——马克思主义经济伦理思想研究》,第 229 页。

出现代社会的一切矛盾(或一切矛盾的胚芽)。"①这是因为,商品虽然是物,但是,作为劳动产品的商品具有使用价值和交换价值二重性,否则,商品就不成其为商品,而商品的二重性是因为生产商品的劳动具有具体劳动和抽象劳动的二重性,否则,商品的二重性没有依据。换句话说,作为物的商品,内含着人与人之间的关系。按照马克思的进一步分析,是资本主义的商品经济使这种人与人之间的关系被扭曲了,社会矛盾也随之复杂和激烈。因此,正如马克思所指出的:"商品形式的奥秘不过在于:商品形式在人们面前把人们本身劳动的社会性质反映成劳动产品本身的物的性质,反映成这些物的天然的社会属性,从而把生产者同总劳动的社会关系反映成存在于生产者之外的物与物之间的社会关系。"②因此,可以毫不夸张地说,商品是物质实体,同时在一定意义上也是伦理实体。

关于资本。在资本主义商品经济条件下,"资本本质上是生产资本的,但只有生产剩余价值,它才产生资本"。③然而,生产剩余价值"只是由于劳动采取雇佣劳动的形式,生产资料采取资本的形式这样的前提,——也就是说,只是由于这两个基本的生产要素采取这种独特的社会形式,——价值(产品)的一部分才表现为剩余价值,这个剩余价值才表现为利润(地租),表现为资本家的赢利,表现为可供支配的、归他所有的追加的财富"。④这就表明了,在资本主义条件下,资本就意味着劳动力已成为商品,工人为资本家创造财富,工人与资本家产生了不可调和的剥削与被剥削、压迫与被压迫的矛盾。因此,"在作为关系的资本中——即使撇开资本的流通过程来考察这种关系——实质上具有特征的是,这种关系被神秘化了,被歪曲了,在其中主客体是颠倒过来的,……。由于这种被歪曲的关系,必然在生产过程中产生出相应的被歪曲的观念,颠倒了的意识,而这些东西由于流通过程

①《列宁全集》第55卷,人民出版社1990年版,第307页。
②《马克思恩格斯全集》第23卷,人民出版社1972年版,第88—89页。
③《马克思恩格斯全集》第25卷,人民出版社1972年版,第996页。
④《马克思恩格斯全集》第25卷,第997页。

本身的变形和变态而完成了"。① 最明显的是劳动者丧失劳动成果,资本家不劳而获,而资本家的观念却是因为他们而养活了工人。因此,"作为关系的资本"缺乏科学的经济德性。

关于劳动。前面已经谈到,在资本主义条件下,劳动使劳动异化,劳动使人异化,劳动使人际关系异化。最终社会成了异化了的人的社会,"他的活动由此而表现为苦难,他个人的创造物表现为异己的力量,他的财富表现为他的贫穷,把他同别人结合起来的本质联系表现为非本质的联系,相反,他同别人的分离表现为他的真正的存在;他的生命表现为他的生命的牺牲,他的本质的现实化表现为他的生命的失去现实性,他的生产表现为他的非存在的生产,他支配物的权力表现为物支配他的权力,而他本身,即他的创造物的主人,则表现为这个创造物的奴隶"。② 可以说,资本主义条件下的劳动是非人的劳动或劳动的非人化。

关于生产力。在马克思和恩格斯的思想中,生产力是物质的,同时,生产力也有其精神因素。事实上,物质的生产力是依靠精神的生产力才得以成立或形成。否则,作为物的生产力如果不渗透进精神的因素,如果没有人的作为"主观生产力"及其观念导向,生产力将是"死的生产力",不能成其为"劳动的社会生产力"。这里的"精神生产力"和"主观生产力"也就是马克思在同样意义上使用的"一般生产力"的概念。这是指由知识、技能和社会智慧构成的科学。③ 而道德科学应该属"社会智慧"。因此,科学的道德是生产力中的重要内容或因素,在生产力的发展过程中,它起着独特的精神功能的作用。而且,生产力本身的发展也有赖于生产力内部各要素之间的合理联系和理性存在,这种人与物的结合方式在一定意义上就是人与人关系的生存和协调方式,它对生产力的发展起着特定的制约作用。马克思曾指出:"各种经济时代的区别,不在于生产什么,而在于怎样生产,用什么劳动资料生产。劳动资料不仅是人类劳动力发展的测量器,而且是劳动借以

---

① 《马克思恩格斯全集》第48卷,人民出版社1985年版,第257—258页。

② 《马克思恩格斯全集》第42卷,第25页。

③ 参见王小锡:《道德与精神生产力》,载《江苏社会科学》2001年第2期。

进行的社会关系的指示器。"①这又从一个侧面说明了物质的生产力与社会道德有着其特殊的联系。如果忽视生产力的伦理因素,那么对"解放生产力"的理解将会是"软弱无力"的。

关于竞争中的"应该"。恩格斯对资本主义条件下的竞争及其道德后果是这样阐述的,"竞争贯串了我们生活的各个方面,造成了人们今日所处的相互奴役的状况。竞争是一部强大的机器,它一再促使我们的日益衰朽的社会秩序或者更确切地说,无秩序的状况活动起来,但是它每紧张一次,同时就吞噬掉一部分日益衰弱的力量。"②竞争还促使社会犯罪率逐步提高和人的道德的逐步堕落。所以在资本主义社会中,竞争的公正和平等在其本质上来说是不可能实现的。"资本主义市场经济这一经济结构是建立在剥削工人剩余价值基础上的,没有它也就没有资本主义经济形态。工人在表面上平等的公平交易中,恰恰被掩盖了被剥削的这种不平等。因此,可以说资本主义市场经济中的公平,就是不公平。"③真正的公正和平等只有在实现了人与人之间平等关系的社会主义社会才可能逐步实现。

三、商品拜物教、货币拜物教的道德风险

商品拜物教和货币拜物教是资本主义社会同一经济本质体现的两种不同表现形式,在资本主义条件下,商品作为劳动产品是"人手的产物","在拜物教这种意识中,都被反映成为他自身具有生命、彼此发生关系,并同人发生关系的独立自存的东西,反过来成为统治人的东西"。④ 货币作为一种特殊的商品,也在人们的意识中成为独立的东西,正如马克思指出的,"钱是从人异化出来的人的劳动和存在的本质;这个外在的本质却统治了人,人

---

① 《马克思恩格斯全集》第 23 卷,第 204 页。
② 《马克思恩格斯全集》第 1 卷,第 623 页。
③ 章海山:《经济伦理论——马克思主义经济伦理思想研究》,第 229 页。
④ 章海山:《经济伦理论——马克思主义经济伦理思想研究》,第 135 页。

却向它膜拜"。① 变成为人们唯一的欲望对象,产生"万恶的求金欲"。

商品拜物教和货币拜物教的道德风险是显而易见的。一方面,物欲和贪欲使人"遗忘"了人自身,"把社会关系作为物的内在规定归之于物",②没有也不想去知道"社会关系"的存在和重要。所以"拜物教"的结果必然是人情的冷漠和人际关系的淡漠,人自身成了商品即"物"的奴隶。首先,一切生产仅仅是满足"物欲"的形式,"我是为自己而不是为你生产,就像你是为自己而不是为我生产一样。我的生产的结果本身同你没有什么关系,就像你的生产结果同我没有直接的关系一样。换句话说,我们的生产并不是人为了作为人的人而从事的生产,即不是社会的生产。也就是说,我们中间没有一个人作为人同另一个人的产品有消费关系。我们作为人并不是为了彼此为对方生产而存在。……问题在于,不是人的本质构成我们彼此为对方进行生产的纽带。……我们每个人都把自己的产品只看作是自己的、物化的私利,从而把另一个人的产品看作是另一个人的、不以他为转移的、异己的、物化的私利。"③在这里,人们为物所累,几乎把自己降低到了动物的水平。其次,在一切为自己而生产的社会里,不仅"蒸发"了社会关系,而且"掠夺和欺骗的企图必然是秘而不宣的,因为我们的交换无论从你那方面或从我这方面来说都是自私自利的,因为每一个人的私利都力图超过另一个人的私利,所以我们就不可避免地要设法互相欺骗。……就整个关系来说,谁欺骗谁,这是偶然的事情。双方都进行观念上和思想上的欺骗,也就是说,每一方都已在自己的判断中欺骗了对方"④。

另一方面,"铜臭味"亵渎了人性。马克思曾经指出:"一切东西,不论是不是商品,都可以变成货币。一切东西都可以买卖。流通成了巨大的社会蒸馏器,一切东西抛到里面去,再出来时都成为货币的结晶。连圣徒的遗骨也不能抗拒这种炼金术,更不用说那些人间交易范围之外的不那么粗陋

① 《马克思恩格斯全集》第 1 卷,第 448 页。
② 《马克思恩格斯全集》第 46 卷(下),人民出版社 1979 年版,第 202 页。
③ 《马克思恩格斯全集》第 42 卷,第 34 页。
④ 《马克思恩格斯全集》第 42 卷,第 35 页。

的圣物了。正如商品的一切质的差别在货币上消灭了一样,货币作为激进的平均主义者把一切差别都消灭了。但货币本身是商品,是可以成为任何人的私产的外界物。这样,社会的权力就成为私人的私有权力。因此,古代社会咒骂货币是换走了自己的经济秩序和道德秩序的辅币。"①以至"有些东西本身并不是商品,例如良心、名誉等等,但是也可以被它们的所有者出卖以换取金钱,并通过它们的价格,取得商品形式"。② 这样一来,本来不是商品的变成了商品,甚至把一切都变成可以用黄金购买的商品,这势必使得社会生活中黑白、美丑、贵贱、是非不分,甚至一切被颠倒了。③

在资本主义条件下,社会经济制度决定了商品拜物教和货币拜物教的道德风险是不可能被避免的,事实上,商品拜物教和货币拜物教现象的出现其本身就表明社会道德的堕落。

(原载《伦理学研究》2002 年第 1 期)

---

① 《马克思恩格斯全集》第 23 卷,第 152 页。
② 《马克思恩格斯全集》第 23 卷,第 120—121 页。
③ 章海山:《经济伦理论——马克思主义经济伦理思想研究》,第 135—136 页。

《1844 年经济学哲学手稿》的
经济道德解读

《1844 年经济学哲学手稿》①（以下简称《手稿》）既是马克思早期的一部经济学著作，也是一部哲学著作。在这部著作中，马克思在用辩证法分析资本主义经济现象的同时，始终坚持以道德及其道德分析方法的视角研究资本主义社会中的经济问题，深刻揭示了资本主义经济活动的本质特征，并在道德批判中力图寻求人类经济活动与道德精神的结合点。当然，"马克思和恩格斯从来不夸大道德在经济活动中的作用，从来不从道德上去论证经济的资本主义形态灭亡的必然，而是通过发现和创立剩余价值理论从经济学上论证资本主义灭亡的必然性和共产主义必然来临。"②因为，道德毕竟是经济活动的精神层面，"道德不能代替经济事实"③。但不能因此认为马克思和恩格斯在分析资本主义的社会经济矛盾中就排除道德因素，甚或认为马克思主义者也不从道德上谴责资本主义。事实上冠以"政治"修饰词的经济学，其本身就内涵着价值判断的因素。马克思恩格斯的政治经济学理论中的经济主体和经济关系分析法，从一定意义上说就是道德分析法。离开了道德审视和道德价值判断，资本主义条件下的人的活动和社会发展之"应该"就难以科学确认，仅凭经济

---

① 《马克思恩格斯全集》第 3 卷，人民出版社 2002 年版。本文引文所标示的页码系该卷页码。

② 章海山：《经济伦理论——马克思主义经济伦理思想研究》，中山大学出版社 2001 年版，第55 页。

③ 章海山：《经济伦理论——马克思主义经济伦理思想研究》，第 56 页。

学的数据分析是难以完整、科学地揭示资本主义社会发展规律的。因此，对马克思恩格斯的著作作经济道德解读，有助于我们更深刻地理解和把握马克思主义。

一、经济事实与经济主体及其
关系的价值分析

在《手稿》中，经济主体及其经济关系的本质是马克思分析经济问题的出发点，也是马克思区别于国民经济学家的独有的社会科学研究方法。马克思说："国民经济学从私有财产的事实出发。它没有给我们说明这个事实。"国民经济学"把应当加以阐明的东西当作前提"，（第266页）"把他应当加以说明的东西假定为一种具有历史形式的事实"（第267页）由于阶级局限性，国民经济学家对客观存在的经济事实采取了一种无批判的描述性分析方法，把客观存在的经济事实看作是永恒存在、不需说明的。因此，这种研究方法只能确认经济事实，而不能揭示经济事实背后的内在原因。与国民经济学家不同，马克思站在无产阶级的立场上，穿透了资本主义经济事实的表面，对隐藏在经济事实背后的人以及人与人之间的关系作了深刻的价值分析，准确把握住了资本主义制度下经济主体及其经济关系的本质，克服了国民经济学家见物不见人的根本性错误，从而科学地揭示了资本主义社会经济运动的客观规律。

在《手稿》中，马克思对工资、资本的利润、地租以及异化劳动等经济范畴的分析，都是基于这个出发点。马克思从分析决定工资的斗争这一经济事实入手，考察了资本主义制度下资本家与工人之间的经济关系。马克思认为，工资的高低是由资本家和工人之间的敌对斗争决定的。在这一斗争中，正如亚当·斯密所证实，胜利总是属于资本家的。因为，"资本家没有工人能比工人没有资本家活得长久。资本家的联合是常见的和有效的，工人的联合则遭到禁止并会给他们招来恶果。此外，土地所有者和资本家可以把产业收益加进自己的收入，而工人除了劳动所得，既无地租也无资本利息。"（第 223 页）与亚当·斯密只是客观地列举事实不同，马克思认为工资斗争这一经济事实内在地反映出资本家与工人之间不平等的经济地位和对立的经济关系。在工人和资本家为工资决定的斗争中，吃亏的总是工人。"最低的和唯一必要的工资额就是工人在劳动期间的生活费用，再加上使工人能够养家糊口并使工人种族不致死绝的费用。"（第 223 页）因此，工人和资本家的经济地位是不平等的，这种不平等的经济地位决定了他们在经济关系上的根本对立。"工人成了商品，如果他能找到买主，那就是他的幸运了。工人的生活取决于需求，而需求取决于富人和资本家的兴致。"（第 223—224 页）工人和资本家的利益是如此地泾渭分明："工人和资本家同样苦恼，工人是为他的生存而苦恼，资本家则是为他的死钱财的赢利而苦恼。"（第 227 页）这种对立关系存在于资本主义社会的任何状态之中。马克思指出，"在社会的衰落状态中，工人的贫困日益加剧；在增长的状态中，贫困具有错综复杂的形式；在达到完满的状态中，贫困持续不变。"（第 230 页）在资本主义制度下，资本家与工人在经济利益上的对立与冲突是无法克服的，只有彻底消灭资本主义生产关系，工人才可能摆脱贫困的生存状态。

马克思在对资本这一经济范畴进行考察时，不把资本只看作物，而看作社会经济关系的表现。他认为："资本是对劳动及其产品的支配权力。资本家拥有这种权力并不是由于他的个人的或人的特性，而只是由于他是资本的所有者。他的权力就是他的资本的那种不可抗拒的购买的权力"。（第 238—239 页）在这里，马克思把资本归结为资本所有者对他人劳动及其产品的支配权这样一种经济关系，并且强调这种支配权不是由于他的个人或人的特性，而只是由于他是资本的所有者决定的一种客观的经济关系，即资本主义生产关系。马克思进一步探索了资本的本质："资金只有当它给自己的所有者带来收入或利润的时候，才叫作资本"。（第 239 页）资本的目的在于为资本家赚取利润，而这一目的的实现，必须通过资本家无偿占有工人的劳动这一雇佣劳动形式来实现。从经济关系的视角来考察资本，使得马克思超越了资产阶级经济学家，深刻地揭示出资本的本质，为其进一步研究资本的运动规律奠定了理论基础。

在对地租的论述中，马克思透过地租这一经济现象，准确地把握了资本主义制度下不同经济主体之间的利益关系。马克思认为，与工资的高低取决于资本家和工人的斗争相同，"地租是通过租地农场主和土地所有者之间的斗争确定的。"（第254页）这就是说，地租斗争这一经济事实本质上是租地农场主和土地所有者之间对立的经济关系的反映。以此为出发点，马克思进一步研究了不同经济主体之间的利益对抗关系。他说，"在国民经济学中，我们到处可以看到，各种利益的敌对性的对立、斗争、战争，被承认是社会组织的基础。"（第254页）马克思以大量的事实论证了土地所有者和整个社会、和资本主义社会里各个阶级、阶层之间的利益对立关系：其一，土地所有者利益的增长与贫困和奴役的增长是一致的；其二，土地所有者的利益同租地农场主、雇农、工业工人和资本家的利益相敌对；其三，一个土地所有者的利益，由于竞争，也决不会同另一个土地所有者的利益相一致。而不同经济主体之间利益的对抗，最终归结为阶级对抗，其根源在私有制，"在私有制的统治下，个人从社会得到的利益同社会从个人得到的利益正好成反比。"（第257页）正是在这一认识的基础上，马克思一方面科学论证了封建土地所有制向资本主义土地所有制过渡的历史必然性，另一方面揭示出私有制必然衰亡这一客观历史规律。

在分析异化劳动时，马克思认为异化劳动这一资本主义经济事实创造了资本家和工人之间剥削和被剥削的经济关系。他尖锐地指出，"劳动为富人生产了奇迹般的东西，但是为工人生产了赤贫。劳动生产宫殿，但是给工人生产了棚舍"（第269页），因此，工人和资本家在物质生活上日益趋于两极分化："一方面所发生的需要和满足需要的资料的精致化，另一方面产生着需要的牲畜般的野蛮化和最彻底的、粗糙的、抽象的简单化"。（第340页）经济利益上的根本对立造成了工人和资本家之间不可调和的阶级矛盾："工人知道资本家是自己的非存在，反过来也是这样；每一方都力图剥夺另一方的存在。"（第288页）

正因为准确地把握了资本主义社会中经济主体与经济关系的本质，马克思得出了与国民经济学家不同的结论："整个的人类奴役制就包含在工人对生产的关系中。"（第278页）由此，马克思以消灭异化劳动和私有制为基础，提出了无产阶级革命的必由之路。

二、异化劳动导致劳动关系的非理性化

马克思的异化劳动理论蕴含了丰富的劳动道德思想。马克思在研究异化劳动问题时，一方面阐述了劳动的"应然"的道德特质，另一方面对资本主义生产过程中的劳动关系进行了道德审视。

马克思认为，劳动是人的"自由的有意识的活动"（第273页），也就是说，自由是人类劳动"应然"的道德本质，同时也是人类劳动应当追求的道德目的。自由之所以可能，因为这是人的劳动与动物的所谓生产活动的根本区别所在，"动物的生产是片面的，而人的生产是全面的；动物只是在直接的肉体需要的支配下生产，而人甚至不受肉体需要的影响也进行生产；并且只有不受这种需要的影响才进行真正的生产；动物只生产自身，而人再生产整个自然界；动物的产品直接属于它的肉体，而人则自由地面对自己的产品；动物只是按照它所属的那个种的尺度和需要来构造，而人懂得按照任何一个种的尺度来进行生产，并且懂得处处把内在的尺度运用于对象；因此，人也按照美的规律来构造。"（第273—274页）这一论断表明，劳动不仅仅是实现目的的手段，而且应当理解为人类自由的基本要素。在劳动中，人应当能够自由地发挥全部潜能，在生产劳动对象、改造自然界的同时自我发展、自我完善，满足肉体与精神的双重需要。只有在劳动中实现了自由，人才能成为具有真正社会意义的人，成为"社会存在物"。

在资本主义社会中，劳动成为使人和人际关系变形并畸形化的异化劳动，丧失了其应然的道德本质。马克思以唯物的辩证的世界观为指导，考察了异化劳动的表现、后果与起源，对资本主义条件下非理性化的劳动关系进

行了无情的道德批判。

首先是劳动主体与劳动产品关系的非理性化。马克思指出,在资本主义条件下,"工人对自己的劳动产品的关系就是对一个异己的对象的关系。"(第268页)而且这种异化已经发展到这样的程度:"工人在劳动中耗费的力量越多,他亲手创造出来反对自身的、异己的对象世界的力量就越强大,他自身、他的内部世界就越贫乏,归他所有的东西就越少。"(第268页)人不仅不能够自由地面对自己的产品,相反,劳动产品已经成为一种资本,日益成为统治生产它的劳动主体的社会力量。因此,马克思得出这样的结论,"工人在他的产品中的外化,不仅意味着他的劳动成为对象,成为外部的存在,而且意味着他的劳动作为一种与他相异的东西不依赖于他而在他之外存在,并成为同他对立的独立力量;意味着他给予对象的生命是作为敌对的和相异的东西同他相对立。"(第268页)

其次,劳动主体与自身劳动关系的非理性化。异化劳动不仅表现为工人与其劳动产品关系的非理性化,而且表现在生产活动本身中。马克思认为,在资本主义劳动过程中,工人不但不能够在劳动中发挥其丰富潜能,甚至享受不到劳动的丝毫乐趣。"劳动对工人来说是外在的东西,也就是说,不属于他的本质;因此,他在自己的劳动中不是肯定自己,而是否定自己,不是感到幸福,而是感到不幸,不是自由地发挥自己的体力和智力,而是使自己的肉体受折磨、精神遭摧残。"(第270页)因此,工人"在生产行为本身中使自身异化",(第270页)所以,劳动不再是合乎其道德特质的自由自主的活动,而是被迫的强制劳动。不是为了满足人的需要,而只是满足劳动以外的那些需要的一种手段。于是,"只要肉体的强制或其他强制一停止,人们就会像逃避瘟疫那样逃避劳动。"(第270—271页)在这种状况下,劳动主体的生产与生活、劳动与享受完全割裂开来。"对工人来说,劳动的外在性表现在:这种劳动不是他自己的,而是别人的;劳动不属于他;他在劳动中也不属于他自己,而是属于别人。"(第271页)在这里,马克思已经看到了资本主义经济关系最本质的特征。

第三,劳动主体与自己的"类生活"①关系的非理性化。人的类生活是人类的基本机能——劳动本身,"异化劳动,由于(1)使自然界,(2)使人本身,使他自己的活动机能,使他的生命活动同人相异化,也就使类同人相异化"(第272页)异化劳动从人那里夺去了他的类生活,工人无法在劳动中发展自我、完善自我,无法满足丰富多样的个体需要,因而丧失了自觉自愿进行劳动的兴趣,仅仅把实现人类本质的自主活动、自由活动贬低为手段。马克思总结道,"人的类本质——无论是自然界,还是人的精神的类能力——变成对人来说是异己的本质,变成维持他的个人生存的手段。"(第274页)人的生产活动不受自己自由意识的支配,而是不自觉地被资本主义生产关系的规律所支配,所以,"异化劳动使人自己的身体,同样使在他之外的自然界,使他的精神本质,他的人的本质同人相异化。"(第274页)这种异化产生的结果是工人作为人的"类特性"的丧失,即马克思所说的:"人(工人)只有在运用自己的动物机能——吃、喝、生殖,至多还有居住、修饰等等——的时候,才觉得自己是自由活动,而在运用人的机能时,觉得自己只不过是动物。动物的东西成为人的东西,而人的东西成为动物的东西。"(第271页)

第四,人与人关系的非理性化。马克思说:"人同自己的劳动产品、自己的生命活动、自己的类本质相异化的直接结果就是人同人相异化。"(第274页)为什么会出现这样的结果呢? 马克思进一步分析道:"如果劳动产品不属于工人,并作为一种异己的力量同工人相对立,那么这只能是由于产品属于工人之外的他人。如果工人的活动对他本身来说是一种痛苦,那么,

① 马克思在《手稿》中提到"类生活"、"类本质"、"类特性"等概念,是在马克思把人当做"类存在物"的特有的话语背景中的基本概念。在《手稿》中,马克思认为,"人证明自己是有意识的类存在物,就是说这样一种存在物,它把类看作自己的本质,或者说把自身看作类存在物"。(第273页)这种对人的本质的理解是马克思早期的表述,尽管这种表述带有人本主义的影响,但这是马克思对人的本质的历史唯物主义表述的过渡话语,与人本主义有着原则区别,"类存在物"在《手稿》中更多地是表示"社会存在物"理念,而且,事实上马克思已经在《手稿》中意识到人的关系性本质。(参阅《手稿》第294—311页)为此,本文为了说明马克思的观点,仍使用"类存在物"及其相关概念。

这种活动就必然给他人带来享受和生活乐趣。不是神也不是自然界,只有人自身才能成为统治人的异己力量。"(第276页)而这个"他人"无疑是资本家。因此,马克思所指的人与人的异化,实质上是指工人与资本家之间阶级对抗。马克思意识到被物的关系掩盖着的人和人的经济关系才是客观存在的资本主义关系,而这种关系是敌对的、不平衡的。所以他说:"通过异化劳动,人不仅生产出他对作为异己的、敌对的力量的生产对象和生产行为的关系,而且还生产出他人对他的生产和他的产品的关系,以及他对这些他人的关系"。(第276页)

三、资产阶级国民经济学的道德缺损

在《手稿》中,马克思对经济问题的分析是和对国民经济学的道德批判交织在一起的。

马克思认为,国民经济学和道德之间并非是绝对对立的关系,"国民经济学和道德之间的对立本身也只是一种外观,它既是对立,又不是对立。国民经济学不过是以自己的方式表现着道德规律。"(第345页)国民经济学有自己的道德定律,如"谋生、劳动和节约、节制"等,其历史功绩是不可否认的:"只有这种国民经济学才应该被看成私有财产的现实能量和现实运动的产物⋯⋯,现代工业的产物;而另一方面,正是这种国民经济学促进并赞美了这种工业的能量和发展,使之变成意识的力量"(第289页)但是,由于国民经济学是建立在资本主义经济基础之上并为资产阶级服务的,因而不可避免地具有阶级局限性;这种阶级局限性决定了国民经济学与道德的对立。马克思指出,"每一个领域都用不同的和相反的尺度来衡量我:道德用一种尺度,而国民经济学又用另一种尺度。"(第344页)二者的对立集中表现在国民经济学非人化、反人道的本质。

马克思认为,从表面上看,以劳动为原则的国民经济学,提高了人的身价,宣布人是财富的创造者,但从实质上看,"不过是彻底实现对人的否定而已"。(第290页)因为它所讲的劳动是资本主义条件下的雇佣劳动,在雇佣劳动形式下，"人本身已不再同私有财产的外在本质处于外部的紧张关系中，而是人本身成了私有财产的这种紧张的本质。"（第290页）尽管如此，亚当·斯密还是把这种异化劳动当成是普遍的、永恒存在的，是唯一的政策。所以，马克思认为斯密的学说必然是从"承认人、人的独立性、自我活动等等开始"，而走向彻底的否定人的本质这样一种理论。而斯密之后的国民经济学"自觉地在排斥人这方面比他们的先驱者走得更远"（第291页）。马克思以道德批判的方式揭示了国民经济学的本质。

首先，对国民经济学人性基础的批判。马克思说，"不言而喻，国民经济学把无产者即既无资本又无地租，全靠劳动而且是靠片面的、抽象的劳动为生的人，仅仅当作工人来考察。"（第232页）这表明，在国民经济学的视野里，人不是有着肉体和精神双重需求的自然人，而只是"没有感觉和没有需要的存在物"，只是能够为资本家带来利润的"工人"，除了物质需求外，别无所求。并且，这种物质需求只能以满足最基本的生活需要为限度。马克思愤怒地指出："国民经济学把工人只当作劳动的动物，当作仅仅有最必要的肉体需要的牲畜"（第233页），"工人完全像每一匹马一样，只应得到维持劳动所必需的东西。"（第232页）国民经济学的人性基础是由其阶级局限性所决定的："国民经济学不知道有失业的工人，即处于这种劳动关系之外的劳动人。小偷、骗子、乞丐，失业的、快饿死的、贫穷的和犯罪的劳动人，都是些在国民经济学看来并不存在，而只在其他人眼中，在医生、法官、掘墓者、乞丐管理人等等的眼中才存在的人物；他们是一些在国民经济学领域之外的幽灵。"（第282页）所以，"对人的漠不关心"是国民经济学最本质的特征，是"斯密的二十张彩票"。（251）

其次，对国民经济学生产观的批判。马克思认为，在国民经济学看来，资本主义生产的目的仅仅是为了追求利润，而不是满足人的需求。人不是目的，只是资本家赚取利润的手段。他不留情面地批判道："在李嘉图看来，人是微不足道的，而产品则是一切"（第248页）更明确地说，"李嘉图、穆勒等人比斯密和萨伊进了一大步，他们把人的存在——人这种商品的或高或低的生产率——说成是无关紧要的，甚至是有害的。在他们看来，生产

374

的真正目的不是一笔资本养活多少工人,而是它带来多少利息,每年总共积攒多少钱"(第282页)在国民经济学这一生产观的引导下,资本主义劳动不仅生产了产品,同时也生产出异化的人。"生产不仅把人当作商品、当作商品人、当作具有商品的规定的人生产出来;它依照这个规定把人当作精神上又在肉体上非人化的存在物生产出来。——工人和资本家的不道德、退化、愚钝。"(第282页)

第三,对国民经济学分配观的批判。按照国民经济学家的理论,劳动的全部产品本来应当全部属于工人,但是,"实际上工人得到的是产品中最小的,没有就不行的部分,也就是说,只得到他不是作为人而是作为工人生存所必要的那一部分,只得到不是为繁衍人类而是为繁衍工人这个奴隶阶级所必要的那一部分"。(第230页)国民经济学家却把这种不公平的分配状况说成是合理的、永恒的。对此,马克思分析道:"在国民经济学看来,工人的需要不过是维持工人在劳动期间的生活的需要,而且只限于保持工人后代不致死绝的程度。因此,工资就与其他任何生产工具的保养和维修,与资本连同利息的再生产所需要的一般资本的消费,与为了保持车轮运转而加的润滑油,具有完全相同的意义。"(第282页)说到底,国民经济家只是"经验的生意人",他们的理论出发点是维护资本家的经济利益,而不管工人的死活。马克思讽刺道:"国民经济学这门关于财富的科学,同时又是关于克制、穷困和节约的科学","这门关于惊人的勤劳的科学,同时也是关于禁欲的科学"(第342页)。

四、资本主义制度下经济发展与道德进步的悖论

马克思充分肯定了经济发展对道德进步的促进作用。他热情洋溢地赞美了工业的力量:"工业的历史和工业的已经生成的对象性的存在,是一本打开了的关于人的本质力量的书,是感性地摆在我们面前的人的心理学"(第306页)。并且,"只有通过发达的工业,也就是以私有财产为中介,人

的激情的本体论本质才能在总体上、在其人性中存在;因此,关于人的科学本身是人自己的实践活动的产物"(第 359 页)这就是说,经济本身的发展并不会阻碍道德进步,并且,只有通过经济的发展,道德进步才能获得相应的物质基础。但是,马克思转而指出,在资本主义制度下经济发展与道德进步存在着不可克服的悖论。

首先,经济发展只见货币不要道德。马克思认为,资本主义经济发展使得人的需要异化为对货币的需要,使人的道德水平滑落到了谷底。他预见到,在共产主义条件下,随着生产力的发展,人们创造的物质财富极大丰富,人们的需要也将获得极大的增长。"我们已经看到,在社会主义的前提下,人的需要的丰富性,从而某种新的生产方式和某种新的生产对象,具有什么样的意义。人的本质力量的新的证明和人的本质的新的充实。"(第 339 页)但是,"在私有制范围内,则具有相反的意义。"(第 339 页)资本主义生产的目的不是为了满足人的需要,而是追逐最大的利润,攫取最大数量的货币。因而,人的丰富多样的需要被简化为货币的需要。"对货币的需要是国民经济学所产生的真正需要,并且是它所产生的唯一需要。"(第 339 页)有了货币就有了一切,所以,对货币的需要是无止尽的,"无度和无节制成了货币的真正尺度。"(第 339 页)只有以货币为基础的需要才是真正有效的需要,以人的需要、激情、愿望为基础的需要则成为无效的需要,成为"纯粹观念的东西"。于是,人除了对货币的激情外再没有其他的激情,除了对货币的愿望外再没有其他的愿望,人的意识异化为拜物教徒的意识,"一切情欲和一切活动都必然湮没在贪财欲之中"(第 342—343 页),人的一切道德都荡然无存。

其次,经济发展以缺德为代价。在资本主义社会里,人的这种异化了的需要成为资本家在生产过程中用以发财致富的手段,使得资本主义经济建立在不道德的基础上。"每个人都指望使别人产生某种新的需要,以便迫使他作出新的牺牲,以便使他处于一种新的依赖地位并且诱使他追求一种新的享受,从而陷入一种新的经济破产。每个人都力图创造出一种支配他人的、异己的本质力量,以便从这里面找到他自己的利己需要的满足。"(第

339 页）每个人都企图损害他人来增加自己的财富,资本家更是利用迎合他人的需要这种卑鄙无耻的手段来发财致富。"随着对象的数量的增长,奴役人的异己存在物王国也在扩展,而每一种新产品都是产生相互欺骗和相互掠夺的新的潜在力量。"（第 339 页）马克思形象地说明了资本家的生产经营意识:"每一个产品都是人们想用来诱骗他人的本质即他的货币的诱饵;每一个现实的或可能的需要都是使苍蝇飞近涂胶竿的弱点;对共同的人的本质的普遍利用,正象每一个缺陷一样,对人来说是同天国联结的一个纽带,是使僧侣能够接近人的心的途径;每一项急需都是一个机会……工业的宦官顺从他人的最下流的念头,充当他和他的需要之间的牵线人,激起他的病态的欲望,默默盯着他的每一个弱点,然后要求对这种殷勤服务付酬金。"（第 340 页）即便是工人的粗陋的需要,资本家也不会轻易放过,因为"工人的粗陋的需要是比富人的讲究的需要大得多的赢利来源。"（第 345 页）可以说,资本主义的经济活动充斥着贪婪、欺诈和掠夺。

第三,经济发展颠倒了道德的尺度。资本主义经济的发展不仅造成了人的需要异化、经济活动的非道德化,也使得作为交换媒介的货币成为统治人的异己的力量,成为最高的善,社会正常的道德尺度因此而颠覆了。在资本主义社会里,"货币,因为具有购买一切东西的特性,因为它具有占有一切对象的特性,所以是最突出的对象。货币的特性的普遍性是货币的本质的万能;因此,它被当成万能之物……"（第 359 页）这一万能的特性使人和自然的特性发生了颠倒。马克思说,"货币是一种外在的、并非从作为人的人和作为社会的人类社会产生的、能够把观念变成现实而把现实变成纯观念的普遍手段和能力,它把人的和自然界的现实的本质力量变成纯抽象的观念,并因而变成不完善性和充满痛苦的幻想;另一方面,同样地把现实的不完善性和幻想,个人的实际上无力的、只在个人想象中存在的本质力量,变成现实的本质力量和能力",（第 363—364 页）货币的力量是如此的神奇,"它把个性变成它们的对立物,赋予个性以与它们的特性相矛盾的特性。"（第 364 页）不仅如此,在资本主义社会里,货币成为人与人之间联系的纽带,而这个纽带是作为颠倒黑白的力量出现的,破坏了人与之间合乎理性的关系。"货币作为现存的和起作用的价值概念把一切事物都混淆了、替换了,所以它是一切事物的普遍的混淆和替换,从而是颠倒的世界,是一切自然的品质和人品质的混淆和替换。"(第 364 页)总之,货币是衡量一切的道德尺度,是最高的善。

马克思认为,只有消灭私有制实现共产主义,劳动才是人自由的生产活动,才能生产出人作为人而存在的人,人才有可能成真正成其为人,人与人之间的关系才可能是一种"用爱来交换爱"、"用信任来交换信任"(第 364 页)的正常的、合乎理性的关系。进而,经济社会的发展与道德进步的矛盾才能够彻底消除。

（与陈继红合作,原载《伦理学研究》2006 年第 5 期）

《资本论》的经济伦理学解读

我曾经在一篇拙文①中说过,马克思的政治经济学在一定意义上也是政治经济伦理学,其主要理由是因为马克思在研究资本主义经济现象过程中,以其特有的伦理视角分析了资本主义社会的经济矛盾和经济规律。可以说,《资本论》就是一部资本主义经济背景下的经济伦理学著作和一幅经济道德生活画卷。

一、经济现象的辩证分析法与道德分析法

《资本论》的研究方法可谓是哲学社会科学研究方法之典范。首先,马克思在第二版跋中明确指出,《资本论》应用的研究方法是辩证法,并说:"我的辩证法,从根本上来说,不仅和黑格尔的辩证法不同,而且和它截然相反。在黑格尔看来,思维过程,即甚至被他在观念这一名称下转化为独立主体的思维过程,是现实事物的创造主,而现实事物只是思维过程的外部表现。我的看法则相反,观念的东西不外是移入人的头脑并在人的头脑中改造过的物质的东西而已。"②同时马克思指出:"辩证法,在其合理形态上,引起资产阶级及其空论主义的代言人的恼怒和恐怖,因为辩证法在对现存事物的肯定的理解中同时包含对现存事物的否定的理解,即对现存事物的必然灭亡的理解;辩证法对每一种既成的形式都是从不断的运动中,因而也是

---

① 参见王小锡:《经济伦理学学科依据》,载《华东师范大学学报》2001 年第 2 期。
② 《资本论》第 1 卷,人民出版社 2004 年版,第 22 页。

从它的暂时性方面去理解;辩证法不崇拜任何东西,按其本质来说,它是批判的和革命的。"①由此可见,马克思在撰写《资本论》过程中,面对的是资本主义的现实,探讨的是资本主义社会的矛盾及其矛盾运动规律,任何主观臆造都不可能使《资本论》成为"工人阶级的圣经。"其次,《资本论》始终坚持从抽象到具体的研究方法,资本主义的本质也因此才得以完整地科学地被揭示出来。马克思在《资本论》第一版序言中说:"不过这里涉及的人,只是经济范畴的人格化,是一定的阶级关系和利益的承担者。我的观点是把经济的社会形态的发展理解为一种自然史的过程。不管个人在主观上怎样超脱各种关系,他在社会意义上总是这些关系的产物。"②这就说明了马克思在探讨资本主义经济现象及其规律的过程中,不是就经济谈经济,就人谈人或就关系谈关系,而是把经济看做人的经济,人的关系之经济,是人化了的自然经济过程,是把人和人际关系看作经济范畴的人格化。正如马克思自己所说:"分析经济形式,既不能用显微镜,也不能用化学试剂。二者都必须用抽象力来代替。"③第三,《资本论》从不主观臆造空洞的结论,始终坚持具体的历史分析法。正如马克思称之为正是描述了自己辩证方法的俄国伊·伊·考夫曼写的《卡尔·马克思的政治经济学批判的观点》一文所说的,"根据他(指马克思——笔者注)的意见,恰恰相反,每个历史时期都有它自己的规律……一旦生活经过了一定的发展时期,由一定阶段进入另一阶段时,它就开始受另外的规律支配……对现象所作的更深刻的分析证明,各种社会有机体像动植物有机体一样,彼此根本不同……由于这些有机体的整个结构不同,它们的各个器官有差别,以及器官借以发生作用的条件不一样等等,同一个现象就受完全不同的规律支配。例如马克思否认人口规律在任何时候在任何地方都是一样的。相反地,他断言每个发展阶段有它自己的人口规律……生产力的发展水平不同,生产关系和支配生产关系的规律也就不同。马克思给自己提出的目的是,从这个观点出发去研究和

---

① 《资本论》第1卷,第22页。
② 《资本论》第1卷,第10页。
③ 《资本论》第1卷,第8页。

说明资本主义经济制度,这样,他只不过是极其科学地表述了任何对经济生活进行准确的研究必须具有的目的……。"①

事实上,纵观马克思全部《资本论》,马克思的辩证分析法始终是与道德分析法密切地联系在一起的。道德分析法堪称马克思的经典分析法。

道德分析法即主体性与价值关系分析法。马克思的《资本论》的研究视角和基本切入点始终是经济现象中(背后)的人和人际关系。正如恩格斯所说:"经济学所研究的不是物,而是人和人之间的关系,归根到底是阶级与阶级之间的关系",同时指出,"这个或那个经济学家在个别场合也曾觉察到这种关系,而马克思第一次揭示出它对于整个经济学的意义,从而使最难的问题变得如此简单明了,甚至资产阶级经济学家现在也能理解了。"②因此,如果就经济谈经济,看不到资本主义条件下人和人际关系的特殊本质,就无法揭示资本主义经济的本质及其规律,就不可能产生科学的政治经济学理论。马克思在《资本论》中首先是从分析资本主义社会的财富的元素形式即商品开始,进而展开了庞大的政治经济学理论体系的构架。然而在这一科学理论体系创造的艰难过程中,马克思自始至终把握住了资本主义条件下经济主体和经济关系的本质,并由此克服了资产阶级经济学家尤其是庸俗经济学理论的见物不见人的原则性或根本性错误。

马克思在考察商品属性时,揭示了其使用价值和价值、具体劳动和抽象劳动的矛盾,展示了商品生产者之间的社会生产关系。在此基础上,马克思在研究商品交换和商品流通的内在规律的过程中,探讨了货币转化为资本的特质,并进而发现了资本家所有的转化为资本的货币的价值增殖的本质,那就是劳动力成为商品。至此,作为货币占有者的资本家占有了"没有可能出卖自己的劳动对象化在其中的商品,而不得不把只存在于他的活的身体中的劳动力本身当作商品出卖"的工人。由于这两个对立的经济主体的存在,使得资本家所有制条件下的经济关系内部形成了不可调和的利益矛

---

① 《资本论》第1卷,第21页。
② 《马克思恩格斯选集》第2卷,人民出版社1995年版,第44页。

盾,"在生产过程中,资本发展成为对劳动,即对发挥作用的劳动力或工人本身的指挥权。人格化的资本即资本家,监督工人有规则地并以应有的强度工作。"并且"资本发展成为一种强制关系,迫使工人阶级超出自身生活需要的狭隘范围而从事更多地劳动。"①而且,处在被压迫被剥削地位的工人阶级的劳动出现了异化现象,劳动异化同时产生了人的异化和人际关系的异化,使得工人阶级的劳动成果不仅不能说明和肯定自身,而且成为更多的异己力量或更多的资本来对抗剥削、摧残自身,并使得人际关系的利益对立越来越严重,以至于不通过暴力革命就无法使得经济主体都作为真正自由的理性主体而存在着,从而实现经济关系的和谐与协调。

可以说,没有对资本主义制度下经济主体的本质的充分认识,也就不可能揭示资产阶级和工人阶级的对立关系的本质,也就不可能弄清楚劳动者的劳动成果怎么成为了异己的力量。正因为《资本论》所研究的不是物,而是人和人之间的关系,尤其是资产阶级和工人阶级之间的关系,才有可能发现剩余价值理论,也才有可能使面对资本主义的政治经济学成为科学。

二、资本是资本主义的道德实体

资本即能带来剩余价值的价值,这是资本主义生产关系条件下所独有的。资本家作为人格化的资本,只有在资产阶级所有制社会才能得以存在并发挥着资本的作用。

首先,货币向资本的转化的前提是资本主义条件下的劳动力的买卖。一方是资本家有能力买,而且能买到,一方面是工人愿意卖,而且必须卖。资本家占有生产资料,是货币占有者,资本家只有在市场上找到出卖自己劳动力的自由工人的时候,资本才产生。工人一无所有,没有别的商品可以出卖,没有任何实现自己的劳动力所必需的东西,不过,工人是自由人,工人能够把自己的劳动力当作自己的商品来支配,而且工人必须出卖自己的劳动

① 《资本论》第 1 卷,第 359 页。

才能生存下去。① 然而"为什么这个自由工人在流通领域中同货币占有者相遇,……自然界不是一方面造成货币占有者或商品占有者,而另一方面造成只是自己劳动力的占有者。这种关系既不是自然史上的关系,也不是一切历史时期所共有的社会关系。它本身显然是已往历史发展的结果,是许多次经济变革的产物,是一系列陈旧的社会生产形态灭亡的产物。""这种情况只有在一种十分特殊的生产方式即资本主义生产方式的基础上才会发生。"②

其次,资本原始积累使生产者和生产资料分离,并造成了特殊的资本关系。前文已经谈到,货币转化为资本,"只有在一定的情况下才能发生,这些情况归结起来就是:两种极不相同的商品占有者必须互相对立和发生接触;一方面是货币、生产资料和生活资料的所有者,他们要购买他人的劳动力来增殖自己所占有的价值总额;另一方面是自由劳动者,自己劳动力的出卖者,也就是劳动的出卖者。"③马克思接着指出:"商品市场的这种两极分化,造成了资本主义生产的基本条件。资本关系以劳动者和劳动实现条件的所有权之间的分离为前提。资本主义生产一旦站稳脚跟,它就不仅保持这种分离,而且以不断扩大的规模再生产这种分离。因此,创造资本关系的过程,只能是劳动者和他的劳动条件的所有权分离的过程。这个过程一方面使社会的生活资料和生产资料转化为资本,另一方面使直接生产者转化为雇佣工人。"④同时,马克思强调指出,这种特殊的资本关系的形成,"首要的因素是:大量的人突然被强制地同自己的生存资料分离,被当作不受法律保护的无产者抛向劳动市场。对农业生产者即农民的土地的剥夺,形成全部过程的基础。"⑤这样,"原来的货币占有者作为资本家,昂首前行;劳动力占有者作为他的工人,尾随于后。一个笑容满面,雄心勃勃;一个战战兢兢,

---

① 参见《资本论》第1卷,第197页。
②《资本论》第1卷,第197页。
③《资本论》第1卷,第821页。
④《资本论》第1卷,第821—822页。
⑤《资本论》第1卷,第823页。

畏缩不前,像在市场上出卖了自己的皮一样,只有一个前途——让人家来鞭。"①因此,资本就意味着剥削和压迫,资本关系在资本主义条件下是物对人、人对人的统治和支配关系。

第三,资本的运作使经济主体和资本关系相反或"颠倒"地表现出来。首先,工人的劳动不是在说明和肯定自身及其存在的价值,而是一方面,"工人在劳动中耗费的力量越多,他亲手创造出来反对自身的、异己的对象世界的力量越大,他本身,他的内部世界就越贫乏,归他所有的东西就越少。"②另一方面,工人通过劳动所得的工资,表面上是工人生活所必需,是工人自己消耗掉了,而实际上是工人自己生产的可变资本。正如马克思所说,"可变资本不过是工人为维持和再生产自己所必需的生活资料基金或劳动基金的一种特殊的历史的表现形式;这种基金在一切社会生产制度下都始终必须由劳动者本身来生产和再生产。劳动基金所以不断以工人劳动的支付手段的形式流回到工人手里,只是因为工人自己的产品不断以资本的形式离开工人。但是劳动基金的这种表现形式丝毫没有改变这样一个事实:资本家把工人自己的对象化劳动预付给工人。"③再一方面,"商品生产按自己本身内在的规律越是发展成为资本主义生产,商品生产的所有权规律也就越是转变为资本主义的占有规律。"④因此,"剩余价值是资本家的财产,它从来不属于别人。资本家把剩余价值预付在生产上,完全像他最初进入市场的那一天一样,是从他自己的基金中预付的。"⑤换句话说,工人创造的剩余价值,更大或更多地成了剥削自己的异己力量。同时资本家占有剩余价值,成为占有更多剩余价值的条件。其次,我在一篇拙文中说,"作为关系的资本"缺乏科学的经济德性。因为"在作为关系的资本中——即使撇开资本的流通过程来考察这种关系——实际上具有特征的是,这种关系

---

① 《资本论》第 1 卷,第 205 页。
② 《马克思恩格斯全集》第 42 卷,人民出版社 1979 年版,第 91 页。
③ 《资本论》第 1 卷,第 655 页。
④ 《资本论》第 1 卷,第 677—678 页。
⑤ 《资本论》第 1 卷,第 676 页。

被神秘化了,被歪曲了,在其中主客体是颠倒过来的,……。由于这种被歪曲的关系,必然在生产过程中产生出相应的被歪曲的观念,颠倒了意识,而这些东西由于流通过程本身的变形和变态而完成了。"①最明显表现是"工人在资本家的监督下劳动,他的劳动属于资本家。"②即劳动者丧失劳动成果,资本家不劳而获。并且,资本主义的工厂实际上把工厂变成了工人的"监狱","在工厂中,死机构独立于工人而存在,工人被当作活的附属物并入死机构","机器劳动极度地损害了神经系统,同时它又压抑肌肉的多方面运动,夺去身体上和精神上的一切自由活动。甚至减轻劳动也成了折磨人的手段,因为机器不是使工人摆脱劳动,而是使工人的劳动毫无内容。"而且"不是工人使用劳动条件,相反地,而是劳动条件使用工人。"③再次,在资本关系中,物统治着人。马克思指出:"商品形式的奥秘不过在于:商品形式在人们面前把人们本身劳动的社会性质反映成劳动产品本身的物的性质,反映成这些物的天然的社会属性,从而把生产者同总劳动的社会关系反映成存在于生产者之外的物与物之间的社会关系。"④马克思还有针对性地指出:"在资本—利润(或者,更恰当地说是资本—利息),土地—地租,劳动—工资中,在这个表示价值和财富一般的各个组成部分同其各种源泉的联系的经济三位一体中,资本主义生产方式的神秘化,社会关系的物化,物质的生产关系和它们的历史社会规定性的直接融合已经完成:这是一个着了魔的、颠倒的、倒立着的世界。在这个世界里,资本先生和土地太太,作为社会的人物,同时又直接作为单纯的物,在兴妖作怪。"⑤尤其是在工场手工业的生产过程中,由于分工,"每一个工人都只适合于从事一种局部职能,他的劳动力就转化为终身从事这种局部职能的器官,"⑥因此,"工场手工业工人按其自然的性质没有能力做一件独立的工作,他只能作为资本家工场

---

① 《马克思恩格斯全集》第 46 卷(上),人民出版社 1979 年版,第 104 页。
② 《资本论》第 1 卷,第 216 页。
③ 《资本论》第 1 卷,第 486—487 页。
④ 《资本论》第 1 卷,第 89 页。
⑤ 《资本论》第 3 卷,第 940 页。
⑥ 《资本论》第 1 卷,第 393 页。

的附属物展开生产活动。"①其实,在资本主义社会里,物统治的不仅仅是工人,从《资本论》中可以体会到,资本家的头脑和灵魂客观上也被牢牢地禁锢在物欲中。物或剩余价值的目的,不仅能使资本家丧失人格和良心,必要时可以铤而走险。

三、经济的人格化

《资本论》在研究资本主义经济及其规律过程中,从没有就经济谈经济,而是始终保持经济人格化(即经济主体的经济范畴人格化、经济行为人格化、物的人格化等)的基本思维定势。这的确也是马克思完整、科学地认识资本主义经济、创立科学的政治经济学理论的一个重要前提。不把资本看成资本主义的社会生产关系,就无法揭示资本主义社会的基本经济规律。在这里,我们再从资本主义的主要的经济主体、经济实体和经济范畴的分析中就能发现经济人格化之特点。

首先,在资本主义条件下的经济主体都只是经济范畴的人格化。马克思说:"我决不用玫瑰色描绘资本家和地主的面貌。不过这里涉及的人,只是经济范畴的人格化,是一定的阶级关系和利益的承担者。我的观点是把经济的社会形态的发展理解为一种自然史的过程。不管个人在主观上怎样超脱各种关系,他在社会意义上总是这些关系的产物。"②又说:"人们扮演的经济角色不过是经济关系的人格化,人们是作为这种关系的承担者而彼此对立着的。"③资本家之所以为资本家,工人之所以为工人,既不是天生的,也不是由谁主观设定的,他们是资本主义制度下的必然"产物",是资本主义经济的"主体化"。因此,资本家、工人在资本主义条件下,本质地内涵着经济利益、经济关系、阶级关系等。资本家、工人也是"经济本身"。正如马克思在谈到资本论时说到的:"资本——而资本家只是人格化的资本,他

① 《资本论》第 1 卷,第 417 页。
② 《资本论》第 1 卷,第 10 页。
③ 《资本论》第 1 卷,第 104 页。

在生产过程中只是作为资本的承担者执行职能——会在与它相适应的社会生产过程中,从直接生产者即工人身上榨取一定量的剩余劳动,这种剩余劳动是资本未付等价物而得到的,并且按它的本质来说,总是强制劳动,尽管它看起来非常像是自由协商议定的结果。"①这种剩余劳动体现为剩余价值。在这里,资本家和工人体现对立的经济利益关系。

其次,商品与货币是"经济关系"之"化身"。一是商品必须"交换",是商品本质地包含着必然发生的关系。"一切商品对它们的占有者是非使用价值,对它们的非占有者是使用价值。因此,商品必须全面转手。这种转手就形成商品交换,而商品交换使商品彼此作为价值发生关系并作为价值来实现。"②二是商品交换必然出现货币。这是因为"对每一个商品占有者来说,每个别的商品都是他的商品的特殊等价物,因而他的商品是其他一切商品的一般等价物。但因为一切商品占有者都这样做,所以没有一个商品是一般等价物,因而商品也就不具有使它们作为价值彼此等同、作为价值量互相比较的一般的相对价值形式。因此,它们并不是作为商品,而只是作为产品或使用价值彼此对立着","只有社会的行动才能使一个特定的商品成为一般等价物。因此,其他一切商品的社会的行动使一个特定的商品分离出来,通过这个商品来全面表现它们的价值。于是这个商品的自然形式就成为社会公认的等价形式。由于这个社会过程,充当一般等价物就成为被分离出来的商品的独特的社会职能。这个商品就成为货币。"③"正是商品世界的这个完成的形式——货币形式,用物的形式掩盖了私人劳动的社会性质以及私人劳动者的社会关系,而不是把它们揭示出来。"④

第三,生产、协作造成"畸形物"。马克思指出:"资本主义生产实际上是在同一个资本同时雇佣人数较多的工人,因而劳动过程扩大了自己的规模并提供了较大量的产品的时候才开始的。人数较多的工人在同一时间、

---

① 《资本论》第3卷,第927页。
② 《资本论》第1卷,第104页。
③ 《资本论》第1卷,第105—106页。
④ 《资本论》第1卷,第93页。

同一空间(或者说同一劳动场所),为了生产同种商品,在同一资本家的指挥下工作,这在历史上和概念上都是资本主义生产的起点。"①"许多人在同一生产过程中,或在不同的但互相联系的生产过程中,有计划地一起协同劳动,这种劳动形式叫做协作。"②然而,这种由分工而形成的生产协作,其主要功能和目的是为资本家合理使用和节约生产资料,并进而尽可能多地生产剩余价值,因而也就是资本家尽可能多地剥削劳动力。③ 这样一来,"由许多单个的局部工人组成的社会生产机构是属于资本家的。因此,由各种劳动的结合所产生的生产力也就表现为资本的生产力。真正的工场手工业不仅使以前独立的工人服从资本的指挥和纪律,而且还在工人自己中间造成了等级的划分。简单协作大体上没有改变个人的劳动方式,而工场手工业却使它彻底地发生了革命,从根本上侵袭了个人的劳动力。工场手工业把工人变成畸形物。"④在资本主义生产、协作造成"畸形物"的同时,必然地加剧了资本家与工人阶级的对抗性矛盾。

第四,资本主义的劳动资料是资本主义社会关系的指示器。马克思指出:"各种经济时代的区别,不在于生产什么,而在于怎样生产,用什么劳动资料生产。劳动资料不仅是人类劳动力发展的测量器,而且是劳动借以进行的社会关系的指示器。"⑤在资本主义社会,劳动资料的发展归属和发挥作用的状态如何,直接受制于资本主义的制度,并由此直接展示资本主义的劳动力水平和特有的社会关系。事实上,劳动资料归资本家所有,劳动力水平不可能随劳动的机械化水平提高而提高,反而可能由于劳动的机械化水平的提高而削弱了劳动力水平;同时,劳动者与生产资料的结合也往往是非理性状态的,因为这受到对立的阶级关系的影响和支配。为此,资本主义生产力水平也是资本主义社会关系的指示器。因为,在资本主义条件下,生产

① 《资本论》第 1 卷,第 374 页。

② 《资本论》第 1 卷,第 378 页。

③ 参见《资本论》第 1 卷,第 384 页。

④ 《资本论》第 1 卷,第 417 页。

⑤ 《资本论》第 1 卷,第 210 页。

力内部的人与物的关系,说到底是工人与资本家的关系。因此,资本主义生产力水平实际上反映着资本主义的生产关系和社会关系。

第五,资本主义的物的人格化。我在一篇拙文①中曾指出:"在资本主义条件下,商品作为劳动产品是'人手的产物','在拜物教这种意识中,都被反映成为他自身具有生命、彼此发生关系,并同人发生关系的独立自存的东西,反过来成为统治人的东西'。货币作为一种特殊的商品,也在人们的意识中成为独立的东西,正如马克思指出的,'钱是从人异化出来的劳动和存在的本质;这个外在的本质却统治了人,人却向它膜拜'。"除商品、货币实际在促动和支配着人的行为外,在资本主义的生产资料发挥作用过程中,尤其是"机器的资本主义应用",机器行使着资本家的剥削功能,实现着资本家压榨工人而赚钱的目的。因此,不仅工人的生存条件受到机器的限制,而且工人完全依附或依赖于机器。这在表面上是机器的应用造成了工人的痛苦,实际上机器的运用在资本主义条件下代表了资产阶级的意志,这样的机器体现了资本家的人格。

物的人格化的另一个视角是资本主义社会关系的物化。马克思说:"商品形式的奥秘不过在于:商品形式在人们面前把人们本身劳动的社会性质反映成劳动产品本身的物的性质,反映成这些物的天然的社会属性,从而把生产者同总劳动的社会关系反映成存在于生产者之外的物与物之间的社会关系。"其实,"商品形式和它借以得到表现的劳动产品的价值关系,是同劳动产品的物理性质以及由此产生的物的关系完全无关的。这只是人们自己的一定的社会关系,但它在人们面前采取了物与物的关系的虚幻形式。"②马克思进一步解释说:"使用物品成为商品,只是因为它们是彼此独立进行的私人劳动的产品。这种私人劳动的总和形成社会总劳动。因为生产者只有通过交换他们的劳动产品才发生社会接触,所以,他们的私人劳动的独特的社会性质也只有在这种交换中才表现出来。换句话说,私人劳动

---

① 王小锡:《简论马克思恩格斯的经济伦理观》,载《伦理学研究》2002年第1期。
② 《资本论》第1卷,第89—90页。

在事实上证实为社会总劳动的一部分,只是由于交换使劳动产品之间、从而使生产者之间发生了关系。因此,在生产者面前,他们的私人劳动的社会关系就表现为现在这个样子,就是说,不是表现为人们在自己劳动中的直接的社会关系,而是表现为人们之间的物的关系和物之间的社会关系。"①同时指出:"只有商品价格的分析才导致价值量的决定……但是,正是商品世界的这个完成的形式——货币形式,用物的形式掩盖了私人劳动的社会性质以及私人劳动者社会关系,而不是把它们揭示出来。"②

由此可见,在资本主义社会,物与物的关系掩盖了人与人之间的关系,物与人的关系被颠倒了。这恰恰也是资本主义社会经济矛盾的一个重要现实和佐证。

四、劳动和人、人际关系的异化

马克思的异化思想和理论说到底是在揭示资本主义条件下的非人化、非我化、非正常关系化等。

马克思指出:"劳动过程,就我们在上面把它描述为它的简单的、抽象的要素来说,是制造使用价值的有目的的活动,是为了人类的需要而对自然物的占有,是人和自然之间的物质变换的一般条件,是人类生活的永恒的自然条件,因此,它不以人类生活的任何形式为转移,倒不如说,它为人类生活的一切社会形式所共有。"③然而在资本主义社会,资本家"在商品市场上购买了劳动过程所需要的一切因素:物的因素和人的因素,即生产资料和劳动力。他用内行的狡黠的眼光物色到了适合于他的特殊行业(如纺纱、制靴等等)的生产资料和劳动力。于是,我们的资本家就着手消费他购买的商品,劳动力;就是说,让劳动力的承担者,工人,通过自己的劳动来消费生产资料。"这样一来,"工人在资本家的监督下劳动,他的劳动属于资本家",

① 《资本论》第 1 卷,第 90 页。
② 《资本论》第 1 卷,第 93 页。
③ 《资本论》第 1 卷,第 215 页。

"产品是资本家的所有物,而不是直接生产者工人的所有物",就是说,"劳动过程是资本家购买的各种物之间的过程,是归他所有的各种物之间的过程。"①工人在资本主义的生产过程中始终处在被动的、被压迫和被剥削的地位,这种不合理的劳动关系造成了特有的资本主义的劳动异化现象。

早在《1844年经济学哲学手稿》中,马克思就对劳动异化理论作了系统的阐述,《资本论》中以丰富的实例更深刻地佐证和分析了这一理论。首先是物的异化。马克思指出:"工人生产的财富越多,他的产品的力量和数量越大,他就越贫穷。工人创造的商品越多,他就越变成廉价的商品。物的世界的增殖同人的世界的贬值成正比。劳动不仅生产商品,它还生产作为商品的劳动自身和工人,而且是按它一般生产商品的比例生产的。这一事实不过表明:劳动所生产的对象,即劳动的产品,作为一种异己的存在物,作为不依赖于生产者的力量,同劳动相对立。……工人同自己的劳动产品的关系就是同一个异己的对象的关系。因为根据这个前提,很明显,工人在劳动中耗费的力量越多,他亲手创造出来反对自身的、异己的对象世界的力量就越大,他本身、他的内部世界就越贫乏,归他所有的东西就越少。"②就拿工人创造的剩余价值和获得的工资来说,工人创造的剩余价值越多,就越加强了资本家剥削压迫工人的手段和力度,工人获得的仅能维持生存的工资,也只是"通过花费他的工资和消费他购买的商品,来维持和再生产他不得不出卖的唯一商品——他的劳动力;就像资本家为购买这个劳动力而预付的货币回到资本家手中一样,劳动力作为可以和货币交换的商品也回到劳动市场上来。"③

其次是人的异化。"劳动对工人说来是外在的东西,也就是说,不属于他的本质的东西;因此,他在自己的劳动中不是肯定自己,而是否定自己,不是感到幸福,而是感到不幸,不是自由地发挥自己的体力和智力,而是使自己的肉体受折磨、精神遭摧残","在这里,活动就是受动;力量就是虚弱;生

① 《资本论》第1卷,第215—217页。
② 《马克思恩格斯全集》第42卷,人民出版社1979年版,第90—91页。
③ 《资本论》第2卷,人民出版社2004年版,第498页。

殖就是去势；工人自己的体力和智力，他个人的生命（因为，生命如果不是活动，又是什么呢？），就是不依赖于他、不属于他、转过来反对他自身的活动。"①因此，"异化劳动使人自己的身体，以及在他之外的自然界，他的精神本质，他的人的本质同人相异化。"正因为劳动使工人非人化、非我化，"所以，成为生产工人不是一种幸福，而是一种不幸。"②

　　再次是人际关系的异化。马克思说："如果劳动产品不属于工人，并作为一种异己的力量同工人相对立，那么，这只能是由于产品属于工人之外的另一个人。如果工人的活动对他本身来说是一种痛苦，那么，这种活动就必然给另一个人带来享受和欢乐。不是神也不是自然界，只有人本身才能成为统治人的异己力量。""人同自身的关系只有通过他同他人的关系，才成为对他来说是对象性的、现实的关系。因此，如果人同他的劳动产品即对象化劳动的关系，就是同一个异己的、敌对的、强有力的、不依赖于他的对象的关系，那么，他同这一对象所以发生这种关系就在于有另一个异己的、敌对的、强有力的、不依赖于他的人是这一对象的主人。如果人把自身的活动看作一种不自由的活动，那么，他是把这种活动看作替他人服务的、受他人支配的、处于他人的强迫和压制之下的活动。"③说到底，资本主义的所有制，使得资本主义社会的人际关系，尤其是工人与资本家的关系始终处在对立状态。劳动者不得，不劳动的资本家不劳而获；劳动者创造越多越痛苦，资本家恰恰在这种情况下越是一种享受和快乐。④

五、信用制度的道德审视

　　马克思认为，信用制度是资本主义发展到一定程度的必然产物。它可以"对利润率的平均化或这个平均化运动起中介作用"，可以使流通货币量

---

①《马克思恩格斯全集》第 42 卷，第 93、95 页。

②《资本论》第 1 卷，第 582 页。

③《马克思恩格斯全集》第 42 卷，第 99 页。

④ 参见《资本论》第 1 卷，第 207—216 页。

减少，"加速商品形态变化的速度，从而加速货币流通的速度"，"进而资本形态变化的各个阶段加快了，整个再生产过程因而也加快了。"但是，在资本主义生产方式下，"信用制度固有的二重性是：一方面，把资本主义生产的动力——用剥削他人劳动的办法来发财致富——发展成为最纯粹最巨大的赌博欺诈制度，并且使剥削社会财富的少数人的人数越来越减少；另一方面，造成转到一种新生产方式的过渡形式。"①

就股份公司来说，"那种本身建立在社会生产方式的基础上并以生产资料和劳动力的社会集中为前提的资本，在这里直接取得了社会资本（即那些直接联合起来的个人的资本）的形式，而与私人资本相对立，并且它的企业也表现为社会企业，而与私人企业相对立。这是作为私人财产的资本在资本主义生产方式本身范围内的扬弃。"②在这种情况下，"实际执行职能的资本家转化为单纯的经理，别人的资本的管理人，而资本所有者则转化为单纯的所有者，单纯的货币资本家。因此，即使后者所得的股息包括利息和企业主收入，也就是包括全部利润……，这全部利润仍然只是在利息的形式上，即作为资本所有权的报酬获得的。而这个资本所有权这样一来现在就同现实再生产过程中的职能完全分离，正像这种职能在经理身上同资本所有权完全分离一样。因此，利润（不再只是利润的一部分，即从借入者获得的利润中理所当然地引出来的利息）表现为对他人的剩余劳动的单纯占有，这种占有之所以产生，是因为生产资料已经转化为资本，也就是生产资料已经和实际的生产者相异化，生产资料已经作为他人的财产，而与一切在生产中实际进行活动的个人（从经理一直到最后一个短工）相对立。在股份公司内，职能已经同资本所有权相分离，因而劳动也已经完全同生产资料的所有权和剩余劳动的所有权相分离。资本主义生产极度发展的这个结果，是资本再转化为生产者的财产所必需的过渡点，不过这种财产不再是各个互相分离的生产者的私有财产，而是联合起来的生产者的财产，即直接的

---

① 参见《资本论》第3卷，第493—500页。
② 《资本论》第3卷，第494—495页。

社会财产。另一方面,这是再生产过程中所有那些直到今天还和资本所有权结合在一起的职能转化为联合起来的生产者的单纯职能,转化为社会职能的过渡点。"①在这个过渡点上,会产生出一整套投机和欺诈活动,"这是一种没有私有财产控制的私人生产。"②

马克思进一步指出,撇开股份制度不说,"信用为单个资本家或被当作资本家的人,提供在一定界限内绝对支配他人的资本,他人的财产,从而他人的劳动的权利。对社会资本而不是对自己的资本的支配权,使他取得了对社会劳动的支配权……在这里,剥夺已经从直接生产扩展到中小资本家自身……但是,这种剥夺在资本主义制度本身内,以对立的形态表现出来,即社会财产为少数人所占有;而信用使这少数人越来越具有纯粹冒险家的性质。因为财产在这里是以股票的形式存在的,所以它的运动和转移就纯粹变成了交易所赌博的结果;在这种赌博中,小鱼为鲨鱼所吞掉,羊为交易所的狼所吞掉。"③

按照马克思的思想,信用制度在资本主义制度下是资产阶级获得更多财富的重要途径和手段,它使得利益矛盾和阶级矛盾更加突出和激烈。因此,"信用加速了这种矛盾的暴力的爆发,即危机,因而促进了旧生产方式解体的各要素。"④

(原载《清华哲学年鉴(2004)》,河北大学出版社 2006 年版)

---

① 《资本论》第 3 卷,第 495 页。

② 《资本论》第 3 卷,第 497 页。

③ 《资本论》第 3 卷,第 497—498 页。

④ 《资本论》第 3 卷,第 500 页。

第七部分

中国传统经济伦理思想

先秦儒家经济伦理思想
及其现代经济意义

　　以孔子为代表的先秦儒家十分推崇周礼,并认为"礼"、"义"是理顺社会关系之准则,是"利"、"欲"取舍之标准,是经济发展和经济管理之原则。同时,由于春秋后期是我国历史上"公室卑微、大夫兼并",统治者横征暴敛,诸侯国之间战祸连绵,社会生活中"礼崩乐坏"、"民不聊生"的大动荡年代,作为一代思想家的先秦儒家又不得不关注社会经济的改革和发展,关心人们的利益和欲望,并自觉不自觉地将经济发展与礼、义要求联系起来思考,试图解决一些社会问题。在这样一种思想基础和社会背景下,形成了独特的儒家经济伦理思想。

　　先秦儒家经济伦理思想的主要特点是:在经济与伦理的关系上认为伦理重于经济或称理性重于利益;伦理是经济的目的,经济是伦理的手段,更有甚者认为利益可以为理性而舍弃。在义与利的关系上,认为利是人之所欲,但又认为义重于利,要以义取利。在经济运行和经济管理过程中主张以人为本,义则生利。深入研究先秦儒家体现这些思想特点的经济伦理思想,对于我们今天的社会主义市场经济建设来说,具有十分重要的借鉴意义。

一、利以义取的经济观

　　义和利及其关系问题是先秦儒家经济伦理思想的核心范畴和基础理论。对先秦儒家义利观较一致的传统理解是说儒家重义轻利、重义贬利。这样笼统的理解是片面的。以孔子为代表的先秦儒家创始人都认为义重于利,同时对利作了理性分析。他们"轻视"和"贬低"的是不义之利,"小人"之利,对于合理之利还是认可和接受的。孔子说:"不义而富且贵,于我如浮云"。"义而富与贵,是人之所欲也","富而可求,虽执鞭之士,吾亦为之"。孟子反对人与人之间以利相接,认为这是亡国之举。但同时又认为基本的物质生活条件是消除百姓反叛之心的前提条件,并指出,在物质利益与道德规范相矛盾时,没有必要维护道德规范而放弃正当物质利益,物质利益有利生存当取之。荀子在"惟利"不可取的思想基础上,将"民国"、"民生"问题放到了立论的制高点。

利虽可取,但应以义取利,孔子提倡"见利思义","以民之所利而利之"。孔子把不义而取利与亡国相提并论,认为"天子不仁,不保四海;诸侯不仁,不保社稷;卿大夫不仁,不保宗庙;士庶人不仁,不保四体。"荀子更是强调"义胜利者为治世,利克义者为乱世"。可见孟子对利以义取的重视。

义利关系问题作为一种价值取向之思考,在社会主义市场经济条件下已引起人们的关注和思考,它客观上也在影响着人们对价值目标的确认和经济行为方式的选择。因此,先秦儒家的利以义取的传统思想对社会主义市场经济发展应该有重要的启迪意义。社会主义市场经济的运作过程并不是一个纯经济现象,他应该是"理性"和"物性"并存,伦理和经济统一的过程。唯利是图不是社会主义市场的基本经济现象,唯利是图的结果将会排除现阶段市场经济的社会主义特质,必然带来世风日下,社会经济和民众利益受损的局面。

二、以人为本、人仁为主的管理观

人的伦理素质和人的修养以及对人的重视始终是先秦儒家伦理学说的基本出发点。在经济运行和经济管理问题上,他们更注重对人的作用的发挥。

人在儒家学说体系中并不是指孤独的甚或是生物学上的个人,他是指关系(君臣、父子、夫妇、兄弟等)人或群体(国家、家族等)人。关系的协调、群体的和谐、德性的修养是社会经济发展的重要条件。

为此,孔子说:"得众则得国,失众则失国。是故君子先慎乎德。有德此有人,有人此有土,有土此有财,有财此有用。"孔子还提出了以"诚"以"信"相待,实现同心协力的"安人"之道。同时指出了"为政以德","修己"以以身作则的管理之术。孟子则从治理国家角度认为,管理者不能把私利摆在首位,而应把公义摆在首位,如果不是这样,上下就会交相征利。同时认为,管理的本质就是管人,管人首先是管心,管心前提是行仁义。荀子更是强调国家的管理或其他包括经济管理在内的各种管理实质上是人的管理和对人的管理,贤人和用人是管理的首要条件,离开了人的选用和培养,一切管理尤其是统治好一个国家将是一句空话。他说,"有乱君,无乱国;有治人,无治法",即是说,世上有造乱的君主,没有造乱的国家;有能够治理好国家的人,没有能够治理国家的法律。换句话说,人是治理国家并使法律存在和发挥作用的前提。与此同时,荀子还提出了"裕民以政"的思想,他认为管理要有效果,应关注民众的利益,该减轻农业税收则减轻,该免除关市之征则免除,严格控制商业,不夺农时,不滥兴徭役,只有关心人,保护人的利益,才能发展经济,实现民富和国富。

今天的经济既不是封建的小生产经济,也不是资本主义的商品经济。社会主义经济体制为劳动者与劳动资料和劳动对象实现最佳结合提供了保证,并将由此增强经济运行的活力。然而,不管是经济领域还是一个企业能否使其在现有的时代背景下发挥应有活力,实现应有效益,先秦儒家以人为本、以仁为主的经济发展和经济管理思想值得借鉴。实际上,经济的运作是人的素质高低的体现,是人际关系力量调配合理与否的体现。对人的思想问题和素质研究、对人的利益问题的考虑以及对人际利益协调的正确把握是经济运作和经济管理的根本性手段。

三、俭以养德的经济生活观

节俭是先秦儒家经济生活观的核心内容。孔子十分推崇节俭,宣扬

道德资本与经济伦理

"节用而爱人"，"礼，与其奢也宁俭"，同时提倡"贫而乐"。在如何做到节俭问题上，孔子要求俭不违礼，用不伤义，即是说节俭由礼、义来支配和衡量。荀子则把节俭当做能否发展生产实现富裕的重要条件，他说："强本节用，则天不能贫。""本荒而用侈，则天不能使之富。"

时至今日，人们的生活条件与先秦时期相比已是无法比拟的，但先秦儒家的节俭之经济生活伦理观念却仍有重要的现实意义。财富多了并不是为节俭而节俭或该用不用，而是要看是否用得合义和合理，合义合理地利用财富是现时代所需要的一种节俭。同时，财富多了，在现时代只是"相对多了"，还应有艰苦节俭思想和开源节流思想，以利更好地发展生产，搞好生活。

四、国家利益优先的经济发展观

先秦儒家尽管其理论目的是围绕维护封建统治而展开的，但国家利益优先的经济伦理原则，在两千多年的思想文化发展史上具有重要的地位和影响。

孔子为了实现"天下归仁"，要求人们"克己复礼"，实际上是要求人们限制自己的欲望，从仁从礼，以保证天下不乱。孟子思想有许多本来说是为治理国家而直谏而发，故国家利益优先的原则体现得比较充分。荀子尽管强调富民是富国之基础，但他自觉不自觉地坚持了国家利益优先的原则。他认为，富国是前提、是目的，富民是手段、是条件。

先秦儒家的国家利益优先原则，其基本思想还是比较粗浅的。但是，提倡经济的发展应立足于国富，重视国家利益的实现，这对于现时代经济建设有着重要的借鉴意义。国家的经济实力直接影响着国家的发展速度和民众的实惠。而国家利益能否得到有效的维护和实现，直接影响到国家的发展。因此，国家利益优先原则永远应该是社会主义市场经济建设的伦理准则。

纵观先秦儒家经济伦理思想，有以下几方面值得我们在经济工作中进一步思考和认识。

第一，先秦儒家经济伦理思想注重仁义、理性在经济运作中的作用，似乎经济运行的方向、方式、速度等都由伦理来决定的。然而，伦理离开了经济意义和利益价值，会是纯抽象概念；而经济的运行、利益的实现，其伦理意义和伦理作用是一个重要方面和重要内涵，它始终不能就是经济和利益本身。为此，强调仁义、理性和国家利益优先原则的经济意义是十分有价值的。但认为仁义、理性和国家利益优先原则是经济运行的目的，那将最终失去其应有的经济意义和利益价值。经济运行的目的是功利性和道义性的统一。

第二，反对"足欲"，提倡节俭；反对恶利，认可"当仁不让"之利；反对"人欲"，主张义生之利，这些都是先秦儒家经济伦理的基本原则。尽管先秦儒家经济伦理思想认为义重于利，甚或提倡禁欲主义，但在一定程度上能面对生活、正视现实，这客观上给经济伦理思想的确立和完善增加了力度，同时也增强了其实践意义。不过，应该清楚地看到，把经济和利益问题只是放在伦理所允许的范围内进行思考，是有很大局限性的。因为经济的发展、利益的实现不能忽视客观存在的政治、法律等因素的作用。

第三，先秦儒家经济伦理思想强调经济运行和生产管理过程中的伦理手段，注重管理者的伦理素质和人际间的协调和谐，主张"施仁政"，以德服人。就工作方法和手段而言，这无疑是有重要理论价值和实践意义的思想观念。然而，在现时代如何把社会主义的伦理道德手段运作成经济运行过程中的操作性管理手段，这需要作出有针对性的研究和实践。

（原载《学海》1997 年第 3 期）

中国传统功利主义经济伦理思想

功利主义经济伦理思想是与德性主义经济伦理思想相对立而存在的，它的主要特点是在经济与伦理的关系上认为经济重于伦理，利益重于或等于道义；利是社会伦理的基础，道义的前提是利或利人；"交相利"乃是"圣王之法"、"天下之治道"。

一、功利主义经济伦理思想作为一种思想体系最早是随着先秦墨家、法家和道家学说的创立而形成的

1. 先秦墨家是与儒家相对立而存在的一种学派，该学派正视社会经济生活，重视利益之存在，竭力主张以"利"去规定伦理道德。其创始人墨子（约公元前468—约前376年）是战国时期思想家、政治家，他是以"利"为其哲学指导原则，以独特的义利关系观念，提出了与儒家经济伦理思想相对立，但却具有重要理论和实践意义的经济伦理思想。

墨子首先竭力反对儒家"罕言利"的态度，大谈"兴天下之利，除天下之害"。① 孔子将义和利对立起来，墨子则在谈利的同时，没有忽视义及其重要性。他认为，"万事莫贵于义"②，"天下有义则治，无义则乱"，③因此，义是真正的"天下之良宝"。与此同时，墨子还在其功利主义思想体系的范

---

① 《墨子·兼爱下》。
② 《墨子·贵义》。
③ 《墨子·耕柱》。

围,将义和利统一了起来。他认为利人为义,不利人为不义,故"义,利也"。① 在墨子看来,有利才真正谈得上义,否则义就不可理解,因此,义是由利来规定的。在这里,墨子实际上是将义和利等同了起来,是在两者的等同中揭示其统一的。这一"义,利也"的思想,实际是形而上学的理论命题,忽视了两者本质的逻辑的联系。尽管如此,墨子关于义利关系的经济伦理思想较之孔子的义利观更贴近社会生活现实,更多了一层理论阐述。假如说孔子的义利观强调理性的作用,那么墨子的义利观则试图揭示理性的本质内涵和价值导向。这是儒家经济伦理思想所不能及的。

墨子的"义,利也"的思想明确了功利主义的伦理指向和道德目的,这一思想在我国古代伦理思想发展史上是极其有价值的。可惜的是长期被人们忽视,更没能由此启发人们重视伦理指向和道德目的的理论研究。尽管历代统治阶级都把伦理道德作为稳定其统治地位的手段和工具,但伦理的正确指向和道德的逻辑目的他们是弃之不问的,尤其是伦理道德的经济意义和物质目的从来没有(当然也不可能)得到真正的体现。

墨子的义利关系观,尤其是他对伦理指向和道德目的的自觉认识,也值得我们今天面对社会主义市场经济的现实好好思索。因为,只有充分认识到现实社会条件下的伦理指向和道德目的,才能真正认识社会主义伦理道德的地位和作用,也才能切实地应用伦理道德这一重要的社会主义两个文明建设的手段。

其次,墨子在强调义即利或利即义的同时,指出"赖其力者生,不赖其力者不生",强调劳动的重要性。他说:"下强从事,即财用足矣。"②"贱人不强从事,即财用不足。"③还具体指出:"今也农夫之所以蚤出暮人,强乎耕稼树艺,多聚菽粟而不敢怠倦者何也? 曰,彼以为强必富,不强必贫,强必饱,不强必饥,故不敢怠倦。今也妇人之所以夙兴夜寐,强乎纺绩织纴,多治麻统葛绪,捆布掺而不敢怠倦者何也? 曰,彼以为强必富,不强必贫,强必

---

① 《墨子·经上》。
② 《墨子·天志中》。
③ 《墨子·非乐上》。

暖,不强必寒,故不敢怠倦。……农夫怠乎耕稼树艺,妇人怠乎纺绩织纴,则我以为天下衣食之财,将必不足矣。"①

既然只有劳动才能获得财富,因此墨子主张责难和处罚"人人之场园,取人之桃李瓜姜者"。墨子在这里创造性地将义和利统一到"劳动"上来,这是其经济伦理思想的闪光之点,实属难能可贵。

第三,提倡勤俭节约,反对奢侈。以墨子为代表的墨家"自苦为极",以苦为乐,这并不是他们自讨苦吃,而是他们功利主义思想的必然反映。墨子主张节用,并认为这本身亦是义之实现。他的节用原则以满足必要的消费为限,其基本标准是"圣王制为饮食之法曰:足以充虚继气,强股肱,耳聪目明则止";"衣服之法曰:冬服绀緅之衣轻且暖,夏服缔绤之衣轻且清则止";"大川广谷之不可济,于是制为舟楫,足以将之则止";宫室"其旁可以圉风寒,上可以圉雪霜雨露,其中蠲洁,可以祭祀,宫墙足以为男女之别,则止"。② 墨子还针对王公贵族厚葬之风提出了节葬要求。他指出,王公大人厚葬,"棺椁必重,葬埋必厚,衣衾必多,文绣必繁,丘陇必巨","辍民之事,靡民之财,不可胜计"。③ 还说,"匹夫贱人"厚葬,"殆竭家宝"。④ 因此,墨子认为,依照古圣王的葬埋之法应该是"棺三寸,足以朽体。衣衾三领,足以覆恶。以及其葬也,下毋及泉,上无通臭……垄若参耕之亩,则止"。⑤ 由此足以可见,墨子的节用、节葬思想关注的是人的正常生存和生活,强调不能因奢侈和浪费而影响生存和生活。进而我们可以体会到,墨家的功利主义伦理思想是反对享乐主义的。对此,我认为墨家的利即义的思想尽管有其片面的东西,但把利或用限制在"应该"的范围内,使得利与义相通,这是十分深刻的涵义。这是把功利主义与享乐主义相等同的现代资产阶级功利主义者比之应感到脸红的。

---

① 《墨子·非命下》。
② 《墨子·节用中》。
③ 《墨子·节葬下》。
④ 《墨子·节葬下》。
⑤ 《墨子·节葬下》。

2. 法家的伦理思想就是法律或法治伦理,至于经济伦理思想应归属哪类思想体系则很少有人关注。我认为法家的经济伦理思想是功利主义性质的,他们认为自利和言利是人的本性,一切人际关系及其协调都是以利为出发点和目的的。

先秦法家的创始者李悝(约公元前455—约前395年)的功利主义经济伦理理想体现在他的重农思想里,李悝认为,财富在于农业,他指出:"农伤则国贫。"① "雕文刻镂,害农之事也;锦绣纂组,伤女工者也。农事害则饥之本也。""故上不禁技巧则国贫民侈"。② 尽管李悝在这里明确反对手工业,但保护农业劳动力的主张则是他重农思想下的功利主义经济伦理观的本质内涵。在重视劳动力的同时,他强调农业收成在于勤劳与否,他说:"治田勤谨,则亩益三升(斗),不勤,则损亦如之。"③

为了保护农业生产和保护劳动力,李悝提出了利农和利民的粮价适中的经济伦理观念。他认为,"籴甚贵伤民,甚贱伤农,民伤则离散,农伤则国贫。故甚贵与甚贱,其伤一也。善为国者,使民无伤而农亦劝"。④ 因此,应该"使民适足,贾平则止……虽遇饥馑水旱,籴不贵而民不散。"⑤

商鞅(约公元前390—前338年)是战国时期政治改革家、先秦法家的重要代表人物之一。作为一位伟大的改革家,商鞅的经济伦理思想更具有时代特色和阶级特点。他从新兴封建地主阶级的利益角度,认为人都是自利的,自利是人的本性。他说:"民之性,饥而求食,劳而求佚,苦而索乐,辱则求荣,此民之情也。……民之性,度而取长,称而取重,权而索利。……羞辱劳苦,民之所恶也。显荣佚乐者,民之所务也。"⑥既然人是自利的,商鞅则主张利用民之自利心以"弱民"来"强国"。他说:"民弱国强,国强民

① 《汉书·食货志》。
② 刘向:《说苑·反质篇》。
③ 《汉书·食货志》。
④ 《汉书·食货志》。
⑤ 《汉书·食货志》。
⑥ 《商君书·算地》。

弱。故有道之国,务在弱民。"①并解释道:"民,辱则贵爵,弱则尊官,贫则重赏。"②

商鞅的这种经济伦理体现了作为新兴地主阶级的改革家的思想观念,承认人都有自利的本性,深刻地分析了民众的自利心理。然而阶级本位又使他不是从理性角度尊重和引导民众自利心,而是从非理性角度利用民众的自利心为封建统治阶级服务,这是古代典型的阶级利己主义功利思想。

韩非(约公元前280—前233年)是战国末哲学家、先秦法家思想的集大成者。韩非经济伦理思想前提是认为人的一切行为都是为了个人的利益,即他所谓"挟自为心"。③ 他还提出,"好利恶害,夫人之所有也","喜利畏罪,人莫不然",④这就进一步强调了趋利避害是人的本性。换句话说,人的本性是自利、自为的。

在此基础上,韩非进一步认为,人与人之间的各种关系及其协调准则和应该不应该的情感体验都取决于人们的自利本性和求利目的。他还具体地分析说,君使民那是"非以吾爱之为我用者也,以吾势之为我用者也";⑤"君臣之际,非父子之亲也,计数之所出也"。⑥ 他把君臣关系看成是相互利用的计数关系。至于父母子女关系,他也是在同一思路上理解。他说:"且父母之于子也,产男则相贺,产女则杀之。此俱出母之怀衽,然男子受贺,女子杀之者,虑其后便,计之长利也。故父母之于子也,犹用计算之心以相待也,而况无父子之泽乎?"⑦还说:"人为婴儿也,父母养之简,子长而怨。子盛壮成人,其供养薄,父母怒而诮之。子、父至亲也,而或谯或怨者,皆挟相为而不周于为己也。"⑧既然君臣关系、父母子女关系是这样,那么其他人际

---

① 《商君书·弱民》。
② 《商君书·弱民》。
③ 《韩非子·外储说左上》。
④ 《韩非子·难二》。
⑤ 《韩非子·六反》。
⑥ 《韩非子·外储说左上》。
⑦ 《韩非子·六反》。
⑧ 《韩非子·储说左上》。

关系也必然以"自利"和"计算之心"为基础。正如韩非说:"玉良爱马,越王勾践爱人,为战与驰。医善吮人之伤,含人之血,非骨肉之亲也,利所加也。故舆人成舆,则欲人之富贵。匠人成棺,则欲人之夭死也。非舆人仁而匠人贼也。人不贵则舆不售,人不死则棺不买。情非憎人也,利在人之死也。"①由此可见,在韩非的眼里,由于人们的自利和计算心,人际关系都是一种交换关系。

既然人与人之间是一种计数和交换关系,那么,任何人都想得到更多的利,甚至不惜牺牲他人利益。作为封建地主阶级的思想代表,韩非在经济和生活领域提出了满足统治阶级之利反足民论。他说:"老聃有言曰:知足不辱,知止不殆。夫以殆辱之故而不求于足之外者,老聃也。今以为足民而可以治,是以民为皆如老聃也。故桀贵为天子而不足于尊,富有四海之内不足于宝。君人者虽足民不足使为天子,而桀未必以天子为足也。则虽足民,何可以为治也。"②韩非的言下之意是让民贫困才会服从统治,才能不断为统治者卖命,这种观点是商鞅阶级利己主义功利思想的继续,是不同于墨家功利主义经济伦理思想的封建统治阶级功利主义经济伦理思想。可以说,韩非的计算之心实现了经济伦理与政治伦理的联姻。这也是统治阶级经济伦理思想的本质之所在。

韩非的民争源于人多的思想是其经济伦理思想的一大特色。他认为,"古者,丈夫不耕,草木之实足食也;妇人不织,禽兽之皮足衣也。不事力而养足,人民少而财有余,故民不争……今人有五子不为多,子又有五子,大父未死有二十五孙。是以人民众而货财寡,事力劳而供养薄,故民争。……是以古之易财,非仁也,财多也;今之争夺,非鄙也,财寡也"。③ 他把社会争乱的根源归结为人多的原因,这是极其片面的,其思想的基本原则是错误的。但是作为一种经济伦理观念,韩非把"民争"的现象与人口的多少联系起来思考,是有他的一定的道理的。物质财富的增长落后于人口增长的速度,在

---

① 《韩非子·备内》。
② 《韩非子·六反》。
③ 《韩非子·五蠹》。

人们的伦理境界有限的历史条件下,必然会带来一系列的社会问题。人多到超越了物力和财力所能承受的限度,这本身就是一种不应该的社会现象。今天我们提倡计划生育,控制人口增长,这确实是社会主义经济伦理思想的客观要求。由此再看韩非思想,这确实也是难能可贵的。

在消费伦理观念上,韩非提出了奢侈养殃的思想。他说:"人主乐美宫室台池,好饰子女狗马以娱其心,此人主之殃也。为人臣者尽民力以美宫室台池,重赋敛以饰子女狗马,以娱其主而乱其心,纵其所欲而树私利其间,此谓养殃。"①还说:"好宫室台榭陂池,事车服器玩,好罢露百姓,煎靡货材者,可亡也。"②应该说,韩非这一思想的提出是为了劝说统治阶级的,有时代意义。尽管韩非对于"养殃"现象的归纳很有限也很肤浅,劝说统治阶级也难以奏效,但他把奢侈归结为"殃"、"祸"之源,不仅为法家以法养廉提供了思想前提,而且确立了一种重要的消费道德观念。

说实在的,韩非提出奢侈养殃在人类进入文明时代以后,以至今天总是作为社会规律现象出现的。因此,就是到了经济十分发达、生活十分充裕的年代,奢侈也还是作为一种不道德现象被反对的。

3. 杨朱(约公元前400—约前335年)是战国初思想家,他的经济伦理思想带有极端的功利主义性质。但有一点需要说明的是,作为先秦道家学派的早期代表人物之一,杨朱的经济伦理思想与另两位道家学派的代表老子和庄子的经济伦理思想有其明显不同的倾向。老庄的经济伦理思想实不能以"功利主义"概括,至多只是"自然主义"的。

杨朱功利主义经济伦理思想的核心范畴是"贵己"、"为我"。杨朱说:"伯成、子高不以一毫利物,舍国而隐耕。大禹不以一身自利,一体偏枯。古之人,损一毫利天下,不与也。悉天下奉一身,不取也。人人不损一毫,人人不利天下,天下治矣。"③杨朱以伯成、子高、大禹为实例,说明自利之重要,强调"全性葆真"不能损一毫。为此,孟子曾指出:"杨子取为我,拔一毛

---

① 《韩非子·八奸》。
② 《韩非子·亡徵》。
③ 《列子·杨朱篇》。

而利天下不为也。"①

　　在这种自利思想的指导下,杨朱主张"全性葆真,不以物累形"。② 为了自身,为了"养生",应该"轻物"。然而,矛盾的是杨朱在"贵己"、"为我"思想的支配下,主张"肆之而已,勿壅勿阏",③放纵诸如"恣耳之所欲听,恣目之所欲视,恣鼻之所欲向,恣口之所欲言,恣体之所欲安,恣意之所欲行"④的情欲,其理由一是认为真正的"养生"、"贵己"应该是纵情欲,哪怕生命短暂也是值得的。否则,哪怕活千岁万岁,不算为"养生"。二是认为人生"十年亦死,百年亦死。仁圣亦死,凶愚亦死。生则尧舜,死则腐骨;生则桀纣,死则腐骨。腐骨一矣,孰知其异?"⑤因此,应"从心而动"、"从性而游"。

　　按照杨朱的观念,人生一切为了自身及其享乐,所有身外之物质和利益能"贵己"则取,至于身外或身后之人和事一概与己无关。

　　如此自私自利之思想,在先秦时期怎么能像孟子所说的,杨朱之言盈天下?⑥ 原因可能有以下几点:一是在物质和财产问题上,杨朱主张人身和物均为天下之公物,否定私身私物。认为"至人"之境界是做到公身公物。他说:"身非我有也,既生不得不全之;物非我有也,既有不得而去之。身固生之主,物亦养之的思想中,义由利体现出来。当然,这里的利他指的是国家之利、民众之利、"是所谓政事"。诸如兼并、巨商包卖之类行为是不义之举。王安石理财之目的就是为了义之要求,为此他还说,如果"得而不能理"或不能"均财节用",既不能说是利,也更不是义。

　　王安石经济伦理思想与墨家相似,但又不完全相同。墨家将利和义等同,既不加区分也不懂两者的辩证联系。王安石在这里既吸收和发展了墨家功利之思想,又继承并发展了儒家之义利观。下面这两句话能较集中地

①《孟子·尽心上》。

②《淮南子·氾论训》。

③《列子·杨朱篇》。

④《列子·杨朱篇》。

⑤《列子·杨朱篇》。

⑥ 参见《孟子·滕文公下》。

道德资本与经济伦理

说明这一点。他说:"利者义之和,义固所为利也。"①"聚天下之人,不可以无财,理天下之财,不可以无义。"②王安石在这里强调了利和义、财富与伦理是统一的,义、伦理是手段,利、财富是目的。惟义与利并举,伦理与财富并举,才能真正实现社会稳定、富国强兵。

虽然王安石的理财观、义利观在具体操作过程中会遇到各种旧势力的反对,但其时代意义是十分明显的。尤其是王安石将功利作了伦理的规定,将义和伦理作了功利的解释,这对于解脱儒家思想的某些束缚,发展生产、富裕人民是有直接的指导和督促意义的。

王安石的利和义、财富和伦理之思想对于我国社会主义市场经济的发展不无借鉴意义。市场经济从某种意义上说就是功利性经济,然而,这种功利性经济的发展又必须以伦理道德作为重要手段。社会主义市场经济发展的基本目的是国家的强大,人民的富裕,社会的稳定,生活的安宁。但社会主义市场经济从本质上来说是竞争经济,如不加以引导,不能充分利用伦理道德手段去促进经济发展,不能以精神文明建设指导和促进物质文明建设,那社会主义市场经济必将会演变成私有制式的自由经济,社会将会普遍存在弱肉强食、你争我夺、坑蒙拐骗等不道德现象。因此,社会主义市场经济从本质来说又是社会主义的伦理经济。一方面,社会主义市场经济的建设不能忽视国家利益、人民利益以及社会进步利益,这本身应该是社会主义市场经济建设的本质内涵。社会主义市场经济不包含这些内容,这市场经济就不能冠以"社会主义"之词。另一方面,社会主义市场经济是自觉的有序经济,是理性经济,它既有明文法规给予限定,同时亦应有伦理道德的作用。社会主义的伦理道德建设,不仅能起到社会主义市场经济建设的价值导向作用,也能增强社会主义市场经济建设的内在力度。

王安石的功利主义经济伦理思想,强调的是义和利不能截然分开理解,功利实现过程中内涵着义。除以上的理财观和义利观的阐述充分体现了这

---

① 《续资治通鉴长编》卷二百一十九,熙宁四年正月。
② 《王临川集》卷七十,乞制置三司条例司。

一点外,在他制定的具体政策和改革措施中也能充分体现出来。

王安石主张的经济改革,其直接目的是抑制兼并,均济贫乏,变通天下之财,其更深一层的含义是平民和农民该有的财物、土地等不能被剥夺,应限制"大农"、"富工"、"豪贾"等等的权利,保护大多数人的合法经济权利。这在北宋时期作为中小地主阶级代表的王安石能提出如此充满伦理内涵的政治、经济主张,是一件了不起的创举,它促使了功利主义经济伦理思想在当时的较完备体现。下面这段话能较好地体现王安石反对兼并,士民受益并乐于报国的伦理蕴涵。他说:"天命陛下为神明主,驱天下士民使守封疆,卫社稷,士民以死徇陛下不敢辞者,何也? 以陛下能为之主,以政令均有无,使富不得侵贫,强不得凌弱故也。含富者兼并百姓,乃至过于王公,贫者或不免转死沟壑,陛下无乃于人主职事有所阙,何以报天下士民为陛下致死?"①

王安石推行的均输法,就是为了防止富商大贾"乘公私之急,以擅轻重敛散之权",从而"稍收轻重敛散之权,归之公上。而制其有无,以便转输,省劳费,去重敛,宽农民,庶几国用可足,民财不匮"。②

王安石推行的市易法和青苗法,其直接效果是国家赚了利息,增加了财政收入(王安石当时表面上不承认这一点)。客观上抑制了兼并,保护了农民的生产积极性,保证了农作效益。同时也平定了物价,促进了市场的公平交易。

王安石推行的募役法,是提倡经济负担平均、平等或公平的典型法规。在王安石推行募役法以前,宋代差役极其繁重也极不平等,官户和寺观等僧俗大地主都免除徭役,坊郭户也大都不派徭役,而繁重的徭役主要由自耕农和中小地主来承担。而且,这些人一旦应役,便有陷入"全家破坏,弃卖田业,父子离散"的危险。据胡寄窗先生在《中国经济思想史》(下)一书中叙述:"当时把应役视为畏途,因应役人户有时非到说家业,不得休闲。其中

① 《续资治通鉴长编》卷二百四十,熙宁五年十一月。
② 《王临川集》卷七十,乞制置三司条例司。

以衙前和里正的问题为最大。曾有一衙前为解送黄金七钱到千里以外,因管库官吏百端刁难,至一年多不解归家,个人经济赔累更不必说。有不少人为避免充当差役,甚至使孀母改嫁,或'嫁其祖母或与母分居',又或'弃田与人'以免被视为上等人户者;又有父子二丁,其父自缢而死,以成单丁借以避役者。"为此,王安石主张以募役代替差役,以改变差役法所造成的不合理现象。募役法规定原来差役免除徭役的官户寺观和大商人等一律缴纳助役钱。为了减轻中小地主和贫苦劳动人民的徭役负担,募役法免除了中小地主衙前、里正的差役,改为按户等缴纳免役钱。同时对贫苦农民则免除差役并不纳免役钱,并做到"农事不夺而民力均"。① 募役法还要求服役付酬,"随役轻重制禄",这就使得一向专靠贪污贿赂等非法收入为主的吏胥阶层成为俸给生活者。

王安石经济改革措施涉及诸多方面,制定了一系列新法,从伦理角度看,王安石一是竭力反对经济领域的兼并、投机倒把等危害平民和农民利益的弱肉强食行为,试图平等经济权力或经济利益。二是反对在经济领域有特权的存在,主张经济责任人人有份,尤其在徭役上不分贵贱、不分穷富都得承担,而在徭役承担的方式和数量上又以官户、平民、农民以及穷富相区别。这不仅限制了某些封建特权,而且使得社会经济生活多少更趋于公平。三是王安石的理财主张,其基本目的是国富民强,为的是国家利益和大多数人的利益。

从以上所述我们可以看到,王安石在历史上虽以改革家、政治家著称,但他的功利主义经济伦理思想也是十分丰富的。可以说,王安石的经济改革思想和一系列举措都是充满伦理精神的,基本的伦理出发点和伦理目的是其改革思想形成和见诸行动的内在依据之一。

翻阅历史资料,我们可以看到,中国历史上所出现的各种程度不同的经济改革,无不内涵着深刻的伦理目的。尽管在阶级社会里,统治阶级的改革总是围绕着阶级利益而展开的,但改革要有发展,它不得不多少关系到民众

---

① 《王临川文集》,上五事札子。

的利益,不得不多少协调一些人际关系、利益关系和阶级关系。为此,经济改革也总伴随着或多或少的伦理道德变化和发展。

二、李觏(公元1009—1059年)是北宋思想家,他的"人非利不生,曷为不可言"的功利主义经济伦理思想,也是儒家反传统中阐发的观点。

李觏是儒家学说的继承人,他自称"诵孔子、孟轲群圣人之言"。① 不过,他在义利观上反对把义和利割裂开来,说:"利可言乎? 曰:人非利不生,曷为不可言?"②他同时批评了孟子"何必曰利"的思想,认为讲仁义就是为了利。他说:"孟子谓'何必曰利',激也。焉有仁义而不利者乎? 其书数称汤、武将以七十里、百里而王天下,利岂小哉?"③李觏的这一思想与王安石的义利观基本是一致的,他们对义利关系的阐释充分汲取了墨家功利思想,发展完善了儒家思想。

针对有人为追求利、欲,"藏奸狭诈,昼争夜夺,如盗贼之为"的社会现象,④李觏重复了先秦儒家利以义取的思想,强调言利言欲要以符合礼义为前提,离开礼义来言利和欲就是贪和淫,必须按照"上下有等,奢侈有制"原则来限制。

李觏继承了先秦儒家的国家利益优先的思想,认为,国家利益是大利也是大义。他说:"贤圣之君,经济之士,必先富其国焉"。⑤ 先哲们有此思想,既是实践的体验,也是理性的概括。国不富则民贫,国不强则民弱,因此最大的功利是国家之利,最大的道义是为国家之义。现时代中国的最高道德目标也应该是发展民族经济,增强国力,并最终造福于广大人民群众。

针对具体的经济活动,李觏逐一提出了自己独特的经济伦理观念。

在土地问题上,李觏认为,富人占地太多,而农民丧失土地,这势必影响农业生产。他说:"贫民无立锥之地,而富者田连阡陌。富人虽有丁强,而

---

① 《李觏集》,第296页。
② 《李觏集》,第326页。
③ 《李觏集》,第326页。
④ 《李觏集》,第173页。
⑤ 《李觏集》,第133页。

乘坚驱良,食有粱肉,其势不能以力耕也,专业其财役使贫民而矣。贫民之黠者则逐末矣,冗食矣。其不能者乃依人庄宅为浮客(佃农)耳。田广而耕者寡,其用功必粗。天期地泽、风雨之急又莫能相救,故地力不可得而尽也。"①为了尽地力,均利益,李觏提出了限田的主张,提出应"限人占田,各有顷数,不得过剩"。② 这样就能做到像他所说的"兼并不行","土价必贱","言井田之善者,皆以均则无贫,各自足也","人无遗力,地无遗利,一手一足无不耕,一步一亩无不稼,谷出多而民用富"。③

在商业法则中,李觏提出了改革思想。他认为在籴粜粮食问题上,他反对收购粮食"数少",反对贫民籴粮"道远",同时也反对贪官污吏营私舞弊、弄虚作假,要求维护贫民的利益。在食盐专卖问题上,他反对给官吏有舞弊的机会,主张以"通商"即由官府卖盐给商人、再由商人运往各地出售的办法,这样可以"公利不减",盐质可靠,用户价宜方便。在茶叶专卖问题上,李觏同样反对专卖,主张通商,这不仅可多税收,还可保质量,价合宜,使得国家财政和买卖双方都能得益。

李觏的经济伦理还突出表现在对待财政问题上,把民众的利益放到重要位置上加以考虑,试图使民众利益少受损或不受损。他积极主张减轻民众的赋税负担,认为这不仅能使民众生活留有余地,而且适量征税能促进生产的发展。他说:"一夫之耕,食有余地;一妇之蚕,衣有余也。衣食且有余而家不以富者,内以结吉凶之用,外以奉公上之求也。"④因此他要求在征税过程中"观其丰凶,而后制税敛",⑤如果"地所无及物未生,则不求",这样民众就有积极性参加他从事的专业。

在求利致富问题上,李觏支持商人的正当致富行为,其理由是正当致富者虽富,但他是以"义取",即通过诚实商品生产与流通而致富。为此,他认

---

① 《李觏集》,第135—136 页。
② 《李觏集》,第136 页。
③ 《李觏集》,第136 页。
④ 《李觏集》,第82 页。
⑤ 《李觏集》,第75 页。

为不应该笼统打击富人。他指出:"田皆可耕,桑皆可蚕,材皆可通,彼独以是而致富者,心有所知,力有所勤,夙兴夜寐,攻苦食淡,以趣天时听上令也。如此之民,反疾恶之,何哉? 疾恶之,则任之重,求之多,劳必于是,费必于是,富者几何其不转而贫也! 使天下皆贫,则为之君者利不利乎? 故先王平其徭役,不专取以安之。世俗不辨是非,不别淑慝,区区以击彊为事。噫! 富者乃彊耶! 彼推理而诛者,果何人耶!"①李觏的这一思想与前人的笼统抑商观念相比,其难能可贵之处在于他看到了勤劳致富与不义之富的区别。这说明了一个道理,有钱人不一定都是所谓的"小人",诚实致富者历来有之。不过,在私有制社会,由于剥削阶级占有生产资料,手中又掌着权力,剥削的确是富有者之基本特点,不义致富者也的确普遍存在。

李觏保护正当致富的思想,其实质是维护经济领域公平,而强调公平的基本出发点是支持艰苦创业。这一思想尽管与我们今天提倡的允许一部分人先富起来,最后走向共同富裕的策略不能相提并论,但与支持诚实劳动致富,倡导公平的基本伦理观点是有相似之处的。由此可见李觏这一思想的历史价值。

今天,在社会主义市场经济条件下允许一部分人先富起来,最后走向共同富裕的策略,是社会主义的功利主义与社会主义伦理要求相结合的最好体现。通过诚实劳动致富既体现了富者的创造性劳动的能力,又体现了富者的伦理素质和道德境界。同时,在以公有制为主、提倡集体主义的社会背景下,一部分人先富起来,将客观上促进其他人重新审视自己的能力及经济和生活目标,并通过诚实劳动逐步致富。这是社会主义公正原则在经济领域的最集中体现。因此,让一部分人先富起来最后走向共同富裕,既是现时代的策略和战略目标,也是社会主义伦理道德的经济追求。

李觏支持正当致富,但并不支持富者的奢侈生活。因为富者"食必粱肉"、"言必文采",如一点也不相济贫者,则贫者不安,这又是消费行为上的不当之行为。

---

① 《李觏集》,第90页。

李觏的这一思想是朴素的平均主义思想,在当时的历史条件下是不可能行得通的。我们今天的社会劳动致富者已是为数不少,如何对待富与穷的问题,这既是一般社会观念的体现,也是伦理观念的体现。我认为李觏的思想简单而又肤浅,但可以借鉴。致富者如何用钱、如何生活本是他自己的事,但如何消费确实又是伦理问题,消费合理既能体现和更好地培养致富者的人格素质,又能合理使用财富,让财富发挥更好的社会生活效益,提高社会生活质量。同时,富者在有余力的情况下,支持社会生产和社会福利事业,既能体现和更好地培养致富者的伦理境界,又能使财富效益发挥在最佳状态下,并再次实现最佳社会效益和经济效益。

李觏在其功利主义的经济伦理观上还提出了一个自己独特的反对"冗食"的观点。李觏认为,诸如释老、冗吏、巫医卜相、娼优角觚等"冗食"者,只消耗谷帛产品,同时减少了全社会从事耕织的劳动力。李觏还特别指出释老之寺庙经济并不能促使人完善自身,反而造成人人不其为人,更不可能以寺庙经济为民众造福。因此,李觏主张禁止度人为释老,指出更不要兴修寺庙,要让其逐步消灭。他的这一思想是功利主义经济伦理思想的一个重要表述,一般的思想家是难以做到的。而且这一思想具有一定的预见性和革命性。

叶适(公元1150—1223年)是南宋哲学家、研究"功利之学"的永嘉学派的集大成者,其功利主义经济伦理思想在当时具有典型意义。如果说王安石、李觏的经济伦理思想是儒生在反传统中看到了功利的价值,提出了具有明显儒学印记的功利主义经济伦理思想的话,那么叶适却是地道的功利学人谈经济伦理思想。

叶适首先认为功利与道德是一致的。一方面,叶适在提出圣君贤臣善理财的同时,指出"理财并非聚敛",君子理财本身就是"以天下之财与天下共理",是合乎仁义的。同时还提出,"无仁义之意"的小人不能理财,小人理财确是聚敛行为。他说:"理财与聚敛异,今之言理财者,聚敛而已矣。非独今之言理财者也,自周衰而其义失,以为取诸民而供上用,古谓之理财。而其善者,则取之巧而民不知,上有余而下不困难,斯为理财而已矣。故君子避理财之名,而小人执理财之权。夫君子不知其义而徒有仁义之意,以为理之者必取之也,是故避之而弗为。小人无仁义之意而有聚敛之资,虽非有益于己而务以多取为悦,是故当之而不辞,执之而弗置。而其上亦以君子为不能也,故举天下之大计属之小人,虽明知其负天下之不义而莫之恤,以为是固当然而不疑也。呜呼! 使君子避理财之名,小人执理财之权,而上之任用亦出于小人而无疑,民之受病,国之受谤,何时而已!"①另一方面,叶适认为让农民有地耕种,"使天下无贫农",②才能有信义忠厚之道德,否则将会是另一番景象。他说:"以臣计之,有民必使之辟地,辟地则增税,故其居则可以为役,出则可以为兵。而今也不然,使穷苦憔悴,无地以自业。其驽钝不才者,且为浮客,为佣力;其怀利强力者,则为商贾,为窃盗,苟得旦暮之食,而不能为家。"又说:"田无所垦而税不得增,徒相搏取攘窃以为衣食,使其欲贪诈淫靡而无信义忠厚之利,则将尽弃而鱼肉之乎!"③尽管叶适在这里是为封建统治阶级着想的,但主张让农民有地耕,生产发展了才能改变社会风尚的思想是十分有价值的见解。这是功利主义经济伦理思想的典型表述,至今也不失其重要的实践意义。

在我们今天的社会主义市场经济条件下,社会道德风尚的改变固然是多种因素作用的结果,但发展经济是最基本的社会条件。在一定意义上说,国民经济的发展、人们生活条件的改善,对社会道德风尚的改变起着决定性的作用。

叶适关于功利与道德统一的观点还体现在他所阐释的义利观上。他指出,不能离开义来谈利,认为董仲舒的所谓"仁人正谊不谋利,明道不计功"、"初看极好,细看全疏阔"。指出"世儒者行仲舒之论,既无功利,则道义者乃无用之虚语尔"。④

因此,叶舒认为,应就"事功"来剖析义理。换句话说,义应体现在利之

---

① 《叶适集》第 3 册,第 773 页。
② 《叶适集》第 3 册,第 656 页。
③ 《叶适集》第 3 册,第 652 页。
④ 《学习记言序目》上册,第 324 页。

道德资本与经济伦理

中,否则义或道义又将是"无用之虚语"。

鉴于以上思想基础,叶适在一系列具体的经济主张中阐述或体现着自己的经济伦理思想。

首先,叶适反对民众沉重的苛捐杂税负担,认为赋税如此之多是不义之行为。他说:"祖宗之盛时所人之财,比于汉、唐之盛时一再倍,熙宁、元丰以后,随处之封桩,役钱之宽剩,青苗之结息,比治平以前数倍;而蔡京变钞法以后,比熙宁又再倍矣。""渡江以至于今,其所人财赋,视宣和又再倍矣。是自有天地,而财用之多未有今日之比也。"①对此他还认为"聚敛"者"义失",是欺骗民众而巧取的,这是不义之财。

其次,主张财政开支量入为出,而且应合理地取得"人",否则将会损害人民的利益。他说:"国家之体,当先论其人。所入或悖,足以殃民,则所出非经,其为蠹国,审矣。"②

第三,主张节俭,提倡"窒欲"。他认为,秦皇汉武"役使天下,以赡其欲",不是圣王所应该做的。③

三、明末以后,随着资本主义的萌芽和发展,逐步 形成了体现资本主义萌芽和资本主义特征的 功利主义经济伦理思想。

1. 与传统的正统思想相对立的"泰州学派"的功利主义经济伦理思想是传统功利主义经济伦理思想向新的体现资本主义要求的功利主义经济伦理思想过渡的思想流派。

王艮(公元1483—1541年)是明代哲学家,作为"泰州学派"的创建人,其重要特点之一是面对诸如灶丁、商贩、瓦匠、樵夫、农民、雇工等下层平民

---

① 《叶适集》第3册,第773页。
② 《叶适集》第3册,第634页。
③ 《叶适集》第3册,第634页。

百姓,阐释其基本思想。他认为,"圣人经世,只是家常事",①因此称他自己的学说是"百姓日用之学"。②

王艮的经济伦理思想集中体现在他的土地所有制观念中。他认为应均分土地才合情合理,才有可能使农业做到千万年有序而不受损。他说:"裂土封疆,王者之作也。均分草荡,裂土之事也。其事体虽有大小之殊,而于经界受业则一也。是故均分草荡,必先定经界。经界有定,则坐落分明;上有册,下给票;上有图,下守业。后虽日久,再无紊乱矣。""本场东西长五十里,南北阔狭不同。本场五十总,每总丈量一里,每里以方五百四十亩为区,内除粮田官地等项,共计若干顷亩。本场一千五百余丁,每丁分该若干顷亩,各随原产,草荡、灰场、住基、灶基、粮田、坟墓等地,不拘十段、二十段有散落某里某区内,给与印信纸票,书照明白。着落本总本区头立定界墩明白,实受其业。后遇逃亡事故,随粮承业,虽千万年之久,再无紊乱矣。"③

当然,王艮在这里并不是要均分封建地主阶级的土地,他的均分草荡计划是不包括官田和粮田的,而且事实上,当时无主的草荡甚多,实际均分过程中触及不到封建地主阶级已有的土地。

王艮的均分土地(实为均分草荡)主张有其重要的积极意义:一是主张平民百姓占有一定的土地,以解决财产分配不均问题;二是客观上充分利用了现有的劳动力发展生产,以改善贫者生活问题。

何心隐(公元1517—1579年)是明末思想家,作为"泰州学派"的代表之一,他认为人的欲望是正常的,反对把"人欲"看成罪恶,主张适当地满足人们的"声色、臭味、安逸"等物质欲望,还强调君主应"与百姓同欲"。④

正因为君、民同欲,因此何心隐指出,君、民应该均等关系。为此,何心隐所说的"人欲"不只是指个人的物质欲望,同时还包含集体生活的欲望。这一思想在"泰州学派"的学说中具有重要的理论意义。

① 《王心斋先生遗集》卷一。
② 《王心斋先生遗集》卷三。
③ 《王心斋先生遗集》卷二。
④ 参见胡寄窗:《中国经济思想史》(下),上海人民出版社1981年版,第384—385页。

更值一提的是,何心隐明确地提出了"人则财之本,而有人自有财"的人本主义经济伦理思想。尽管他的"人"是"财之本"思想中的"人",不可能是我们现在所给予的内涵,但他看到了财富生产中人的作用是难能可贵的,并有着重要的实践意义。

时至今日,以人为本的经济或企业发展观,已经被实践证明了它的重要实践价值和社会经济发展意义。可以说,忽视了人和人的素质的经济意义和生产地位就必将失去发展的机遇。因此,何心隐的经济伦理思想虽不系统,但人为财之本的基本思想是十分有价值的经济伦理命题,具有重要的现实启迪意义。

李贽(公元1527—1602年)是明代思想家、文学家,他以抨击封建礼教传统著称,他的功利主义思想可谓是"泰州学派"的集中概括,其经济伦理思想也可谓是资产阶级经济伦理思想的一种雏形。

李贽首先认为人都有私心,人的行为动力也是私心所致。他说:"夫私者,人之心也。人必有私,而后其心乃见;若无私,则无心矣。如服田者,私有秋之获,而后治田必力;居家者,私积仓之获,而后治家必力;为学者,私进取之获,而后举业之治也必力;故官人而不私以禄,则虽召之必不来矣;苟无高爵,则虽劝之必不至矣。虽有孔子之圣,苟无司寇之任、相事之摄,必不能一日安其身于鲁也决矣。此自然之理,必至之符,非可以架空而臆说也。然则为无私之说者,皆画饼之谈,观场之见,但令隔壁好听,不管脚跟虚实,无益于事,只乱聪耳,不足采也。"[1]李贽还说:"趋利避害,人人同心,是谓天成,是谓众巧。"[2]

既然人皆有趋利避害之私心,因此,人们追求富贵,追求物质享受是正当的。李贽在列举了圣人欲富贵的基础上,认为"财之与势,固英雄之所必资,而大圣人之所必用也"。[3] 因此,"为好货,为好色,为勤学,为进取,为多积金宝,如多买田宅为孙谋,博求风水为儿孙福荫,凡世间一切治生、产业等

---

① 《藏书·德业儒臣后论》。
② 《焚书·答邓明府书》。
③ 《李氏文集·明灯道古当上》。

事,皆其所共好而共习,共知而共言者,是其迩言也"。① 总之,在李贽看来,私心、欲望乃平民百姓和圣人之共同要求,确认这一现实才是"真有德之言"。②

所以,李贽进一步指出,"穿衣吃饭,即是人伦物理。除却穿衣吃饭,无伦物矣。世间种种,皆衣与饭类耳。故举衣与饭,而世间种种自然在其中。非衣食之外,更有所谓种种绝与百姓不相同者也"。③

在李贽的功利主义经济伦理思想体系中,与上述思想同等重要的是他强调人与人之间平等,惟有平等才能做好治生、产业等事。同时,李贽还要求在实现平等的条件下,自由发展人的个性,让天下人都能依据自己的愿望施展自己的才能。

李贽的这些思想足以可见当时社会经济已有资本主义的萌芽。他顺应了时代的潮流,提出了反传统的经济伦理思想。其更深刻之处还在于李贽自觉不自觉地看到了社会经济关系转折时期的经济与伦理的关系,以更新的思路强调了何心隐的经济人本主义思想。

综上所述,"泰州学派"的经济伦理思想可谓是具有划时代意义的,尤其是他们从思想观念上认识到了人和人际关系的均等对于社会经济发展的重要性,这是了不起的创见。尽管"泰州学派"的其他思想理论体系不免多有错误,甚至有的是为"富人"辩护的,有的是明显空想,但他们的经济伦理思想的历史地位是十分重要的。

2. 随着资本主义生产关系的开始显露和西方科学知识开始在部分封建士大夫中传播,一些启蒙思想家提出了较之前人更新的功利主义经济伦理思想。

"颜李学派"追随者王源与"泰州学派"属同类功利主义的思想体系,而且"颜李学派"较之"泰州学派"更注重日常之功利。他们公开主张"正其谊

---

① 《焚书·答邓明府书》。
② 《焚书·答耿司寇》。
③ 《焚书·答邓石阳书》。

以谋其利,明其道而计其功"。①

颜元(公元1635—1704年)是清初思想家、教育家,他十分注重"经世致用",他认为,"如天不废予,将以七字富天下:垦田、均田、兴水利;以六字强天下:人皆天,官皆将","以九字安天下:举人才,正六经,兴礼乐"。② 在这里,"富天下"、"强天下"是目的,而"安天下"只是手段而已。

颜元的土地共同享有思想最能体现他的经济伦理思想。他强调:"天地间田,宜天地人共享之。"③

李塔(公元1659—1733年)是清初思想家,他的经济伦理思想集中体现在以下两点:一是认为农业和工业是生产财富的,商业不能生产财富,因此不能把商业列于工业之上。他说:"农助天地以生衣食者也。工虽不及农所生之大,而天下货物,非工无以发之、成之,是亦助天地也。若商则无能为天地生财,但能移耳,其功固不上于工矣。况工为人役,易流卑贱。商牟厚利,易长骄亢,先王抑之处击,甚有见也。今分民而列于工上,不可。"④李塔在这里客观上肯定了农民和工人在经济生活中的地位。二是在土地所有制问题上尽管意识到"今世夺富与贫,殊为艰难",但仍认为"非均田则贫富不均,不能人人有恒产。均田,第一仁政也"。⑤

王源(公元1648—1710年)作为清初颜李学派的信奉者,在土地所有制问题上竭力主张"可井则井,难则均田,又难则限田",⑥以实现"耕者有其田"。同时强调"有田者必自耕"。他说:"有田者必自耕,毋募人以代耕。自耕者为农,无得更为士、为商、为工。……士商工且无田,况官乎? 官无大小,皆不可以有田,惟农为有田耳。"⑦王源这里的本意是应平均分配土地,让农民有田耕,废除地主对土地的私人占有。尽管这明显带有空想的性质,

①《四书正误》。
②《习斋先生年谱》卷下。
③《存治篇》卷一。
④《平书订》卷一。
⑤《拟太平策》卷二。
⑥《存治篇》卷一。
⑦《存治篇》卷一。

但的确集中体现了王源的经济伦理观。

黄宗羲(公元 1610—1695 年)是明末清初思想家、史学家,他作为公开反对封建势力的启蒙思想家,其思想基础是认为"有生之初,人各有私也,人各自利也",①并指出个人"不享其利"是不合于天下人情的。

为此,黄宗羲把任何对私人利益的侵犯和对私有土地的课税的行为看成是"不仁之甚"的扰民行为。同时在土地制度上反对限田、均田,认为"授田之政未成而夺田之事先见"是"不义"之行为。

黄宗羲还在倡工商促民富的同时,强调必须解决妨碍民富的三件事,即"习俗未去,蛊惑不除,奢侈不革"。

顾炎武(公元 1613—1682 年)作为专事于经世致用之学的启蒙思想家,他首先认为,人人自私自为是"天下治"的前提,他说:"天下之人,各怀其家,各私其子,是常情也。为天子,为百姓之心必不可其自为! 此在三代以上已然矣。圣人者因而用之,用天下之私以成一人之公,而天下治。"②与此同时,顾炎武认为只有实现财产私有才能促进生产。

顾炎武经济伦理思想的另一突出之处是支持商业的发展。他反对以往所有的抑商思想,主张较自由的贸易,认为如果使商人蒙受损失会不利于生产。他在谈及食盐买卖时说:"两淮岁课百余万,安所取之? 取之商也。商安所出,出于灶也。以区区海滨荒荡莽仓之壤,民穴居露处,魑魅之与群,而岁供国家百余万金之课。自钞法坏而伏恤为虚,所恃供课之外,商收其余盐,得银易粟以糊其口。若商不得利,则徙业海上,饥无所得粟,寒无所得衣,是坐毙耳。……故商不得利之涸浅,而灶不食之裀深。……且商人皇皇求利,今令破家析产,备受窘困,富者以贫,贫者以死。彼所恋旧堆之盐,预征之课,未忍割而徙业。若束缚之,急使之,一无所顾,今天下安得岁增民间百余万粟,输九边以为兵食者乎。"③

综上所述,启蒙思想家之经济伦理思想更多的是面对平民说话的,更有

道德资本与经济伦理

① 《明夷待访录·原君》。
② 《亭林文集》卷一。
③ 《天下郡国利病书》卷二十八。

其时代意义和实践价值。尽管他们认为人心自私自为,并倡导私有制度,但更多的还是从社会利益和平民利益出发的,其基本理论目的也还是为了国家安稳。为此,在启蒙时期,启蒙思想家的功利主义思想往往与爱国主义思想密切联系在一起。

3. 资产阶级改良派在半殖民地半封建的社会背景下提出了既有中国传统思想痕迹又有西方思想影响的功利主义经济伦理思想。

康有为(公元1858—1927年)是我国近代资产阶级改良派的启蒙思想家,年轻时就受到西方资产阶级思想文化的影响和正在滋长的中国资产阶级改良派思潮的熏陶,后来在治学的道路上创立了标志着封建思想的解体和资产阶级启蒙思想兴起的新思想体系,提出了以"求乐免苦"为核心的经济伦理思想。

在义利关系上康有为认为利可以变义,"义为事宜"。他说:"世运既变,治道斯移,始于粗粝,终于精微。"①"道尊于器,然器亦足以变道矣。"②还说,"义为事宜","故礼无定而义有时,苟合于时,义则不独创世俗之所无,虽创累千万年圣王之所未有,益合事宜也。如人道之用不出饮食衣服宫室器械,事为先王皆有礼以制之,然后世废尸而用主,废席地而用几桌,废豆登而用盘碟,千年用之,称以文明,无有议其变古者而废之,后此之以楼代屋,以电代火,以机器代人力,皆可例推。变通尽利,实为义之宜也。拘者守旧,自谓得礼,岂知其阻塞进化,大悖圣人之时义哉!"③

为此,康有为反对儒佛之禁欲主义,明确指出,"夫人之愿欲无穷,而治之进化无尽",倡导因人所欲,开拓利源,给民众以"求乐免苦"的自由。他说:"民之欲富而恶贫,则为开其利源,厚其生计,如农工商机器制造之门是也;民之俗乐而恶劳,则休息燕飨歌舞游会是也。……民之欲通而恶塞,则学校报纸电机是也。凡一切便民者,皆聚之,……民欲则推行与之,民欲自由则与之,而一切束缚压制之具,重税严刑之举,宫室道路之卑污隘塞,凡民

① 《日本书目志》卷首,第1页。
② 《孔子改制考序》。
③ 《康南海文集》第8册,第17页。

所恶者皆去之。"

为了最终争取到资产阶级的权利,发展资本主义,康有为一是提出了人有天性情欲的观点,他认为"人有天生之情","喜怒哀乐爱恶欲之七情,受天而生,感物而发,凡人之间,不能禁而去之,只有因而行之",①指出:"普天之下,有生之徒,皆以求乐免苦而已,无他道矣。"②二是提出人为天所生,天赋平等权利。他说:"人人为天所生,人人皆为天之子,但圣人姑别其名称,独以王者为天之子而庶人为母之子,其实人人皆为天之子也。"③又说:"人人性善,文王亦不过性善,故文王与人平等相同,文王能自立为圣人,凡人亦可自立为圣人,而文王不可时时现世,而人当时时而立,不必有所待也"。④

康有为在他的《大同书》中还描述了大同社会的经济伦理现象。第一,没有私有产业,"公生业";人人都有工作,没有贫富差别。他说:"举天下之田地皆为公有,人无得私有而私买卖之。"⑤"使天下之工必尽归于公,凡百工大小之制造厂、铁道、轮船皆归焉,不许有独人之私业矣。"⑥第二,认为大同社会"无邦国故无有军法之重律,无君主则无有犯上作乱之悖事","太平之世不立刑,但有各职业之规则"。⑦ 同时,由于"盖自养生送死皆政府治之",⑧全社会"无复有窃盗、骗劫、藏私、欺隐、诈伪、偷漏、恐吓、科敛、占夺、强索、匿逃、赌博乃至杀人谋财之事"。⑨

康有为对大同社会经济伦理现象的描述实为空想,尽管他主张取消私有制,但其思想基础是资产阶级的人性论,因此,他的设想不管多么美好,最终是不可能实现的。

康有为的经济伦理思想基本上体现了资产阶级的利益和心态,就当时

① 《康南海文集》第 8 册,第 8 页。
② 《大同书》,第 6—7 页。
③ 《春秋董氏学》卷六上,第 31 页。
④ 《康南海文集》第 8 册,第 7 页。
⑤ 《大同书》,第 240 页。
⑥ 《大同书》,第 246 页。
⑦ 《大同书》,第 283 页。
⑧ 《大同书》,第 193 页。
⑨ 《大同书》,第 280 页。

424

社会状况来说,多有进取意义。尤其是提出"义为事宜"的思想,为资本主义的发展从伦理角度提供了理论依据。尽管"事宜"之内涵有资产阶级及其利益需要之解释,但把"义"解释为"事宜",既反对了儒家义重于利的思想,又区别于传统功利主义把"义"与"利益"直接挂钩的观念。康有为的"事宜"概念有更宽泛的内涵,其现实意义也不少见。在发展社会主义市场经济的今天,只要有利于生产力的发展,有利于综合国力的增强,有利于人民生活水平的提高都应该是符合道义行为,都值得提倡。

谭嗣同(公元 1865—1898 年)作为我国近代思想家、资产阶级改良派的左翼激进分子,在其反封建过程中形成的经济伦理思想颇有特色。

谭嗣同在他的思想体系中提出了"人我通"的观点。他认为世界万事万物统一于"仁",彼此之间是相通的,以"仁"协调万事万物之关系,事物的存在才是合理的,才有可能发展。他还解释说,"仁"以"通为第一义","通"以"仁"为本,即所谓的"仁不仁之辩,于其通与塞,通塞之本,惟其仁不仁"。① 在处理人与人之关系上,谭嗣同说:"夫仁者,通人我之谓也。"②

在谭嗣同的观念中,经济的运行、贸易的发展也是要坚持"仁"、"通"或"人我通"思想。他要求财富流通社会并使之生利,让富人获利,贫民亦可得到谋生。他要求中外通商,既有利于客商更有利于中国。如此等等。他认为只有相互疏通交流,才能相互获利。不与国外交往,不开展贸易,不协调生产和经营中的各种关系,那就是"塞通",对社会经济的发展是有害无利。

谭嗣同的"仁"、"通"或"人我通"思想是独到的阐释,他融通传统的功利主义和德性主义的义利观,更偏重于功利主义的叙述,为我国近代经济的发展提出了很有实践意义的指导思想。然而其明显的缺陷是没有深究在经济领域"仁"、"通"的基本原则,一味地为通而通,在中西方经济发展差距悬殊的情况下,客观上会有损于民族资本主义经济的发展。

---

① 《谭嗣同全集》卷一,第 11 页。
② 《谭嗣同全集》卷一,第 45 页。

谭嗣同在消费伦理观上适应资本主义发展的要求,反对传统的"黜奢崇俭"思想。一方面,他认为个人奢侈对社会有利。他说:"夫岂不知奢之为害烈也,然害止于一身家,而利十百矣。锦绣珠玉栋宇车马歌舞宴会之所集,是固农工商贾从而取赢,而转移执事者所奔走而趋附也。楚人遗弓,楚人得之,孔子犹叹其小。刘著而遗元簪,田妇方且不惜。奈何私垄断天下之财,恝不一散,以沾润于国之人也!"①另一方面,他认为"崇俭"的结果会阻碍社会经济发展。他认为崇俭一定会影响诸如"劝蚕桑"、"开矿取金银"等关系"生民之大命"之事。他还说:"愈俭则愈陋,民智不兴,物产凋窳。""人人俭而人人贫","盖坐此寂寂然一乡,而一县,而一省,而遍毒于四海,而二万里之地,而四万万之人,而二十六万种之物,遂成为至贫极窘之中国"。谭嗣同设想的大同社会的经济伦理是行"井田"、"均贫富";有天下而无国,"轸域化,战争息,猜忌绝,权谋弃,彼我亡,平等出"。②

谭嗣同的经济伦理思想,基本上没有越出康有为的思想范畴,但"仁"、"通"或"人我通"思想倒是独特的思维模式。在社会经济运行过程中,是否坚持这一思想将会直接影响到发展经济的质量和速度。

严复(公元1853—1921年)作为我国近代思想家、系统研究经济范畴的资产阶级学者,其经济伦理思想有着明显的功利主义色彩。

在义利关系问题上,他反对把义和利割裂开来的观点,认为无所利的义不成其为义,"长久真实之利"即是义,故"义利合"。他说:"治化之所难进者,分义利为二者害之也。孟子曰,亦有仁义而已矣,何必曰利。董生曰,正谊不谋利,明道不计功。""自天演学兴,而后非谊不利非道无功之理,洞若观火,而计学之论,为之先声焉。斯密之言,其一事耳。尝谓天下有浅夫,有昏子,而无真小人,何则? 小人之见,不出于利,然使其规长久真实之利,则不与君子同术焉,固不可矣。""故天演之道,不以浅夫昏子之利为利矣,亦不以刻鹜自敦,滥施妄与者之义为义,以其无所利也。庶几义利合,民乐从

---

① 《谭嗣同全集》卷一,第40页。
② 《谭嗣同全集》卷一,第69、85页。

善,而治化之进不远欤。"①

在严复看来,既然"义利合",那么,人们追求利就是理所当然的了。严复由此进一步说,为了让人们能获得"长久真实之利",必须给予个人经济活动以最大的自由,他说:"盖财者民力之所出,欲其力所出之至多,必使廓然自由,悉绝束缚拘滞而后可,……若主计者用其私智,于一业欲有所丰佐,于一业欲有所阻挠,其效常终于纠梦,不仅无益而已,盖法术未有不侵民力之自由者,民力之自由既侵,其收成自狭。"②"夫所谓富强云者,质则言之,不外利民云尔。然政欲利民,必自民各能自利始;民各能自利,又必自皆得自由始。"③

严复的自由得利思想对于经济建设和资本主义的发展来说是有重要实践价值的。严复认识到民众创造财富,而要充分发挥民众的创造力,就要给他们经济活动的自由,否则将是"收成自狭"。

在赋税问题上严复提出了系统的伦理观念。他认为,国家征收赋税应该考虑是否合宜,同时,不应为私,而应取于民还于民。他说:"国家之赋其民,非为私也,亦以取之于民者还为其民而已,故赋无厚薄唯其宜。就令不征一钱,而徒任国事之废弛,庶绩之堕颓,民亦安用此俭国乎?且民非畏重赋也,薄而力所不胜,虽薄犹重也。故国之所急,在为民开利源,而使胜重赋。胜重赋奈何?曰,是不越赋出有余一例已耳。"④

在消费观上,严复主张消费要有限度,不能影响生产。为此他推崇节俭,对一些人的反对节俭思想很不理解。他说:"道家以俭为宝,岂不然哉。乃今日时务之士,反恶其说而讥排之,吾不知其所据之何理也。"⑤

梁启超(公元1873—1929年)是我国19世纪、20世纪初的资产阶级维新派思想家,他的经济伦理思想烙上了明显的时代印记。

---

① 《原富》(二),第25页按语。
② 《原富》(六),第6页按语。
③ 《严几道诗文钞》卷一,第19页。
④ 《原富》(九),第19页按语。
⑤ 《原富》(四),第63页按语。

梁启超作为功利主义者,他将整个社会的人分为"生利之人与分利之人",认为,生利之人多好,因为他们从事直接与资本相交接的劳动。同时认为分利之人少好。因为他们不直接生产利润。梁启超的生利人与分利人之分肤浅而笼统,他将纨绔子弟、乞丐和盗窃等不劳而获者作为分利人加以反对是有积极意义的,但同时把教师等一些有正当职业者也作为"劳力而仍分利者",那就不恰当甚至是错误的了。不过梁启超对"生利之力"的理解倒是典型的经济伦理观念。他认为"生利之力"有两种:"一曰体力,二曰心力。心力复细别为二,一曰智力,二曰德力。"①在这里,梁启超明确了这样一种观点,即生产过程及其生产的效益是由人的智力素质和道德品质决定的。

梁启超这一思想有着重要的现代启迪意义。社会主义市场经济的发展和现代企业制度的完善,需要文化知识、科学技术,但更需要人的正确的世界观、人生观和价值观,只有实现"智"和"德"的有机结合,才能快速而有效地发展经济。

当然,梁启超所理解的"德力",其内涵只能是资产阶级的观念。因此,梁启超在确认资本主义经济原则时倡导利己主义,认为利己主义是社会经济发展的动力,并由此主张土地私有。他说:"经济之最大的动机实起于人类之利己心。人类以有欲望之故,而种种之经济行为生焉,而所谓经济上之欲望,则使财物归于自己支配之欲望是也。"②"故今日一切经济行为殆无不以所有权为基础,而活动于其上,人人以欲获得所有权或扩张所有权,故循经济法则以行,而不识不知之间,国民全体之富固已增值,此利己心之作用,而私人经济所以息息影响于国民经济也。"③

在消费伦理观上,梁启超观点与严复不同,他提倡"尚奢黜俭。"一方面,他认为节俭不仅壅全国之财,而且会养成人们不吃苦思想。他说:"所最恶者则癖钱之好,守财之虏,腹削兼并他人之所有以为己肥,乃窖而藏之,

---

① 《梁启超文集》卷十三,第48页。
② 《梁启超文集》卷三十二,第24页。
③ 《梁启超文集》卷三十二,第25页。

以私子孙,己身而食不重肉,妾不衣帛,犹且以是市侩名于天下,壅全国之财,绝廛市之气,此真世界之蟊贼、天下之罪人也。"① 又说,假如一个人"持两钱可以度日",那"彼其人于两钱之外无所求,一日所操作,但求能易两钱则亦已矣。虽充其人与地之力,可以日致百钱或万钱,彼勿顾也,己无所用之而徒劳苦何为也"。② 另一方面,他认为尚奢有利于国富。他说:"礼运曰,货恶其弃于地也,不必藏于己。大地百物之产,可以供生人利乐之用者,其界无有极,其力皆藏于地,彼人然后发之,所发之地力愈进,则其自乐之界亦愈进;自乐之界既进,则其所发之地力,愈不得不进。二者相牵引而益上。故西人愈奢而国愈富,货之弃于地者愈少。"

梁启超的"尚奢"思想尽管是面向富人,要求富人通过消费投资于生产发展,但如果没有区别地推而广之,这将会是社会道德的堕落。他的"节俭"思想实在是消极的理解,假如从"节流"角度理解"节俭",这应该作为中华民族之传统美德发扬光大。

纵观我国历史上的功利主义经济伦理思想,其基本思想体系要比西方传统的功利主义经济伦理思想尤其是西方近代功利主义经济伦理思想内容要广博得多,一些深刻的概念和命题有其重要的理论价值和现代实践意义。尽管我国历史上功利主义经济伦理思想没有像德性主义经济伦理思想那样在思想领域占主导地位,影响也远不如德性主义经济伦理思想广,但其几个主要特点值得我们思索。

第一,功利主义经济伦理思想注重功利,认为利即义,有功利才有义,没有无功利之义,"事宜"即功利等等。尽管有些命题是形而上学的,但是,从功利主义角度把义利统一起来认识社会经济的发展规律,其思维定势是有其合理性的。在今天,假如离开功利谈义,或者把功利仅仅作为理解义的参照系都不是历史唯物主义的观点。说实在的,功利作为人生和社会发展的基本条件,作为人生和社会的价值体现,它应该是人之行为动力,是社会发

---

① 《梁启超文集》卷一,第9页。
② 《梁启超文集》卷一,第4页。

展的内涵。同时,正当的功利本身就体现道义,正当的功利本身就是通过道义手段获得的。因此,功利和道义在社会经济发展过程中都既是目的又是手段。

第二,有些功利主义经济伦理思想有重功利轻道义的内涵,甚至认为道义只能由功利来理解。这就混淆了功利与道义的辩证关系,贬低了道义的作用。事实上,道义作为价值取向、作为一种经济手段,他直接影响甚至支配着人和社会之功利的获得。离开了道义去追求功利,那往往是近乎禽兽行为。

在我国不断推进社会主义市场经济建设的今天,发展是硬道理,教育(重点是思想政治和道德品质教育)是根本。离开了社会主义精神文明建设和道德建设,社会经济发展将没有动力,更没有后劲,最终影响的还是效益和发展。为功利而功利,把功利作为一切行为的出发点和衡量标准,这将是庸俗的功利主义或非理性的功利主义。

第三,功利主义经济伦理思想一般强调国家之功利,追求国家的富强。尽管思想家们心目中的国家是封建专制国家或资本主义的国家,但其思想观念有着重要的现代启迪意义。社会主义国家实现了人与人之间的平等,国家是人民的代表,为此,国家的利益,国家的富强本身既是最大的功利,也是最高的道义。发展社会主义市场经济的一切举措都应该以国家利益为重,国家的富强将是全国人民的最大幸福。

(原载《中国经济伦理学》,中国商业出版社 1994 年版,第 59—98 页)

中国传统理想主义经济伦理思想

  理想主义经济伦理思想的特点是：向往理想社会，设想人人同耕，君臣同耕；利益平等，没有剥削，主张绝对平均主义。战国时期农家学派的创立，标志着理想主义经济伦理思想的形成。农家学派的创始人是许行，由于其独特的思想体系，使该学派成为百家争鸣中之一家。尽管在许行之后，农家近乎"销声匿迹"，但实际上作为一种思想流派的思想影响，它不仅存在，而且一遇适当的条件仍然会旧题重释，影响人们的思想观念，甚至会渗透到其他学派的思想体系中，刻下深深的印迹。特别是农家的"重农"思想，对后来儒家、法家、阴阳家等都有着程度不同的影响，并从这些流派代表人物的言论中都可以体味到它的内涵。

  农家的理想主义经济伦理思想代表了当时小生产者的利益和要求，属于社会理想流派的范畴。理想主义经济伦理思想主张身亲耕、妻亲织，直接参加农业生产劳动。通过农业生产劳动，使人人自食其力，即使是君王，也要与民"并耕而食，饔飧而治"。许行不但描绘出这种社会理想的蓝图，而且还身体力行地进行实验，组织了他的几十个门徒组成了类似乌托邦的实验公社，把当时落后的生产力和生产方式加以理想化的憧憬，并化作实际的行动。这反映了战国时期的小农阶层热爱劳动，反对统治者的剥削，反对商人资本侵蚀的善良意愿。同时，也由于他们无法摆脱当时这两种势力的重压，只好把良好积极的社会理想，化为无边的幻想。

  形成农家特色的理想主义经济伦理思想有着多方面的原因，其中主要的是由于当时剧烈悲惨的兼并战争，诸侯国家的苛捐重税徭役、商业欺诈剥削等，使广大的小生产者处于水深火热的艰难困苦之中，使不少没落的奴隶主贵族纷纷破产，大批地进入到小生产者的行列中，在小生产者中出现了一批有文化的人物，成为他们的思想代表，许行就是其中之典型。由此产生出以一种不分尊卑、同劳共食、平等交换、没有商业剥削欺诈的理想社会为特征的理想主义经济伦理思想，其主要人物有许行、赵过、氾胜之、召信臣等。

农家学派的产生和发展有着比较独特的历史过程，它在开始崭露头角的战国时期曾表现出两个不同的源头，一是以神农之言作为源流的根据，理想化的色彩浓郁而突出；二是以"农稷之官"作为正宗，以农业技术见长。然而农家学派生存发展下来以后，也就没有什么内部分歧，尤其是秦汉之后，农家专门注重了农业生产技术方面的研究，比如，神农、后稷、野老等的农家著作当时都同时存在，所以东汉著名史学家班固说："农家者流，盖出于农稷之官，播百种，劝耕桑，以足衣食。"①班固之后，另一个给农家学派以界定的是南北朝时期的《刘子》，在《刘子·九流》中说："农者，神农、野老、宰氏、氾胜之类也。其术在于务农，广为垦辟，播植百谷，国有盈储，家有蓄积，仓廪充实，则礼义生焉。"在社会历史演变的过程中，中国发展成一个农业大国这一历史事实，与农家学派的发展也是有着一定的关系的，农家学派的学说思想兴衰更替也是随着历史的变迁、统治阶级的需要而变化的。许行的政治观点同历代封建地主阶级的观点大相径庭，封建士大夫们都鄙视农业生产劳动，把"学稼"、"学圃"看做是"小人"之事，因而对从事农业研究的人不予重视，许多像许行这样的农家学派的杰出代表，人不入传，书不入经，湮没了他们的著作。若不是因为许行和孟子论战，两人的对话被收在《孟子》中，后人对他、对他的观点则无从得知。尽管如此，农家学派给我们留下的遗产仍然是十分丰富的。从汉代起农家思想受重视，并被各派所吸收，历代统治者也从农业管理、农业技术方面予以了一定的重视和肯定。

---

① 班固：《汉书·艺文志》。

一、许行的经济伦理思想

许行生卒年月无从考证,战国时楚国人。许行有学生几十人,是个小学派。先秦时期各学派都把自己的学说渊源托始到前圣王那里,以表明学派存在是天经地义的。比如,儒家托始于尧舜,道家托始于黄帝,墨家托始于夏禹,许行则把农家托始于神农。他的言行主要记录在《孟子·滕文公上》中,因孟子有"有为神农之言者许行"的提法,故称他为农家。农家在战国时期的各学派中虽说是个小学派,在思想观念上却是最激进的学派,他的经济伦理思想主要从君民并耕同劳共食、平等交换、反对剥削欺诈这三个方面反映和显现出来,代表了当时极广大的小农群众的利益。

1. 君王与民并耕而食。主张社会成员人人都要直接参加生产方面的体力劳动,人人做到自食其力,连君主也不能例外,这是对剥削的反抗,也是对社会等级制度的否定。许行认为,统治者在治理民事的同时,应与农民一起参加生产劳动,这样才能称之为贤良的君主。如果依赖榨取农民的生产品来供养自己,就不配称为贤良的君主。不仅如此,许行还反对剥削,提出不得向百姓征税,不得有储存财物的"仓廪府库",否则就是"厉民自养",就是靠剥削而生存。这种观点也正是一种农业社会主义思想的表现,是一定历史条件下的小农阶层的意识形态之表现。在这小农阶层思想的指导下,又自然地产生了一种极端的平均主义思想,要求在并耕活动中人们不仅自己要织席、捆屦、耕种,而且还要人人进行生产劳动。许行在这方面的实践活动更是与众不同,他亲自带领他教的几十名学生,师生一起耕地、捆屦、织席,这些反映平等和平均的思想在当时很独特,也很富有理想主义色彩。因此很自然地遭到了孟子等所代表的儒家学派的指责和批判。①

2. 互换互利。由于许行及其门徒生产的粮食和部分手工业品,基本上能做到自给自足,对自己不能生产的生产、生活用品则用自产品进行交换,

---

① 参见赵靖主编:《中国经济思想通史》第 1 卷,北京大学出版社 1991 年版,第 154—155 页。

如铁制农具等,戴的帽子都是用自产品交换得来。因此,在许行看来,这种交换是互利的,农民和手工业者之间,不存在谁对谁剥削的问题,而是平等的互换中相互得利。在这过程中只有通过平等的交换,使交换双方均获利,才能促使生产力水平的提高,否则的话,则将会不利于农业生产。

3. 反对商业剥削和欺诈行为。许行及其农家学派对当时的商业剥削和欺诈行为十分痛恨,针对商业中出现的欺诈行为,他们提出:"从许子之道,则市价不二,国中无伪,虽使五尺之童适市,莫之或欺。布帛长短同,则价相若;屦大小同,则价相若。"即是说,当商品种类、尺码、重量等相同时,其售价不允许随意波动。那么售价又如何决定呢? 决定的价格又由谁来监督并惩罚违者呢? 许行学派的回答是:依据许子之道,人人都懂得并践行许子学说,自觉地不做欺诈之事,可以使国家成为人人向往的君子国。①

二、《吕氏春秋》中农学家的经济伦理思想

《吕氏春秋》中《上农》、《任地》、《辨土》、《审时》四篇较完整地正面阐述了农家的经济伦理思想。由于先秦农家学派代表人物许行的政治观点同历代封建统治阶级大相径庭,加上儒家思想长期占据着统治地位,深刻地影响着许多封建士大夫,他们都十分鄙视"学稼"、"学圃",将其贬低为小人之事。因此,农家思想遭到排斥,农家学派的杰出代表及其思想不被后人重视。例如战国时期的神农二十篇、野老十七篇,在唐初已失传。尽管如此,农家的重农思想已深刻地影响到其他学派,即包括在儒家、法家、阴阳家、杂家等代表人物的言论和著作中,甚至连"并耕论"也经过改变成为人君籍田劝农之说,而且"自汉文帝纳贾生之说,行之推之礼,历代沿为定制,直至清亡,其礼始废"。② 当然秦之后的历代统治阶级重农并非专门为尽地之利,还有更深刻的政治目的,正如《吕氏春秋·上农篇》中曰:"农非徒为地利

---

① 参见赵靖主编:《中国经济思想通史》第1卷,第155页。
② 参见齐思和:《中国史探研》,中华书局1981年版,第190—192页。

也,贵其志也。"他们重农的目的很清楚是要为新兴地主阶级的政治、经济利益服务。

1. 禁锢农民,安定国家。为了更好地利用农民的特点为统治阶级服务,他们认为,把广大人民禁锢在土地上务农有三点好处:一是农民纯朴且易被利用,可以使边境安,主位尊;二是农民财产固定不愿迁徙,死守本地而无二虑;三是农民少私义,法令易于推行,力量易趋专一。相反,弃农务他业则有三点害处:一是不易服从命令,于战于守都不利;二是资产轻便易于迁徙,如遇国家有变,皆不愿留居而思远逃;其三,好智多诈,钻法令、法规的空子。

2. 重农学派的伦理要求。为使人民能够长期固守农业,他们首先主张限制农民与外地通婚嫁,这样农业劳动力在宗法制度的约束下,可以稳固地保持下来,以保证农业劳动力的充足。其次主张以五种"禁令"的方式推行重农的政策:即一是"地未辟易,不操麻,不出粪";二是"齿年未长,不敢为园圃";三是"量力不足,不敢渠地而耕";四是"农不敢行";五是"贾不敢为异事"。此外诸如伐木、猎兽、捕鱼等活动,都必须在一定的时候一定的节令方可进行,否则都予以禁止。尤其在农忙时节,不许兴建工程,不为军旅之事。主张日常生活中不许戴鹿皮帽,以避免打猎而浪费时间。主张嫁娶、祭礼要节俭,不允许铺张浪费。第三,他们更主张要求农民竭尽全力劳作,以创造更多的物质财富供他们剥削和占有。他们甚至提出"非老不休,非疾不息,非死不舍"。最低限度也要做到"上田夫食九人,下田夫食五人",如一人耕作做到了可供食十人,并供六畜之饲料,才算真正尽了地利。并且提出不允许私雇农民为佣工去从事其他行业的工作。第四,在社会分工上,主张农业生产以性别分工为基础,男耕女织,相互提供衣食等生活资料,凡在七尺以上的人都必须有一定职业,分别在农、工、商三业作事,具体分工为"农攻粟,工攻器,贾攻货"。城市是工贾聚集之地,农民不宜长期居住等。

纵观其理想主义经济伦理思想,有以下几点值得我们思索:

第一,农家思想体系及其影响尽管不能与儒家、法家、道家等学术流派相提并论,但对社会理想的系统构思和实践,尤其在发展农业方面的理想境界可谓是独树一帜,它客观上成了我国思想发展史上的重要的一笔思想财富。当然,由于农家经济伦理思想带有浓厚的幻想色彩,与落后的生产力和封建专制制度极不适应,故不可能在社会上得到通行,其思想观念及其倡导者的实验遭到厄运就可想而知了。

第二,农家经济伦理思想尽管只是一种理想的思想观念,但它反对专制,反对剥削,反对不平等,客观上代表了小生产者的愿望,对未来社会生活也是一种理性设计,这或多或少对后来其他学术流派思想体系的完善,对农民运动的逐步兴起和发展有着一定的启迪作用。尤其是诸如不分尊卑、共同劳动、平等交换等观念作为中华民族传统经济伦理观念还有着深远的历史意义。

第三,农家经济伦理思想毕竟是代表小生产者利益的思想体系,这种对未来幻想不是建立在对社会发展进程深刻认识基础上的(由于时代和阶级的局限,客观上也做不到),而是一种社会生活经验式的向往,因此,他们推崇的绝对的平均主义,尽管有着当时的时代进步意义,但终究会成为社会发展的消极的思想观念。

(原载《中国经济伦理学》,中国商业出版社 1994 年版,
第 99—106 页)

中国传统德性主义经济伦理思想探微

我国古代意义上的德性主义经济伦理思想始于西周,兴于春秋,盛于西汉,极于北宋。主要特点是注重仁义,反对"足欲",强调国家管理尤其是经济管理中的伦理手段,对于我国社会主义市场经济条件下的经济建设和企业管理具有十分现实的启迪意义。

一、德性主义经济伦理思想在经济(利)与伦理(义)的关系问题上,强调伦理重于经济或理性重于利益,伦理是经济的目的,经济是伦理的手段,更有甚者认为利益可以为理性而舍弃。

西周是我国奴隶制的鼎盛时期,随着私人商业的出现,逐渐产生了经商以孝父母的伦理道德思想,尤其是被称为德性主义经济伦理开拓者的芮良夫,更是直接揭示了经济与伦理的关系。他指出"夫利,百物之所生也,天地之所载也。而或专之,其害多矣。"①即由少数人垄断财富,弊端甚多,直接影响经济发展,因此,他主张"导利而布之上下"。当然,这里的"上下"仅仅是相对于贵族内部而言的,奴隶在当时只是"工具"、"商品"和"财产",他们对于统治者来说,无所谓伦理问题。

在我国社会发展到奴隶制向封建制过渡的春秋时期,社会经济关系的变革形成了更加复杂的社会阶级结构,从而孕育着比西周更为丰富的经济伦理思想。晏婴是这一时期直接地阐述经济与伦理关系的思想家。他提出了著名的"正德幅利"思想:"利不可强,思义为愈。义,利之本也。"②即财

---

① 《国语·周语》。
② 《左传》鲁昭公十年。

富的获得及其多少应该有一个伦理标准或称伦理限度,超过了一定伦理限度,财富足以为害。这一思想实际上成为后来儒家德性主义经济伦理思想的主要来源。

春秋后期是我国古代历史上'公室卑微、大夫兼并",统治者横征暴敛,诸侯国之间战祸连绵,社会生活中"礼崩乐坏"的大动荡年代,以孔子为代表的一些儒家学说创始人十分关注经济的改革和发展,关心人们的利益和欲望。德性主义经济伦理思想也随着春秋末期儒家学说的形成而实现了体系的完整性。

由于以孔子为代表的儒家学说创始人十分推崇周礼,并认为"礼""义"是理顺社会关系之准则,是"利"、"欲"取舍之标准,因此,很自然地把社会经济活动和经济问题限制在伦理范围内进行考虑。如孔子强调"义以生利"[①],他一方面指出只有讲道义,才有正当之利可言,否则就是所谓的小人之利;另一方面,他还主张要以道义获取利益或财富,即"见利"也应"思义"。但由于历史的局限性,孔子的义利观不是也不可能是辩证的思考,它在很大程度上是对社会生活的经验性总结。孔子曾提出"君子喻于义,小人喻于利"[②]的思想,把他的学生樊迟"请学稼"斥之为"小人"之举,就将义和利套入了不可协调的矛盾圈子。尽管其目的是要维护统治阶级及其知识分子的形象,强调义在人们生活中的重要性,但在其儒家学说内部的理论矛盾没能做到自圆其说。这种似乎义非利、利非义的义利对立观和"学稼"即小人、小人只知利的思想给后世造成了十分明显的消极影响。

孔子的继承人之一孟子,在经济伦理思想的阐释上更加偏激于德性主义义倾向。孔子"罕言利",但不是不言利。从他的"义以生利"、"见利思义"、"因民之所利而利之"的思想中可见孔子并不忌讳言"利"。而孟子则提出了一个绝对反对言利的"何必曰利"。可见,其义利观比孔子更强调仁义的重要,对人们的"怀利"行为给予了更多的人为干涉。当然,孟子反对

---

① 《左传》鲁成公二年。
② 《论语·里仁》。

"曰利",并非笼统地反对人的一切利益。从孟子关于"恒心"与"恒产"思想的叙述,就可以看出孟子还是主张和支持获取正当之利的。他认为"无恒产而有恒心者,惟士为能;若民,则无恒产,因无恒心。苟无恒心,放辟邪侈,无不为已。"①这充分说明在遇到物质利益与道德规范相矛盾并有所取舍的场合,孟子并不坚持维护道德规范而放弃物质利益,认为物质利益有利当取之,物质利益原则和道德原则是有着一致性的,不能以不善即恶的思想来对待物质利益和道德规范的取舍问题。从这里可以看出,孟子在义利观上的考虑比孔子更现实、更深刻。

孔子的另一继承人荀子,面对社会经济与伦理的现实,不仅对利采取了认可的态度,而且将利与义相提并论,提出了独到的并以儒家学说分支面貌出现的义利观。荀子认为:"义与利者,人之所两有也。虽尧舜不能去人之欲利,然而能使其欲利不克其好义也。虽桀纣亦不能去民之好义,然而能使其好义不胜其欲利也。"②荀子的这段话明显地发展了孔孟重义轻利的思想,将经济(利)与伦理(义)的关系作了较有成效的探讨。他既没有以讲义和利来区分君子和小人,也没有把义和利作人为的对立。当然,荀子毕竟是儒家学说的继承人,在义利问题上总是把义放到首要位置来考虑。他曾说过"义胜利者为治世,利克义者为乱世",这里并非说明荀子也"恶利",他只是反对"唯利"。从这一点上看,荀子的义利观比孔孟更系统、更辩证。

随着儒学在西汉作为维护封建专制统治的主要意识形态开始登上历史舞台,贾谊、董仲舒等代表人物的理论被封建统治阶级所接受,使儒学中德性主义经济伦理思想更具特色,并获得了独特的理论地位和实践空间。

荀子的再传弟子贾谊认为,富是安天下之前提,礼是安天下之基础。他在主张以礼仪治国的同时,认为仅靠礼义来治理经济困难的国家是无济于事的,只有大力发展经济,实现"天下富足,资才有余",才能有"安天下"的基础和前提。贾谊的可贵之处在于把"天下富足"、'仁义礼乐"与"安天

---

① 《孟子·梁惠王上》。
② 《荀子·大略篇》。

下"即经济与伦理逻辑地联系在起来,十分关注民众的"粟多而财有余",这为儒家德性主义经济伦理学说的完善和发展起到了独特的作用。

西汉另一位儒学代表董仲舒,在继承儒家义利观的同时,把儒家义主利从的思想发展为贵义贱利论,并赋予儒家的义利观一层神秘色彩。他认为,义和利是天赋予人的两方面属性。义利对人的作用不同,所以重要性也不一样:"利以养其体,义以养其心。"圣人重仁义而轻财利,而一般庶民"皆趋利而不趋义"①,如何教化? 董仲舒认为应"渐民以仁,摩民以谊,节民以礼"②。即以天之伦理化民。

就董仲舒的贵义贱利和教化万民思想来说,谈不上新的建树,仅是把维护封建制度的伦理纲常提到至高无上的地位,并赋予有助于其推行伦理纲常的神秘力量而已。但董仲舒的经济伦理思想有一点反映了他在坚持儒家学说基础上的新思维。董仲舒尽管"贱利",但并不否定在不危及封建统治限度内的利,特别是他提出了"治民者先富之而后加教"③的观点。他认为,既然利是"养体"所不可少,而体也是天生予人的。因此,给百姓一定利是天意,君主为政治民,也必然遵从和体现这种天意。这一观点的确为德性主义经济伦理思想增色不少。

从西汉到北宋时期,儒家的继承者笃承儒学、兼收佛道、信奉天理、贬低人欲,宋明理学的形成更是将其德性主义特色推向了极端。周敦颐作为北宋濂溪学派的代表和宋明理学的创始人,他以儒家学说为基础,吸收了佛、道的一些观念,在阐释经济与伦理、利益与道德等重要问题上,重伦理与道德,轻经济与利益,再一次巩固了先秦儒家重义轻利思想的地位。

周敦颐的义利观是建立在道德发生论基础之上的。他认为"诚"乃五常之本,百行之源也,也是道德的极致。如何才能达到"诚"的最高境界呢?他要求人们"虚静无欲",做到尊贵道义,轻视利欲。其义利观不仅在重义轻利方面完全照搬了孔子的思想,而且在提倡安贫乐道方面与孔子一脉相

---

① 《春秋繁露·身之养重于义》。
② 《前汉书·董仲舒传》。
③ 《通书·诚下》。

承。但周敦颐在强调仁义原则同时,十分有见地地提出了"正王道,明大法"的主张。他认为,为保证伦理纲常的推行,法规是需要的,伦理道德往往也是由法规和刑罚强制执行的。公正的治狱、行刑,按法规办事也是一种合乎道德的行为。这一创造性的见解,使周敦颐在经济伦理思想史上获取了重要地位。

儒家思想在宋代的集大成者朱熹,系统研究了儒家经典,认为"义利之说乃儒者第一义"[①]。伦理道德观念是不依赖经济关系、物质生活和社会实践而独立存在的。另外,朱熹的义利观还同他的天理人欲观联系在一起。他把"仁义"说成是"天理之公",把"利心"说成是"人欲之私",以义为善,以利为不善,必以仁义为先,而不以功利为急,把经济和利益问题作为伦理要素去思考。可以这样说,在朱熹那里,经济伦理思想改说成伦理经济思想更为合宜。朱熹在论述义利观的同时,一再推崇孔子关于"君子喻于义,小人喻于利"的思想,并把克除利欲作为教化劳动人民的重要目的,这些思想明确地是为封建统治阶级服务的。纵观德性主义经济伦理思想,在经济(利)与伦理(义)的关系上,德性主义经济伦理思想对义的理解占据着主导地位,认为义是建立在封建宗法等级制度基础上的伦理准则,而利是满足个人身心需要的私欲,要满足私欲就必然会违背和叛逆封建宗法等级制度的伦理准则,即讲利必害义。只有舍利取义,兴义抑利,才能确保封建统治制度的安稳。同时,德性主义经济伦理思想也反映出利作为满足个人物质和精神生活需要这一内容,并不完全排斥利,而是要将利纳入义的轨道,使利服从义,以义生利,只认可正当之利。孰不知,伦理离开了经济意义和利益价值,将会是纯抽象的概念,经济的运行、利益的实现,其伦理意义和伦理作用只是一个重要方面,它始终不能就是经济和利益本身。因此,应该清楚地看到,在当今社会主义市场经济条件下,强调仁义、理性的经济意义,有利于抑制唯利是图、见利忘义的思想和行为,具有十分现实的意义。但仅仅把经济和利益问题放在伦理所允许的范围内进行思考,是有很大局限性的,认为

---

① 《朱文公文集》卷二十四。

仁义、理性是经济运行的根本,那将最终失去其应有的经济意义和利益价值。就是建立一门伦理经济学,其思考的逻辑起点亦应是经济或利益问题,更何况经济伦理学呢?

二、德性主义经济伦理思想在生产、分配和消费等问题上,主张重视生产、贫富有度、反对"足欲",提倡节俭

在夏、商时代的一些传说中,就已出现了一些诸如不劳受饥、以俭为德的传统思想,但在很大程度上只是人们生活的一种体验。直到周王朝的建立,这一思想才在统治者那里有了较自觉的认识和把握,西周统治者认为,商亡的教训是在于他们不了解农业生产,不知道农业生产的劳苦,成了只知"逸"和"耽乐"的腐化的统治者。由于西周统治者深知"稼穑之艰难",因此,他们一方面强调以勤来改变物质生活条件;另一方面,他们主张在生活享受方面"居莫如俭"①。

管仲作为春秋诸侯争霸中的一位霸主,在借鉴西周治国经验的基础上,提出了著名的四民分业定居论。他把齐国的百姓分为士、农、工、商四民,按职业划定居处:"处士……就闲燕,处工就官府,处商就市井,处农就田野。"②在他看来,这有利于人们安居乐,业"不见异物而迁焉"③。并能养成一种高尚的伦理精神,"倨同乐,行同和,死同哀,是故守则同固,战则同疆"④。

在创造性地提出四民分业定居论的同时,管仲还提出了公正的征课赋税观和"取民有度"的伦理原则。在社会生产与生活过程中,管子力倡赏罚公平,以调动民众的积极性。同时,他还指出,民众的劳动积极性要靠"教

---

① 《国语·周语下》。
② 《国语·齐语》。
③ 《国语·齐语》。
④ 《国语·齐语》。

化",教化不仅能使民顺而致国富、扬国威,而且教化能做到潜移默化,深入
人心。在强调教化的同时,管子把"和"看作是教化的前提条件,提出"上下
不和,虽安必危"①,如何才能实现"和"呢？管子曰:"畜之以道,则民和,养
之以德,则民合,和合故能谐,谐故能辑,谐辑以悉,莫之能伤。"②可见,管子
已自觉不自觉地看到了经济发展与伦理道德的关系问题,既觉察到了伦理
公正的经济意义,又体味到了经济与利益对人们伦理道德观念的制约作用。
尽管其历史和阶级局限显而易见,但管子这种思考经济与伦理问题的基本
方式,不仅在当时具有十分重要的现实意义,而且对于我们发展和完善今天
的经济伦理生活不无裨益。

春秋时期新兴商人阶级及土地私有者利益的代表子产和晏婴,不约而
同地把目光投向了消费领域,明确反对奢侈,崇尚节俭。如子产提出:"大
人之忠俭者,从而与之;泰侈者,因而毙之。"③主张"正德幅利"的晏子顺理
成章地提出了在生活享用方面反对"足欲",提倡"节俭"的思想,进而提出
了"权有无,均贫富"④的主张,把财富的平均享用视作"正德以幅之"之举。
他试图用道德规范来限制财富的分配不公、国君的穷奢极欲,在专制制度下
只能是良好的愿望而已,实际上是无法通行的。

孔子作为儒家始祖,在继承先人观念的基础上提出了独到的分配和消
费伦理思想。针对当时财富分配不均的现象,孔子提出了"不患贫而患不
均,不患寡而患不安"⑤的主张。在孔子看来,贫可以"安贫无怨",寡能够
"知礼知命",但是,"不均"、"不安"是道义所不容,也是社会动乱之根源。
孔子的这一思想是其义利观在财富分配问题上的具体阐释,对于引导人们
认识由于分配不均而造成的贫富差别和社会矛盾有着重要的启迪意义,但
"安贫乐道"思想的消极作用也是显而易见的。它不仅淡化了阶级矛盾和

① 《管子·形势》。
② 《管子·兵法》。
③ 《左传》鲁昭公十年。
④ 《晏子春秋·内篇问上第三》。
⑤ 《论语·季氏》。

利益冲突,而且贫者也会被引导到"命中注定"的思路上去。孔子的分配伦理思想促使他提出了"俭不违礼"、"用不伤义"的消费伦理思想,强调以"礼""义"为标准,在"礼"、"义"允许的范围内该用的用,不该用的不用。同时,孔子还要求人们"食无求饱,居无求安",甚至不"耻恶衣恶食"。

西汉的贾谊和董仲舒吸取了孔子的"俭不违礼"、"用不伤义"的思想,并有了新的发展。尽管贾谊主张以"富""安天下",但他坚持反对奢侈浪费的不道德现象。他认为天下贫穷的原因是由于"生之者甚少而靡之者其多"①。因此,他积极倡导"驱民而归之农,皆著于本,使天下各食其力,末技、游食之民转而缘南亩"②。而董仲舒的可贵之处则在于重视和关注民众利益。他一方面要求富人不与民争业;另一方面,从伦理公正的角度第一次提出限田以保民田的主张。他说:"古井田法虽难卒行,宜少近古,限民名田,以澹不足,塞并兼之路"。同时他还主张"盐铁皆归于民"③,即取消盐铁官营制度,使得礼义道德在礼法相济中发挥了更好的作用。

尽管德性主义经济伦理思想重义轻利,甚或提倡禁欲主义,但在一定程度上能面对生活、正视现实,这客观上对其经济伦理思想的确立和完善加强了力度,同时也增强了其实践价值。尤其是"节财俭用"的思想,在现代经济条件下,对有效地使用、节约社会资源和财富,引导合理的消费,促进企业再生产,推动经济的发展,都具有重要的现实意义。

三、德性主义经济伦理思想推崇管理的伦理化,尤其强调在经济管理过程中,要以人为本、以德为道。

为了实现最佳经济管理并最终实现人生完善,孔子提出了"安人之道"的管理伦理思想。所谓"安人之道"即合乎人性的管理之道,也是"仁"治之

---

① 《贾谊集·论积粟疏》。
② 《贾谊集·论积粟疏》。
③ 《汉书·食货志上》。

道。这里的"安人"一方面是指以诚相待,实现同心协力。以"爱人"之伦理,如"己欲立而立人,己欲达而达人","己所不欲,勿施于人","诚则能化"等原则,真正实现管理者和被管理者之间的将心比心,互相关心,使管理者和被管理者不但敬业,而且乐业;另一方面,安人是指"信"人。"人而无信,不知其可也。"人而无信,在社会上就寸步难行,更无法在经济管理过程中获得他人的信任和支持。

在"安人之道"的指导下,孔子认为管理过程就是管人的过程,"管人"一是表现在以德治人。"道之以政,齐之以刑,民免而无耻。导之以德,齐之以礼,有耻且格。"①二是表现在任人唯贤、任人唯德。三是指管好自己。孔子认为,"修己"才能"安人",管理者应"讷于言而敏于行"②。孔子将"安人之道"应用于经济管理领域,创造性地提出了"惠而不费"③和"使民以时"④的思想。

由于孔子认为"小人怀惠"⑤、"小人喻于利",小人在从事多种劳动和服役时,必须使他们能得到一定的经济利益,因为"惠则足以使人"⑥。当然,应注意"惠而不费",让受惠者自己为自己生产出利益来,甚或生产出更多的利益来。孔子这一思想尽管认可的是君子与小人的等级差别,维护的是君子利益,但主张施"惠"以促生产,重视劳动者利益,这是经济管理中的重要伦理手段。而"使民以时"是指使用百姓从事无偿劳役要在农闲之时,不可漫无限制地征派劳役,以免妨碍农业生产。这既照顾了劳动者的利益,又合理使用了人力资源,是经济管理手段的理性选择。

孟子继承了孔子的"管人"思想,进一步提出管人首先是管心,管心的前提是行仁义。如果"不仁而在高位,是播其恶于众也"⑦,这既无法使人

---

① 《论语·为政》。
② 《论语·学而》。
③ 《论语·尧曰》。
④ 《论语·学而》。
⑤ 《论语·里仁》。
⑥ 《论语·阳货》。
⑦ 《孟子·离娄》。

"诚服",也无法搞好管理。孔子的另一位继承人荀子也作为十分注重经济管理,在继承和发展孔孟经济管理伦理思想的基础上,有其独特的视角和体系。

首先,荀子认为,在社会生产和经济管理活动中,道与技、德与力之间,起主导作用的是道与德,它比技艺、体力对财富的生产活动和经济管理活动具有更重要的意义。"精于物者以物物,精于道者兼物物。"①即精于具体业务技术的只能从事具体业务活动,而精于道的君子即可以治理各业务部门。

其次,荀子针对君臣、上下、长幼、贵贱等一整套封建社会等级关系和封建经济特点,提出了加强管理、促进生产的"明分使群"和从"分"、"义"的管理伦理思想。荀子认为,只有通过确定每个人在社会中的角色和地位,然后才能形成社会整体并被管理和使用。"人何以能群?曰:分。分何以能行?曰:义。故义以分则和,和则一,一则多力,多力则强,强则胜物。"②按照荀子的思路,只有分才谈得上义,才能明确各自所应遵循的礼义,也才能真正发挥人群整体力量去发展生产。

最后,荀子将"爱而用之"确定为管人的原则,其后继者贾谊给予这一原则最恰当的注释。所谓"爱而用之",就是把调动人的积极性作为管理的首要任务,而人的积极性的调动与发挥,仅靠命令或思想教育是不能奏效的,只有想方设法"富民"与"乐民",真正给民以实惠,才是通过管理调动人的积极性的根本所在。如何"爱而用之"?荀子提出要"度人力而授事"③。也就是说,要根据可以使用的劳动力数量和百姓的承受力来安排生产活动。既要百姓努力从事生产,又要使他们能够劳逸结合,得到必要的休养生息的机会。

尽管"明分使群"、"爱而用之"带有浓厚的封建宗法等级色彩,但与孔孟相比,荀子的经济管理伦理思想较为完备,理论阐释妥帖而又深刻。在荀子之后,对管理伦理思想有所见地的当属西汉的董仲舒和北宋的周敦颐。

---

① 《荀子·解蔽篇》。

② 《荀子·王制管》。

③ 《荀子·富国篇》。

先秦儒家的管理伦理思想发展到西汉,伴随着唯心主义儒学体系的建立,演变成为"管理谴告"说西汉的一代儒学宗师董仲舒,其管理伦理思想的提出与"天人感应"说是密切联系在一起的。他认为"国家将有失道之败,而天乃先出灾害以谴告之;不知自省,又出怪异以警惧之;尚不知变,而伤败丁至。"①国家管理如发生违背天道的坏事情,天就先发出灾害来警告它。民众不服管理或"逆天"行事将会受到天的惩罚。董仲舒还认为,经济管理、生产管理等一切社会管理都受制于所谓的"管理谴告说"。董仲舒的管理伦理思想看上去宗教、迷信色彩太浓,这很显然是为封建统治者服务的。

与董仲舒的"管理谴告说"不同,北宋的周敦颐更注重管理中伦理手段的运用。周敦颐曾指出:"唯巾也者,和也,中节也,天下之达道也。"②按照他的观点,"中"与"和"是政治管理、社会管理乃至经济管理的根本手段。"天地和,则万物顺",只有"天下之心和"才能做"善民安"③;只有"百姓大和",才能万事顺利。真所谓"天下化中,治之至也。"④如何在管理中实现"中"与"和"呢? 周敦颐认为:"圣人之道,仁义中正而已矣。"⑤为此,"圣人在上,以仁育万物,以义正万民。天道行而万物顺,圣德修而万民化。"⑥即以仁义中正为管理准则,人和事顺。周敦颐这一思想是儒家"和为贵"思想的进一步加强和充实,这对于我国管理思想的完善和发展具有十分重要的理论意义。

德性主义经济伦理思想强调经济运行过程中的伦理手段,注重管理者的伦理素质和人际的协调和谐,主张"施仁政",强调"德治",以德服人。就工作方法和手段而言,这无疑是有重要理论价值和实践意义的。这在管理学中,就是倡导"软管理",即通过对被管理者的引导、感化和自控等手段来

---

① 《汉书·董仲舒传》。
② 《通书·师》。
③ 《通书·乐中》。
④ 《通书·乐上》。
⑤ 《通书·道》。
⑥ 《通书·顺化》。

调动其积极性。这种管理模式在国内外的许多企业中得到了运用。实践证明,在企业管理中强调说服教育,关心帮助,人情感化,积极引导等"以人为本"的伦理手段,对充分发挥人的潜能,培育企业精神,增强企业凝聚力,营造企业的"家庭气氛"是卓有成效的。这种体现了浓郁的东方文化特色的管理模式不仅影响着我国古代的经济管理理论与实践,而且对于我国社会主义市场经济条件下的经济建设和企业管理亦不无借鉴价值。

（与汪洁合作,原载《南京社会科学》2002 年第 4 期）

中国近代经济伦理思想的
转型及其现代性

随着中国明末清初资本主义生产关系的逐步萌芽和发展,中国以"德性主义"经济伦理思想①为主导的传统学说受到了挑战。尤其是 1840 年以后,外国资本主义的入侵,使得中国没有也不可能从封建社会发展到资本主义社会,中国的资本主义的发展受到外国资本主义和帝国主义的控制,形成了与这一时期经济社会背景相关的独特的经济伦理观点。同时,由于中国的一些近代资产阶级学者,接受并宣传西方资产阶级的经济、政治、伦理、社会发展等学说,其中西方经济学说的传播最为广泛,这就使得近代经济伦理思想加强了"西方味"。还需提到的是,中国近代一些民族资产阶级的实业家,通过对国外的考察和了解,接受到一些西方的经济思想和管理思想,并在实践中加以应用,形成了中国近代经济伦理思想独特形态。

可以这样说,由于中国近代是半殖民地半封建社会,资本主义在畸形状态下发展;又由于中国近代一些资产阶级学者和实业家受传统经济伦理思想影响甚深,同时又乐于接受西方一些经济伦理观念,因此,中国近代经济伦理思想既有中国传统经济伦理思想的痕迹,又有近代特殊社会形态的印证;既有外国近代经济伦理思想的影响,又有自身持有的经济伦理的范畴和命题。而且,作为历史转折时期的思想形态,中国近代经济伦理思想有许多历史的进步意义,以至在社会主义市场经济运行机制处在逐步完善的今天

---

① 中国历史上曾经产生影响的有"德性主义经济伦理思想"、"功利主义经济伦理思想"、"理想主义经济伦理思想"和"自然主义经济伦理思想"等,而历时最久、影响广泛而深刻的是"德性主义经济伦理思想"。

仍有重要的启迪意义。

一、主张德、利一致

中国历史上德性主义经济伦理思想,在道德和利益的关系上,尽管认可"以义取利"之利,反对不讲仁义之利,但道德和利益在德性主义经济伦理思想中往往是在"主"、"从"上去阐释和理解的。似乎没有义就无从谈利,利离开义就是小人之利。所以德性主义经济沦理思想的基本倾向是"恶利"的,即"恶"单纯的利之利。由此可见,在德性主义经济伦理思想中,经济和利益始终是作为伦理要素去思考的。作为德性主义经济伦理思想的对立面出现的中国传统功利主义经济伦理思想,在道德和利益的关系问题的阐释上则走向了另一极端。尽管诸如王安石、李觏等人提出过"利者义之和,义固所为利也"①,"聚天下之人,不可以无财,理天下之财,不可以无义"②,以及讲仁义就是为了利的思想,但总的思想倾向是主张利即义,无利无从谈义,将利和义割裂开来。

所以,中国历史上道德和利益的关系始终没能获得较妥帖的阐释,而且事实上,在两千多年的封建社会中,重义轻利、重义贬利的思想一直占主导地位。

近代以来,由于社会历史的变迁,更由于西方经济、伦理等思想的影响,道德和利益的关系获得了比较全面而又较为深刻的阐释。

首先,早于近代的启蒙思想家公开主张"正其谊以谋其利,明其道而计其功"。③ 认为,讲伦理道德是为了利益,只有利益本身才能体现道义。

李拂就指出:"非均田则贫富不均,不能人人有恒产。均田,第一仁政也。"④换句话说,不利让人得利,就不是仁政。当然,启蒙思想家们所谈的

---

① 《续通鉴长编》卷二百一十九,熙宁四年正月。
② 《王临川集》卷七十,乞制置三司条例司。
③ 《四书正误》。
④ 《拟太平策》卷二。

"利"是偏重于私利的。黄宗羲认为"有生之初,人各有私也,人各自利也"。① 并指出,个人"不享其利"是不合于天下人情的。任何对私人利益的侵犯和对私有土地的课税的行为都是"不仁之甚"的扰民行为。这说明,启蒙思想家承认人的私心,提倡私有制度。这在当时唤起民众的觉悟,反对封建专制,促进社会进步,有着十分重要的启迪意义。社会主义制度下讲伦理道德,其目的是全方位的,所理解的利益也是多角度的辩证的,决不可能像启蒙思想家们理解的那么狭窄。但是,对社会主义个人利益的重视和实现程度,直接影响甚至直接体现到集体利益的发展效果,全社会各个个人利益要求的能否得到圆满的解决,往往体现整个社会的伦理觉悟和道德水平。这是社会主义市场经济条件下不可忽视的一个重要思想前提。

其次,近代资产阶级改良派受西方功利主义思想影响较深,他们一方面强调不能不言利,因为,"夫财利之有无,实系斯人之生命,虽有神圣,不能徒手救饿夫"。② 同时指出,不能因利而让世人争利,而应让义抑制不公平之利,即所谓"唯人竞利则争,争则乱。义也者,所以剂天下之平也,非既有义焉而天下遂可以无利也"。③ 在社会主义市场经济条件下,客观上也讲利,然而这利既有社会之利,也有私人之利,而且这公、私之利又客观上统一在社会主义的经济制度中。不过,能否实现真正有公、私之利之统一,确实需要有一个道德协调过程,只有符合社会主义道德价值取向的谋利行为,才能真正既利在社会、又利在个人。社会主义市场经济如果允许恶性膨胀,那必然将失去社会主义的优越性,市场经济将会在畸形状态下发展。

另一方面,一部分资产阶级学者在坚持古今融通、中西结合的基础上提出了"义为事宜"、"义引导利"的思想。康有为认为"义为事宜",他说:"故礼无定而义有时,苟合于时,义则不独创世俗之所无,虽刨累千万年圣王之所未有,盖合事宜也。如人道之用不出饮食宫室器械,事为先王皆有礼以制之,然后世废尸而用主,废席地而用几桌,废豆登而用盘碟,千年用之,称为

---

① 《明夷待访录·原君》。
② 陈炽:《攻金之工说》,《续富国策》卷三,第7页。
③ 陈炽:《攻金之工说》,《续富国策》卷三,第7页。

文明,无有议其变古者而废亡,后此之以楼代屋,以电代火,以机器代人力,皆可例推。变通尽利,实为义之宜也。拘者守旧,自谓得礼,岂知其阻塞进化,大悖圣人之时义哉!"①康有为的"义为事宜"的思想将道德与利益的关系作出了较为深刻的探讨,把"义"解释为"事宜",既反对了儒家的义重于利的思想,又区别于传统功利主义把义与利益直接挂钩的观念。义引导利的思想是谭嗣同从另一角度阐释义利关系的观点,它不仅完善了近代资产阶级的义利思想,而且揭示了道德的协调趋善性和指导性,他认为,世界万事统一于"仁",彼此之间是相通的,以"仁"协调万事万物之关系,万物的存在才是合理,才有可能发展。他还解释说,"仁"以"通为第一义","通"以"仁"为本,即所谓的"仁不仁之辩,于其通与塞,通塞于本,惟其仁不仁"。②站在现代角度来理解谭嗣同的观点,那就是发展社会主义的市场经济,需要确立社会主义道德观念和价值取向,明确了社会发展之应该不应该的崇高道德境界,社会主义市场经济的发展将会实现真正的有序和高速。

再次,近代资产阶级维新思想家的梁启超在更深层次上考察了道德与利益的关系。梁启超认为,"生利之力"有两种,"一曰体力,二曰心力。心力复细别为二,一曰智力,二曰德力"。在这里,梁启超明确了这样一种观点,即生产过程及其生产的效益,或者说获得利益的多少除体力外是由人的智力素质和道德品质所决定的。梁启超将一向作为获利过程中价值取向和善恶标准的道德,当作获取利益的重要手段和支撑力量来理解,是难能可贵的。在不断完善社会主义市场经济运行过程中,离开了道德,离开了人的正确世界观、人生观和价值观,市场经济将无规则可循,将会处在坑蒙拐骗、投机倒把等无序状态中,一只看不见的罪恶之手将会把社会主义市场经济推向垮台境地。因此,敞开梁启超的思想的时代和阶级局限,将他的"利"—"智"—"德"思想用来启迪社会主义市场经济建设是具有重要实践意义的。

①《康南海文集》第 8 册,第 17 页。
②《谭嗣同全集》第 1 卷,第 45 页。

二、强调民众是经济之目的

中国两千多年的封建社会从思想观念到社会实践主要奉行儒家伦理学说，主张维护封建宗法等级制度的"仁义"，反对"人欲"。人若成为封建社会制度的卫道士就是圣人和君子，谁要是从"我"考虑、展现个性，都是大逆不道之行为。因此在封建社会，虚伪的"整体至上主义"统一了人们的思维模式和行为方式，全体社会成员被"铸成"一种生存样式。社会经济的发展是为了生活，但在中国封建社会更注重它的伦理意义，伦理是经济的目的，经济是伦理的手段。随着资本主义生产关系的萌芽和近代社会的转型以及中西经济伦理思想的碰撞，比近代更早些时候的启蒙思想家们以评击封建礼教传统著称，他们首先把"人"从封建的宗法关系及其封建的道德学说的桎梏中抽象出来，企图给人以适当的社会位置。"泰州学派"的李贽认为人都有私心，人的行为动力也是私心所致。他指出："夫私者，人之心也。人必有私，而后其心乃见；若无私，则无心矣。如服田者，私有秋之获，而后治田必力；居家者，私积仓之获，而后治家必力，为学者，私进取之获，而后举业之治也必力；故宫人而不私以禄，则虽召之必不来矣；苟无高爵，则虽劝之必不至矣。虽有孔子之圣，苟无司寇之任、相事之摄，必不能一日安其身于鲁也决矣。此自然之理，必至之符，非可以架空而臆说也，然则为无私之说者，皆画饼之谈，观场之见，但令隔壁好听，不管脚跟虚实，无益于事，只乱聪耳，不足采也。"[1]"颜李学派"的黄宗羲也认为，"有生之初，人各有私也，人各自利也"。[2] 与此同时，启蒙思想家们指出，人有私心是合情理的，因此，人都有趋利避害之心，李贽说："趋利避害，人人同心，是谓天成，是谓众巧。"[3]因此，"财之与势，固英雄之所必资，而大圣人之所必用也。"[4]在封建社会末

---

[1]《藏书·德业儒臣后论》。
[2]《明夷待访录·原君》。
[3]《焚书·答邓明府书》。
[4]《李氏文集·明灯道古录上》。

期,启蒙思想家们提出如此观点,确实需要相当的胆识。尽管这些观点从根本上说来是时代的产物,是时代潮流的反映,它客观上为资本主义发展及其必然要求的人性解放提供了理论前提,但它面对的是顽固的封建专制和根深蒂固的封建意识形态,要真正使启蒙思想家的观点成为社会现实,非彻底推翻封建专制不可。然而,作为反传统的个性解放理论,为近代经济伦理观念的根本转型提供了依据。

康有为则强调了人的物质欲望的合理性。他说:"人有天生之情,……喜怒哀乐爱恶欲之七情,受天而生,感物而发,凡人之间,不能禁而去之,只有因而行之。"①人之欲甚多,然大者莫如饮食男女,为其切于日用也。人之恶甚多,大者莫如死亡贫苦,为其切于身体也。"②严复则在研究赋税问题时,直接指出经济的目的是民众。他认为,国家征收赋税应该考虑是否合宜,同时,不应为私,而应取于民,还于民。他说:"国家之赋其民,非为私也,亦以取之于民者还为其民而已,故赋无厚薄唯其宜。就令不征一钱,而徒任国事之废弛,庶绩之堕颓,民亦安用此俭国乎?且民非畏重赋也,薄而力所不胜,虽薄犹重也。故国之所急,在为民开利源,而使胜重赋。"③

"伟大的革命先行者"孙中山更是在其三民主义思想体系内阐释了民众是经济目的的观点。孙中山首先指出:"人类之在社会,有疾苦幸福之不同,生计实为其主动力。去[盖]人类之生活,亦莫不为生计所限制。是故生计完备,始可以存,生计断绝终归于淘汰。"④因此,民众的生计是一切经济等活动的目的和中心,"古今一切人类之所以要努力,就是因为要求生存",⑤事实上"民生就是政治的中心,就是经济的中心和种种历史活动的中心,好像天空以内的重心一样"。⑥为此,孙中山指出的"平均地权"的经济主张,实质是强调经济权益平等,反对对民众的剥削。他指出,"中国的人

① 《康南海文集》第 8 册,第 8 页。
② 《康南海文集》第 8 册,第 10 页。
③ 《原富》(九),第 19 页按语。
④ 《孙中山全集》第 2 卷,中华书局 1982 年版,第 510 页。
⑤ 《孙中山选集》下卷,人民出版社 1956 年版,第 779 页。
⑥ 《孙中山选集》下卷,第 787 页。

口农民是占大多数","但是他们由很辛苦勤劳得来的粮食,被地主夺去大半,自己得到手的几乎不能够自养,这是很不公平的"。① 孙中山提出的"节制资本"的经济主张,实际上是反对垄断反对少数人操纵国民之生计,反对经济上不顾民众利益的独占专横的不人道行为。以发达国家资本,实现民富国强,让民众都能享受公共之利。他说:"准国家社会主义,公有即为国家,国为民国,国有何异于民有! 国家以所生之利,举便民之事,我民即共享其利。"②

从启蒙思想家到孙中山的关于民众是经济之目的的经济伦理观念,曾经为启迪民众、唤起民众推翻帝制起到过重要的作用,但由于社会历史和阶级的局限,使得这些新的主张不可能成为社会现实。即便如此,站在今天的角度,沉思这些思想,对于加速社会主义市场经济建设不无启迪意义。社会主义市场经济就其基本经济特征来说,它仍然是竞争经济。但社会主义制度承认和维护每个成员的正当利益和正当追求,竞争的目的也是为更好地实现利益需求。并进而促进经济建设。事实上,社会主义市场运行机制的完善与否和市场经济建设速度在很大程度上取决于人们切身利益的实现程度。因此,社会成员的利益实现始终是社会主义市场经济建设的基本目标。一切经济活动都是围绕着广大民众利益以及体现和维护民众利益的集体利益而展开的。离开了这一基本前提,一切经济活动也失去了基本动力。中国改革开放以来,邓小平等党和国家领导人一再强调,经济的发展要时刻注意给人民以实惠,其深刻的哲理之一,是民众的利益永远是经济发展的根本目的。中国实行改革开放和确立社会主义市场经济体制以来,广大人民群众热情高涨,已经和正在充分发挥着各自的能量参加社会主义市场经济建设,其基本的原因是经济的发展与广大人民群众的利益追求密切联系在一起,广大人民群众已经从实践中深知,提高生产力水平、增强综合国力和人民生活水平的提高已经成为辩证的统一体。因此,始终把民众利益作为经

---

① 《孙中山选集》下卷,第810页。
② 《孙中山全集》第2卷,第521页。

济发展根本目的,是社会主义经济伦理基本原则,也是发展社会主义经济的力量源泉。

三、确认权利平等是经济发展之先决条件

权利不平等是封建社会宗法等级制度的基本特征,中国二千多年的封建社会生产力水平低下,经济发展极其迟缓、落后的根本原因之一是社会生活中的权利不平等。以反封建礼教著称的李贽深知封建社会经济发展之社会病症,他强调,唯有人与人之间的真正平等,才能做好治生、产业等,也只有实现真正的平等,人才能使个性得到充分自由的发展,人们才能依据自己的愿望施展自己的才能,李贽实际上是在企图为萌芽状态下的资本主义的发展寻找理论根据。近代资产阶级学者在李贽思想基础上,系统阐释了权利平等与发展经济的关系。

一方面,有学者提出,权利平等首先要实行土地私有,唯此才能促进生产和增加财富。梁启超指出:"经济之最大的动机实起于人类之利己心。人类以有欲望之故,而种种之经济行为生焉,而所谓经济上之欲望,使财物归于自己之支配之欲望是也。"[1]"故今日一切经济行为殆无不以所有权为基础,而活动于其上,人人以欲获得所有权或扩张所有权,故循经济法则以行,而不识不知之间,国民全体之富固已增值,此利己心之作用,而私人经济所以息息影响于国民经济也"。[2] 在梁启超看来,权利平等就应该实行私有制,私有欲望促进人们一切经济举动。这当然是典型的资产阶级经济伦理观念。但是,梁启超提出了一个封建专制针锋相对的问题,即人若失去所有权,就意味着人之行为不由自主,社会物质财富也无权支配,欲望也难以实现,这就势必置人于被动生存状态中。联想今天中国社会主义市场经济体制,所有权问题已从根本上解决问题,劳动人民是物质财富的主人。但问题

---

① 《梁启超文集》第32卷,第24页。
② 《梁启超文集》第32卷,第25页。

是,社会主义市场经济毕竟多种经济成分并存,在所有权问题上还存在国家、集体、个人之区别,还存在三者关系如何协调完善、实现最佳处置的问题。而且,事实上三者关系处理不好,最终要从根本上影响社会主义市场运行机制的完善。因此,作为一种平等权利,作为一种内涵社会主义伦理精神的经济体制,应该引起人们足够的重视。

另一方面,孙中山之三民主义强调,权利平等就是民权实现,民权解决了,经济发展才能从根本上解决问题。在孙中山看来,第一,民权就是人民是主人,当官的是奴仆,他说:"这种民权主义,是以人民为主人的,以官吏为奴隶。……到了民国成立,便是以民为主的世界,人民便变成了主人,皇帝变成了奴仆。……大家知道现在民国没有皇帝,究竟是什么人做皇帝呢?从前是一人做皇帝,现在是四万万人作主,就是四万万人做皇帝,"同时,孙中山强调,只有实现"四万万人一切平等,国民之权利义务无有贵贱之差。贫富之别,轻重厚薄,无稍不均,"①才能激发民众的革命热情和生产热情。孙中山还特别提出,权利平等应十分重视公平分配,这是激发民众生产积极性的重要前提。他认为,"中国的人口,农民是占大多数,至少有八九成,但是他们由很辛苦勤劳得来的粮食,被地主夺去大半,自己得到手的几乎不能够自养,这是很不公平的。"②又说:"按斯密亚丹经济学生产之分配,地方占一部分,资本家占一部分,工人占一部分,遂谓其深合于经济学之原理。殊不知此全额之生产,皆为人工血汗所成,地方与资本家坐享其全额三分之二之利,而工人所享三分之一之利,又析与多数之工人,则每一工人所得,较资本家所得者,其相去不亦远乎?宜乎富者愈富,贫者愈贫,阶级愈趋愈远,平民生计遂尽为资本家所夺矣。③ 因此,孙中山认为,分配不公就意味着有剥削、有不平等,就意味着"民权"不能最终实现,经济发展没有"动力"。所以,孙中山主张,第一,让"耕者有其田","假若耕田所得的粮食,完全归到

---

① 《总理全集》第1卷,第319页。
② 《孙中山全集》第2卷,第510页。
③ 《孙中山全集》第2卷,第512页。

农民,农民一定是高兴去耕田的。大家都高兴去耕田,便可以多得生产"。①
第二,"一则土地归为公有,一则资本归为公有。于是经济学上分配,惟人工所得生产分配之利益,为其私人赡养之需。而土地资本所得一分之利,足供公共之用费,人民皆得享其一分之利益,而资本不得垄断,以夺平民之利。斯即社会主义经济分配法之原理,而从根本上以解决也。"②

　　孙中山关于官民一致、公平分配的权利平等思想,以及权利平等对经济发展关系的务实性表述,对于今天的社会主义市场经济建设有着重要的借鉴意义。尤其是在官僚主义和腐败现象还在程度不同地削弱人民群众的正当权利和分配不公现象仍然明显地存在,更需要强调权利平等,强调干部是人民的公仆,人民是真正的社会主人;更需要加强对干部的约束和监督机制,实现官民的真正平等。否则,社会主义市场经济的发展将失去支撑力。人民群众将会对社会主义市场经济的发展失去希望。至于分配不公问题。更是人民群众关注的热点或焦点。尽管中国现阶段分配不公现象存在的原因是复杂的,它既有历史的原因,也有体制的原因,既有观念上的原因,也有实际分配过程中矛盾复杂的原因等等。但是,分配不公现象能否得到全社会的重视和逐步合理的解决,这是社会主义市场经济建设成功与否的关键。忽视了这一点,将会是历史的遗憾,甚至是历史的罪过。

四、坚持管理与伦理的融通

　　中国封建社会的自给自足的自然经济和社会宗法等级制度,决定了传统的管理思想大多从宏观角度着眼,治国、平天下和齐家、修民等方法较系统地但只是笼统地提出了管理思想。经济管理思想也笼统地涵盖在这些管理思想中。由于农业经济的单一和手工业经济的不发达,始终没有形成独立的思想体系。不过,值得一提的是,中国封建社会一切以封建伦理作为出

---

① 《孙中山选集》下卷,第811页。
② 《孙中山全集》第2卷,第515页。

发点和基本目标,自然地经济和管理都带上了浓厚的伦理特征,尤其是论及管理的思想,其管理手段和管理原则也多半是从伦理角度考虑的。需要指出的是,封建社会这种管理与伦理的结合,是封建专制的需要,伦理在某种意义上说也是作为强制性的工具而参加社会管理过程的。

随着中国近代民族资本主义工业的逐步产生和发展,近代思想家和工商实业家们在吸取西方科学经济(企业)管理思想的同时,也吸取了中国历史上作为管理手段的优良伦理传统,较好地从理论到实践的结合上实现了管理与伦理的融通。

首先,在经济(企业)管理中,注重提高人的思想素质。近代民族资产阶级典型代表张謇的一个典型特征是重视人在企业活动中的作用。企业中的人在他看来,是道德的人,企业可以通过精神激励来促使他们对企业发展尽责尽力。① 这一思想的现代意义是不可低估的。现代经济(企业)管理理论也已经明确提出,不能把企业职工当作只为挣钱的机械的经济人,应该把他们看作是道德人。只有确立他们正确的价值取向和崇高的精神境界,才能充分调动他们建设企业、发展企业的积极性。

其次,诚实经营,扩展企业无形资产。张謇一直主张企业与顾客、企业与企业的经营往来活动应"尽交易之本能,获公开之赢利,必诚必信,不诈不虞"。② 唯此才能拓展经营业务规模。被称之为"猪鬃大王"的古耕虞指出:"能不能在竞争中占绝对优势,取决于商品和同类商品是否在任何时间质量均是第一。……就某种意义而言,他们(按指顾客)是我们的'衣食父母'。失掉一个顾客,就会减少利润;大部分买主失掉了,就要关门。这问题的严重性,我们一定要有足够的认识。"③

再次,经济(企业)管理首要的是管人,管人的根本是实现人服和服人。近代部分工商企业家受西方管理思想和中国传统管理思想双重影响,对下

---

① 参见赵靖主编:《中国经济管理思想史教程》,北京大学出版社1993年版,第513—514页。
② 赵靖主编:《中国经济管理思想史教程》,第514页。
③ 中国企协古代管理思想研究会编:《中国传统管理思想的新探索》,企业管理出版社1988年版,第354页。

属管理实现了真正意义上道德型管理。创办"民生实业股份有限公司"的实业家卢作孚，他十分注意以对职工利益的关注。他认为，关心了职工的工作、家庭、生活等福利，就能赢得职工的支持，公司的发展也才有希望。工商实业家范旭东则注重以自己的人格力量服人。他的一位下属曾深有感受地说："范先生遇到的困难远胜我十倍，但他总是一意为我解脱，至诚相待，这种相濡以沫的精神，是我一辈子也不敢忘怀的。今日只有一意死拼，谋求技术问题的解决，以报范公之诚。"①民族实业家荣德生在企业管理中坚持"管人不严，以德服人"，调动了职工的劳动积极性，企业得利也明显增长。由此可见，企业管人不仅仅是依靠法规或依靠物质激励，更重要的还在于依靠精神激励、道德自律和道德感化。

近代企业的劳资关系与社会主义市场经济条件下的企业负责人与职工的关系有着本质的区别。社会主义制度决定了任何企业内部的人际关系应该是民主、平等的关系，企业负责人更应该把管理人的注意力放到对职工积极性调动上面，唯此才能体现社会主义企业的本质特征，唯此才能不断增强企业发展的生命力。任何一个现代企业，其负责人如果一味地考虑企业的物质效益而忽视对企业职工的关心和爱护，那最终一定会以企业的失败而告终。

（原载《江苏社会科学》1996 年第 6 期）

---

① 赵靖主编：《中国经济管理思想史教程》，第 540 页。

孙中山三民主义经济伦理思想

孙中山（公元 1866—1925 年），是我国近代伟大的革命先行者、民主主义革命家、思想家，他在领导人民推翻帝制、建立共和国过程中提出了"三民主义"，即民族主义、民权主义和民生主义，随着民主革命不断发展，孙中山对三民主义也不断作出更全面的阐述，以致到后来他自己将旧三民主义发展为新三民主义，提出了"联俄、联共、扶助农工"的三大政策和反对帝国主义的革命主张。

孙中山的三民主义经济伦理思想，是资产阶级民主革命思想体系的一个部分，但是它既不同于西方资产阶级的一般意义上的经济伦理思想，也不同于我国资产阶级改良派的经济伦理思想。孙中山的三民主义经济伦理思想力求跟上时代步伐，适应时代潮流，具有明显的革命性和较多的科学性。

三民主义经济伦理思想始终把伦理道德现象建立在对民众生计的考察和认识上。它认为民生问题是一切社会活动的中心，社会伦理道德也是由民生问题引发而来的。同时还认为，没有经济的发展，道德文明也必然缓慢下来。反之，没有道德进步，国家也难以强盛，难以长治久安。所以孙中山在竭力主张振兴实业的同时，亦主张加强道德教育，造成顶好人格，以人格救国。

一、民生之经济伦理内涵

孙中山说："民生两个字，……在科学范围之内，拿这个名词来用于社会经济上，就觉得是意义无穷了。我今天就拿这个名词来下个定义，可以说:民生就是人民的生活,社会的生存,国民的生计,群众的生命。"①还说:"人类之在社会,有疾苦幸福之不同,生计实为其主动力。去[盖]人类之生活,亦莫不为生计所限制,是故生计完备,始可以存,生计断绝,终归于淘汰。"②在孙中山看来,民生问题或称生计问题是社会经济生活、政治生活、道德生活等的核心问题,一切问题围绕生计而展开,并围绕生计而解决。

在社会经济与伦理道德的关系上,孙中山认为,民生问题解决得如何,直接影响到社会其他方面发展。"民生畅遂",社会才能进步,"因为民生不遂,所以社会的文明不能发达,经济的组织不能改良,和道德退步,以及发生种种不平的事情。像阶级战争和工人痛苦,那种种压迫,都是由于民生不遂的问题没有解决。所以社会中的各种变态都是果,民生问题才是因"。③

孙中山的民生主义经济伦理思想的主要内涵是"平均地权"和"节制资本"。"平均地权"的主张,实质是强调经济权益平等,反对剥夺。孙中山认为"中国的人口农民是占大多数","但是他们由很辛苦勤劳得来的粮食,被地主夺去大半,自己得到手的几乎不能够自养,这是很不公平的"。"我们要怎么样能够保障农民的权利,要怎么样令农民自己才可以多得收成,那便是关于平均地权的问题"。④

为此,孙中山早先主张土地国有,说:"原夫土地公有,实为精确不磨之论,人类发生以前,土地也自然存在,人类消灭以后,土地必长此存留,可见土地实为社会所有,人于其又恶得而私立耶?或谓地主之有土地,本以资本购有,然试叩其第一占有土地之人,又何购乎?"⑤为此,孙中山则结论说:"故土地之一部分,根据社会主义之经济原理,不应为个人所有,当为公有,盖无疑矣。"⑥孙中山主张土地公有其中伦理的实质是"把农民的地位抬高",消除农民与官吏和商人的经济权益上的不平等。

① 《孙中山选集》下卷,人民出版社 1956 年版,第 765 页。
② 《孙中山全集》第 2 卷,中华书局 1982 年版,第 510 页。
③ 《孙中山选集》下卷,797 页。
④ 《孙中山选集》下卷,第 810 页。
⑤ 《孙中山全集》第 2 卷,第 514 页。
⑥ 《中山丛书》卷 3,上海大一统图书局 1927 年版,第 10 页。

　　孙中山"平均地权"的本质体现是"耕者有其田"。他认为:"民生主义真是达到目的,农民问题真是完全解决,是要'耕者有其田',那才算是我们对于农民问题的最终结果。"①同时他还强调,彻底的革命就是要让耕者有其田,如果耕者没有田地,农民地位就没有抬高,经济权益仍实现不了平等。

　　"节制资本"的主张,实际上是反对垄断,反对少数人操纵国民之生计,反对经济上的独占专横的不人道行为。孙中山说:"吾人之所以持民生主义者,非反对资本,反对资本家耳,反对少数人占经济之势力,垄断社会之富源耳。试以铁道论之,苟全国之铁道,皆在一二资本家之手,则其力可以垄断交通,而制旅客、货商、铁道工人等之死命矣。"②

　　为此,孙中山指出,"资本家者,无良心者也"。③ 例如"任由中国私人或者外国商人来经营,将来的结果也不过是私人的资本发达,也要生出大富阶级的不平均"。④ 因此他认为,在国内应节制私人垄断资本,"凡夫事物之可以委诸个人,或其较国家经营为适宜者,应任个人为之,由国家奖励,而以法律保护之。今欲利便个人企业之发达于中国,则从来所行之自杀的税制,应即废止,紊乱之货币,立需改良,而各种官吏的障碍,必当排去,尤须辅之以利便交通。至其不能委诸个人及有独占性质者,应由国家经营之"。⑤ 对待外国资本,孙中山告诫"必当留意",他说:"1. 必选最有利之途,以吸外资。2. 必应国民之所最需要。3. 必期抵抗之至少。4. 必择地位之适宜。"⑥

　　孙中山在强调"节制资本"的同时,要求发达国家资本,以实现民富国强,让民众都能享受公共之利。他说:"准国家社会主义,公有即为国有,国为民国,国有何异于民有! 国家以所生之利,举便民之事,我民即共享其利。""铁道以及各种生产事业,其利既大,工人之佣值,即可按照社会生活

① 《孙中山选集》下卷,第810页。
② 《孙中山选集》上卷,人民出版社1956年版,第93页。
③ 《孙中山选集》上卷,第95页。
④ 《孙中山选集》下卷,第801页。
⑤ 《孙中山选集》上卷,第191页。
⑥ 《孙中山选集》上卷,第192页。

程度渐次增加,务使生计宽裕,享受平均……。"①同时,孙中山竭力主张"振兴实业",发达国家,实现"救贫"之目的。

二、民族之经济伦理内涵

孙中山在革命过程中清醒地看到,由于帝国主义的侵略,使得中国不是完全独立国,而是半独立国。并认为帝国主义不可能"实行商业的自杀,来帮助中国拥有自己的工业威力而成为独立的国家","他们的利益首先在于使中国永远成为工业落后的牺牲品,这也是十分明白和容易理解的"。②

因此,孙中山指出:"民族解放之斗争,对于多数之民众,其目标皆不外反帝国主义而已。帝国主义受民族主义运动之打击而有所削弱,则此多数之民众,即能因而发展其组织,且从而巩固之,以备继续之斗争,此则国民党能于事实上证明之者。吾人欲证实民族主义实为健全之反帝国主义,则当努力于赞助国内各种平民阶级之组织,以发扬国民之能力。"

在民族与民族的关系问题上,孙中山的民族主义主张国内各民族之间要实行真正的民族平等和民族团结,强调"对于国内之弱小民族,政府当扶植之,使之能自决自治"。在与世界的民族关系上,孙中山主张联合"平等待我之民族",同时,抑强扶弱,支持弱小民族,并在经济上做到压富济贫。他说:"中国如果强盛起来,我们不但是要恢复民族的地位,还要对于世界负一个大责任。如果中国不能够担负这个责任,那么,中国强盛了,对于世界没有大利,便有大害。中国对于世界究竟要负什么责任呢?现在世界列强所走的路是灭人国家的,如果中国强盛起来,也要去灭人国家,也去学列强的帝国主义,走相同的路,便是蹈他们的覆辙。所以我们要先决定一种政策,要'济弱扶倾',才是尽我们民族的天职。我们对于弱小民族要扶持他,对于世界的列强要抵抗他。如果全国人民都立定这个志愿,中国民族才可

① 《孙中山全集》第 2 卷,第 521 页。
② 参见《孙中山全集》第 1 卷,中华书局 1982 年版,第 322—323 页。

以发达。若是不立定这个志愿,中国民族便没有希望。我们今日在没有发达之先,立定扶倾济弱的志愿,将来到了强盛时候,想到今日身受过了列强政治经济压迫的痛苦,将来弱小民族如果也受这种痛苦,我们便要把那些帝国主义来消灭,那才算是治国平天下。"①

三、民权之经济伦理内涵

孙中山指出:"民权两个字,是我们革命党的第二个口号,同法国革命口号的平等是相对待的。"②他具体解释说:"这种民权主义,是以人民为主人的,以官吏为奴隶的。所以十三年前的革命,是一件很奇怪的事,是中国几千年来破天荒的第一件事,在那次革命以前,人民都是做皇帝的奴隶,无论什么事都要听皇帝的话;到了民国成立,便是以民为主的世界,人民便变成了主人,皇帝变成了奴仆。在这个民国时代,本来没有皇帝,最大的官是大总统和国务总理,以下就是各部总长、各省省长以及各县县长。这些官吏以前都是在人民之上,今日便在人民之下。大家知道现在民国没有皇帝,究竟是什么人做皇帝呢? 从前是一人做皇帝,现在是四万万人作主,就是四万万人做皇帝。"

既然人民做了社会的主人,孙中山认为,当官者手中的权力应该用来为人民谋福利。在孙中山看来,"天下为公"就是一切为了人民。这也是民权之最高实现。

在民权的具体实现过程中,应该是让人民获得真正的自由和平等。在孙中山看来,民权的实现必须让人民获得自由权利,丧失了权利自由,也就丧失了民权,他还认为,国民平等是民权实现的标志,只有实现"四万万人一切平等,国民之权利义务无有贵贱之差,贫富之别。轻重厚薄,无稍不均",③才是国民之平等的实现。

① 《孙中山选集》下卷,第659—660 页。
② 《孙中山选集》下卷,第691 页。
③ 《孙中山全集》第1 集,第331 页。

四、孙中山三民主义经济伦理思想的基本思维定势决定了他必然要抨击封建主义和资本主义的分配不公现象，提出自己的主张，以实现其三民主义经济伦理目标

孙中山认为："中国的人口，农民是占大多数，至少有八九成，但是他们由很辛苦勤劳得来的粮食，被地主夺去大半，自己得到手的几乎不能够自养，这是很不公平的。"又说："现在的农民，都不是耕自己的田，都是替地主来耕田，所生产的农品，大半是被地主夺去了。""农民耕田所得的粮食，据最近我们在乡下的调查，十分之六是归地主，农民自己所得到的不过十分之四，这是很不公平的。"①针对资本主义的分配不公，孙中山说："当全用人工时代，其生产之结果，按经济学旧说以分配、土地、人工、资本各得一分，尚不觉其弊害。机器发明之后，犹仍按其例，此最不适当之法也。"②因为，"按斯密亚丹经济学生产之分配，地主占一部分，资本家占一部分，工人占一部分，遂谓其深合于经济学之原理。殊不知此全额之生产，皆为人工血汗所成，地主与资本家坐享其全额三分之二之利，而工人所享三分之一之利，又析与多数之工人，则每一工人所得，较资本家所得者，其相去不亦远乎？宜乎富者愈富，贫者愈贫，阶级愈趋愈远，平民生计遂尽为资本家所夺矣"。③

对于封建主义、资本主义的不公平分配，孙中山主张：第一，让"耕者有其田"，而且"假若耕田所得的粮食，完全归到农民，农民一定是更高兴去耕田的。大家都高兴去耕田，便可以多得生产"。④ 这就是说，公正的分配，必然带来农民生产的积极性和生产的发展。第二，"一则土地归为公有，一则资本归为公有。于是经济学上分配，惟人工所得生产分配之利益，为其私人

---

① 《孙中山选集》下卷，第810页—811页。
② 《孙中山全集》第2卷，第517页。
③ 《孙中山全集》第2卷，第512页。
④ 《孙中山选集》下卷，第811页。

赡养之需。而土地资本所得一分之利,足供公共之用费,人民皆得享其一分子之利益,而资本不得垄断,以夺平民之利。斯即社会主义本经济分配法之原理,而从根本上以解决也"。①

纵观孙中山三民主义经济伦理思想,有以下几方面内容值得我们思索:

第一,孙中山经济伦理思想明确反对封建专制主义,反对帝国主义,同时亦反对与他自己所提出的民生、民族、民权之三民主义经济伦理思想不相符的西方资产阶级的观念和行为。更可贵的是他或多或少地接受了马克思主义的有关经济伦理学说,尽管他对马克思主义思想的理解和接受是肤浅和简单的。由此,孙中山三民主义的经济伦理思想不是一般意义上的资产阶级思想体系,他是结合中国实际对传统资产阶级思想的改革和发展。孙中山思想可谓是中国新时代的曙光,其经济伦理思想也是独树一帜的资产阶级伦理观念。

第二,孙中山经济伦理思想是面对四万万人民的生计、权利和自由、平等而阐释的,其基本的伦理价值取向是理性的、崇高的。但问题是孙中山领导的革命毕竟是资产阶级民主革命,其思想体系不可能最终超越资产阶级思想观念的窠臼,以致他的许多经济伦理观念是一种空想,不可能在社会经济生活中得到实质性的通行。同时,我国资产阶级的软弱性,决定了它反帝反封建的不彻底性。因此,孙中山面对四万万人民利益而阐释的经济伦理理想也难以成为现实。当然,孙中山三民主义经济伦理思想以独特的角度和功能唤起了民众的觉醒,其伟大的历史功绩载入了中华民族的史册。

第三,孙中山经济伦理思想由于其独特的历史地位、历史作用和价值取向,至今仍有重要的时代启迪意义:首先,孙中山始终把国家的富有强大和人民的生计作为理论探索的出发点和归宿,在我们建设社会主义现代化的今天仍然有着重要的参考价值。其次,孙中山强调权利平等,官民一致才能体现"民权",这在我们今天建设社会主义市场经济过程中,为避免市场经济带来的负面效应,并充分激发人民群众的劳动积极性,尤其需要强调权利

①《孙中山全集》第2卷,第515页。

平等,强调干部是人民的公仆,人民是真正的主人。再次,分配问题是孙中山经济伦理思想关注的重点。孙中山十分清楚地看到,分配不公就意味着剥削,有不平等,就意味着"民权"不能最终实现。这一思想也给我们以警示。

（原载《中国经济伦理学》,中国商业出版社1994年版,

第106—115页）

新民主主义经济伦理思想

新民主主义经济既不是资本主义经济也不是社会主义经济;既有资本主义的经济成分,也有社会主义的经济成分。但新民主主义经济制度的建立,是中国共产党民主纲领的重要组成部分。因此,新民主主义的经济伦理思想具有明显的时代进步性和革命性。

新民主主义经济伦理思想的主要特点是:认为有利于社会进步、革命发展和人民利益的经济形式都是合理的;经济目标和伦理目标是一致的,经济的发展最终是为了实现民众的理性生存;社会评价善恶之标准是看是否有利于社会改革和经济发展。

一、土地革命和土地改革中的伦理思想

新民主主义经济伦理思想的重要内容与土地革命和土地改革有关。

1. 土地革命时期形成了较完整的土地革命伦理思想体系。

在封建专制主义的统治下,我国农民几乎没有自己的地种,地租和高利贷已使得农民"破产日极",1927 年 7 月召开的中共闽西一大关于《土地问题决议案》中作了如下描述:"(1)地主的剥削:据六县调查土地的结果,土地百分之八十五至九十为地主阶级所有,农民所有田地不到百分之十五。地主利用农民竞耕田地,剥夺永佃权,逐步增高地租,索取押租金,建立铁租制度,同时还有田信鸡等附带的剥削。至乡村中豪绅强霸强买(农民)田产之事尚有所闻。在这种封建制度剥削之下,农民的破产困穷是非常之厉害的,六县中雇农贫农平均数量在百分之八十以上,便可证实这话。

（2）高利贷与商业资本的剥削：农民穷了必举行借贷，地主乘此机会放高利贷以榨取农民，普通利率平均在二分以上，有的到了十分以上，本利相等，更使农民破产日极。

城市商业资本垄断市场，高抬外来物价，抑低土产价格，农民以多量农产品换取少量的工业品，这亦是很大的剥削。

（3）军阀、政府、民团对农民捐税、（钱）粮之剥削甚于地主收租，有时过之，近郊农民还有徭役制度，更使农民迅速破产。

（4）帝国资本主义商品侵略之结果，使农民（村）手工业逐年失败，尤其是烟、纸、茶之滞销，加多了农村中失业工农。"[1]由于农民没有土地，受到惨重的剥削与压迫，丧失了应有的权利，使得农民既没有生产积极性，也无力改良农具和田地，"生产力日坏一日"。

针对这种情况，中国共产党人明确指出："中国现在的土地制度，是一种半封建制度，农民受重租重税剥削，田地集中在地主手里，……土地革命是中国民权革命主要的内容，地主官僚军阀不除，中国农民得不到土地，民权革命就不算成功。"[2]这也就是说，改变土地制度是是否实现权利的根本。

为此，中国共产党号召推翻封建专制，没收豪绅地主阶级的土地财产，"一切私有土地完全归组织成苏维埃国家的劳动平民所公有"，"一切没收的土地之实际使用权归之于农民，租田制度与押田制度完全废除"。[3]

为了通过土地革命真正实现在全社会实现权利平等，在坚持"土地归农民"主张的同时，首先做到了土地平均分配，让耕者有其田。1928 年 12 月颁布的《井冈山土地法》规定，"以人口为标准，男女老幼平均分配"，"老小虽无耕种能力，但在分得田地后，政府亦得分配以相当之公众勤务，如任交通等"。1930 年颁布的《中国革命军事委员会土地法》第八条规定："为满足多数人的要求，并使农人迅速得到田地起见，应依乡村人口数目，男女

① 许毅主编：《中央革命根据地财政经济史长编》，人民出版社 1982 年版，第 243 页。

② 许毅主编：《中央革命根据地财政经济史长编》，第 232 页。

③ 卫兴华、洪银兴主编：《中国共产党经济思想史论》，江苏人民出版社 1994 年版，第 58 页。

老幼平均分配。不以劳动力为标准的分配方法。"①

其次,由于农民欠豪绅地主的债务是农民没有土地造成的,而且实际上农民的劳动所获全被剥夺。因此,土地革命中要求"工人、农民欠田东债务一律废止,不要归还"。"销毁豪绅政府的一切田契,及其他剥削农民的契约(书面的口头的完全在内)"。并"宣布一切高利贷的借约概作无效"。②这就将工农的利益全面归还了工农。

第三,土地革命中坚持了人道主义原则,规定:豪绅地主及反动派的家属,经当地群众及政府审查准其在乡居住者,又无他种方法维持生活的,得酌量分与田地。

2.《五四指示》的土地改革伦理思想。

抗日战争胜利以后,中国共产党在解放区领导农民开展了继续实行减租减息和开展反奸清算运动。广大农民在这期间成为实际得益者,并由此进一步加强了改变土地制度要求,以期让自己成为土地的实际拥有者。针对这一客观形势和农民的新的要求,中共中央于1946年5月4日颁布了《关于清算减租及土地问题的指示》即《五四指示》。

《五四指示》实质上是土地改革纲领。在当时的历史条件下,《五四指示》更充分地体现了理性精神,揭示了在土地改革问题上的时代伦理。《指示》首先强调"要坚决拥护农民一切正当的和正义的行动,批准农民获得和正在获得土地"。并要求党组织坚定维护农民利益的立场,"不要害怕普遍地变更解放区的土地关系,不要害怕农民获得土地和地主丧失土地,不要害怕中间派暂时的不满和动摇"。《指示》同时还要求理性地对待各种阶级和各类人员的土地占有问题。《指示》要求坚决地无条件"没收分配大汉奸土地";通过减租、清算迫使地主把土地"出卖"给农民,从而消灭封建剥削,实现农民的土地所有权。《指示》还要求"对待中小地主的态度应与对待大地主、豪绅、恶霸的态度有所区别",不仅不能一律采用扫地出门的办法,而且

① 许毅主编:《中央革命根据地财政经济史长编》,第 227、287 页。
② 许毅主编:《中央革命根据地财政经济史长编》,第 236、231 页。

要给中小地主以生活出路;"对于抗日军人及抗日干部的家属之属于豪绅地主成分者,对于在抗日期间无论解放区和国民党区与我们合作而不反共的开明绅士及其他人等,在运动中应谨慎处理,适当照顾";对待富农,一般不变动他们的土地,"如在清算退租土地改革时期,由于广大群众的要求,不能不有所侵犯时,亦不要打击得太重,应使富农和地主有所区别,应着重减租而保存其自耕部分"。《指示》对于中农采取了保护政策,要求"坚决用一切方法吸收中农参加斗争,并使其获得利益,决不可侵犯中农土地,凡中农土地被侵犯者,应设法退还或赔偿,整个运动必须取得全体中农的真正同情和满意,包括富裕中农在内"。

这里要指出的是,《五四指示》只是在抗日战争后、在国内全面内战危机已经十分严重的情况下,中国共产党为充分发动农民,团结一切可以团结的力量,争取实现国内和平而发出的指示,它有历史要求和特征。随着全面内战爆发和革命形势的发展,《五四指示》关于对中小地主给予照顾和一般不变动富农的土地等指示已经不适应形势的要求。为此,在人民解放军由战略防御转入战略进攻的新形势下,中共中央于1947年10月颁布了《中国土地法大纲》。《大纲》更充分地体现了革命的理性精神,明确指出要"废除封建性及半封建性剥削的土地制度,实行耕者有其田的土地制度","废除一切地主的土地所有权","废除一切祠堂、庙宇、寺院、学校、机关及团体的土地所有权"。《大纲》还明确规定:"乡村中一切地主土地及公地,由乡村农会接收,连同乡村中其他一切土地,按乡村全部人口,不分男女老幼,统一平均分配。在土地数量上抽多补少,质量上抽肥补瘦,使全乡村人民均获得同等的土地,并归各人所有。"从而真正实现"耕者有其田"的新民主主义革命目标。

二、对待"资本"的伦理思想

新民主主义经济是多种经济并存的经济,在如何对待各种"资本"的问题上,中国共产党坚持了客观、理性的态度。

1. 由于"帝国主义对于半殖民地的中国的剥削,阻碍着资本主义的发展",又由于"帝国主义是一切反动力量的组织者和支配者"。他们"利用自己的经济上政治上的威力,对于民族资产阶级做些小小的让步,威逼利诱地分裂民族联合的战线,用贿赂收买军阀的旧方法,用武力的炮舰政策压迫革命,实行经济封锁,利用自己的强大威力(银行、公司、军舰、军队等等)——造成阻碍中国革命发展和胜利最严重的困难之一"。① 因此,为了彻底摆脱帝国主义的束缚和侵略,完全解放中国于外国资本压迫之下,中国共产党领导的新民主主义革命坚决没收帝国主义在华资本,不仅将帝国主义手中的银行、海关、铁路、企业、矿山、工厂等一律收归国有,而且也无条件地收回帝国主义的租界租借地。

2. 由于国内官僚资本为帝国主义服务,为内战服务,阻碍甚至破坏着新民主主义的革命,为此,中国共产党领导的新民主主义革命坚决没收国民党政府及其国家经济机关、前敌国政府和国民党战犯、汉奸、官僚资本家在私营企业或公私合营中的股份及财产。

3. 由于我国民族资本主义的发展与帝国主义、封建主义和官僚资本主义存在着矛盾,所以在中国共产党领导的新民主主义革命过程中,民族资产阶级常常参加革命,成为革命的同路人;又由于中国经济还十分落后,而且与帝国主义和封建主义相比,民族资本主义还是一种进步的经济形态,在革命胜利以后一个相当长时期内,还可以而且必须允许它们存在,以利于国民经济的发展。正如毛泽东同志在中共中央七届二中全会上说的:"中国的私人资本主义工业,占了现代性工业中的第二位,它是一个不可忽视的力量。中国的民族资产阶级及其代表人物,由于受了帝国主义、封建主义和官僚资本主义的压迫或限制,在人民民主革命斗争中常常采取参加或者保持中立的立场。由于这些,并由于中国经济现在还处于落后状态,在革命胜利以后一个相当长的时期内,还需要尽可能地利用城乡私人资本主义的积极性,以利于国民经济的向前发展。"

---

① 卫兴华、洪银兴主编:《中国共产党经济思想史论》,第87页。

4. 由于利用和限制私人资本主义的需要，又由于控制国民经济命脉和加强国家计划经济需要，中国共产党坚持了对私改造的国家资本主义道路，以达到全面维护国家和人民利益的目的。

毛泽东同志曾指出："中国现在的资本主义经济其绝大部分是在人民政府管理之下的，用各种形式和国营社会主义经济联系着的，并受工人监督的资本主义经济。这种资本主义经济已经不是普通的资本主义经济，而是一种特殊的资本主义经济，即新式的国家资本主义经济。它主要地不是为了资本家的利润而存在，而是为了供应人民和国家的需要而存在。不错，工人们还要为资本家生产一部分利润，但这只占全部利润中的一部分，大约只占四分之一左右，其余的四分之三是为工人（福利费）为国家（所得税）及为扩大生产设备（其中包含一小部分是为资本家生产利润的）而生产的。因此，这种新式国家资本主义经济是带着很大的社会主义性质的，是对工人和国家有利的。"①

三、"合作化"的经济伦理思想

中国共产党领导的新民主主义革命取得胜利以后，党的目标决定了必然要走向社会主义，建立社会主义的经济制度，以真正实现人民在经济领域中的主人翁地位。

1. 农业合作化

农民在新民主主义革命过程中获得了土地，但是，由于小农经济的生产力水平较低，广大农民仍缺少诸如耕牛、农具等必要的生产资料，农业产量不高，以致农民基本生活资料仍然不足，有的甚至在扣除成本和上缴国家税收后所剩无几。若遇自然灾害，农民更是无法维持生存。在这种情况下，农村必然出现农民卖地卖房现象，这也势必导致新的两极分化。

为了倾力实现新民主主义经济向社会主义经济的过渡，真正在经济上

---

① 卫兴华、洪银兴主编：《中国共产党经济思想史论》，第341页。

解放农民,中国共产党通过农业合作化运动,引导农民走向共同富裕的社会主义道路。早在老解放区就推行了互助合作运动,这为全国解放后合作化运动积累了经验。因此,新中国成立以后,农民由劳动互助组得到了实惠,不仅提高了劳动生产力,而且较好地改善了农民生活。为此,农民又以极大的热情加入半社会主义性质的初级农业合作社,并进而进入社会主义性质的高级农业合作社。

在农业合作社中,农民的互助精神和平等劳动精神得到了进一步的发扬光大,尤其农民作为小生产者,其思想观念在农业合作化运动中得到了改造,使他们自觉地向往社会主义,向往共同富裕的生活。

2. 手工业合作化

新中国成立以后,个体手工业经济在我国国民经济中仍占有相当比重,个体手工业经济的发展速度和发展方向直接影响着国民经济的发展。但是,由于以个体手工业为主的手工业经济,和广大小农经济一样,生产力水平较低,既缺乏扩大再生产的资金和技术,又因为经营方式分散而生产规模十分狭小。在这种情况下,仍然和当时落后的农村经济一样,极有可能出现两极分化的局面,并很有可能产生资本主义。

考虑到我国当时手工业经济的实际情况以及建立社会主义制度的目标,国家对个体手工业进行了社会主义改造,通过具有社会主义因素的手工业生产小组、半社会主义性质的供销社和社会主义性质的生产合作社的逐步过渡形式,使个体手工业经济发展成为社会主义集体所有制经济。

在这个体手工业合作化过程中,一方面,引导了个体手工业者走共同富裕的道路,另一方面,避免了商业资本的控制和剥削,避免了雇佣关系,实现了手工业者之间的全面合作、共同劳动、利益均等,即是说由分散的个体手工业经济,通过合作化运动,发展成为充分体现理性精神的合作社经济。

3. 对小商小贩的社会主义改造

新中国成立以后,小商小贩是商业流通领域的一支庞大队伍,"据1955年8月的统计,全国不雇佣职工和只雇佣一人的商品零售小商店和小摊贩,共达278万户,从业人员达336万人,资本总额4.8亿多元。其户数占私营零售商户总数的 98.24%,从业人员占 91.82%,资本额占 61.81%,营业额占 77.14%"。①

面广量大的小商小贩与小农经济和个体手工业经济有着基本同样的特点,经营分散、资金少、规模小。商品市场竞争的结果必然会出现两极分化现象,而且,小商小贩本质上有趋向资本主义的特点。如不进行社会主义的改造,不仅小商小贩的社会经济地位和政治地位不能得到保证,而且,还要影响到社会主义建设。

但是,小商小贩毕竟是自食其力的劳动者,社会主义的改造过程中只能是从帮助他们提高经营能力,稳定经营效益入手,逐步地把他们引导到社会主义建设需要的轨道上来,并由此充分实现作为社会主义劳动者的基本权益。

新民主主义经济伦理思想内容十分丰富,反映了各个经济领域的理性内涵和伦理精神。本章从三种有代表性的角度试图揭示新民主主义经济伦理思想的基本内容和特征,诸如中国共产党关于革命根据地经济建设的思想、关于抗日民主根据地经济建设的思想、关于解放区经济建设尤其是大生产运动和发展工农商业的经济思想,以及过渡时期的总路线都包含着丰富的新民主主义经济伦理思想,这些都是我国经济伦理思想发展史上的宝贵财富。

纵观新民主主义经济伦理思想,有以下几方面内容值得我们思索:

第一,新民主主义经济伦理思想是新民主主义经济思想的重要内涵。它始终体现和服务于中国共产党领导的新民主主义革命,完善其实践操作机制。在这一点上,新民主主义经济伦理思想不同于历史上各种"主义"的经济伦理思想,其理论观念有着客观的社会根基和科学依据,并完全有可能在社会经济生活中得到体现。由此我们可以更深入一层地体会到,中国共产党领导的新民主主义革命充满着革命的理性精神,新民主主义革命过程中的经济行为有着十分充实的伦理内容。

---

① 李占才主编:《中国新民主主义经济史》,安徽教育出版社 1990 年版,第 405 页。

第二,新民主主义经济伦理思想集中强调了民族独立、富强,人民权利平等。由此可见,新民主主义经济伦理思想符合历史发展潮流,体现了历史发展方向。在我们今天建设社会主义市场经济过程中,仍然有着重要的借鉴和启迪意义。事实上,在邓小平同志建设有中国特色社会主义理论指引下,社会主义市场经济发展的基本目标是发展生产力,增强综合国力,充分实现人民的民主权利,充分改善人民的物质生活水平,因此,社会主义市场经济从一定意义上说也是理性经济。

第三,新民主主义经济伦理思想存在平均主义倾向,诸如平均分田地,平均经济权益等。这在新民主主义革命过程中,尤其是在反对帝国主义、反对封建地主阶级占有制过程中,起到了重要的历史进步作用。但是,社会主义的公正不是平均主义,它强调公平与效率的统一,主张起点的平等,认可结果的不平等。因此,平均主义不利于社会的进步和经济的发展。平均主义在社会主义市场经济条件下是一种非理性行为,社会主义经济伦理思想对平均主义持否定态度。

(原载《中国经济伦理学》,中国商业出版社 1994 年版,
第 116—126 页)

附　　录

著作序言、书评、观点述评
和争论及学术访谈

加强经济伦理学研究

——为《经济的德性》序

罗国杰

　　王小锡同志多年来致力于经济伦理学的研究,先后撰写、主编了四部经济伦理学的著作,主持了两项关于经济伦理学研究的国家社科规划课题,并发表了一系列有关经济伦理学的研究论文,为发展我国经济伦理学研究领域,受到了学术界的关注。今天,王小锡同志的《经济的德性》一书出版,我很高兴,乐意为之作序。

　　经济伦理学是我国近年来崛起的新兴学科,作为研究经济领域中道德发展规律社会功用的一门交叉学科,有着十分重要的理论意义和实践意义。

　　我国正在建立和实行社会主义市场经济,人们的思想和行为都必然要受到其运行规律的影响和制约。在经济领域中,人们既要按照等价交换,又必须遵守爱国守法、明礼诚信、团结友善、勤俭自强和敬业奉献的公民基本道德规范。这里需要特别强调的是,我们是社会主义国家,我们国家的一切经济活动,不是也不应当仅由"一只看不见的手"来引导,而必须是在由"一只看不见的手"引导的同时,还要有国家的"看得见的手"来导向,这种导向就是要有利于"解放生产力、发展生产力、消灭剥削、消除两极分化、最终达到共同富裕"。为了正确引导我国的经济发展,不但在法律、政治、政策上要规范我们的经济生活,而且要在政治思想和文化道德上对一切经济行为加以规范和导向。

　　为此,我国经济伦理学的建立,绝不能照抄、照搬西方的经济伦理学的理论。西方经济伦理学的起步和发展较我国要早,它们在这方面所取得的成果,也值得我们吸取和借鉴,但这只能是为了更好地建立我国马克思主义的经济伦理学,为了创建与社会主义市场经济相适应的、有中国特色的经济伦理学。在吸取和借鉴西方的经济伦理学的成果时,"洋为中用"、"以我为主"和"为我所用"的原则,是我们所必须坚持的。王小锡同志在本书中,一方面注意吸取西方经济伦理学方面已经作出的可以利用的成果,同时,也力求用马克思主义的立场、观点、和方法进行梳理和分析,并在此基础上作出自己的一些概括。尽管这些论断和概括,还需要在今后的研究和讨论中逐步完善,但他的这种努力是值得肯定的。

中国古代的政治家和思想家们,也十分注意经济中的伦理道德问题,其中确有许多有价值的内容,这是中国古代优良传统道德的一个重要组成部分,是应当予以继承的。王小锡同志在本书中,以较大的篇幅,研究了中国传统的经济伦理思想,较为全面地展示了我国历史上经济伦理思想及其发展过程,这也是本书的一个特点。在这方面,我们还需要广大的伦理学工作者做更多的工作。对中国古代传统的经济伦理思想,要坚持"取其精华、弃其糟粕"的原则,坚持"古为今用",力求在社会主义市场经济条件下赋予它以新的时代精神。

保持经济伦理学的良好发展势头,这是伦理学研究工作者的责任,我们应当以马克思主义的立场、观点及方法去观察经济现实和道德现实,发扬马克思主义与时俱进的品质,不断地完善和发展经济伦理学理论体系。要密切联系社会主义市场经济的现实,并从伦理道德的角度去分析社会主义市场经济的方方面面,建立与社会主义市场经济相适应的经济道德规范体系。随着我国社会主义市场经济的不断发展,大量的关于经济伦理学方面的问题,已经摆在我们的面前,需要我们创造性地加以分析、探索和解决。我们还应该加强学科合作,实现学科交叉,把我国经济伦理学建立在基础理论和实践研究基础上。

王小锡同志善于思考,勇于创新,在本书中提出了一些有价值的观点。希望小锡同志在经济伦理学领域继续探索,以取得更多学术研究成果。

（作者系我国著名伦理学家,中国人民大学教授、博士生导师）

《中国经济伦理学》序

孙伯鍨

　　我与王小锡同志过去一直未曾谋面，但却很早便知道他是专治伦理学的。许久以来，我不断地从朋友的口中得知他是目前国内年轻学者中研究马克思主义伦理学颇有成就的一位，同时，也有幸读到过他的一些文章和著作。因而，对于他我是素怀敬意的。没有料到的是，这次他把他的新著作《中国经济伦理学》的书稿送给我看，并嘱咐我为它写篇序言，这倒真使我有些为难。素来慕名而又初次见面的朋友，我不好却了他的盛情。但真要答应着来做，却又感到十分愧疚。这些年来，由于许多方面的原因，我和所有热心的人们一样，对于当前社会中的伦理状况总带有几分惶惑不安的感觉，是耶，非耶，莫衷一是。欲待做些认真的研究，但急切间也难完全抽出手来。因此，原来糊涂的，目前依然是糊涂。现在面对小锡同志的这部新著，我能够说出什么中肯有用的东西呢？所以就很自然地感到愧疚和不安了！

　　记得我曾在一篇文章中说到，从当今中国社会生活的表面看，经济和道德似乎是互相对立的两极，一方面的进步必然要以牺牲另一方面为代价才能取得。联想到中国自古以来，这个争论又重新被提起，实在是有它的现实的根据和理由，在几千年的中国封建社会里，重义轻利的儒家伦理观念几乎构成了中国传统文化的独特的色调，与此相应的则是中国的经济发展长期处于滞后状态，于是有人认为，儒家伦理正是长期制约中国经济发展的根本原因。其实，这是把伦理观念的作用过分地夸大了。把儒家伦理奉为正统观念的旧中国的统治者们，大都是"阴居而阳为"的，就是表面上讲仁修德，骨子里却无不揣着一颗"寇盗心"。事实上，越是纯粹的道德教化，它的欺骗成分就越大,它的真正的历史作用就越小。康德的纯粹的善良意志,曾为无数的道德学家交口称颂,至今不绝,但真正深刻的思想家却一眼就看出它是极端虚弱无力的,黑格尔有感于康德的道德理性无力,首先认识到了"恶"的历史作用。对黑格尔来说,"恶是历史发展的动力介以表现出来的形式"。这在一定意义上就把利和义、贪欲和道德统一起来放在历史中加以考察。马克思肯定了黑格尔这一思想的合理性,早在他年轻时期的著作中曾尖锐地指出过:不要把思想和利益对立起来。他说:"思想一旦离开利益就一定会使自己出丑。"对于马克思来说,问题不在于把利益纳入道德的轨道,而在于认清什么样的利益是"得到历史承认的"。这就是说,历史发展的客观要求和现实需要,既为经济的发展开辟了道路,也为道德的进步提供了尺度。

近代资产阶级的功利主义者也是把道德经济统一起来加以考察的。和单纯的道德学家不同,他们是站在经济的立场上来论证道德问题。在他们看来,凡符合功利原则的也都符合公益原则。所以,他们倡导功利论也即是倡导公益论。这个观点多少符合属于上升时期的资产阶级的性质。因为在那个时候,在法国大革命和刚刚兴起的大工业发展起来之后,资产阶级俨然就成为社会公共利益的代表者。于是,在边沁等人看来,资产阶级的生存条件(普遍发展的分工、交换和竞争)也就是整个社会的生存条件。在这样的条件下,作为资产者的单个人的私人活动直接地变成了社会的公益活动。这种理论最明显不过地带有为现存制度辩护的性质。这就等于说,现存的资产阶级经济关系是最能为整个社会增进福利的。马克思主义肯定功利主义的优点,即它把经济关系当作考察伦理关系的现实基础,同时又批评它的资产阶级的局限性和方法论上的非历史主义态度。

一切在历史上仍有其存在理由的东西都不可能人为地加以取消。因此,我国的社会主义计划经济体制在初期取得了有限的成功以后,便日益暴露出各种缺点和弊端。于是,一度被视为资产阶级经济旧模式而受到严格限制的商品生产、市场竞争等等,便又重新得到了大力的促进和发展。这就引发了一个受到广泛关注的重大伦理问题:社会主义价值观念和市场经济的发展取向是否存在着尖锐的对立和矛盾？二者能否在我国今后的历史进程中得到协调一致的发展？这是当今我国的伦理学界直接面对的重大研究课题。在正当从事社会主义现代化建设的中国，人们必须从我国的现状和实际出发，在经济和伦理之间的内在关联上做一番彻底的探讨。在这一方面，王小锡同志的这部新作，真可以说是捷足先登，它的出版一定会受到广大理论界同行的欢迎。我上面说的几句话，仅聊以表示庆贺之意！

（原载《道德与文明》1996 年第 5 期，作者系我国
著名哲学家，南京大学教授、博士生导师）

面向"小康社会"的经济伦理学

——读《经济的德性》

陈泽环

　　在我国建立和完善社会主义市场经济体制的目标确立后,市场经济和道德建设的关系问题便引起人们的重视。20 世纪 80 年代末起,我国就有一些学者着重研究经济伦理问题;尤其是 90 年代中期以来,由于受国外当代经济伦理学和企业伦理学理论的推动,更是涌现出一些重要成果。据此,本文拟以王小锡的《经济的德性》为例做些分析,并对当代经济伦理学在全面建设小康社会进程中的发展提些建议。

一、高度重视解放和发展生产力

　　经济伦理指人们在经济活动中的伦理精神或伦理气质,是人们从道德上对经济活动的根本看法;经济伦理学则是这种精神、气质和看法的理论化形态,是从道德上对经济活动的理论化理解、评价和规范。经济伦理学的根本任务在于提出适宜的规范原则,发挥其对现实经济活动的辩护、规范和反思功能,以帮助人们正确处理经济生活中的各种矛盾。由于经济生活本身的变动不居,经济伦理原则也应该不断发展、深化,特别是在我国进入"全面建设小康社会"的历史条件下更是如此。那么,经济伦理学如何能够及时地提出这种适宜的规范原则呢?

　　这里的关键就是要能够准确把握时代主题。当前,我国经济伦理学面对着许多复杂的经济伦理问题,例如与解放和发展生产力相关的经济效率、体制改革、科技创新、诚信交易;与达到共同富裕相关的经济民主、分配公正、社会和谐;与实现生态平衡相关的防治污染、绿色消费、保护环境;与实现人的全面发展相关的商业和文化、科技和人文的关系,劳动和生活的意义,等等。显而易见,这些问题构成一个密切联系的整体。一方面,其中任何一个问题的合理解决,都与其他问题得到相应解决相关;但另一方面,在这些问题中,有一个基础性的、最紧迫的、从而也是最重要的问题:解放和发展生产力。

解放和发展生产力,是党的十六大报告的主题,"全面建设小康社会,开创中国特色社会主义事业新局面,实际上也是我们时代的主题。"①因此,对于我们来说,发展仍然是硬道理,必须始终高度重视解放和发展生产力的问题,这应该也必须成为我国当代经济伦理学的主题。从这一视角来看,《经济的德性》提出"道德是生产力"、"道德资本"等观点,应该说是一个适宜的值得重视的观点。王小锡认为:解放生产力既是改革的目的,亦是一切工作的着眼点。但生产力的解放和生产水平的提高不是纯物质活动现象,它取决于人本身的素质,而道德素质是人的核心素质。从而,道德是生产力,而且是"动力"生产力。并由此得出这样一些命题:"道德是经济的本质内涵"、"道德是实现资源合理配置的重要保证"、"道德是经济运行中的无形资产"、"道德是经济运行中的重要法则和依靠"等等,充分肯定了社会主义道德的经济意义,并由此发展出关于"道德资本"的观点:科学的伦理道德"应用到生产领域,必然会因人的素质尤其是道德水平的提高,而形成一种不断进取精神和人际间和谐协作的合力,并因此促使有形资产最大限度地发挥作用和产生效益,促进劳动生产率的提高。因此,道德是资本。"②这实际上是王小锡应用现代理论社会学和经济学的"资本"范畴,对其"道德是生产力"的基本观点的进一步论证和拓展。从经济伦理学发展史的角度来看,亚当·斯密的"看不见的手"的命题为自由竞争资本主义做了充分的

① 江泽民:《全面建设小康社会,开创中国特色社会主义事业新局面》,人民出版社 2002 年版。

② 王小锡:《经济的德性》,人民出版社 2002 年版,第 84—85 页。

伦理辩护；马克斯·韦伯对"新教伦理和资本主义精神"问题的研究，则成为关于经济问题的伦理学描述的典范。而我国传统社会中的"重农轻商"、"重义轻利"等观念，"文革"中所谓"宁要社会主义的草，不要资本主义的苗"的极"左"思潮，对于生产力发展的抑制和破坏作用，也是众所周知的。因此，道德对生产力发展的作用并非可有可无，而是十分重要的。当代中国经济伦理学要成为一门有生命力的学科，一定要关注对道德的经济意义的研究，一定要把解放和发展生产力放在首位。

应该指出，王小锡对道德的经济意义的强调，是在"解放和发展生产力"已经成为整个社会的基本目标和主导观念的条件下进行的，因此他的任务不是为"解放和发展生产力"作出伦理辩护，而是指出道德是生产力发展的一个必要的、重要的因素，探讨道德如何发挥"解放和发展生产力"作用的问题。这样做确实有利于发挥经济伦理学在现代化建设中的积极作用。例如，当前成为经济伦理学研究焦点的"诚信"问题，对它的研究，在理论上已经达到了相当的广度和深度，在实践上也有利于"诚信"观念在经济生活中的传播、普及和强化，这必将有利于我国经济秩序健康、有序地发展。当然，经济伦理学高度重视解放和发展生产力的问题，它的视野应该是宽广的、全面的，不仅应研究经济生活中的微观个人、中观企业问题，而且也应该研究宏观制度和体制、世界经济等问题，在这方面，《经济的德性》似乎还要给予更多的关注。

二、引导人们树立正确的经济伦理观

经济伦理学应该如何为研究解放和发展生产力问题做出贡献呢？这就涉及对经济伦理学本身的学科界定和使命的理解。对此，王小锡认为，经济伦理学应该揭示经济现象中道德形成、发展及其作用的规律，揭示经济活动中人的全面发展的体现和作用，而其本质特点"既是经济活动的道德及其价值论证的理论体系构建，又是经济行为规范与行为方式之构架"。总之，"经济伦理学是研究人们在社会经济活动中完善人生和协调各种利益关系的基本规律以及明确善恶价值取向及其应该不应该行为规定的学问。"①其实质在于强调"伦理是经济的要素和德性,这就是所谓的经济伦理"②,并由此规定了经济伦理学的任务和使命。

为了分析和把握王小锡对经济伦理学的上述学科界定和使命的理解,我们这里首先把它和美国经济伦理学家理查德·T. 德·乔治(RichardT. DeGeorge)的经济伦理学观念作一比较。乔治认为:"伦理学首先是规范的概念被用以描述那些绝大多数人认为正确或错误的行为,还包括对这些行为进行调整与控制的规则,以及这些行为中所体现的、所包含的、所追寻的价值理念的总结"③,并由此强调:"伦理学理论的最大贡献在于它为对道德课题进行个人或社会的理性分析提供了必要的有效工具",④"经济伦理学为人们解决发生在经济活动中的道德问题提供了更加系统的方法以及更为有效的工具",⑤它能帮助人们认清道德生活中最有可能忽略的问题。这就明确地规定了经济伦理学的"方法"和"工具"的地位。而回过头再来看王小锡的经济伦理学观念,他强调的显然是经济伦理学的"世界观"和"价值观"地位。

从西方的角度来看,从古代、中世纪到近代,伦理学基本上都是世界观理论,现代则出现了元伦理学,以及上述包括乔治观点在内的"方法"论和"工具"论。但是,即使在当代西方,也有不少伦理学家仍然明确地坚持伦理学的世界观理论性质。例如,德国经济伦理学家彼得·科斯洛夫斯基(PeterKoslowski)就认为,"人们需要一种正确的社会与文化的总体图景,即使正确的社会理论相信理性是有限的,并认为应该为个体发展、个体责任提供出更多空间的可能性,也依然如此。"⑥与此相反,乔治突出的是伦理学作

---

① 王小锡:《经济的德性》,第 19 页。

② 王小锡:《经济的德性》,第 43 页。

③ [美]理查德·T. 德·乔治:《经济伦理学》,李布译,北京大学出版社 2002 年版,第 26 页。

④ [美]理查德·T. 德·乔治:《经济伦理学》,李布译,第 30 页。

⑤ [美]理查德·T. 德·乔治:《经济伦理学》,李布译,第 33 页。

⑥ [德]彼得·科斯洛夫斯基:《后现代文化》,毛怡红译,中央编译出版社 1999 年版,第 188 页。

为人们道德行为中的分析工具和方法的意义,而不强调其世界观和价值观的意义。比较起来,这种经济伦理学观念虽然也有合理之处:它在以公认的基本伦理原则作为道德生活出发点的基础上,可以避免固执于某种道德理论和方法的片面性;推而广之,这样做还可能有助于实现全球化道德生活中的相互尊重和宽容,消解道德争论中强势意识形态的霸权地位。但从组织一个社会和共同体的道德生活的角度来看,它缺乏一种自觉的、强烈的世界观和价值观的定向(导向)意识和意愿,可能使人陷入道德实用主义和多元论,有不能把握社会和文化的整体意义的局限。我们既要抛弃传统道德和伦理学中的权威主义和独断论的弊端,肯定西方近代以来道德和伦理学中的民主和开放因素,对其他民族和文明的伦理和道德采取尊重和宽容的态度;但是,我们也不能因此否认或忽视作为世界观理论的伦理学的价值定向功能,忽视确立社会的共同理想和共同道德的重要性,否认社会生活和文化教养的客观目的和终极意义。特别是随着社会主义市场经济体制的建立、全球化道德交往的日益深化,以及它对我国社会生活的持续的和不可逆转的影响,我们也要十分注意各种道德相对主义和多元论对我们文化、对社会的共同理想和共同道德的淡化和消解。因此,笔者认为,在建构当代中国特色经济伦理学时,我们首先应该发挥一种作为世界观和价值观的经济伦理学理论,然后才考虑它作为人们经济活动中的分析方法和工具的维度,探讨它在各个经济领域中的具体应用。

这样来考察王小锡的经济伦理学定义,可以说比较合理:体现了一种坚持和传播正确的经济伦理观的自觉意识和强烈愿望。这就是说,在当代社会的条件下,就确立一种比较合理的伦理学观念而言,我们既要看到伦理学的"方法"和"工具"性质,反对权威主义和独断论;同时又要强调伦理学的世界观理论性质,反对伦理相对主义和极端化的道德多元论,把坚持本民族的道德定向和对其他文明的道德的尊重和宽容结合起来,把各社会成员的道德差异和整个社会的共同道德和理想结合起来,引导人们树立正确的经济伦理观,并由此为引导人们树立中国特色社会主义共同理想,树立正确的世界观、人生观和价值观作出贡献。

三、建立民族特色的经济伦理学

党的十六大报告指出："要建立与社会主义市场经济相适应、与社会主义法律规范相协调、与中华民族传统美德相承接的社会主义思想道德体系。"①如果说，为落实前两点要求，我们的目光应该更多地关注现实经济生活；那么，为落实第三点要求，我们则应该转向悠久的历史，从博大精深的中国传统经济伦理中吸取有益的思想资源。只有这样建立起来的经济伦理学，才不仅能够体现时代精神，而且也会富有民族特色；才不仅能够有益于"全面建设小康社会"的目标，而且也会为丰富和完善当代人类的经济伦理观做出中华民族应有的贡献。正是在这一意义上，我们应该对《经济的德性》中"我国经济伦理观的历史回眸"，给予更多的注意。

王小锡对我国经济伦理观的历史回眸，立足于我国建立和完善社会主义市场经济体制的实践，按照德性主义、功利主义、理想主义、三民主义、新民主主义的线索，对我国从古代到现代的经济伦理思想，作了相对完整的梳理。从当前国内相关研究的情况来看，虽然已有不少探讨中国经济伦理思想的成果，但这些论著主要是针对某一专题，例如唐凯麟与罗能生的《契合与升华——传统儒商精神和现代中国市场理性的建构》，国际儒学联合会学术委员会编的《儒学与工商文明》，还没有出现通史性的论著。因此，王小锡的研究，虽然还比较简单，但其开拓性应该得到充分肯定。

值得注意的是，王小锡在对我国传统经济伦理观作概括性分析的同时，还有重点地研究了一些问题，如对孟子"劳心者治人，劳力者治于人"的观点、对功利主义经济伦理观、对法家经济伦理思想，都提出了自己独特的看法。特别是对先秦儒家经济伦理思想的概括：利以义取的经济观、以人为本、以仁为主的管理观、俭以养德的经济生活观、国家利益优先的经济发展

---

① 江泽民：《全面建设小康社会，开创中国特色社会主义事业新局面》，人民出版社2002年版。

观;以及对近代经济伦理思想的概括:主张德利一致、强调民众的经济的目的、确认权利平等是经济发展的先决条件、坚持管理与伦理的融通,等等,这些都是传统经济伦理观中有益于社会主义现代化建设的积极因素。近代以来,由于面对资本主义文化的挑战,由于摆脱落后、早日赶超的迫切愿望,人们对我国传统文化的消极因素强调较多,而对其积极因素肯定较少。这是可以理解的。但是,人类社会现在已经进入 21 世纪,中华民族也正面临伟大复兴,而发达国家又已进入后现代社会,生态问题成为突出的时代问题。在这样的条件下,我们就有必要更重视发掘传统经济伦理观中的积极因素,使我国当代经济伦理观在充分体现时代精神的同时,具有人们喜闻乐见、深入人心的民族特色。因此,王小锡密切联系当代经济生活的实际,着重发挥传统经济伦理观积极因素的做法值得提倡。要做到这一点,在广度和深度上,我们对传统经济伦理思想的研究还要扩展和深化。对于传统经济伦理观积极因素的吸取,除了通常的义利关系、经营管理等视角之外,我们特别需要从人与自然关系的视角出发,探讨它对当代人类经济生活的积极意义,并由此使这种研究和借鉴更具有哲学世界观和价值观的意义。例如,蒙培元在《张载天人合一说的生态意义》①中指出:张载的天人合一说的最大特点是承认自然界有内在价值,而自然界的内在价值是靠人类实现的。他的"乾坤父母"、"民胞物与"以及"大其心以体天下之物"的学说,强调人类要尊重自然,爱护自然界的万物,对于保护生态平衡与人类可持续发展具有极其重要的现实意义。笔者认为,从吸取传统经济伦理观积极因素的角度来看,和以往相比,这一研究具有明显的启发性,值得我们学习和参考。

　　《经济的德性》在我国当代经济伦理学的形成和发展过程中有其鲜明的个性特色和开拓意义,反映了王小锡为建立时代精神和民族特色相结合的经济伦理学的努力。当然,20 世纪 90 年代以来问世的包括《经济的德性》等在内的一系列论著,作为当代经济伦理学兴起阶段的代表性成果,只是一种起步,还没有形成成熟的理论和有代表性的学派。在充分肯定其成

---

① 蒙培元:《张载天人合一说的生态意义》,载《人文杂志》2002 年第 5 期。

绩的同时,我们还要看到它的缺点和弱点,促使其抓住理论和实践中的关键问题。只有这样,当代经济伦理学才能在已有成绩的基础上,在新世纪得到进一步的发展。

（原载《毛泽东邓小平理论研究》2003 年第 1 期,
作者系上海社会科学院研究员）

道德资本与经济伦理

经济与伦理关系之现代透析

——评《中国经济伦理学》

刘旺洪　林　海

在当代中国,"市场经济乃是法制经济"已成为人们的普遍共识。但是,对社会经济现象与伦理现象之间的关系问题,人们却较少关注。实际上,经济与伦理的关系问题和经济与法的关系问题一样,也是社会关系体系中十分重要而无法回避的问题。从伦理学的角度而论,市场经济不仅是法制经济,而且也是伦理经济。正如川岛武宜所说:"商品的等价交换自身就是一个伦理过程,这对人类历史中伦理世界的成立有着根本性意义。"①但是社会经济系统与伦理体系的关系到底是怎样的呢? 社会主义市场经济的伦理品格是什么? 它对于社会主义市场经济的发展和社会整体进步有什么样的意义? 它确乎是当代中国伦理学研究所面临的重要的时代课题。我们欣喜地看到,王小锡教授新著《中国经济伦理学》②大胆回应了这一时代的呼唤,将历史研究与现实的思考相结合,理论探讨与实证分析相统一,宏观把握与个案解剖相配合,对这一具有重大时代意义的课题展开了多视角、全方位的深入研讨,既富有重要的理论创新,又具有重要的伦理工具价值,对创建具有中国特色的经济伦理学体系具有重要意义。全书共分上下两篇,上篇对中国历史上不同伦理思想体系的经济伦理思想及其对当代中国的启迪意义进行了较为深入而系统的概括和研讨,下篇则从建立当代中国社会

---

① ［日］川岛武宜:《现代化与法》,王志安等译,中国政法大学出版社 1994 年版,第 36 页。
② 该书由中国商业出版社 1994 年出版,文中引用时只注页码。

主义市场经济体制的时代条件出发,深入探讨了现代市场经济的内在伦理精神,对作为现代市场经济最重要的主体——企业的伦理文化品格进行了既具有伦理哲学的思辨理性又具有坚实的实证基础的研究,最后对具有典型意义的三个企业的伦理文化特质和功用的分析,向我们展示了现代伦理文化的工具性价值,从而为建立具有中国特色的经济伦理学体系奠定了基础,创造了条件。本文着重对以下三个方面的问题做一简要的述评。

一、经济现象的伦理分析

《中国经济伦理学》认为,经济伦理学乃是经济学与伦理学之间的一门交叉性的边缘性学科,它既注重于"以道德哲学的眼光审视社会经济现象,揭示其深刻的伦理内涵。同时以独特的视角探讨道德的经济意义和经济运行过程中的道德内涵和道德规律,展示理性经济和经济理性的基本状态和基本内容"(第 142 页)。

关于经济现象的多角度透视,包括伦理审视的问题,首先是由马克思、马克斯·韦伯等经典作家提出并展开深入研究的。马克思在其政治经济学巨著《资本论》中不仅系统分析和科学揭示了资本主义商品经济的本质特征、内在规律、运行机制及其未来命运,而且对这种经济系统的社会文化学乃至人类文化学意义进行了深刻的研究,作出了科学的阐述。正是在这个意义上,《资本论》成为马克思主义的百科全书。马克斯·韦伯目光深邃,思想深刻,基于他对资本主义经济和社会现象的深刻把握,他关于资本主义生产方式与新教伦理之间内在关联的理性思考,对资本主义的伦理形式主义和工具主义的论述,颇有批判现实主义的理论意味。《中国经济伦理学》正是沿着马克思等经典作家开辟的理论道路,对社会经济现象作了颇有伦理哲学和伦理文化学意味的概括。它认为:"随着社会化大生产的发展,人们对经济及其运行过程的认识和把握已经在更广的层面和更深的内涵上展开。经济及其运行已不再简单地理解为物质改造和物质实现过程,它同时也是人类理性实现和理性完美过程。即是说,经济及其行为过程是物质活动和理性精神的统一体,也是人们科技水平和伦理觉悟的统一体。不包括理性、伦理的经济行为是不存在的,也是不可理解的。"(第127页)

如何理解经济系统的伦理内涵?《中国经济伦理学》从经济与伦理现象的分离和耦合关系的角度进行了系统的阐释。在它看来,经济运行过程本身就内涵着政治的、法律的、伦理道德的和其他方面的因素,而从伦理道德的角度而论,第一,由于社会经济系统中,尤其是生产力系统中人的因素是最重要的因素,特别是在社会主义条件下,人真正成了社会和自然的主宰,人的素质直接决定了人们的创造性劳动的积极性和经济发展的速度;同时,劳动者与劳动资料的结合也是在人的自主、自由状态下进行的。因而,生产力的发展既取决于人的素质的提高,同时又是人的素质提高的体现。从这个意义上而论,"社会主义物质生产资料的发展,同时又体现不断促进着人的完美性"(第129页)。因而,经济发展问题同时就是人的发展问题,是伦理问题;经济关系的运行过程同时就是社会伦理机制的实现问题。因此,"生产力内部各结构要素的协调,并不是简单地人与物的协调。物是为人所有的,并被人掌握的,因此,人与物的关系实质上是人与人之间的关系、权利关系、地位关系的协调。从生产力内部各要素之间的关系说到底是一个伦理道德关系。"(第129—130页)

第二,从社会主义经济建设的目的来看,社会主义经济建设的直接目的是物质利益的实现,其根本目的是最大限度地满足人民物质、文化生活的需要,实现全国人民的共同富裕。显然,社会主义生产的根本目的是包蕴着十分丰富的伦理内涵的。因为满足人民不断丰富的物质文化生活的需要,说到底是人格内涵的不断丰富和人的全面发展。因此,伦理目的是社会主义经济建设的目标体系中的构成部分,它是生产的直接经济目的的价值基础,比经济目的更为深刻,从这个意义上来说,物质资料的生产和经营活动作为人类生存和发展的基础性工程乃是实现人类幸福和人的全面发展,塑造人的完美人格的机制和手段,伦理目的才是人类生产乃至全部人类活动的终极目的和精神依归。

第三,从社会主义生产力发展的动力机制来看,伦理道德建设是经济发展的驱动力。"只有具备崇高的道德精神和正确价值取向的人,才有可能以饱满的热情投入到社会主义经济建设中去;没有进取精神,缺乏道德觉悟,人的行为的着眼点就只能是满足基本生存需求,其行为的指向性就必然是短视的和短期的,人就会对工作和事业缺乏感情和兴趣,也就谈不上推动经济发展"(第130页)。因之,从社会生产力系统看,伦理道德是经济发展的重要动力源之一。从这个意义上而论,"我们可以得出结论,道德是生产力,而且是'动力'生产力"(第130页)。

从上述理论观点出发,《中国经济伦理学》进一步论述了社会主义市场经济的伦理本性,指出"社会主义市场经济就其本质来说是理性经济,它是我国社会主义经济发展至今最完美的境界"(第127页),并具体分析了社会主义伦理道德和现代理性精神对社会主义市场经济的目标实现和市场竞争的正常进行的深刻的推动和制约作用,指出:"社会主义市场体制的完善是一项系统工程,而社会主义道德建设是其基础性工程和'软件'工程(第147页),并进一步探讨了在当代中国建构社会主义市场经济体制的时代条件下,利益与道德、公平与效率、经济人与道德人等方面的相互关系以及正确处理这些关系的理论模式,寻求经济与道德的相互耦合和系统整合的现实途径,读来颇有启发意义。

二、社会伦理的经济意义

如前所述,《中国经济伦理学》不仅关注于从伦理的独特视角来考察社会经济现象,同时也从经济的角度来探讨伦理道德现象的经济意义和经济运行过程中的道德内涵和道德规律,以展示经济的理性色彩,奠定理性的经济基础。为此作者具体从三个方面分析了社会伦理现象的经济意义:

第一,从伦理哲学本体论的意义而论,社会伦理道德属于社会意识的范畴,是社会物质生活条件的主观反映和理性显现。一定社会的伦理品格是社会经济关系所决定的社会应有秩序的理性化形态。因此"道德不是空中楼阁,它根植于经济建设和社会生活中",我们不能设想在一个贫穷的国度里能建设高度的精神文明,不能设想当人们还不富裕,甚至连生计都成问题的情况下,整个社会的精神状态能有持久良好的发展,整个社会的道德风貌的改变确实有赖于全体人民的物质生活条件的普遍改善"(第131—132页)。由于伦理道德对社会经济结构和生产方式的派生性、依附性,"所以,我们今天的道德教育和道德建设在本质上应该指向社会主义经济建设。"(第132页)

第二,经济伦理学作为"研究人们在社会经济活动中完善人生和协调各种利益关系的基本规律以及明确善恶价值取向及其应该不应该行为规定的学问"(第137页)。在坚持伦理的经济物质制约性的同时,又十分注重伦理作为实践理性的工具性价值。因之,在作者看来,伦理道德的经济意义在于它对于社会经济的发展不是可有可无的,相反,它是社会经济活动得以正常进行、社会主义市场经济顺利发展的社会文化条件和工具手段。"伦理道德在建立、巩固和完善社会主义市场经济新秩序中有着举足轻重的作用。尽管政策、法规必不可少,但在保证市场经济正常运行过程中,伦理道德与政策、法规相比,前者意义更重大。这是因为,单凭政策和法规手段还不能从社会心理的深层结构上为完善市场经济新秩序提供坚强的保证,对于社会腐败现象来说往往只能是治标不治本"(第146页)。因此必须"通过对逻辑和事实力量的宣传教育,逐步使人们在价值取向和道德责任上产生情感上的共鸣并由此延伸到市场经济活动中取得目标和手段上的共识,在真正实现由内心自觉基础上,共同创造社会主义市场经济发展的稳定、有序、高效的局面。这才是真正的治本之举"(第147页)。

伦理道德的上述经济意义,不仅具有重要的理论意义,而且,作为实践理性的伦理道德,其经济功能体现于社会生活的各个方面。为此,《中国经济伦理学》侧重在企业伦理层面展开了较为深入的探讨。为什么特别注重企业伦理的研究呢? 德国学者格贝尔在划分经济伦理学的类型时认为,"根据经济范畴的三分法,经济伦理学也被分为宏观、中观和微观三个层次。宏观层次探讨的是'正确的'经济秩序问题,即对市场经济和中央计划经济作伦理上的评判。微观层次探讨的是作为经济主体的个人的正确行为

（管理者伦理学、消费伦理学）。中观层次探讨的是企业方面的道德行为（企业伦理学）"。基于这种对经济伦理学的类型划分，《中国经济伦理学》认为，"企业经济是国民经济发展的重要支柱。发展企业是社会主义市场经济建设基本经济手段或目标。因此，研究经济伦理学应该从研究企业伦理入手，从而为经济伦理学的创立和发展提供实践依据。"（第 150 页）进一步论之，企业伦理在整个经济伦理体系中之所以具有特殊重要的地位，是因为在现代市场经济的时代条件下，企业是最重要的经济主体，是现代经济关系体系中的"网上纽结"，基本的经济交往关系是在企业之间进行的。因此，伦理道德的经济分析首先是企业伦理的经济分析，此外，企业伦理本身又具有两个层面的内涵，一是企业外部关系中的伦理问题，二是企业内部关系中的伦理问题。企业外部关系中的伦理问题就是社会的经济伦理中的主要问题，而企业内部的伦理关系则是微观伦理的重要内容。因之，企业伦理是研究宏观伦理和微观伦理问题的中介。如何理解企业伦理的经济意义呢？在《中国经济伦理学》看来，企业伦理即企业道德，它是指在企业活动中完善企业员工素质和协调企业内外部关系的善恶价值取向及其应该不应该的行为规范。它的经济意义在于：首先，企业伦理作为企业协调内外部关系的规范体系和企业行为的基本准则，其实质乃是调整在经济活动中的各种经济利益关系；其次，企业伦理作为企业的道德规范的体现是与企业的内在特质、经济活动的本质及其目标和功能紧密联系，由它所决定的；再次，企业伦理作为一种理性精神，既内涵在经济活动过程中，又指导着经济活动的发展。

三、作为工具性实践理性的经济伦理

从应用伦理学的层面来看，社会伦理道德现象不仅是经济理性的，道德提炼和经济运行机理的主观把握，而且作为一种实践理性，它还具有很强的实践性或操作性。也就是说，它不仅是一种精神体系，而且还是一种工具系统；不仅决定于社会经济关系，而且反作用于社会经济关系，对社会经济的顺利运作和高效发展产生积极或消极的影响。关于经济伦理的工具价值，《中国经济伦理学》除了从经济伦理学的一般理论和基本理念的角度进行了伦理哲学的分析探讨以外，主要是从企业伦理这一中观层面上来展开论述的。它的理论框架具有两个明显的理论特色：

其一，从企业伦理学的一般理论层面上论证企业伦理对于企业生存和发展的价值和功能，认为企业伦理在企业发展进程中作为"无形的手"在起着举足轻重的作用，这就是说，企业伦理是企业之灵魂，是企业发展之动力。"我们始终认为，企业的伦理形象、道德面貌是企业扩大知名度的直接介绍信，企业的道德素质和职员的道德觉悟是企业发展的看不见的助推力。企业伦理不佳就像人浑身乏力一样，企业发展没有耐力、没有后劲"（第153页）。从这个意义上来说，企业伦理、企业精神乃是企业的一笔无形资产。一方面，企业的信誉和诚意，使企业能获得广大消费者和合作者的信任与赞许，从而产生直接的竞争优势和物质效益；另一方面，企业员工崇高的精神境界和良好的道德风貌，使企业将经济建设与全面实现职工的生存价值高度统一起来，从而激发职工高昂的生产积极性，实现经济生产的高效率。"所以，道德能使金钱增值，道德与赚钱并不矛盾"（第153—154页）。为此，它进一步具体探讨了企业管理伦理、企业促销伦理等企业伦理分支领域的基本观念和功能意义。

其二，《中国经济伦理学》的重要性之一是它的个案分析。它不仅从理论上一般分析伦理的经济功能，而且在大量的个案调查的基础上选择了三个具有不同伦理精神模式、充分发挥企业伦理的经济功能的企业进行个案分析，即"以人为本"的臧盛东经营伦理思想及其经济价值，"以诚为本"的李扬企业管理伦理思想和"以德为本"的陈广安企业伦理思想。通过个案分析，《中国经济伦理学》得出下列重要结论："十多年来我国经济发展的实践提示了一个基本定律，即企业建设、企业管理，一味地强调物质力量和科技因素是片面的企业发展观，只有注重职工的素质培养，重视道德建设和思想政治工作，才能真正实现企业的全面发展，造成企业的极强的生命力。"（第223页）

应该说,对社会主义市场经济的伦理问题进行系统探讨,是理论上的一种尝试。《中国经济伦理学》作为这种理论尝试的成果,尽管是初步的,但无疑是成功的,这不是说,它没有任何的瑕疵,相反在我们看来,与它具有诸多方面的理论创新一样,它的缺憾也是明显的,诸如作为一个完整科学体系的经济伦理学的逻辑体系尚未完全形成,某些问题还有待进一步深入拓展。但总的来说,瑕不掩瑜,读来颇有启迪意义也就足够了。

(原载《学海》1997 年第 5 期,作者系

南京师范大学教授、博士生导师)

道德资本与经济伦理

研究中国经济伦理学的创新之作

——评《经济的德性》

龙静云

　　经济伦理学是介乎经济学和伦理学之间的一门交叉学科。近十几年来,无论是在欧美等西方发达国家,还是在市场经济尚比较年轻的中国,经济伦理学的研究都获得了长足的发展。王小锡教授在连续推出《中国经济伦理学》等4部著作之后,又于2002年出版了《经济的德性》(人民出版社2002年版)一书,这是作者的又一部探寻经济伦理问题的上乘之作。

　　该著的优点主要体现在以下几个方面:

　　首先,力图揭示有中国特色的经济伦理学的研究对象和研究内容,从而为中国经济伦理学学科体系建设做出了开创性贡献。作者认为,市场经济的一个最基本目标是实现资源的合理配置,而资源的合理配置,就是要使人的素质得到全面的培养和发展,这其中也包括人的伦理道德素质的全面发展和提升。就物质资源来说,它的合理配置不光是一个纯经济的过程,人的素质尤其是伦理道德素质也会对其产生重要影响。因此,道德是生产力,而且是"动力生产力"。经济伦理学的研究对象就是揭示伦理道德在经济运行过程中的动力机制、协调机制、评判机制和束导机制,促进人的全面自由发展。而经济伦理学的研究内容就是围绕生产、交换、分配、消费四大环节,探寻和揭示其基本伦理规范和要求。这一对经济伦理学研究对象和研究内容的阐释,对于经济伦理学学科体系建设具有基础性的指导意义。

　　其次,对社会主义市场经济伦理的内涵和作用进行了深入细致的系统论述,为社会主义市场经济的伦理特质做出了科学的界定。作者认为,社会主义市场经济除了应当具有市场经济的一般伦理特质以外,还应当具有社会主义制度所决定的独特伦理特质。社会主义制度决定了其市场经济的发展目标是实现"共同富裕",是人作为社会的主人的全面自由发展。因此,社会主义市场经济最基本的特点是经济人和道德人的有机统一,是"自利"与"利他"的有机统一,是个人利益与国家利益、集体利益共同增进的有机统一。由这一特质所决定,社会主义市场经济不仅受"一只看不见的手"所引导,还应受"看得见的手"的引导。这"看得见的手"不仅包括国家通过政策法规对宏观经济进行束导,也包括国家和社会在伦理道德上对一切经济行为加以规范和导向,即"在社会主义市场经济条件下,应该通过道德教育和道德规范来实现经济运作中的客观的道德'应该'"。

第三,不只是简单地用伦理学的基础理论去解释经济现象,而是深入到经济现象、经济生活的内在层面分析经济的伦理内涵和经济伦理的经济价值,提出了许多富有独创性的经济伦理概念和观点。例如,道德资本、道德生产力的概念就属作者的首创。在该著中,作者指出:"科学的伦理道德就其功能来说,它不仅要求人们不断地完善自身,而且要求人们珍惜和完善相互之间的生存关系,以理性生存样式不断地创造和完善人类的生存条件和环境,推动社会的不断进步。这种功能应用到生产领域,必然会因人的素质尤其是道德水平的提高,而形成一种不断进取精神和人际间和谐协作的合力,并因此促使有形资产最大限度地发挥作用和产生效率,促进劳动生产力的提高。因此,道德也是资本。"道德资本的特点是,它是人力资本的精神层面和实物资本的精神内涵;是渗透型、导向型和制约型资本;其形成有一个缓慢而艰巨的过程。在对道德资本进行科学界定和特征分析的基础上,作者重点研究了道德资本的二重性,以及道德资本的运作机制和价值实现过程,提出了许多独到见解。在道德与精神生产力之间关系的分析和论述中,作者从分析马克思精神生产力的概念入手,又提出了道德生产力的概念,并认为道德生产力就是马克思所讲的精神生产力的内涵之一,道德生产力作为劳动者的综合道德素质蕴涵于生产力本身,其对经济和社会的推动作用是巨大的。这些新概念、新观点反映了作者对经济伦理问题的深层思考和理论创新,令人深受启发并从中获益。

第四,对我国传统经济伦理思想的发展演变进行了系统研究,并以与时俱进的科学态度分析评价了传统经济伦理思想对于我国建设社会主义市场经济的现代价值。作者经过科学的归纳整理,将我国古代经济伦理思想划分为德性主义、功利主义、理想主义、三民主义和新民主主义五大派系,准确地勾画出各派系的主要特点、代表人物和基本观点,分析评价了各派系经济伦理思想的积极合理内容和消极成分。其中,尤其是对于影响我国当代社会最为密切的先秦儒家经济伦理思想和近代三民主义、新民主主义经济伦理思想的内涵和现代价值,进行了富有特色的创新性研究。研究结论对于我们正确认识传统经济伦理思想的现代价值,对实现中国传统经济伦理思想进行创造性再造以适应当今时代的发展要求等,都做出了积极贡献。

诚然,由于经济伦理学本身的年轻、复杂和繁难,要想在一部著作中把所有问题都研究得十分周密和完备,这对任何人来说都是不可能的。王小锡教授也概莫能外。但《经济的德性》一书对构建中国特色经济伦理学所具有的重大理论价值和实践价值,将随着时间的推移而日渐彰显。

(原载《伦理学研究》2003 年第 1 期,作者系

华中师范大学教授、博士生导师)

经济伦理学研究贵在创新

——《经济的德性》评介

王泽应

当代中国伦理学已发展成为一门"显学"，而经济伦理学在伦理学这一显学中又可堪称为"显学中的显学"。大量经济伦理学会议的召开、实践活动的推进以及大量经济伦理学学术著作、论文的问世在伦理学界和学术界刮起了一阵阵经济伦理学的旋风，以致从某种意义上说不熟悉经济伦理学的研究状况就很难对整个伦理学的研究状况作出正确的评价。经济伦理学的发展有着非常深刻的社会制度和历史背景。就我国来说，以经济建设为中心的基本路线和以发展作为执政兴国第一要务的战略方针的确立，以及社会主义市场经济体制的建立和健全，无不要求伦理学的研究作出反应，把发展和加强经济伦理学的研究提到应有的高度来认识和对待。伦理学作为实践理性的产物和表现的哲学学科，本质上也必然而且应当是社会实践的产物并同社会实践的发展密切相关。说得具体点，它必然受到经济关系的制约，也应当为其所产生的经济关系服务并作出伦理价值的论证。经济伦理学是我国改革开放和发展社会主义市场经济的结晶，与改革开放和市场经济的发展及其需要有机地联系在一起。改革开放和市场经济孕育和催生着经济伦理学，经济伦理学也必然要随着改革开放的深入和市场经济建设的发展而与时俱进。甚至可以说经济伦理学的生命贵在创新，因为创新是改革开放和市场经济建设的内在要求。近读王小锡同志的新著《经济的德性》(人民出版社，2002年8月版)一书，深为其创新精神所感动，觉得这是一部在创新意识指导下执著于理论创新的经济伦理学专著，集中了小锡同志二十年特别是近十年来对经济伦理学研究的一些有代表性的成果,也表征出小锡同志在经济伦理学领域耕耘的智慧业绩。

品读该书,我们发现它至少具有三大特色。

一、强烈的继往开来意识

小锡同志作为我国较早从事经济伦理学研究的学者,面对着世界范围内的经济伦理学运动和经济伦理学热潮,思忖的是如何建构有中国特色的经济伦理学学科及其体系,并把发掘中国经济伦理思想资源视为自己神圣的学术使命。该书的第四部分集中论述中国经济伦理思想史,从浩如烟海的典籍文献中将中国经济伦理思想按其理论主张划分为德性主义、功利主义、理想主义、三民主义等派别,在纵横交错的追溯游弋中作理论上的求索,比较全面、公正、客观地展示了中国古代、近代经济伦理思想的主要内容及其发展历程,为建构有中国特色的社会主义经济伦理学学科提供了丰厚的思想史资源。该书把传统史学的"六经注我"和"我注六经"辩证地统一起来,既考源溯流,忠于原著,又推陈出新,激浊扬清,在一般性地介绍诸流派经济伦理思想的基础上,深入考察了其对当代中国经济伦理学研究的借鉴意义和启迪作用,认为德性主义以人为本的管理思想和俭以养德的消费观可以成为现代社会实行人性化管理和提倡勤俭节约的思想源泉,功利主义德利一致的观点对于我们理解当代中国"以经济建设为中心"的基本路线不无启示,理想主义重视农业生产的思想与国家现行"三农"政策的基本原理几乎一脉相承,三民主义关于民众是经济的目的的观点对于中国共产党以民为本、执政为民的治国理念不无启迪。这些观点和认识,虽然可以商榷,但却启人心智,有助于人们更好地去研究中国经济伦理思想,开拓中国经济伦理思想的新领域。这种继往开来式的经济伦理学研究,使经济伦理学的创新具有浓烈的历史感和深刻感。洋溢于该书中的这种历史感和深刻感,使每一个品读该书的读者都能获得一种对中国经济伦理思想史的整体洞观和高瞻智慧。

二、突出的求实求新精神

上个世纪九十年代中后期以来,小锡同志在经济伦理学领域里大胆思索,勇于创新,提出了不少令学界同仁耳目一新的命题和观点。这些命题和观点,虽然至今还在讨论和争鸣过程中,但足以反映出小锡同志的学术勇气和求新精神。其中最重要的是关于道德是资本和动力生产力的观点,在中国经济伦理学界甚至在整个伦理学界产生了强大的冲击波。在小锡同志看来,道德资本从内涵来看是存在于经济运行过程中,以传统习俗、内心信念和社会舆论为主要手段,能够实现经济物品保值增值的伦理价值符号,从外延来看,道德资本是明文规定的道德规范、制度条例和非明文规定的价值观念、道德精神、民风民俗等。道德资本是人力资本的精神层面和实物资本的精神内涵,是精神资本或知识资本的一种,道德资本具有无形性、渗透性、导向性、制约性、寄生性和独立性等基本特征。道德资本的价值实现在于提高生产水平,增强企业活力,改进产品质量,扩大市场份额,其运作机制表现在生产、分配、交换和消费四大环节之中。关于道德是动力生产力,小锡同志认为道德是动力生产力仅仅是指道德是生产力中的重要内容或因素,在生产力的发展过程中起着独特的精神功能的作用。道德要素影响着劳动者,决定劳动者以什么样的姿态投入生产过程,以何种精神状态使得"死的生产力"变成社会劳动生产力。道德既是经济的精神要素和经济发展的驱动力量,也是经济运行的重要法则和基本依靠,更是经济运作的无形资产和理性杠杆。社会主义道德是社会主义市场经济中"看得见的手",市场资源的合理配置要受道德素质的影响,市场经济体制的完善需要道德手段的运用,市场竞争的规范呼吁理性精神的支撑。这种观点和认识,你尽可以不同意,但你无法否认这是一些颇有创新性的理论命题和观点,对我们的思想认识不无震撼。诚然,富有创新性的理论命题和观点肯定会有这样那样的缺陷和不足,但致力于推动经济伦理学发展的人们不会不对此持一种欣赏和重视的态度。

三、执著的社会主义经济伦理学建设品质

　　小锡同志怀着一种"立足现在，面向未来，扎根中国，服务现实"的学术使命感，站在社会主义市场经济与社会主义道德的结合点上，试图构建一种融思想性、学术性和现实性于一体的有中国特色的经济伦理学体系，以期通过科学的经济伦理学推动社会主义道德的进步，促进社会主义市场经济的发展。有中国特色的经济伦理学之所以可能，是因为我国以公有制为主体的社会主义经济制度为经济伦理学的创建提供了坚实的根基和制度的保障，是因为我国改革开放和社会主义市场经济的建设为经济伦理学的形成与发展提供了现实的条件和客观的需要，是因为我国源远流长的经济伦理思想传统为现代经济伦理学的建设提供了肥沃的土壤和丰厚的资源。我国公民平等的政治权利、经济权利和社会权利能够促进自我价值的实现，以理性竞争和互利协作为中心的社会主义经济体制有利于对弱肉强食、尔虞我诈的不道德行为的抑止，以全心全意为人民服务为核心，以集体主义为原则的社会主义道德以及以德治国的基本战略有助于社会主义市场经济的发展。构建有中国特色的经济伦理学，关键在于从当代中国国情出发，认真探讨经济与伦理之间的内在关联，揭示经济伦理的内在结构。该书第二部分深入探讨经济与伦理的关系，认为经济与伦理相互依存彼此渗透，经济中的"自利"和"利他"是最基本的道德矛盾，经济发展的目的与道德进步的目的是一致的，"经济人"与"道德人"是统一的，名牌产品既是物质实体也是伦理资本，伦理协调作为管理既包括价值追求又包括利益调整。科学的伦理道德能够促进市场经济的发展。经济伦理一般包括宏观、中观和微观三大层面的伦理问题。宏观层面的伦理问题主要包括经济制度、经济体制和经济政策的伦理评价以及整个社会经济活动的价值导向；中观层面的伦理问题实质上是企业伦理，即企业的社会责任、企业内部管理以及企业外部关系的伦理问题；微观层面的伦理问题是指个体的道德素质对经济运行的影响，个体在社会经济活动中承担的职业角色以及个体对消费的伦理评价和消费

道德规范等等。就社会生产环节而言,该书论及了社会经济运行的四大环节即生产、分配、交换和消费的相关伦理问题,阐述了道德对完善社会主义市场经济运行机制的积极作用。就经济伦理学的学科体系而言,该书对经济伦理学的三大子系统即经济伦理史学、理论经济伦理学和应用经济伦理学都作了专门探讨。就经济伦理学的理论体系而言,该书对经济伦理学的三大板块即经济伦理意识、经济伦理关系和经济伦理活动多有考究,比较好地揭示了经济伦理意识、经济伦理关系和经济伦理活动的辩证统一。该书还深入探究了我国经济伦理学研究的理论成就和未来展望,认真分析了二十一世纪经济全球化趋势下的伦理挑战,积极提出了当代中国经济发展尤其是企业发展的伦理学使命和"道德应对"方案。

当然,该书也存在一些不足之处,但瑕不掩瑜,它总体上是一部立意于创新又多有创新的经济伦理学研究的力作,堪称经济伦理学领域一枝悄然绽放的奇葩!在全国上下致力于理论创新、制度创新和观念更新的情势下,该书的问世无疑有助于我国经济伦理学的新发展和新突破。我们衷心地渴盼小锡同志能够在经济伦理学研究领域里不断推出新作,以造福于学界同仁。

(原载《伦理学研究》2003 年第 4 期,作者系
湖南师范大学教授、博士生导师)

一部经济伦理学研究的创新之作

——评王小锡教授等著的《道德资本论》

王泽应　贺志敏

2005 年 2 月,由王小锡、华桂宏、郭建新三位教授领衔完成的《道德资本论》由人民出版社出版。拜读之后,笔者感觉这本以建构道德资本理论体系为主要内容的经济伦理学著作,选题立意深远、叙述结构宏大,内容博大精深,资料翔实全面,不仅对古今中外的道德资本理论进行了精当的梳理总结,而且结合当今时代的社会经济实践来创造性地发掘道德资本的价值,提出了一些颇具创新性的理论,是中国经济伦理研究领域的一部力作。

从整体上看,该书与一般的经济伦理学理论著作比较,具有以下几个方面的特点。

首先,它是一本视角独特的经济伦理学著作。该书运用马克思主义政治经济学的分析范式,融合了经济学、管理学、伦理学等学科对道德资本的研究成果,从广义资本论的角度来考察道德价值,使得该书的研究视角与一般经济伦理学研究迥然不同。该书通过三个不同视角的考察揭示了经济伦理学语境下的资本的实质与内涵,做到了理论与实践、历史与逻辑、本土化与全球化这三重维度的统一与结合,使得该书融形式上的逻辑严密与内容上的博大精深于一体。第一,作者从资本的一般属性来考察,认为资本的实质就是投资主体能够使投入的商品和服务未来增殖以创造财富的能力的具体体现,资本的外延不仅包括传统理论所认为的“物化或货币化的物质资本与货币资本,而且包括非物化的存在”即无形资本,这无疑是对传统物化资本理念的进一步深化认识。第二,它摆脱了人们长期以来所熟知和接受的生产关系层次上的狭隘的资本观念,引入现代人力资本中对人力资本的研究,将人看成是能提供经济价值的生产性服务的主体存在。值得关注的是,作者还特别提出马克思主义资本观并不只有生产关系层面的考察视角,并引用马克思所说的"固定资本就是人本身"的论断来佐证人力资本作为资本的一种形态的合理性。作者从制度经济学派的交易费用理论出发,独具慧眼地提出"道德之成为资本,是因为其构成了对交易各方的有效约束",认为作为人的内在本质属性的道德能够使交易双方在规范和有序的条件下实现各自的利益,节约了交易费用。第三,作者还从制度伦理的角度来解读道德资本,认为道德作为社会的价值规范和行为准则共识,具有统摄与驱动的双重制度功能。道德不仅能以规范、习俗等形式参与社会经济运行,而且能规范经济活动主体的具体经济行为,在利益博弈中驱使主体能平衡个人利益与他人利益,实现功利与道义的统一。道德作为制度的价值还体现在它能减低交易费用,增加经济信用,推进整个社会的经济运行趋向零交易费用,从而提高经济绩效。以上对道德资本的独特解读视角和分析路径,在该书的各个章节的内容中都有具体的演绎,特别是对马克思主义经典作家们的道德资本思想,对现代西方和中国传统社会的道德资本思想的鞭辟入里地分析和概括,以及最后一章的经济全球化视野下的道德资本等,都无不体现了作者的宽阔的理论胸怀和开放的理论视野,以及对当代经济伦理实践的深切关怀与深思熟虑。

其次,《道德资本论》是一本综合创新的经济伦理学著作。该书不仅在理论构建的形式上有独特的创见,而且内容十分丰富、博大精深。作为一本专门探讨道德资本的伦理学著作,该书旨在构建一个完整的道德资本论体系,从宏观整体来看,该书亦初步完成了这样宏大的理论框架,全书分十一章,第一章是道德资本概说,主要是从经济伦理的角度对道德资本的含义、特性、功能等进行了详细的论证,回答了道德是一种怎样的资本、道德何以能成为资本等一系列重要的经济伦理学问题,对道德资本的价值实现及其作用、制约条件等进行了广泛而深入的探讨。第二、三、四章主要探讨了各个具体的理论视域对道德资本的研究和理论,分别从马克思主义经典作家、当代西方社会、中国传统伦理等三个方面来探讨不同时期和地域的道德资本论,为构建中国的道德资本论体系奠定多元视角和理论依据,在此基础上解构传统的马克思主义的道德资本观念,汲取西方现代社会和传统中国社会的道德资本思想,其中将西方社会的道德资本论划分为个人道德资本、社会道德资本以及介于两者之间的企业道德资本,将中国传统伦理中的道德资本思想分为德性主义的、功利主义的、自然主义的三种,都体现了作者对中西方伦理文化的内在脉络的准确把握和精巧提炼,无不闪烁着作者的独特智慧和真知灼见。第五章从道德制度与道德资本的关系角度切入来分析制度的伦理特性及其与资本的互动关系,准确把握住了道德资本价值实现的运行路径。第六、七、八、九章则是对道德资本对社会生产过程中的每个环节包括生产、交换、分配、消费的关系进行实证分析,对存在于各个环节中的道德问题,以及道德资本在这些环节的运行所应具备的条件和应起的作用都进行了有力的论证,在读者面前呈现出一幅生动形象的道德资本与经济运行各个环节的互动关联的复杂画面,将实证研究与价值构设有机结合起来,令人对作者的严谨学风和超人才识佩服不已。第十、十一章主要探讨了道德资本与企业发展的内在关系,从企业文化和企业家精神等角度探讨道德资本对企业发展的巨大价值,并着重研究了在经济全球化背景下的企业应当如何经营道德资本,实现企业的价值目标,书中洋溢的那种高远的理论旨趣和对中国企业发展的深切关怀,也充分体现了作者作为当代学人所具有的入世精神和爱国情怀。综观该书的内容,我们可以看到,该书的写作几乎囊括了道德资本理论的所有重要内容,对其中的经济伦理学重大问题都作出了精辟的回答和独到的解答。虽然内容庞大,但立论严谨、阐述有力,能做到要言不烦、一丝不苟,足见作者的深厚学养和真知卓识,实在是令人感佩。

再次,《道德资本论》是一本面向实践的经济伦理学著作。笔者以为,学者的职责并不仅仅在于生产知识,更应当服务现实,将自己的理性知识转化为实践智慧,为社会经济的发展提供强大的智力支持和精神动力。通过揭示道德所具有的资本特性,不仅厘清了道德与经济的悖论问题,而且能更好地使人们认识到道德与经济的内在关系,从企业发展的高度认识道德资本对企业的重要价值,在生产、交换、消费、分配领域充分发挥道德资本的作用,最大限度地减低管理成本和交易费用,实现资源配置的最大绩效,使社会经济向和谐良性的方向发展。该书还立足于服务不断发展变化的社会经济实践,把握时代发展的脉搏,为未来的经济发展指引方向。在论述道德资本与生产的关系时,作者站在当代新科技革命的时代浪潮前,从生产对道德资本的生成价值、道德资本在生产中的价值实现等方面揭示道德资本与生产的内在联系,并把生产中的重要要素——科技发展单独列出来探讨,从人与自然的关系协调角度、成本与收益的角度以及自然资源的利用角度来分析道德资本在未来的高科技经济发展中应当扮演的重要角色和应起到的重要作用,对于我们为当代社会经济发展选择正确的价值取向和路径有重要的启示。

《道德资本论》逻辑清晰,论证有力,资料丰富翔实,语言平实生动,且极富现实气息,读后使人启发良多,感觉实在是一本不可多得的学习、研究中国经济伦理学的著作,一部具有创新性的经济伦理学力作,值得读者细细研读,开卷一读定会获益匪浅。

（原载《伦理学研究》2005 年第 4 期,作者系
湖南师范大学教授、博士生导师）

论道德作为一种生产力

—— 兼评王小锡教授的"道德生产力"概念

钱广荣

　　笔者曾在《"道德资本"研究的意义及其学科定位》①一文中谈到研读王小锡教授关于"道德资本"研究的感受和认识，近来读识他的关于"道德生产力"的研究成果，又生新的感触。"道德生产力"是在"道德资本"之前提出来的，② 之后不久就受到学界的批评，批评所指是"道德生产力"这一命题不能成立，当时王教授及他的追随者也作了反批评式的回应。反批评文章认为，"泛生产力论"和"道德生产力"之间存在明确的划界，因而道德生产力与泛化论无涉。③ 然而，在我看来这一问题至今依然存在，尚有从理论上厘清之必要。关于"道德资本"的研究是"道德生产力"研究逻辑推进的结果，"道德生产力"的命题究竟能不能成立关系到"道德资本"研究的可信度及其发展方向，以至关乎我国经济伦理学研究和建设的发展前景。因此，探讨"道德作为一种生产力"的问题是很有必要的。

---

① 钱广荣：《"道德资本"研究的意义及其学科定位》，载《道德与文明》2008 年第 1 期。
② 王小锡：《经济伦理学论纲》，载《江苏社会科学》1994 年第 1 期。
③ 参阅郭建新、张霄：《道德是精神生产力——对一种批"泛生产力论"的反批判》，载《江苏社会科学》2005 年第 1 期；张志丹：《多重视域中的道德生产力——兼驳"泛生产力论"的观点》，载《伦理学研究》2008 年第 4 期。

一、道德作为生产力的道德阈限

反对"道德生产力"这一命题的人曾发出这样的责问:难道那些"旧的腐朽的道德"、"不利于经济发展的道德"能够成为生产力吗?① 这就提出了一个关于道德生产力的道德阈限的问题。我以为,说明这个阈限问题是从理论上研究"道德生产力"的逻辑前提,也是不同意见的对话平台。

从语言逻辑和语言习惯来看,"道德生产力"的命题实际上就是"道德作为生产力"的命题,其"道德"已经被指称在"新的进步的道德"、"有利于经济发展的道德"的阈限之内,这是无须加以特别说明的。这就如同"做人要讲道德"、"道德教育"、"道德榜样"等话语中的"道德"一样,指的无疑都是"新"的"进步"的道德。至于所指"新"的"进步"的道德是不是有利于经济发展的"新"的"进步"的道德,那是另一话题,与"道德生产力"即"道德作为一种生产力"的命题无关。

道德,作为一种特殊的社会意识形态、社会价值形态和人的一种特殊的精神生活方式,以其广泛渗透的方式存在于社会生活的一切领域,无处不在,无时不有。①这使得道德现象世界非常复杂,人们可以依据不同的分类方法将其划分为不同的具体形态,如可以依据主体类型将道德划分为社会道德和个体道德,社会道德又可以划分为社会道德心理、道德规范、道德风尚,个体道德可以划分为道德认识、道德情感、道德意志、道德理想和道德行为;根据存在领域可以将道德划分为公民道德、社会公德、职业道德、婚姻家庭道德;依据文明属性又可以将道德划分为历史道德与现实道德、先进道德与落后道德,如此等等。而所有依据不同方法划分的道德又都是相互联系、相互依存的,人们只能在相对的意义上将它们区分开来。

在历史唯物主义的视野里,道德根源于一定社会的经济关系并受"竖立"在经济关系基础之上的上层建筑包括其他观念形态的上层建筑的深刻

---

① 周荣华:《论道德在生产力发展中的作用》,载《南京理工大学学报》1997 年第 4 期。

影响,同时又对决定和深刻影响它的经济关系和上层建筑诸形态具有巨大的"反作用",这就是道德的社会作用——"社会作用力"。不难理解,(依据不同方法划分的)不同的道德具有不同的"社会作用力",经济生产活动中的道德所表现出来的"社会作用力"就是"生产力"。因此,从逻辑分析的角度看,"道德生产力"这一概念的科学性是无庸置疑的,否认"道德生产力"命题的科学性就等于否认道德在生产活动中的"社会作用力"。实际上,这里的关键问题不是"道德生产力"存在的真实性,而是作为"生产力"的"道德"所指应是什么意义上的道德,也就是"道德作为一种生产力"的道德阈限问题。对此,研究者们至今并没有展开过认真的讨论。

在我看来,作为"生产力"的"道德"只能是与生产有关的道德,亦即生产领域中的职业道德。具体来说,一是生产活动中的道德规范,二是认同和体现道德规范的从业人员的道德品质,三是由前两者整合而成的生产企业的职业风尚。

生产活动中的道德规范作为一种"生产力"要素,是由道德规范的本性决定的。恩格斯说:"人们自觉或不自觉地、归根到底总是从他们阶级地位所依据的实际关系中——从他们进行生产和交换的实际关系中,获得自己的伦理观念。"[①]一定的"伦理观念"经过理论特别是职业伦理学理论的"社会加工",便形成一定的职业道德规范。在社会主义市场经济体制下,所有生产领域的"生产和交换的经济关系"都势必要以公平——公平占有资源和市场的生命法则,由此而在自发的意义上势必会使得所有"经济人"产生崇尚公平的"伦理观念",直接体现这种生命法则的"伦理观念"是自发的,感性的,经过理论的"社会加工"而被提炼为相应的职业道德规范,具有社会意识形态和价值形态的属性,就成为能够反映市场经济客观要求的合理的道德规范,从而可以充当调整生产企业的一种"生产力"了。道德规范之所以能够成为一种生产力或生产力的要素,全在于其"规范"的特性,在于其以合乎道义的特定的规则将"经济人"可能出现或事实存在的不规则的

---

① 《马克思恩格斯选集》第 2 卷,人民出版社 1995 年版,第 434 页。

行为"整体划一"到"实践理性"的轨道上来,使之产生"团结就是力量"的经济效益。应当注意的是,职业道德规范体现的"团结就是力量"的"生产力"内涵和意义,不仅表现为对"经济人"违背道义行为的约束力量,也表现为对"经济人"合乎道义的行为的激励力量。

生产活动中从业人员的道德品质是认同和践履职业道德规范的结晶,其"生产力"意义是无须多加证明的,因为从业人员是生产力的第一要素,而其道德品质作为非智力因素无疑是从业人员素质结构中的第一要素,亦即"第一要素的第一要素"。从业人员具备了职业道德品质也就实现了"道德人"与"经济人"的统一,使职业活动中的道德价值与科技价值集中于从业人员之一身。不过应当注意的是,只有作为"从业人员"的人的道德品质才具有生产力的性质,人离开生产领域,融汇到公共生活领域或回到家庭生活中,其道德品质就不具有生产力的特性了,虽然一个人在公共生活和家庭生活中的道德品质对其在生产领域中所表现出的道德品质会具有一定的影响。正是在这种意义上,王小锡教授精到地指出:"道德不是游离于生产之外来推动生产力发展的一种力量,而是生产力内部的动力因素。"①

在任何社会,职业道德风尚都是社会道德风尚的主要组成部分。社会道德风尚一般也就是人们平常所说的社会风尚,在职业活动中也就是所谓的"行风"。社会风尚的实质是道德关系,属于"思想的社会关系"范畴,是"思想的社会关系"的主体和价值核心,正因如此,社会风尚(党风、政风、民风、行风等)是评判一定时代的道德现实及其文明状态和水准的主要标尺,其评价的标识性用语是和谐。生产企业中的职业道德风尚作为企业活动中的道德关系的表征,一方面反映的是生产企业内部各种道德关系的实际状态,另一方面反映的是生产企业与其外部环境(主要是资源和市场)的道德关系状态,"行风"正则表明企业内外部的道德关系正常,处于和谐状态,这自然会是一种"生产力",因为"和气生财"。

概言之,作为"生产力"的"道德"是由社会之"道"——职业道德规范、

---

① 王小锡:《再谈"道德是动力生产力"》,载《江苏社会科学》1998 年第 3 期。

个体之"德"——职业道德品质和职业之"风"构成的职业道德总和,对此理解既不可偏弃,也不可泛化,否则就会在基本概念上发生混乱,引发关于"道德生产力"研究的不必要的论争。

二、道德作为生产力的生产力特性

上文说到,人是生产力诸因素中的第一要素,作为"生产力"的"道德"是人的素质结构中的第一要素,因此也就成了"第一要素的第一要素"。既如此,分析"道德"作为"生产力"的生产力特性就是一个必须面对的重要理论视阈。我们可以从如下几个方面来探讨"道德"作为"生产力"的生产力特性。

首先,道德作为一种生产力属于"精神生产力"范畴,这是道德生产力的本质特性。对此,王小锡教授依据马克思关于生产力包括"物质生产力和精神生产力"及"物质生产力"为"精神生产力"所"生产出来"的思想,在多篇文章中作了多次分析和阐述,读后让人颇受启发。但与此同时,王教授没有进一步明确指出道德作为"精神生产力"并不是"精神生产力"的全部,即使可以证明它是"精神生产力"的"核心"也不能等同和替代"精神生产力",因为除了道德因素"精神生产力"显然还包含科学技术和生产者智能结构中的诸因素。

道德生产力所具有的"精神生产力"的本质特性,是生产力诸要素中最具活力的精神力量。有人或许会问:既然如此,为什么不用"精神力量"——"精神动力"之类的老话来表达道德在生产活动中的积极作用,而要创造一个新概念呢?不能不说这样发问没有道理,但是,用"精神力量"——"精神动力"这类老话显然都不如"道德生产力"更能生动地表达道德在生产活动中的道义力量。在科学尤其是人文社会科学发展史上,原生学科的最初概念渐渐被其他学科和特别是后发学科"借用"的现象是司空见惯的,如物质、人格、价值、生态等,这种普遍现象表明科学研究视域在不断拓展和深入,是应当给予肯定的。难道我们能因马克思主义哲学"借用"物理学的"物质"、心理学"借用"伦理学的"人格"、伦理学(包括人生哲学)

"借用"经济学的"价值"、思想政治教育学(包括德育学)"借用"生物学的"生态",而指责它们侵犯了原生学科的领地、犯了概念混淆的逻辑错误吗?是的,这样的"借用"在一定的时期内会造成概念混乱,也给研究者的工作带来一些不便,但这正是原生学科建设和发展所面临的机遇,也是纵向意义上孕育着的新学科的生长点。在这种情况下,研究者的使命是沿着拓荒者的足迹继续往前走,而不是拽抑和阻拦拓荒者探索的脚步。

其次,道德生产力也是一种发展型的生产力,在社会经济变革时期同样会表现出变革和飞跃的特点。众所周知,物质生产力总是处在不断发展变化之中,其变化与发展引发和带动生产关系的变化,呼唤和推动整个社会的变革,以蒸汽机的发明和创造为表征的物质生产力的发展和变革创造了近代以来的人类文明史。道德与经济及其物质生产方式的本质联系,决定了道德也是一种发展的乃至变革的精神生产力,这是毋庸置疑的。这就注定了生产活动中的道德作为一种生产力的先决条件必须是能够真实反映生产活动中的客观关系及由此而形成的生产者的"伦理观念",实现"应当"与"是"的有机统一。从人类社会文明的发展规律看,道德文明在由原始共产主义走向未来共产主义过程中的道德都不具有"共产主义"的特征,都是不那么合乎道德的,但这却是一个不断走向进步的发展过程。专制社会的整体主义相对于原始共产主义来说既是一种"倒退"却更是一个进步,个人主义相对于整体主义来说既是一种"倒退"却更是一种进步,同样之理,集体主义相对于个人主义来说也既是一种"倒退"却更是一种进步。①依此逻辑推论,前文提及的社会主义公平和正义原则,相对于以往具有"义务论"倾向的道德来看不能不说是一种"倒退",但它更是一种极为重要的进步,因为它体现和倡导的是道德义务与道德权利相应的对等性,能够与社会主义市场经济相适应,与社会主义法律规范相协调,因而能够充分发挥自己。就是说,道德作为一种生产力具有非常明显的发展特性,这一特性决定道德只有适应经济关系及"竖立其上"的上层建筑的要求,才可能成为生产力。

再次,道德作为一种生产力具有支配和整合其他"精神生产力"的功能。用人才学和心理学的方法来分析,人的智能素质结构总体上可以分解为智力因素和非智力因素两个基本层次和结构序列,前者主要包含感觉、知觉、思维、想象等因素,后者主要包含兴趣、情感、意志、气质等因素。智力因素表现为人的知识和技能方面的水平,其功能评判用语为"会不会",非智力因素主要表现为道德(人生)价值观,其功能评判用语为"愿不愿"。①在人参与社会活动的实际过程中,智力因素是受非智力因素支配的,亦即"会不会"是受"愿不愿"支配的:虽"会"却不"愿","会"也无用或用处不大,反之,虽"不会"却"愿意"学习和行动,"不会"就能变"会",就能由少"会"变为多"会"。经验也证明,一个人的感觉是否灵敏、知觉是否准确、思维是否活跃、想象是否丰富,都受到非智力因素的"愿不愿"的价值取向的深刻影响。在这种意义上我们完全可以说,非智力因素中的主体部分即道德(人生)价值观在人的社会活动过程中起着决定性的支配作用。在生产活动中,"经济人"参与生产活动中的智力因素主要是与生产相关的知识和经验、专门的生产知识和技能,非智力因素主要是与生产相关的职业认知、职业情感、职业意志及其显现的坚持精神等;经验证明,后一序列对前一序列具有支配和整合的影响力,从而在根本上影响着企业的生产效益。

道德作为一种生产力的上述特性,使得职业道德在生产力诸要素中成为最活跃的生产力因素,也是最重要的生产力因素。现代企业在建设和发展生产力的过程中,应当始终把建设和发展职业道德文化、推动职业道德文化进步放在重要的位置。

三、道德生产力研究的意义及应有理路

从以上分析和阐述不难看出,道德生产力研究具有重要的理论与实践意义,不仅有助于拓展经济学和经济伦理学的理论视域,丰富和发展生产力理论,而且有助于在企业生产过程中实现"经济人"与"道德人"的有机统一,从根本上加强现代企业建设,提高现代企业的生产力和竞争力,进而从根本上提高公民的道德素养,加强和促进社会主义精神文明和道德建设。然而这一研究目前并不景气,尚处在举步艰难的阶段,要改变这种状况就需

要探讨其深入发展的应有理路。

其一,应坚持历史唯物主义的方法论原则,改变"冷战思维"方式。众所周知,在道德与经济的逻辑关系问题上,历史唯物主义认为经济关系决定道德,道德对经济关系具有反作用。所谓"道德生产力"不过是关于"反作用"的一种特殊的语言形式而已。在过去"左"的思潮盛行的年代,我们片面强调"反作用",脱离物质生产力的发展水平和人们可能达到的道德觉悟鼓吹"抓革命,促生产",由于违背了经济和生产力发展的规律,结果"革命"没有"抓"起来,"生产"也没"促"上去。党的十一届三中全会胜利召开之后,经过拨乱反正和解放思想,我们纠正了这种形而上学的错误,但有些人却又走上另一个极端,片面强调经济对道德的"决定作用",轻视以至诋毁道德对经济的"反作用"。有的人公开说:"道德作为意识形态和上层建筑其根源是社会经济关系,其最终的根源是生产力,因此,应该说生产力是道德进步的根本动力。如果说道德是生产力,那正好是颠倒了道德与生产力的关系。"这种思维和表达方式实际上是一种"冷战思维",表面看来是在坚持历史唯物主义,其实是肢解了历史唯物主义的方法论原理,其危害在于给人以一种有关唯物史观的似是而非的认知满足,动摇人们对包括道德在内的社会意识形态的巨大"社会作用力"的信念和信心。正如有论者指出:"实际上,道德生产力是在坚持物质决定意识的逻辑前提下,更多地将注意力转移到作为意识的道德对于生产力的渗透、作用以及两者之间的复杂关联。"①

其二,应给"道德生产力"研究进行科学定位,将其纳入"道德资本"的研究视阈。多年来,王小锡教授及其追随者在这两个方面进行了积极的探讨,取得了不少令人注目的有益成果。现在需要厘清的问题是:"道德生产力"与"道德资本"这个概念及其研究之间究竟是什么关系?对此,我的基本看法是不应当将这两个领域的问题截然分开,因为它们都属于经济伦理学的范畴,都是经济活动中的"道德动力",区别仅在于"道德生产力"只关涉生产

---

① 张志丹:《多重视域中的道德生产力——兼驳"泛生产力论"的观点》,载《伦理学研究》2008 年第 4 期。

活动中的道德问题,"道德资本"关涉的除了生产活动中的"道德动力"之外尚有经营活动中的"道德动力",两者之间是部分与整体的关系("道德生产力"也可以说是一种"道德资本")。因此,试图创建一个道德生产力学科或道德生产力的学科领域的努力,是不必要的。如同道德资本研究需要在经济学和伦理学的交叉地带拓展和深入一样,道德生产力研究的拓展和深入也离不开经济学和伦理学的视野交汇,需要在这种交汇的视野里将其纳入现代企业生产力建设的研究工程之内,以伦理文化软实力的价值形式丰富和发展现代企业的生产力和竞争力的内涵。须知,强调开展"道德生产力"研究工作的必要性和意义旨在引起更多学科的重视,吸引更多的人参与,以取得应有的成果,而不在于突兀其问题域,使其单兵突进,孤军深入。

其三,运用多学科的方法。道德作为一种生产力,显然既不是经济学的概念,也不是伦理学的概念,而是经济学和伦理学的交叉学科——经济伦理学的概念,因此,研究道德生产力与研究道德资本一样需要运用经济学和伦理学的学科方法。但仅作如是观是不够的,研究道德生产力还需要运用经济学和伦理学以外的其他学科的方法。比如文化学尤其是企业文化学的方法,在构建和提升道德生产力的过程就应当特别给予特别的关注。道德广泛渗透的生态特点决定其一切价值存在和实现方式需要"寄生"和"借用"其他社会现象(活动),在生产活动中则需要"寄生"和"借用"企业的文化建设,通过企业文化建设构建协调和谐的人际关系,营造崇尚公平正义的行业之风,在这个过程中培育"经济人"的"道德人"品格,由此而提高企业的道德生产力。再比如人才学和组织行为学的方法,由于其关乎"经济人"和"道德人"的培育及其相互关系的建构原理,也是应当给予高度重视的。总之,道德作为一种生产力,其形成和发展的研究涉及到多种学科的方法,如同关于道德资本的研究一样,不能仅仅游弋在经济学和伦理学的交叉学科——经济伦理学的视界之内。

(原载《道德与文明》2009 年第 2 期,作者系

安徽师范大学教授、博士生导师)

"道德资本"研究的意义及其学科定位

——王小锡教授"道德资本"研究述评

钱广荣

"道德资本"这一概念,是王小锡教授在其《论道德资本》(《江苏社会科学》2000 年第 3 期)一文中首次明确提出来的。此后,王教授及他的追随者围绕"道德资本"相继发表了一个系列的专题研究论文,并出版了学术专著《道德资本论》(人民出版社 2005 年 2 月版)。这期间,一些关注和议论"道德资本"的短文也时而见诸报刊。综合起来看,这一具有拓荒性质的研究已经初见成效,但尚未形成应有的发展态势,在诸如"道德资本"研究的意义、概念的界说及学科定位等重要的问题上,尚需通过总结和阐发取得广泛的认同。本文试就这些重要问题对王小锡教授的"道德资本"研究发表一些述评性意见,意在引发话题,促使"道德资本"研究得到进一步拓展。

一、"道德资本"研究的意义

不断发展变化的道德现象世界是伦理学研究与建设的永不枯竭的源泉和永不消退的主题,"道德资本"问题的研究从根本上来说是顺应当代中国社会发展变化对道德进步提出要求的产物。众所周知,中国经济改革起步不久就出现了经济增长与道德滑坡的悖论问题,围绕这一问题生发的关于"代价论"是否合理的旷日持久的争论至上个世纪末才出现偃旗息鼓之势,但与此同时却把当代中国人投进一个灰暗的"奇异的循环"之中,引发了似乎永不可解的困惑和惆怅情绪:想要凭借"资本"发家致富、过上富裕的生活吗？那就牺牲我们的道德吧！"道德资本"问题的研究正是在这样的背景下提出来的,它以一个耀眼的新话题不仅"凸显了经济运作中道德因素的地位与作用"①,更重要的是为我们最终走出"二律背反"的困扰指出了一个有益的思维路向:在生产和经营活动乃至整个社会生活中,道德本来也是一种"资本","资本"(物质财富)和"道德资本"(精神财富)本来是可以通过我们的认识和建构实现逻辑与历史的统一的。概言之,"道德资本"研究问题的提出,对帮助当代中国人破解经济与道德"二元对立"的时代难题,无疑具有方法论的启迪意义。

"道德资本"是一个创新性的概念,体现了研究者对时代呼唤的理性自觉。这种自觉精神,我们可以从王小锡教授与他的合作者在《五论道德资本》所作的感言性叙述中看得很清楚:"'道德资本'概念确实是创新性的概念,这种创新并不是以空想为基础的文字游戏,而是对社会实践发展的自觉的、理论的把握。在概念创新的背后,是社会实践发展的强烈要求。"②这种感言,也透射出研究者们敢于探索真理的理论勇气。我们知道,资本这一概念在传统中国人的认识和理解中多是贬义的,因为"资本来到世间,从头到脚,每个毛孔都滴着血和肮脏的东西"。③ 改革开放后,资本的概念虽然渐渐地为国人所接受,甚至被越来越多的人所青睐,但它的"名声"总是不那么好,视资本和财富为"阿堵物"的人至今依然大有人在。不难想见,在这种情势下,作为知名的学者没有相当的理论勇气是难以响亮地提出"道德资本"这一新概念的。在我看来,对于理论研究者来说,这种勇气也是一种"资本",张扬这种"资本"也是很有意义的,因为没有这种"资本"就难以有真知灼见,承担起理论研究者的历史使命和社会责任,在社会发展处于变革时期尤其是这样,这已经为人类文明发展史所反复证明。中国近三十年来的经济和整个社会发展走的是创新之路,其间伦理关系和道德观念的变化

---

① 郑根成、罗剑成:《试论道德的资本性特点——兼论道德资本》,载《株洲工学院学报》2002年第5期。

② 王小锡:《五论道德资本》,载《江苏社会科学》2006年第5期。

③ 《马克思恩格斯全集》第23卷,人民出版社1972年版,第829页。

带有"翻天覆地"的性质，而我们的伦理学研究者对此反映至今仍然显得有些迟钝和滞后，这与我们在理论上缺乏创新意识和勇气是很有关系的。

作为一种开拓和创新，"道德资本"研究发展了道德价值学说，因而也丰富了伦理学的知识体系。在生产和经营活动中，资本一般是作为增值的工具价值而存在的，本身不是目的价值而只是实现目的价值的工具价值。在伦理学体系中，道德价值的情况恰恰相反，一般只是作为目的价值而不是作为工具价值，讲道德、做有道德的人不能有"为了什么"的目的，即不能带有任何功利意图，否则就是伪善作风——假讲道德，这是中国的传统。实行改革开放后，这种传统范式在悄悄发生着变化，道德在现实生活中实际上已经被广泛地当作手段使用，但是，人们在感情上还是不能堂而皇之地接受和宣示。把道德作为一种"资本"看待，打破了这一传统的价值理解范式，给人们的第一意象就是道德首先是一种工具价值。王小锡教授注意到这样的心态，他在《五论道德资本》中，对此作了专门的分析。他认为，道德对于人来说应当是"目的性功能"与"工具性功能"的统一。"道德资本"概念是传统"道德"概念和"资本"概念在现代化过程中的产物，它一方面总结了道德功能格局的历史变迁结果，即从道德的目的性功能居于主导地位，到道德的目的性功能与工具性功能相分离，再到道德的工具性功能异军突起。另一方面体现了从"实物资本"发展到"人力资本"、再到"文化资本"这一资本概念发展的时代趋势。提出道德资本概念，研究作为资本的道德，从而强调道德的工具性功能及在经济建设中的作用，既有利于动员一切能够促进经济发展的元素，也有利于推动经济生活中的道德建设。当然，我们不能因此就认为，道德作为"资本"在生产经营过程中的价值只是赚钱的手段和工具。

其实，只要我们不是在绝对的意义上理解道德价值的目的与手段的区别，就会发现手段在特定的情景下也是可以转化为目的的。不难想见，一个注重用"道德资本"赚钱的企业，它在为社会和消费者以优质产品的物质消费的过程中，不也同时为企业职工和消费者以优良道德的精神消费吗？在企业主那里道德主要表现为手段价值，在职工和消费者那里则主要表现为目的价值。这种情况,正是道德的目的价值和手段价值常见的"统一"方式。须知,绝对的目的价值和手段价值实际上是不存在的。

"道德资本"研究在拓展道德价值学说的边界的同时,也丰富了经济学尤其是应用经济学的理论内涵,为后者提供了某种方法论的支持。这种意义可以沿着这样的思维逻辑去解读:道德不是自然生成的,而是人类创造的——人类创造道德是为了运用道德、让道德为自己服务——这种运用和服务既有目的意义上的,也有手段意义上的——目的意义上的价值取向多反映在精神活动和精神生活方面,手段意义上的价值取向多活跃在生产和经营活动(包括精神生产和精神传播活动)之中。正如王小锡教授所指出的,改革开放以来经济学家和经济活动家们"不再关心经济生活的道德目的,但很关心经济生活中的道德工具,即哪些道德对于经济发展具有重要意义。对经济学家来说,一种品质或行为为什么是道德的,这不属于他们的研究范围,他们只关心一件事:从有利于经济发展的角度看,什么样的道德才是应该提倡的。"(《五论道德资本》)这种变化,一般来说应视其为一种进步,这种进步与道德作为一种"资本"介入生产和经营过程的思想转变,是直接相关的。在这个转变过程中,"道德资本"研究无疑起到了推波助澜的作用,它为相关经济学的学科建设和发展提供了一种历史性的机遇。

二、"道德资本"的内涵界说

界说"道德资本"的内涵及在此基础上给其进行学科定位是一项相当复杂又极为重要的研究工作,因为它是整个研究工作的逻辑前提。这项工作实际上要回答的问题是:应当在什么意义上言说"道德资本"? 或道德在什么样的情况下才能成为资本? 作为一个独特的概念,它在学科定位上究竟应当归于伦理学还是经济学?

在"道德资本"概念正式提出之前,王小锡教授就曾追问道德为什么能够成为一种资本,亦即"道德资本"何以可能的问题。他在《21世纪经济全球化趋势下的伦理学使命》一文中作过这样的逻辑推理:"科学的伦理道德就其功能来说,它不仅要求人们不断地完善自身,而且要求人们珍惜和完善相互之间的生存关系,以理性生存样式不断创造和完善人类的生存条件和环境,推动社会的不断进步。这种功能应用到生产领域,必然会因人的素质尤其是道德水平的提高,而形成一种不断进取精神和人际间和谐协作的合力,并因此促使有形资产最大限度地发挥作用和产生效益,促进劳动生产率的提高。"①他在此后发表的专论中,大体上遵循的也是这种分析路向。

他对"道德资本"概念的总的看法是:"道德资本"是一种"无形资产"和"创造社会财富的能力"。由此出发,他沿着两个思维路向阐述他对"道德资本"内涵的具体看法。一个路向是狭义的理解,沿着经济活动获利的一般规律将"道德资本"归结为一种具体的资本形式:"科学的道德作为理性无形资产,它能在投入生产过程中以其特有的功能促使生产力水平的提高;在加强管理伦理意识和手段中增强企业活力;在提高产品质量的同时降低产品成本;在培养和树立企业信誉的基础上提高产品的市场占有率。因此,道德也是资本。"②他在《六论道德资本》中进一步明确指出:"道德资本是指道德投入生产并增进社会财富的能力,是能带来利润和效益的道德理念及其行为。"③这表明,狭义理解是他一以贯之的思想。另一个路向借用别的研究者的意见,作广义的理解,从分析一般资本概念入手推论出"道德资本"的普遍形式,认为"所谓道德资本,从内涵上,它是指投入经济运行过程,以传统习俗、内心信念、社会舆论为主要手段,能够有助于带来剩余价值或创造新价值,从而实现经济物品保值、增值的一切伦理价值符号;从外延上,它既包括一切有明文规定的各种道德行为规范体系和制度条例,又包括一切无明文规定的价值观念、道德精神、民风民俗等等。从表现形态来看,道德资本在微观个体层面,体现为一种人力资本;在中观企业层面,体现为一种无形资产;在宏观社会层面,体现为一种社会资本。"④广义的理解,虽

---

①　王小锡:《21 世纪经济全球化趋势下的伦理学使命》,载《道德与文明》1999 年第 3 期。

②　王小锡:《论道德资本》,载《江苏社会科学》2000 年第 3 期。

③　参见王小锡:《六论道德资本》,载《江苏社会科学》2006 年第 6 期。

④　王小锡:《再论道德资本》,载《江苏社会科学》2002 年第 1 期。

然没有一以贯之,但也坚持到最后,说明王教授试图要将"道德资本"由经济活动的个别形态推向社会生活的普遍形式。广义理解和界说方式扩充了"道德资本"的内涵,但同时也使"道德资本"的内涵在"外延"中变得模糊起来。不过,王教授似乎注意到了这一点,如他在《三论道德资本》和《四论道德资本》两篇专论中,就紧扣"道德资本与有形资本"的比较关系和"广义资本观"阐述"道德资本"的特性①。概念内涵的统一性是概念的生命,也是确立科学研究命题和学科建设的第一要义。

　　然而,"道德资本"究竟是什么的问题似乎依然存在,似乎需要进一步探讨。在一般伦理学的视阈里,"道德资本"属于道德价值范畴,就是一种道德价值,是道德价值的一种"经济形式",因此,关于"道德资本的价值"的命题是不合语言逻辑的。由于道德价值历来可以分为事实形式和可能形式两种基本类型,因此道德资本也可以分为事实与可能两种基本类型。这是由道德价值实现及其发展进步的规律决定的。所谓道德的事实价值,在社会指的是实际存在的合乎"实践理性"的伦理关系,在个人指的是合乎"实践理性"的道德品质,前者即人们常说的"风尚"(包括人际关系即所谓"人气"),后者即人们常说的"德行"(德性),两者是相辅相成的关系。在生产经营活动中,道德之所以能够推动经济发展和获得最大效益,简要地说来就在于它是由"同心同德"的伦理关系和"爱岗敬业"的个人品质整合起来的"无形资产"和精神资源。科学的道德理论、道德规范、道德教育、道德活动,都是有道德价值的,但都是道德价值的可能形式,它们的价值指归并不在于其自身,而在于为建设"同心同德"的伦理关系和培养"爱岗敬业"的个人品质提供"质料"。不作如是观,道德理论、道德规范、道德教育、道德活动等就可能流于形式,成为假说和说教,不仅难能产生"道德资本"之"力",相反甚至还会产生对"有形资本"的破坏力。

　　如此看来,所谓道德资本,简言之就是生产经营活动中实际存在的合乎

---

① 参见王小锡:《三论道德资本》,载《江苏社会科学》2002 年第 6 期;《四论道德资本》,载《江苏社会科学》2004 年第 6 期。

社会道德理性的职业风尚和执业品质。

三、"道德资本"研究的学科定位

如果对"道德资本"可以作如上所述的界说，那么关于"道德资本"的学科定位问题也就迎刃而解了。"道德资本"既不是一般伦理学范畴，也不是一般经济学范畴，不应归于一般经济学或伦理学的范畴体系。作为一个特定范畴"道德资本"应归于应用经济学和应用伦理学的范畴体系，再具体一些，应归于企业经济学和企业伦理学的范畴体系。

要确立这样的学科定位，重要的是要厘清学科定位的认知路向。我以为，这样的认知路向应当从如下几个方面来理解和把握。

其一，赋予"道德资本"以特定的内涵和边界及普遍适用的价值形式，防止将其作绝对化和神圣化的理解。这应是为"道德资本"研究进行学科定位的首要问题。西班牙的西松在其《领导者的道德资本》中将"道德资本"界定为"卓越优秀的品格"和"适合人类的各种美德"，这种界说方法就将"道德资本"神圣化了，显然是欠妥的。① 优秀和成功的企业领导，就他们的个人而言不一定非得或已经具备"卓越优秀的品格"，在他们的身上他一定非得聚集或已经聚集"适合人类的各种美德"，才算掌握了"道德资本"。西松正确指出，诚信是一种重要的"道德资本"，同时又将其与"卓越优秀的品格"和"适合人类的各种美德"相提并论，这就又不合适了。在我看来，诚信是一切道德的基础，在某种意义上可称其为"底线伦理"，即如古人所说的"诚者万善之本，伪者万恶之基"；"道德资本"作为合乎"实践理性"的伦理关系和道德品质，是任何一个生产经营企业最重要也是最基本的"无形资产"。这样说，并不是要否认企业家们应当具备高于一般人的"卓越优秀的品格"，在他们的身上需要聚集"适合人类的各种美德"，因而为自己拥有"雄厚"的"道德资本"，也不否认"道德资本"研究追问这样的"道德资本"

---

① 王小锡：《六论道德资本》，载《道德与文明》2006 年第 5 期。

的必要性和意义,而是要主张在学科方法上不要把"道德资本"绝对化、神圣化。就是说,在界说"道德资本"问题上,我们同样需要运用"广泛性与先进性相统一"的结构方法。

其二,改变固有的学科理念,创设新的学科,对于"道德资本"研究学科定位也是十分重要的。在科学研究中,一个学科的某个概念由于与其他学科某种尚未经过抽象的对象领域存在内在的"相似性"而具有"普适性"的特点,资本就属于这样的概念。由此看,从一般资本概念来考察和抽象道德资本的概念,不失为一种可取的方法。但是,概念的内涵总是稳定的、滞后的,学科人维护或排斥固有概念的学科地位总是带有某种"思维定式"的倾向,这是"道德资本"概念的提出及其研究迟迟不能获得应有进展的一个重要原因——经济学人不愿把固有的"资本"让给伦理学,伦理学人不愿让"道德资本"取代固有的道德价值概念,结果自然就会出现两个方面的学人都不愿关心"道德资本"的情况。"道德资本"研究不应固守一般经济学和伦理学的方法。一般伦理学应参与"道德资本"研究,但它对于"道德资本"研究来说,只具有方法论的意义。如同哲学关涉文学、心理学、物理学、化学等学科一样,所持的是方法论态度,而不是要把文学、心理学、物理学、化学等学科的范畴收进自己的范畴体系。同样之理,一般经济学对于"道德资本"来说也只具有方法论意义。如此看来,伦理学和经济学都不应把"道德资本"作为自己的特定范畴。在我国,目前企业经济学和企业伦理学都没有建立起相对独立的学科形态,"道德资本"研究的发展无疑会推动企业经济学和企业伦理学的建设与发展(这也可以视作为"道德资本"研究的另一种意义),而这两个"边缘学科"的创建又在根本上为"道德资本"找到了自己的学科位置。

其三,坚持揭示和阐释"道德资本"的实践性特质。这也是为"道德资本"研究进行学科定位的重要方法。企业经济学和企业伦理学,本质上都是实践性很强的学科。严格说来,"道德资本"是一个反映经济活动和道德水准的实践范畴,它的性状及生成和变化的规律主要不在研究者的思辨之中,而是在企业生气勃勃的活动之中,用"经院哲学"式的研究方式其实是很难真实、真正把握它的面貌的。"道德资本"研究的学科定位及其拓展，依赖对它的"实践性状"的不断认识和把握。因此，要开展实证研究。这也应是创建企业经济学和企业伦理学新学科的逻辑起点和基本方法。因为，无论是从企业经济学还是从企业伦理学的角度看，"道德资本"都不应是学科的"元概念"，而是学科"元概念"演绎出来的一般概念，换言之"道德资本"不可作为研究"道德资本"范畴体系的逻辑起点，即使是创建企业伦理学也不应当做如是观。"道德资本"研究本质上属于实证研究，属于经验科学的范畴，它的重心应当是研究"道德资本"的转化过程和规律、转化的经验与教训。因此，在"道德资本"研究中，一切轻视"经验科学"的看法都是不正确的。为了拓展"道德资本"研究，我们应当在认知路向上自觉克服"书生意气"，改变惯于做"书斋文章"的思维定式，走出书斋，走进企业，把开展关于"道德资本"的调查研究与实验研究结合起来。

综上所述，王小锡教授的"道德资本"研究时代感很强，是一种开拓性、创新性研究，具有十分明显理论意义和实践意义，应当在科学地界说"道德资本"的内涵并对其进行学科定位的基础上，拓展这一重要的研究课题。

（原载《道德与文明》2008 年第 1 期，作者系
安徽师范大学教授、博士生导师）

道德是精神生产力

——对一种批"泛生产力论"的反批判

郭建新　张　霄

　　"道德是精神生产力"①这一论断的提出绝非偶然,却也并非如一些人所认为之必然,即作为时代的产物,其无非是现代性的道德危机凸显了道德的上镜率,或是在当今经济显学时代,学科话语联姻的"马太效应"。显然,判断的提出自然有利于对问题本身的探究。然而理论界对此判断的孰是孰非还尘埃未定,一股"泛化"风潮又拂尘再起。有不少学者认为,此判断有"泛生产力论"之嫌,在理论逻辑或是现实实践中都存在着负面影响。照此看来,这一判断至今尚未在理论和实际中穷尽其自身存在的价值。因此,作为该论断的支持者,出于伦理道义的立场,理应履行这样的理论责任:即在新的时代形势中诠释该判断的本真含义,以正视听。

---

① "道德是精神生产力"这一论断是王小锡教授经济伦理思想的核心内容。该判断凸显了在现代性的经济社会中,"经济"和"伦理"关系的实质性耦合。从伦理的两大本质即人的完善和人际关系的和谐出发,该论断集中阐发了作为投入生产领域内的科学化形态的道德在生产力中的价值内涵和实际意义,指出作为生产力中的要素构成,道德协调着生产力内部要素间关系,决定着劳动者的价值取向和劳动态度,并作为人的核心素质成为生产力发展的动力源。"道德生产力"的提出旨在彰显生产力自身的价值要求和理性发展,在现实中,道德进而构成了一种资本,即"道德资本",实际体现和作用在社会经济生活的多重维度中。相关内容请参见:王小锡:《经济伦理学论纲》,载《江苏社会科学》1994 年第 1 期;王小锡:《再谈"道德是动力生产力"》,载《江苏社会科学》1998 年第 3 期;王小锡:《道德与精神生产力》,载《江苏社会科学》2001 年第 2 期;王小锡:《论道德资本》,载《江苏社会科学》2000 年第 3 期;王小锡、杨文兵:《再论道德资本》,载《江苏社会科学》2002 年第 1 期;王小锡、朱辉宇:《三论道德资本》,载《江苏社会科学》2002 年第 6 期;王小锡:《经济的德性》,人民出版社 2002 年版。

如果说"道德是精神生产力"这一论断隶属于"泛生产力论"范畴,那么,首先就必然要对"泛生产力"这一提法有着明确地界定。在此基础之上,才可能进一步回答"道德是精神生产力"这一论断是否在"泛生产力论"的序列之中。由此,在思维嬗变的路径中,弄清什么是所谓的"泛化",以及生产力的本质含义和它们之间的关系是关键。首先,我们来概而论及"泛化"的问题。

　　泛化(generalization)是现代认知科学体系内提出的一个有关学习理论的概念。作为一种有效的归纳学习方式,它是用来扩展某一假设的语义信息,以便其能够包含更多的正例,应用于更多的情况。① 由此看来,作为一种语义信息的扩展方法,它在价值立场上是中性的,旨在满足于归纳逻辑的思维要求。从思维的逻辑方式来看,它试图从个别事物中发现并揭示事物的一般性规则。从思维所要达到的目的来看,它试图从不断包含的正例中完善和发展事物自身,创立新的规则,发现新的理论。这样看来,如果把"泛化"方式运用于对生产力概念的认知,其本身内蕴着生产力发展的内在要求,思维的泛化反而会有利于理论的创新。然而,"泛生产力论"的批判者们显然不具有这样的价值立场,他们显然是在持某种否定性的理论态度来对待"泛生产力"这一范畴的。因此,针对生产力的泛化问题就存在着这样两种问题,其一,"泛化"方式是否可以与对生产力概念的认知相结合,其二,如果可以结合,泛化方式只能在多大的程度上来使用。面对第一个问题,如前所述,如果把"泛化"在对生产力概念的认知中的应用仅仅看作是某种否定性的负面事物,那未免有把"孩子和脏水"一起泼掉的危险;而如果以目前有些学者对"泛生产力"的描述(即"把什么都看作是生产力"就是"泛生产力")来看,明显缺乏严谨的理性态度,并且从一般常识性意义上来理解"泛"或"泛化"也易于走向"自然主义的谬误"。而面对第二个问题,如果一定要把"泛化"用于对"泛生产力"范畴的解读,那么按照现在流行的观点和现有学科语言,"泛生产力"中的"泛化"概念只能被理解为"过度泛

---

① 参阅史忠植:《高级人工智能》,科学出版社1998年版。

化"（overgeneralization）。科学地对待一个判断,在推理论证的过程中,正确的学科定位和精确的术语表达是应有的论证前提。这就需要那些对批"泛生产力论"的学者们对所谓的"泛生产力"这一提法提供科学的概念界定,把握其内涵,厘清其外延。因此,我们认为把"泛化"用在对"泛生产力"的概念描述中是不严谨的。其实,许多对所谓"泛生产力"的批判,本身都预设自身对生产力问题固有的理解维度,是对生产力概念的特化（specializa-tion）①性理解。因此,在厘清了"泛化"、"过度泛化"、"特化"三者之间的关系之后,我们理应遵循着现象学的方法——回到生产力本身。只有通过对生产力概念本质意义上的把握,才能在根本上理解"道德是精神生产力"这一命题,以及该命题是否属于所谓的"泛生产力论"。

一、现代性伦理视域中生产力概念的范式转换

生产力的概念表述是试图对生产力本质的规律性把握。社会生产力是辩证发展着的,作为生产力的概念伴随着现实生产力的发展,也是在不断自我更新的。正如列宁所说:"概念并不是不流动的,而是永恒流动的……否则它就不能反映活生生的生活。"②当然,概念的发展并不是盲目的和无条件的,它不但要遵循思维逻辑的发展规律,关键还在于它从现实生活本身出发对变化着的某一事物在本真意义上的映像性反映。生产力概念的发展同样遵循着这一原则。从生产力这一术语的提出,一直到如今在生产力经济学中对生产力概念的把握,人们对生产力概念的认知在不断丰富和相对完善,而这种发展的过程是在具体的现实的社会历史的变迁中逐步展开的。有学者认为,马克思对生产力概念的本质把握是对古典经济学家们以"财富"为核心解读生产力概念的超越,是在唯物史观的高度使生产力概念从

---

① 特化是泛化的相反操作,用于限制概念描述的应用范围。——相关内容请参见史忠植:《高级人工智能》,科学出版社1998年版。

② 《列宁全集》第38卷,人民出版社1979年版,第277页。

经济学语境向哲学语境的范式转换,并强调生产力概念应在现代协同论的语境中进行解读。 我们认为,生产力概念现代语境的范式转换实质是向伦理学范式的转换,这不但是现代哲学从认识论向价值论转变的趋势要求,也是伦理学本身作为一种文化价值人学所反映出的时代精神的需要。并且这种范式转换使得生产力本身内蕴着伦理内涵。

一方面,从生产力范畴的本身来看,生产力并不是一个纯粹的经济学概念。在马克思看来,作为一种历史的既得力量,它是全部人类社会历史存在的基础,是人类社会发展的决定性力量。古典经济学派无法看到这一点,因为他们总是在以资本主义的生产方式作为先在背景的基础上看待生产力,因而只能是把生产力看作是经济行为的某种技术性手段。马克思从唯物史观的高度出发,在其政治经济学体系的框架内构建了科学的生产力理论,完成了生产力范畴从经济学语境向历史哲学语境的范式转换。现代生产力经济学也把生产力看作是一个社会经济范畴,并实现了从传统的"生产力因素"向"生产力系统论"的理论过渡。由此看来,生产力范畴理应包括更丰富的知识内容。

生产力并不单纯地体现着某种物质力量的简单复合,而是物质性因素和精神性因素有机统一的系统性实体,科学技术就是作为某种精神性因素体现在生产力范畴中的。早在马克思所在的年代,科学技术的应用在资本主义大机器工业时代中的地位就已经日益凸显。马克思洞悉到这种在前工业时代所不曾具有且在大机器工业时代所相对独立出来并发挥显著作用的因素。他辩证地分析了劳动力领域内的分工,揭示了脑力劳动和体力劳动的分离,强调了作为脑力劳动产品的科学技术在生产力中的关键性作用。他在《资本论》中指出:"一个生产部门,例如铁、煤、机器的生产或建筑业等等的劳动生产力的发展,——这种发展部分地又可以和精神生产领域内的

---

① 参阅焦坤:《论生产力概念嬗变的不同语境》,载《求是学刊》2003 年第 6 期。
② 参见马仲良、韩长霞:《马克思论精神生产力与物质生产力》,载《哲学研究》1998 年第 8 期。

进步,特别是和自然科学及其应用方面的进步联系在一起,……"①。当今,科学技术在现代社会生产领域内愈发起着决定性作用,结合理论的发展和时代背景,邓小平提出了"科学技术是第一生产力"的论断,并明确指出科学理应包含社会科学,且还专门强调"马克思主义是科学。"

有学者始终认为,生产力只能是一种物质力量,是作为劳动者的人使用劳动资料作用于劳动对象的一种物质力量。② 精神性因素的作用再大也必须通过这些物质性的要素发挥作用,其本身并不具备生产力三要素的物质性特征,因而不能作为生产力的要素存在。③ 其实这样的说法是对生产力范畴的褊狭性理解,是经济学语境中传统生产力观的延续。生产力当然是以一定的物质力量得以体现的,但生产力不仅仅体现为一种物质力量,因为物质力量并不是自发的,没有精神力量的激发,"没有人的作为'主观生产力'及其观念导向,生产力将是'死的生产力',不能成为'劳动的社会生产力'"④。而这种精神力量或主观生产力是生产力得以运行的内在力量,它并不游离于物质力量而独存,且物化为物质力量才有意义。因此,科学的生产力范畴理应包括其自身内在实有的物质力量和精神力量。在这个意义上,"一切生产力即物质生产力和精神生产力"⑤这一表述才能被理解,也正是在这个意义上"道德是精神生产力"这一判断才能得以成立。

另一方面,现代性社会经济生活的失范现象,使部分经济学语境中的知识的合法性受到质疑。1998 年诺贝尔经济学奖获得者阿马蒂亚·森在《伦理学与经济学》一书中指出:"随着现代经济学与伦理学之间隔阂的不断加深,现代经济学已经出现了严重的贫困化现象。""经济学研究与伦理学和

---

① 马克思:《马克思恩格斯全集》第 25 卷,人民出版社 1972 年版,第 97 页。
② 参见武高寿:《评"泛生产力"》,载《生产力研究》1997 年第 2 期。
③ 参见李怀:《泛生产力论和经济理论与实践中的思维缺陷》,载《生产力研究》1996 年第 2 期。
④ 王小锡:《再谈"道德是动力生产力"》,载《江苏社会科学》1998 年第 3 期。
⑤ 马克思:《马克思恩格斯全集》第 46 卷(上),人民出版社 1979 年版,第 173 页。

政治哲学的分离,使它失去了用武之地。"①虽然经济学的贫困并不注定将使其接受伦理的历史审判,但伦理或道德科学的两大本质指向即人的完善和人际和谐始终是经济发展的圭臬,因为人们始终都必须面对这样一个苏格拉底式的问题——即"人应该怎样地活着"。并且这一终极性的追问并不游离于事物之外,而是作为或构成事物本身所内涵的价值性要求。经济语境中的生产力范畴尚是如此,更何况马克思主义的生产力范畴呢?

从生产力中作为核心要素的实践着的劳动者来看,首先,"生产力中的劳动者是一个群体,所有劳动行为都是人的群体行为。生产力水平及其生产力的发展离不开劳动者之间关系的协调和协作。"②此种关系并不是生产力之外的生产关系,而是作为生产力内部要素劳动者内部的结合性关系,这种客观性的关系存在是以一定的伦理道德关系作为基础展开的;其次,面对这种展开性的关系,为什么说它是一种伦理道德关系呢?因为无论劳动者自身是否自觉地意识到,他们之间都是以一定的价值性目的要求相互联系的,它作为劳动者群体的价值取向宰制着劳动者的劳动态度使其投入生产,从这个意义上说,人的素质,尤其是道德素质是生产力发展的决定性因素;再次,从劳动者和物的关系来看,物只是劳动者的一种对象性存在,它只有纳入劳动主体的对象性视野才有意义,才能发挥作用。事实上,"生产力内部人与物的结合方式就是一定意义上的人与人关系的生存和协调方式。"③因此,在生产力中,物是作为物背后的关系性存在,人和物的关系只是人和人之间关系的外显。如果仔细领悟马克思在《资本论》中向我们昭示的有关商品这个物质范畴背后的真实内容,或许会对这一问题的理解有所启发。

从生产力的社会性意义来看,传统的生产力被理解为人类一种征服和改造自然的能力。对生产力范畴的这一理解容易造成人和自然的对立姿态,这必然使生产力这一具有人类进步意义的范畴成为人类中心主义堂而

① [印]阿马蒂亚·森:《伦理学与经济学》,王宇、王文玉译,商务印书馆2000年版,第10—13页。

② 王小锡:《经济的德性》,人民出版社2002年版,第137页。

③ 王小锡:《经济的德性》,第136页。

皇之的有力佐证。当代全球的生态问题和经济自身盲目发展的问题越来越受到人们的重视,消解人和自然的主客二分,迈向"非人类中心主义"走可持续发展的道路已成为人们的普遍共识。有学者指出:"必须在当代生态学语境中重新理解并确定生产力的本质,即把它理解为人在生产活动中与自然界和谐相处的一种能力。"①不难看出,这一伦理式的语境要求给人们提供了一个新的思考生产力范畴的伦理范式,它已经成为生产力本身发展的内在要求,体现着自身的伦理内涵。

其实,马克思主义的生产力理论以及生产力理论本身有着丰富的内容和深刻的内涵,然而由于本文的问题域和篇幅所限,我们不可能也没必要无一疏漏。文章中所论及的有关生产力的内容无疑是在生产力范畴自身当中和道德因素有关的部分内容,我们的目的也是为了论述和阐释"道德是精神生产力"。

二、道德生产力范畴认知的逻辑图式

上文已经提及了在伦理语境中对生产力概念的把握,它构成了对道德生产力理论认知的知识结构和一定的范式图景。这种认知的过程是思维展开的有效形式,它在逻辑的延伸中逐步展开,形成了对该范畴认知的逻辑图式。这里的逻辑不光指在思维过程中的形式逻辑,更重要的是一种哲学意义上的辩证逻辑。

大多数驳斥"道德是精神生产力"这一论断的学者,遵循着这样一种思维路径,即由物质生产方式所决定的经济基础是社会发展的决定性存在,经济基础决定上层建筑或意识形态,而道德属于上层建筑的意识形态内容,因此道德是被内含在物质生产方式中的内核——生产力所决定的(见下图)。

---

① 俞吾金教授从科学技术的双重功能出发,强调确立历史唯物主义的当代叙述方式,并认为历史唯物主义的当代叙述方式必须对生产力、现代科学技术的本质和历史作用做出客观、辩证、合理的叙述。相关内容参阅俞吾金:《从科学技术的双重功能看历史唯物主义叙述方式的改变》,载《中国社会科学》2004 年第 1 期。

道德作为一种精神性因素对生产力的发展有促进和推动作用,但道德的这种作用并不能作为道德是属于生产力范畴的合法性根据。有学者就认为,把道德说成是生产力颠倒了物质和意识的关系,动摇了历史唯物主义的基石和唯物辩证法的内容。①

不难看出,这一线型的思维模式是大多数学者批判"道德是精神生产力"这一论断的思维方式。我们认为这是有悖马克思主义哲学的辩证的历史的逻辑思维方式的。形式逻辑和辩证的哲学逻辑是认识同一事物的不同方面。它们两者同时存在于对事物本身把握的思维图式中。在认识事物的过程中,两者可以并行不悖,然而辩证的哲学逻辑在对事物本质的把握上比形式逻辑更有发言权,因为形式逻辑和辩证逻辑之间的关系本身也是辩证的。批所谓"泛生产力"的部分论者们过分强调了形式逻辑而忽视了辩证逻辑。科学的思维方式应是辩证逻辑中形式逻辑具体展开的有效形式。

首先,从上图的线性思维方式来看,虽然它在逻辑的推理形式中是自恰的,然而它忽视了在现实社会中,生产力与道德相结合的时空关系和实际序列。它能够说明两者之间的相互关系,但这种说明是狭隘的。社会在时空结构中并不是以生产力为发生源逐一衍生的线性序列,而是作为共生共存的综合性关系序列。这就是说,只要是有一定关系存在的地方,作为构成关系的内容两极(至少是两极)事物既在关系外,又在关系中,关系构成了事物的部分,事物也构成关系的部分。(见下图)由此可见,生产力和道德显然存在着某种交迭性关系。作为科学的进入生产领域内的道德就是它们的交迭内容。并且这些内容是两者共有并构成两者一部分的实质。至于怎样构成,上文已提及,这里不赘述,因为它并不关涉思维的逻辑形式。

① 参阅武高寿:《评"泛生产力"》,载《生产力研究》1997 年第 2 期。

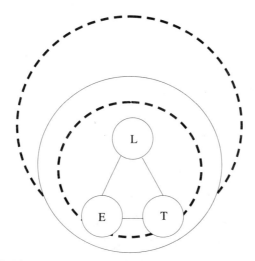

注：L:劳动者（laborer）　O:劳动对象（laborobject）　T:劳动工具（labortool）

图中的 E（伦理 ethics）表示生产力三要素间的伦理关系,其居于中心也反映着在生产力中的道德的核心作用,并体现着生产力自身的伦理内涵。图中虚实相间的圆圈反映着生产力是一个开放性的系统。

其次,按照上文的推断,似乎会得出这样的结论,既然两者共生共存,那么道德是否会丧失其独立性呢？有学者就认为,如果我们把科学技术等归入生产力范畴,就无法解释其作为独特要素在社会各方面的渗透与导向作用。① 我们认为围绕着每一个事物域,在事物域中,受事物的本质所宰制的各要素构成,并不意味着他们在该事物域外的独立性被剥夺。例如作为生产力中的核心要素的劳动者,无疑是由人组成的,人在生产力范畴中受生产力本质规律的制约,然而人在生产力范畴之外有其独立性的体现。道德(作为科学的道德)同样如此。因此说把科学技术等纳入生产力范畴会使其丧失独立性在逻辑上显然是说不通的。其实,科学技术、道德等在生产力范畴内也是有它的独立性的,它的独立性体现在它作为实体所具有的独特的主观能动性。

---

① 参阅李怀:《泛生产力论和经济理论与实践中的思维缺陷》,载《生产力研究》1996 年第 2 期。

再次,逻辑演绎至此,有学者认为,如果科学技术、道德等归入生产力,那么照此推论,一切社会因素都可以被归入生产力范畴,因为社会结构的任何因素都直接和间接地和生产力发生关系。① 这一观点也是批判所谓"泛生产力论"的要旨所在。我们的观点是,就形式而言,把一切归入生产力范畴是对生产力概念的"过度泛化",这显然是不科学的,然而以此作为论据来驳斥科学技术、道德等因素不应包含在生产力范畴中显然缺乏在逻辑上的解释力度。要解决这一问题,无疑牵涉到一个生产力"因素资格"的问题,也就是某种因素是否有资格成为生产力的要素问题。法国哲学家、科学家冈奎莱姆认为,"某种概念的历史……是这个概念的多种多样的构成和有效范围的历史。"②随着社会历史的变化和发展,概念的自身也在不断更新代谢。生产力要素的资格无疑会随着社会的变迁在其有效范围内变动其内容。道德作为精神生产力的要素资格体现在生产力要素中,就是时代和社会要求的集中体现。其原因上文已论及。

最后,"科学技术是第一生产力"这一论断目前在学界已经达成普遍共识,然而就对于科学的理解维度却各不相同。不少学者只承认自然科学是该论断中的表义而拒斥社会科学的合法性地位。由于文题所限,在此不予论及。然而,需要指出的是,我们认为,社会科学是构成生产力的一部分,并且这也是"道德生产力"这一范畴的一个理论来源。

就道德和生产力的关系来看,许多学者承认道德和生产力有着密切的联系,对生产力的发展起着推动的作用,但是这并不能为道德作为生产力的要素存在提供理论依据。我们认为,这种辩驳的方式在逻辑上是存在着问题的。且不论道德成为生产力要素的内容性知识,单就形式而言,虽然对生产力的发展起推动作用的不一定是生产力要素,然而构成了生产力的要素却一定对生产力的发展起推动作用。也就是说,是否推动生产力发展这一标准并不能成为是否构成生产力要素"因素资格"的标准,有些因素起着推

---

① 参阅李怀:《泛生产力论和经济理论与实践中的思维缺陷》,载《生产力研究》1996 年第 2 期。

② [法]米歇尔·福柯:《知识考古学》,谢强、马月译,三联书店 2003 年版,第 3 页。

动作用不构成要素而有些因素既起着推动作用也构成要素,道德就是这样一个例子。

综上所述,辩证的把握生产力范畴,合理的推理论证是正确认识生产力范畴的理论前提。对生产力范畴的理解应该跳出偏狭的物质本体论,走出单调的线性思维方式。透过物背后所实际包含着的且客观存在着的精神性因素。唯物只是体现在它的归根到底的意义上才有发言权,而这并不代表事物单纯的物质性。尤其是面对生产力这一"活体"范畴,则更应该深入地分析,而不应走这样的道路,即马克思在《关于费尔巴哈的提纲》中所言:"对对象、现实、感性,只是从客体的或者直观的形式去理解,而不是把它们当作人的感性活动,当作实践去理解,不是从主体方面去理解。"[1]

三、面向现实的道德生产力

"道德是精神生产力"这一论断并不能仅仅从理论上穷尽其自身的价值,更重要的是,它必须面对现实生活本身的实践性检验。这是该论断作为合理性存在的现实性依据,同时这也是面对诸多对该论断提出现实性质疑以及推论其在现实生活中的负面影响所作出的应有辩驳。

作为精神生产力的道德必须物化才有意义,在具体的现实的社会生产领域内,其实质是转化为社会劳动生产力。伦理的两大本质问题即人的完善和人际关系的和谐直接为我们研究在经济领域内的道德问题提供了方法论指导,"它在客观上必须把握人类经济活动的立体结构,并在此基础上把握人类经济伦理观念及其基本样式;同时在微观上需要认识人的经济活动的出发点和基本目的以及行为特质,弄清楚人的经济伦理情感和伦理观念的形成过程及其规律。"[2]我们称之为主体及价值关系分析法,它为我们在具体分析面向现实的社会生产力时提供了道德的价值视野,让我们能够在

---

① 《马克思恩格斯全集》第3卷,人民出版社1960年版,第3页。
② 王小锡:《经济伦理学的学科依据》,载《华东师范大学学报》2001年第2期。

生产力的内涵中,发现作为主体存在的价值取向和劳动态度;发现生产力内部的各种关系,如劳动者群体的伦理关系,人与物的实质伦理关系,生产力要素间的伦理关系等等。这些方法论成为了道德作为精神生产力面向现实的实质性指导,并凸显着现实性意义。

第一,道德作为精神生产力为社会生产力提供了合理性的价值内涵,为社会主义市场经济建设提供了精神动力和理性精神。完整意义上的市场经济是"理性经济",市场经济的完善离不开道德手段。一方面,道德作为一种精神生产力实现着价值主体的自我完善,形成着劳动者的道德素质。人的素质,尤其是道德素质是生产力发展的决定性因素,它制约着人们以何种目的性要求配置资源,进入生产。在这个意义上,道德构成了生产力运行的动力源,是动力生产力。另一方面,道德的共享性价值资源为社会主义市场经济秩序的构建提供了理性精神的有效支持,促使社会主义市场经济体制不断地完善且良性运行。①

有学者认为,人的科学素质是人的核心素质而非道德素质,因此,道德素质在生产力发展中不起决定性因素作用,不具备动力生产力的资格。②其实,当我们在生产力中看待人的道德素质和科学素质时,都是以人的存在为前提的,人的合理性价值存在是人作为完整意义上的人存在的先在性条件,因此,当我们用人这一范畴来透视生产力概念时,这本身就是以一定的伦理语境为基础和前提的。在这个意义上,我们把道德素质看做是人的最基本最核心的素质,从而构成生产力的动力源。当然,我们这里所说的作为精神生产力的道德是进入生产领域并体现为科学形态的道德。

其次,"道德是精神生产力"这一论断,并非属于所谓的"泛生产力论",也并不构成批所谓"泛生产力"者们所推测的种种负面结果。有学者认为,把道德等纳入生产力而造成所谓的生产力"泛化"必然会导致所谓的"泛经

---

① 参阅王小锡:《经济的德性》,第56—64页。
② 参阅周荣华:《论道德在生产力发展中的作用——与王小锡同志商榷》,载《南京理工大学学报》(哲社版)1997年第4期。

济化"、"泛市场化"。① 其理由是,"泛化"自然会把市场机制推广到社会的各个领域。其实在现实中,市场机制不用推广,自身也会随着资本的蔓延进入社会的各个领域,过分的市场化和经济化是市场经济自身的盲目性所致,从这个意义上来讲,道德更应该发挥它在市场机制和经济生活中的作用而和市场经济相结合,并且道德也理应作为一种可以培育的资本即"道德资本"作用于社会经济生活。

还有学者认为把科学技术、道德等看做是"生产力"是出于对发展科学技术或是道德重视的急切心情所致,并认为这样会导致"中心工作"的紊乱和"重点工作"的无序。② 实际中的紊乱和无序是否为所谓的"泛生产力"所致,这牵涉到许多现实问题,我们认为这样的推测是粗糙的。并不是因为要重视才强调,而是由于含有而彰显。至于急切的心情,如果它不构成一种动力的话,那么或许我们今天甚至还不知道何为所谓的生产力。

再次,批判所谓"泛生产力论"的学者们,局限于褊狭的生产力观,拘泥于物质本体论的哲学范式,从而未能把握生产力范畴的丰富内涵和全面内容。而在批判的同时,对"泛化"概念的非精确性把握以及对所谓"泛生产力论"的贬义立场反而流露出其拒斥、非议的情绪化倾向和思维逻辑上的有限伸展。由于生产力的物质本体论割裂了生产力范畴中原有的各种关系,对生产力物质性的偏执易使市场经济的发展缺乏健康和活力。在现实的经济活动中,经济规则往往都是以"自利最大化"为前提的,过分的强调经济规则而忽视道德规范和伦理精神在经济生活中的实际效用,无疑是不明智的。我国在近几年的经济发展中,已经意识到这一问题,提出不能完全以 GDP 的增长来衡量一个社会的进步,并提倡绿色 GDP 的概念。我们看到,无论在国内还是国际上,更多的经济问题和道德问题融贯在一起,使得人们愈发的关注经济伦理问题。经济伦理正在构建自己的学科体系,试图对这一系列问题提供科学的合理的解答。

---

① 参见武高寿:《评"泛生产力"》,载《生产力研究》1997 年第 2 期。
② 参见李怀:《泛生产力论和经济理论与实践中的思维缺陷》,载《生产力研究》1996 年第 2 期。

最后,正如任何一个命题都会被提出与其相反的命题一样,"道德是精神生产力"这一论断的提出也必然会招致质疑。我们欢迎各种积极对话式的讨论,因为,作为一个范畴,如果它具有科学内涵,那么其本身就应该在不断地证伪中证实自身的生命力,并且理论的价值不但来源于实践,同时也构成了价值的实践部分。

（原载《江苏社会科学》2005 年第 1 期,
作者系南京审计学院教授）

多重视域中的道德生产力

——兼驳"泛生产力论"的观点

张志丹

　　道德生产力概念自从上个世纪九十年代中期提出并加以论证以来,至今已有近十五年的历史了。[①] 这一概念一经提出,就迅速成为伦理学、经济学、管理学等多门学科共同关注和争议的焦点。实际上,伴随着我国社会主义市场经济逐渐趋向更加理性、有序、和谐的态势,这一概念及其相关理论的阐发,对我国社会主义市场经济过程发生的影响也越来越扎实,深刻,广泛和持久,这一点已经为越来越多的实例所证实。

一、知识社会学视域中的道德生产力及 对道德生产力的误读

　　如果从知识社会学的角度,来审视道德生产力概念诞生的历史过程的话,我们就会将研究中的情绪主义和"先入之见"尽可能地悬置起来,平心静气地作出客观而科学的判断。

　　从学术的层面看,在 20 世纪八九十年代国内马克思主义研究中兴起的"返本开新"热潮的推动下,道德生产力概念实际上是对传统的"道德反作用力"观点背后有意无意地忽视或贬低道德价值的化约主义研究路径的一种反思和批判,同时也是对国内自改革开放以来伦理学研究中所倡导的一

[①] 道德生产力概念最早是由我国学者王小锡教授在 1994 年率先提出并加以阐述。请参阅《经济伦理学论纲》,载《江苏社会科学》1994 年第 1 期;《社会主义市场经济的伦理分析》,载《南京社会科学》1994 年第 6 期。

种学科交叉、综合创新趋势的积极响应。① 学术研究的生命是创新,然而,问题不在于创新与否,而在于怎样创新。为此,在坚持马克思主义基本原理的基础上,如何依循马克思的基本精神推进对于伦理道德问题的研究,成为新的历史境遇中摆在广大学人面前的时代课题。而要创新,首先是研究视域和方法论的先行澄清和创新,唯此,才可能研究和阐释在马克思主义"原本理论"'指导下的"发展理论",真正赋予社会主义伦理学以现代意义。② 从实践的层面看,我国改革开放和市场经济发展过程中所出现的"道德滑坡"、"道德失范"、"价值扭曲"、"诚信危机"等现象,既贻害于经济建设和生产力发展,又给伦理学和经济学带来了挑战。迫在眉睫的问题和实践的呼唤,要求我们必须对伦理与经济、道德与生产力之间的关系进行重思和定位。正是在这样的境遇中,实践的吁求和理论开新的需要就成为道德生产力概念的"催生婆",使得这一概念应运而生。可见,道德生产力概念的诞生实在是有其必然性。

真理与谬误、理解与误解总是相伴而生的。虽然道德生产力概念日益受到越来越多的赞同和支持,但是,令人不无遗憾的是,这一概念从产生到逐步完善的历程,一直遭受着来自不同领域和学科的一些论者的质疑、误读乃至一口封杀。不管其间就具体论点而言有多少差异性,对这一概念的"否定性宣判"则是其共同特征。反对道德生产力的"说辞"主要有五:其一是认为道德生产力概念是对马克思主义唯物史观关于物质和意识关系原理的一大挑衅和背叛;其二认为道德生产力概念不符合马克思的文本,是一种"六经注我"的非法解读;其三是认为道德生产力概念是一

---

① 回溯西方经济学史,西方经济学理论经历了一个重视人的精神因素(如西尼尔和边沁)、忽略或抛弃人的精神因素、转而重视人的精神思想因素的否定之否定的过程。如新制度经济学的代表人物道斯·C.诺思强调,要把诸如利他主义、意识形态和自愿负担约束等其他非财富最大化行为引入经济理论(芝加哥学派贝克尔之后更是在这方面做出了开拓性贡献)。比较起来,道德生产力概念实际上与西方经济学的转向有着殊途同归之妙。请参阅道格拉斯·C.诺思《经济史上的结构和变革》,厉以平译,商务印书馆1992年版;《制度、制度变迁与经济绩效》,上海三联书店1994年版。

② 《江苏社科界跨世纪学人(九)——王小锡》,载《江苏社会科学》1996年第3期。

个"两极对立"的概念，应予放弃；其四是认为道德生产力概念贬低了作为形而上的道德的崇高性、把道德"庸俗化"、"工具化"，是"道德堕落"的表征；其五是认为道德生产力概念走向了"泛生产力化"的边缘。有人愤而诘问：如果道德是生产力，那世界上还有什么东西（物质层面的东西自不消说）不能成为生产力？进而甚至认为，"吹牛是生产力"，"拍马屁是生产力"，等等。凡此种种，不一而足。从哲学倾向上看，诸种批判道德生产力的说辞的共同点，通常是站在过去的基地上来批判现在，面向过去；而不是站在现实的基地上以发展的眼光来批判现实，面向未来。此类批判只是把眼睛紧盯着别人，而不先行澄清自己批判的方法论前提，其实，这样批判的越多，导致的混乱就越多。

　　科学概念所带来的不幸和尴尬，不停地敲打着我们必须反思、夯实自己的理论基地。就第一种"说辞"而言，应该说，赞同道德生产力概念并不能就此认为道德等同于生产力，更不能认为道德从根本上决定着生产力，也绝不是要颠覆物质和意识关系的这一唯物史观的根基。因为物质决定意识是从归根结蒂的意义上讲的，否则，抽象地谈论两者的关系没有任何价值。正如列宁深刻地指出："就是物质和意识的对立，也只是在非常有限的范围内才有绝对的意义，在这里，仅仅在承认什么是第一性的和什么是第二性的这个认识论的基本问题的范围内才有绝对的意义。超出这个范围，这种对立无疑是相对的。"[1]此其一。实际上，道德生产力是在坚持物质决定意识的逻辑前提下，更多地将注意力转移到作为意识的道德对于生产力的渗透、作用以及两者之间的复杂关联，恰如马克思所言："思维和存在虽有区别，但同时彼此处于统一体中。"[2]此其二。而简单地将思维和存在、道德和生产力对立起来必然会陷入形而上学的泥潭。因此，与其说道德生产力概念肢解了唯物史观的物质决定意识的观点，还不如说它是反对把两者之间的关系简单化约的"经济决定论"。换言之，如果说道德生产力概念背叛了唯物

---

[1] 《列宁选集》第 2 卷，人民出版社 1995 年版，第 108—109 页。
[2] 马克思：《1844 年经济学哲学手稿》，人民出版社 2000 年版，第 44 页。

史观关于物质决定意识的基本原理,那么,马克思所明确提出的"精神生产力"概念又何尝不是如此?而批判后几种"说辞",找到"勘乱"的突破口,关键在于如何从新的视角去审视和切入这一论辩的"混局"。

二、马克思基本精神视域中的道德生产力

关于道德是否能成为精神生产力的争论首先是在马克思文本解读的歧异上。通常论争的焦点集中于马克思《1857—1858年经济学手稿》的一段话上,即:"货币的简单规定本身表明,货币作为发达的生产要素,只能存在于雇佣劳动存在的地方;因此,只能存在于这样的地方,在那里,货币不但绝不会使社会形式瓦解,反而是社会形式发展的条件和发展一切生产力即物质生产力和精神生产力的主动轮。"①有论者认为,马克思精神生产力语境中的精神并不是和物质对立的概念,它不包含道德,而仅指科学知识、智力、技能等形态。此外,其实在其他文本中马克思对精神生产力也多有论述,其中隐含着道德生产力的命题,他指出:"一般社会知识,已经在多么大的程度上变成了直接的生产力。"②再如,"宗教、家庭、国家、法、道德、科学、艺术等等,都不过是生产的一些特殊的方式,并且受生产的普遍规律的支配。"③综观这些文本论述,我们不难看出,马克思思想中的确蕴涵道德生产力的思想。

众所周知,文本解读是把握马克思思想的"不二法门",但文本解读如果脱离了马克思基本精神的统摄,往往会陷入于支离破碎之中。因此,破解这宗学术悬案的关键要以马克思基本精神的视角来审视,这样我们就会更加肯定道德生产力概念符合马克思的本意。

首先,我们来看马克思哲学的创新。"正是由于把经济事实和经济关系作为人类生存的根本性的维度引入哲学思考之中,马克思扬弃了传统哲

---

① 《马克思恩格斯全集》第46卷(上),人民出版社1979年版,第173页。

② 《马克思恩格斯全集》第46卷(下),人民出版社1980年版,第219—220页。

③ 马克思:《1844年经济学哲学手稿》,第82页。

道德资本与经济伦理

学,创立了历史唯物主义学说。"①正如恩格斯在马克思墓前的演说中,指明了这种学说的基本特征:"人们首先必须吃、喝、住、穿,然后才能从事政治、科学、艺术、宗教等等;所以,直接的物质的生活资料的生产,从而一个民族或一个时代的一定的经济发展阶段,便构成基础,人们的国家设施、法的观点、艺术以至宗教观念,就是从这个基础上发展起来的,因而,也必须由这个基础来解释,而不是像过去那样做得相反。"②从恩格斯的论述可以看出,正是由于经济事实的引入,导致了哲学(伦理学)领域的一场划时代的革命。反过来说,马克思将这种新的哲学(伦理学)引入到经济事实和经济现象的考量中,同样引发了经济学领域的一场划时代的革命。这两场"划时代的革命"在马克思那里实际上一个不可分割的统一过程,它使得马克思哲学(伦理学)获得了新视野,马克思的经济学和哲学水乳交融、密不可分,正是在这个意义上,马克思哲学可以说是经济哲学,而马克思的经济学也是马克思的哲学。

其次,马克思哲学的出发点是现实的个人,现实的个人观是经济和伦理、道德和生产力"联姻"的深层理论根据。马克思的现实的个人观直接摧毁西方主流经济学的理论根基——所谓"经济人"假设(实际上是抽象的个人)。我们无可否认"经济人"假设对于经济学的功利计算的价值,但其弱点有二:其一、个人的理性行为的总和可能导致"集体非理性";其二、人不仅仅是一个理性主体,不能把人化约为"经济人"。在马克思看来,现实的个人是丰富的活生生的本真的人,它不仅是理性的人,而且是有意志、情感和冲动等非理性的人,它既是"经济人",又是"道德人",是"经济人"和"道德人"的合体。③ 在这种个人观的观照下,经济学自然要考量个人的本质的丰富性,把非理性因素引入经济学研究。这样一来,马克思的视域中既没有

---

① 俞吾金:《经济哲学的三个概念》,载《中国社会科学》1999年第2期。
② 《马克思恩格斯选集》第3卷,人民出版社1995年版,第776页。
③ 亚当·斯密那里其实并不存在经济人和道德人的对立,相反,两者是统一的。经济人离不开道德人,道德人也离不开经济人。如果我们把斯密的《国富论》和《道德情操论》放在一起读就不难看出这一点。

纯粹的经济学、孤零零的物,也没有纯粹的哲学—伦理学、抽象的自我设定、自我吸收和自我圆融的道德,马克思实现了经济和伦理的有机耦合,因此,"马克思主义的政治经济学在一定意义上也是一部政治经济伦理学或称政治伦理经济学。"①

最后,在马克思哲学精神之光映照下的概念也具有全新的综合性。马克思的一个突出的理论特征是理论(概念)内在的紧张,异质性的统一,综合式的视域,他的概念是在动态的联系发展中来把握事物的。比如,马克思经济研究中不论是商品、货币还是资本,都不是纯粹的自然物,而是凝聚了一定社会关系,具有特殊社会属性的客观存在。马克思指出:"资本不是一种物,而是一种以物为中介的人和人之间的社会关系。"②再如,关于产权问题,马克思从生产力和生产关系的矛盾运动中阐明产权的发生和本质,并把产权看成一个与生产力、经济和文化发展环境相联的历史性范畴。"马克思所强调的所有权在有效率的组织中的重要作用以及现存所有权体系与新技术的生产潜力之间紧张关系在发展的观点,堪称是一项重大贡献。"③ 可以说,马克思的概念的综合性使得马克思的概念具有不竭的生命力和深厚的历史感,更能实现对事物的深层本质的把握。

由是观之,如果按照马克思哲学基本精神来进行逻辑推论的话,我们不难得出结论:道德和生产力、经济和伦理不是形同冰炭、无法融合的,而是一种异质统一的关系。退一步讲,即便马克思没有作出道德是精神生产力的判断,也丝毫不会妨碍我们根据马克思的本真精神来解读马克思文本,并且根据"实践还原"的原则进行必要的阐发和创新。我们通常说,马克思如果活到今天,他也会这么做,就是从这个意义上来讲的。

---

① 王小锡:《经济伦理学的学科依据》,载《华东师范大学学报》2001 年第 2 期。
② 《资本论》第 1 卷,人民出版社 2004 年版,第 877—878 页。
③ [美]道格拉斯·C.诺思:《经济史上的结构和变革》,厉以平译,商务印书馆 1992 年版,第 61 页。

三、精神生产力的内核：作为
知识形态的"精神"

　　当然，认为道德是精神生产力和"动力生产力"进而提出道德生产力范畴，是否就必然导致把一切精神现象都看作生产力的"泛化论"倾向呢？这里面其实有一个原则的界限。主要区别有四：

　　其一，就性质而言，精神不同于日常意识，它是一种知识形态的精神。我们知道，在许多自发的日常意识之中的确存在着对于现实的真切感受、有很强的"实践感"（布尔迪厄语），不可否认，其中也不乏真理颗粒的闪光。但是，说到底，日常意识非真知。即是说，日常意识具有自发性、感性、情绪性和肤浅性，往往无法实现对于复杂事物的洞察和事物发展动向的把握，因此，不管它多么的丰富多样，敏感生动，顶多只具有"症候"的意义与价值，而不可当作实践知识来践行。与此不同，知识性的精神是在丰富生动的日常意识的基础上，对事物的内在本质与规律的深刻洞见，它是人类长久酝酿的理性与智慧的晶体。故而，它应该也能够做到感悟历史，审视现在，展望未来，发挥对于现实实践和经济发展的巨大驱动力和助推力。从这个意义上看，道德尤其是科学道德作为一种知、情、意、信、行的有机融合体，成为一种精神生产力则是逻辑之必然。

　　其二，就创造者而言，知识形态的精神不是由普通大众而是由知识分子、政治精英提炼和创造出来的（这其实就是精神生产活动）。日常意识的产生不是有计划、有针对性、有系统的，它一般是由人们在日常生活中自然生发出来，根本谈不上真正意义上的创新。作为精神生产力的精神，从根本上说，它毫无疑问是时代和实践的产物，正如黑格尔所谓的"哲学是时代精神的精华"一样。然而，时代绝不会自动地分娩出自己的意识、知识和"精神的精华"，它们的诞生必须依赖知识分子、思想家、政治精英来助产、催生和创造。从这个意义上讲，时代只是提供了精神、知识产生的契机和平台，而精神创造者则敏锐地抓住契机、利用平台进行了精神分娩的活动。同样，道德也是由历史上思想家独立创造出来的(而不是经济过程自发产生的),这是道德相对独立性的一个重要表现。

其三,就内容而言,这种知识形态的精神不是自闭的系统,它反映了实践的要求,顺应了时代的趋势。精神生产由物质生产趋势所决定,这种精神不是自我圆融的宇宙精神,而是面向实践、反映和把握时代诉求的知识形态。精神生产力的"精神"之所以能够成为一种生产力,很大程度上在于它不是日常意识而是一种"客观化"的精神和实践理性。因此,它根本不同于黑格尔的自闭的绝对精神。黑格尔把绝对精神作为全部哲学的终点和全部历史的终点,"这就是把历史的终点设想成人类达到对这个绝对观念的认识,并宣布对绝对观念的这种认识已经在黑格尔的哲学中达到了。"①与此相反,知识形态的精神要变为生产力,要反映实践和时代的要求,必须"屈尊"自己,从"天国"下降到"人间",要敢于挑战自我、批判自我,甚至是"炸毁"自己,然后以全新的时代精神来引领时代。这就是所谓精神的"死而后生"。就此而论,一般日常意识实在难登大雅之堂,比较而言,道德因其具有更多的形而下的特质,常常成为时代变化的感应器,反映或符合社会发展要求和动向。

其四,就实践效应而言,知识形态的精神已经并正在国内外发挥其对于生产力的积极功能。如果说,日常意识的感性和肤浅性决定着其不可能成为实践的指导,那么,作为精神生产力的精神以其特有的实践本性,则必然成为经济运转的动力加速器,最终会给生产力的发展带来效率、和谐、以人为本。此种情况国内外不胜枚举。例如:罗尔斯在《正义论》中提出"正义即公平",主张自由权优先以及正义优先于效率和福利的观点,②给西方的经济发展带来极大的影响,客观上促进了战后西方经济较平稳的发展。新时期我国所提出的科学发展观、社会主义荣辱观不仅反映了我国经济发展和社会进步的现实需要,而且已经成为新阶段的发展指针,发挥着对于社会

---

① 《马克思恩格斯选集》第 4 卷,人民出版社 1995 年版,第 218 页。
② [美]约翰·罗尔斯:《正义论》,中国社会科学出版社 1988 年版。

发展和经济发展水平升级的积极效应。正因为如此,有学者指出,社会主义荣辱观是社会主义市场经济发展的精神动力。[①]通过上述比较论析,我们可以看到,作为知识形态的精神由于其独特性而构成精神生产力的内核。如此看来,我们不仅廓清了精神生产力之"精神"的必要理论边界,同时再次证明了道德生产力概念的合理性,并可有力地回击那种认为这一概念会滑向"泛生产力化"的不实之词。

四、精神生产力的三要素:
理性、逻辑与价值

概念的创新是人文社会科学科学创新的根本。有人却认为,道德生产力不算什么学术创新,是一个应该放弃的"两极对立"概念;与其如此,还不如直接表述为"道德的经济功能"、"道德对生产力的作用(或反作用)"帖切精当。此论有失公允。彼得·科斯洛夫斯基在谈到伦理经济学(或经济伦理学)的学科特质时指出:"伦理经济学的含义肯定超过'经济学＋伦理学'。"[②]同样道理,道德生产力不同于"道德＋生产力"、"道德的经济功能"、"道德的生产力"等。作为一个经济伦理学的全新范式,道德生产力是一个具有创新性、包容性和概括性的概念,而那种冗长而宽泛的、如"障眼的云雾"般的表述,根本无法达及对于事物本真层面的把握。因此,通常认为,唯有概念才能作为理性思维的基础和逻辑起点。而且,概念的创新为廓清新的理论边界、剥离出不同的学术层面奠立基础,在此基地上还可以开辟出一片崭新的理论空间。仅就此而论,道德生产力概念恐怕就不失为一大学术创见。

与物质生产力具有自己不可或缺的三要素一样,精神生产力也包含自

---

① 王小锡、王露璐:《社会主义荣辱观是社会主义市场经济发展的精神动力》,载《南京社会科学》2006 年第 6 期。

② ［德］彼得·科斯洛夫斯基:《伦理经济学原理》,孙瑜译,中国社会科学出版社 1977 年版,第 3 页。

己的三要素,即理性、逻辑和价值,这对精神生产力也是不可或缺的。如前所述,道德和生产力是可以结合的,要结合就要找到"结合点"。实际上,这三大要素就是道德和生产力耦合、交融的结合点,也是构建道德生产力的基础和前提;没有这些契合点,道德和生产力就会分道扬镳,道德生产力概念大厦必然会轰然坍塌,不复存在。

精神生产力的第一大要素是理性。这一点关涉的是主体问题。作为经济活动中现实的人,是物质力和精神力的相统一的主体。实际上,物质力就是物质生产力中劳动者的抽象,或者说是劳动者作为物质力量、作为工具、手段起作用;而精神力则是精神生产力中劳动者的抽象,是对物质生产过程的精神作用力。而精神力的核心是道德,道德是一种对于人的生存关怀,是经济活动中的"应该之应该"。因此,"道德是精神生产力命题的思考前提。"①经济活动中作为主体的人具有工具理性和价值理性两重理性,道德作为实践理性尤其是其中蕴涵的价值理性,不仅是生产者的动力之源和价值依托,而且为经济活动确定方向,为经济发展营造和谐的环境。当然,我们在此将生产主体作为一个理性的主体、道德的主体,并不排斥它也充满着非理性甚至是激情,但是,须知,非理性的知识靠理性来理解,非理性要靠理性来规驯与驾驭。因此,对经济活动而言,需要的不是无理性的激情(因为它只能给经济带来损害和破坏),而是理性的激情和激情的理性的有机统一。这样的人才是符合精神生产力和道德生产力要求的理性主体,这样的主体才会成为真正具有开拓性、创造性的人力资源。

精神生产力的第二大要素是逻辑。这里实际上讲的是规则和实践问题。作为精神生产力必须符合逻辑,这里的逻辑包括形式逻辑和辩证逻辑。作为精神生产力的道德,符合形式逻辑是起码的要求,而符合辩证逻辑的要求才是最为根本之点。符合辩证逻辑就是要符合生活的、实践的逻辑。然而,我们应该看到,道德规约过程中出现的创新与守旧,传统与现代,价值与利益,眼前实惠和长远大计之间的矛盾与冲突,这其实是生活的真实和真实

---

① 王小锡:《道德与精神生产力》,载《江苏社会科学》2006 年第 6 期。

的生活。如果看不到这些，要么会陷入对现实的浪漫主义批判，幻想回到过去，其必然的价值取向是"厚古薄今"；要么会陷入对现实的完美主义的描绘，天真幼稚，讳疾忌医，其必然的价值取向是"褒今贬古"。两者的共同弱点是不能直面现实，解决现实问题。扩而言之，精神生产力内在的精神的冲突与整合就显得更加复杂，比如，科学知识，劳动技能，经营管理理念，道德素养如何有机统一，如何实现社会效益和企业经济效益的统一。这些矛盾和对立首先是理论所面对的现实任务，而要解决它，仅仅在理论的靴子里打转是不行的。正如马克思指出："理论的对立本身的解决，只有通过实践方式，只有借助于人的实践力量，才是可能的；因此，这种对立的解决绝对不只是认识的任务，而是现实生活的任务。"①由此可见，精神生产力内部问题最终只能靠实践的逻辑、生活的辩证法去解决，从而开掘历史发展的道路。因此，作为精神生产力要素的逻辑无论怎样的形而上，它也不能变成脱离实践和生活的纯粹逻辑；无论怎样的形而下，它也不能失去理性的批判精神，这一点对道德来讲尤甚。以此来看，那种认为道德生产力概念将道德"庸俗化"、"工具化"的观点就是典型的误读。正如著名经济伦理学家彼得·科斯洛夫斯基指出："在道德和经济的决策中，不存在不可逾越的鸿沟，道德不是其他观点之外的一种观点，而是在经济伦理学，首先是在经济理论的情况下获悉、整理、评价科学观点，并使之用于实践的一种形式。"②

　　精神生产力的第三大要素是价值。这一要素实际上是为物质生产力和精神生产力确定方向。物质生产力是生产力的物质基础和存在载体，是创造劳动成果的物质动力，其价值不容低估。看不到或忽视这点，就可能会走向唯心主义和虚无主义。但是，我们更应该看到，物质生产力无论再重要也不能替代精神生产力，如果没有精神生产力，它同样就无法成立或者形成。"没有人的作为'主观生产力'及其观念导向，生产力将是'死的生产力'，不

---

① 马克思：《1844 年经济学哲学手稿》，人民出版社 2000 年版，第 88 页。
② ［德］彼得·科斯洛夫斯基：《伦理经济学原理》，孙瑜译，中国社会科学出版社 1977 年版，259 页。

能成为'劳动的社会生产力'。"①因此,精神生产力不仅具有激活乃至催生物质生产力的工具价值、同时实现自身的工具价值的属性,而且具有统御物质生产力的实现过程中"为谁生产、怎样生产"的理性的人文价值,实质是为生产力和经济发展指明航向的"大是大非"问题。正因为道德生产力所具有的双重价值,尤其是它所包涵的生存关怀和独特人文价值,决定它成为生产力系统中当"仁"不让的价值皈依,并居于核心地位。而一般的日常意识由于无法达到精神生产力的理性、逻辑和价值三要素的高度,因而不能将其纳入精神生产力范畴。

综上所述,道德生产力概念的确具有自己的合理性根据和合法性要求。但是,并不能由此宣告此领域理论的终结。今天,尽管仍然存在对这一概念及其相关概念(如道德资本)和理论抱有怀疑和否定的态度,令人欣慰的是,这些概念和理论已经或隐或显地被学界和商界越来越广泛的运用。在一定的意义上,一部三十年改革开放和市场经济的发展史,就是一部人们从忽视、贬低道德作用、在经济生活中把道德"边缘化"到逐渐重视、恢复道德的应有价值,将道德"核心化"的历史。道德生产力及其相关理论已然成为中国社会主义经济伦理学的核心范畴的组成部分,对于中国社会主义经济伦理学的开创发挥了重要作用,而且,已经产生了"溢出效应",启发和影响其他学科领域的研究;与此同时,它还有力促进了社会主义市场经济的发展、创造出越来越多的"伦理实体"的、以人为本的产品,大大提升了人们的物质和文化生活水平,促进了科学发展、社会和谐目标的实现。

(原载《伦理学研究》2008 年第 4 期,

作者系南京师范大学博士后)

---

① 王小锡:《再谈"道德是动力生产力"》,载《江苏社会科学》1998 年第 3 期。

人的积极性是发展经济的关键

——访南京师范大学经济法政学院副院长王小锡

丁荣余

近年来,潜心于经济与道德关系问题研究的王小锡副教授,谈到经济发展与人的关系问题时,感慨颇多。

目前,我国经济管理中忽视了人的价值问题,忽视了人的地位和作用。现在,我们比较注重法律、经济手段等硬杠杆的作用,而忽视了"软杠杆"的作用。实质上,"软杠杆"能解决最基本、最根本的问题。经济问题说到底是人的问题,不解决人的问题,经济就难以获得发展,经济的发展最终表现为人的完善。经济发展到今天的地步,更应该思考一下除了经济手段以外的其他手段了。

谈到经济与人的关系,王小锡先生博采古今中外,侃侃而谈。

日本从 30 年代就十分注重充分运用道德等手段来促进经济发展和企业管理水平的提高。日本人深知,法制手段、经济手段等都可以起作用,但这些作用的发挥必须通过人,因此管理的关键是收住人心。日本企业强调人心换人心,人格平等,平等参与制。这从伦理的角度讲是非常成功的范例。从日常的角度讲也很有道理,员工在管理、参与经济运行的全过程中,自己觉得老板看得起自己,个人的尊严和价值得到了体现,自己也应该对老板负责,进而对这个企业负责。比如,松下公司成功的一个重要经验是:企业管理的核心是人,人是企业管理的制高点。

西方资本主义社会私人企业很多,职工上班,唯一的一句话就是"对老板负责",尽管有其不尽完美之处,但却表现出了较强的敬业精神和责任感,这很值得我国企业界思考。

王小锡先生认为,经济要发展,人的积极性、责任心是关键。如何调动职工积极性,单纯的经济手段不能完全解决问题。用工资、资金杠杆调动职工积极性,在我国的实践中并不成功。工资可高可低,你给得高,别人可能会给得更高,但高工资不能完全解决积极性问题。换言之,高工资只能发挥一定时期的作用、一定范围的作用,从这个意义上说,提高工资来解决积极性问题,这只是权宜之计,它不能一蹴而就地、最终解决人的积极性问题。只有解决了思想认识上的敬业精神和责任感的问题,人的积极性发挥就可以达到新的历史高度,因之,劳动的数量、质量自然就能得到保证。

从社会整体健康有序发展的角度,王小锡先生呼吁解决"道德科盲"问题。一个人可能什么都懂,但道德作为一门人文社会科学的学问和实践性很强的知识,领导干部、经济工作者和经济活动的参与者乃至普通老百姓每个人都应该懂。道德与人们的社会生活有着最切近、最直接的联系。如果离开它,人的社会生活是畸形的、残缺的,社会经济运行、政治运行、行政管理等机制也将因为缺乏应有的人文的、道德的关怀而留下遗憾。

(原载《江苏经济报》1995年7月7日,作者系该报记者)

"道德也出生产力"

——访南京师范大学经济法政学院副院长王小锡

谢剑鸣

社会主义市场经济是否表现为纯经济现象？社会主义伦理道德在市场经济运行过程中有没有存在的理由和必要，它从什么角度、以多强的力度作用于市场经济的发展？等等，带着这些正受到各方面关注的热点问题，笔者日前走访了近年来潜心研究经济伦理学的南京师范大学经济法政学院副院长伦理学副教授王小锡。

问：有人认为发展市场经济就是为了"大把赚钱、快快发财"，再谈伦理道德就是多余的了。对此你有何看法？

答：这实际是物质文明和精神文明建设的关系问题，这种观念割裂了发展市场经济与社会主义伦理道德建设的关系，片面地理解了社会主义市场经济的本质内涵。我认为，社会主义市场经济是利润经济，它运作的基本出发点是为了赚钱，但是，没有基本的信誉，缺乏诚实的劳动与经营态度等等，终究是要被市场唾弃的。更何况市场经济是竞争经济，除了科技水平、管理水平、物质力量的竞争外，能否在竞争中取胜，还取决于企业的伦理道德形象、职工的伦理道德觉悟和人格素养，以及企业内外各种人际关系和利益关系的协调所产生活力的强度。纵观市场经济发展的过程，凡市场竞争中的失败者，有许多并不是物质的和技术的原因，而是人心涣散、道德水平下降所致。所以市场经济条件下利益的获得要以合乎一定的伦理道德为基础，从这个意义上可以说，"道德也出生产力"。

问：你的这个命题很有新意，那么它的内涵是什么，这对市场经济的发展有何意义？

答:市场经济遵循的是价值规律,但是搞社会主义市场经济不能在自发状态下被动地遵循价值规律。一方面,最终对经济发展起决定作用的人的素质应该得到全面的发展。尤其是作为人的基础性素质和核心素质的道德素质应该基本具备,唯此才能促进人们以主人翁姿态投入到社会主义市场经济建设的洪流中去,不断挖掘自身潜力,做到人尽其才、物尽其用。另一方面,社会主义市场经济是现代的社会化大生产,人与人之间、集团与集团之间能否实现最佳协调直接制约着人力资源和物质资源的合理配置,本位主义、个人主义、信息封锁、互相拆台等现象只会导致人力、财力和物力的浪费,甚至严重影响社会主义市场经济的正常运行。由此可见,从某种意义上说,道德是社会主义市场经济的底蕴,市场经济就是道德经济。"道德也出生产力"的实践意义,就在于告诫人们发展经济不能不讲道德,从长远来看,伦理道德是社会主义市场经济发展的生命力所在。

问:既然如此,作为社会主义市场经济基本目标的资源合理配置与伦理道德又有什么逻辑联系呢?

答:资源的合理配置,主要地应理解为人力资源和物质资源实现最佳存在样态,其能量亦能实现最大程度的发挥。这一目标的实现在很大程度上取决于人的道德素质,首先,实现人力资源的合理配置,意味着人的素质要得到全面的培养和发展,人的生存和生活方式要实现最佳调适。就这一点而言,资源的合理配置往往直接取决于人的伦理道德素质。人生假如没有崇高的价值追求、生活理想和生存准则,素质的"全面发展"和生存方式的最佳"调适"都将是不可能实现的。剖析我国新一代的"富翁",有相当一部分人的思想、道德素质,以及能力和工作主动性都处在最佳状态中,因此,伴随而来的是事业蒸蒸日上,效益不断提高。但也有一部分人,在他们的思想和行为中除了赚钱还是赚钱,没有理想,不谈道德,吃喝玩乐,生活糜烂。这种人的素质是畸形的,尽管腰缠万贯,但作为人力资源来说,他不可能实现最佳生存样式,也势必会削弱其在市场经济运行中发挥作用的力度;有些人由于品质低下,道德败坏,甚至成了社会主义市场经济运行过程中的腐蚀剂。就物质资源来说,它的合理配置也决不是一个"纯经济"的过程。尽管市场经济运行过程中是由价值规律来"指令"的,但人的参与是一个逻辑事实。对于物质资源本身来说,它是无法实现合理配置的,这样一来,人的素质尤其是伦理道德素质、价值观念将直接影响物质资源合理配置的方式和程度。诸如在拜金主义、个人主义伦理原则引导下出现的盗用技术秘密、假冒商标、假合同、侵犯专利,以及乱涨价乱收费、行贿受贿、偷税漏税等现象,直接扰乱了社会主义市场经济秩序,破坏了物质资源合理配置原则,降低了物质资源配置效益。

问:市场经济就意味着有竞争,能否请你从伦理道德角度谈谈竞争问题。

答:市场经济既然是竞争经济,那么,优胜劣汰是其基本经济现象和运行方式,然而,社会主义市场经济发展的本质要求并不主张弱肉强食、恶性竞争。优胜劣汰在社会主义市场经济条件下不是目的,而是手段,它要通过竞争机制,促使竞争者或竞争双方互相督促、互相帮助、共同发展。即"优"者要引"劣"者为戒,要发展得更快、更好;"劣"者要吸取教训,取人之长,补己之短,实现自立、自强,并赶超"优"者,对确实已被市场淘汰的,也要考虑到各种情况,妥善处理。因此,作为社会主义市场经济的这种特有的优胜劣汰的目的,既是一种经济行为,也是一种伦理行为,体现了道德生产力的作用过程:谋求市场主体获得共同的发展,以推动市场经济的发展,并努力实现社会主义的价值目标。

（原载《南京日报》1994 年 8 月 9 日,作者系
东南大学教授、博士生导师）

要发财真的就不能讲道德吗？

——与南京师范大学经济法政学院副院长王小锡的对话

陆小伟

记者（以下简称"记"）：近年来，假冒伪劣商品之所以屡禁不止，除了与法制不健全、地方保护主义猖獗等因素有关外，另一个很重要的原因还在于，凡是生产销售假冒伪劣商品的人，都抱有这样一种十分荒谬的观念：要想发财就不能讲道德。正因为如此，他们才会公然冒天下之大不韪，一而再再而三地蒙骗坑害消费者，心安理得地捞取不义之财。时至今日，这些人的所作所为，已经严重蛀蚀了社会主义市场经济的道德基础，干扰了它的健康发展，这就给我们摆出了一个急需澄清的问题：要想发财就真的不能讲道德吗？王教授，你是全国研究经济伦理的知名专家，你觉得究竟应该怎样看待这个问题？

王小锡（以下简称"王"）：要发财就不能讲道德这一观点的荒谬之处在于，一方面，它把"讲道德"与"发财"完全对立了起来，另一方面，它又肯定了"不讲道德"是"发财"的必备前提之一。依照这种逻辑，一个人若是以道德标准严格规范自己的经营活动，肯定就赚不到比别人更多的钱，只有不择手段，置道德于不顾，才有可能达到赚钱的目的。以近视的眼光来看，事实似乎也确实如此。在如今的市场上，一些不法分子之所以谋得暴利，不正是不讲道德蒙骗坑害消费者的结果吗？但这种所谓的"成功"，毕竟只不过是一时的现象，从长远的角度看，在现代市场竞争中，一个人要想成为"笑到最后"的真正赢家，就非得用道德标准来严格规范自己的经营活动不可。

为什么这么说呢？这是因为，你要想赚钱，就一定得让消费者买你的商品,而要达到这个目的,除了商品必须吸引人之外,另一个必不可少的前提,就是经营者本身还得拥有良好的信誉。在其他条件相同的情况下,你的信誉越高,消费者对你就越放心,购买你的商品量就越大,你赚到的钱自然也就越多。而所谓信誉,说到底,其实也就是经营者展露在消费者面前的道德形象。不用说,只有用道德标准严格规范自己的诚实的经营者,才可能在消费者面前树立良好的信誉,而那些不讲道德、蒙骗坑害消费者的人是绝不可能有任何信誉可言的。现在的消费者都不是傻子,你骗得了他一时,却骗不了他长久。因此,经营中不讲道德,无异于一种败坏自己信誉的"自杀"行为,尽管可能一时暴发横财,最终却势必在市场竞争中败下阵来,葬送自己的"财运"。用一句谚语讲,这就叫"搬起石头砸自己的脚"。相反,那些讲道德的诚实的经营者,或许一时不如骗人者那么"走运",但凭借他们的良好信誉,最终却能赢得消费者的青睐,赚到比别人更多的钱。从国内外的实际情况来看,凡是真正成功的经营者,可以说在他们的经营活动中无一不具有良好的道德形象。说到底,市场竞争不仅是质量的竞争,也是信誉的竞争,道德水平的竞争。因此,"讲道德"非但不与"发财"对立,而且是它必备的前提之一。

记:"要发财就不能讲道德"这个观点,不仅视"不讲道德"为"发财"的必备前提。而且还蕴含着对要发财就可以不讲道德这一点的肯定。在持这种观点的人看来,市场经济与道德规范是互相排斥的,既然追求利润是市场经济条件下一切经济活动的最终目标,一切都得向效益看齐,为了发财当然可以不择手段,置道德于不顾了。

王:这种逻辑也是根本不能成立的。在市场经济条件下,经营者不仅是一个"经济人",同时也是一个"社会人"。作为一个"经济人"他得受营利目标的制约,处处追求经济效益,作为一个"社会人",他同时又得履行自己应尽的道德义务,时时讲究社会效益。这两者既互相依赖,又彼此制约。不管社会制度和经济体制如何变化,遵守道德始终都是人类社会存在的基本前提之一。因此,尽管在市场经济条件下,一切经济活动的最终目的都是为了追求利润,但这种追求却又始终必须以遵循道德规范为前提,绝不能将经济规律凌驾于道德规范之上,为了发财而不择手段,置道德于不顾。

记:更深入地讲,讲道德不仅是社会生存和发展的基本需要,同时也是市场经济自身的内在要求。市场经济要正常运转,就必须服从价值规律的支配,按照等价交换的原则来进行商品交换。如果做不到这一点,市场秩序就会陷入混乱,正常的商品交换和商品生产就无法维持,最终势必导致整个市场经济的瓦解,而要保证价值规律的实现,既少不了外部的强制力量,也离不开内心的约束力,前者是法律、后者便是道德。从这个意义上讲,市场经济不仅是法制经济,而且也是伦理经济。不难想象,如果人们在自己的经营活动中都不讲道德,将会给社会主义市场经济的发展带来何等严重的影响。当前,市场秩序之所以存在着相当程度的混乱。假冒伪劣商品之所以屡禁不止。从经营者本身来说,不正是道德失控的结果吗?

王:从另一个角度看,一个人为了发财不择手段,固然可能获得一时之利,但这种行为一旦蔓延开去,渐渐地就会形成一种恶劣的社会风气。到这种时候,骗人者也难保不被他人所骗。这并非天方夜谭,今天它就在我们身边大量地发生着。可见,不讲道德不仅损害他人利益,到头来也势必害了自己。

记:总之,无论从道德在市场竞争中的具体作用来看,还是就道德与市场经济和人们自身的关系而言,要发财就不能讲道德这一观点都是不能成立的。事情恰好相反,要发财不是不能讲道德,而是一定要讲道德。

王:你概括得很准确。然而,令人忧虑的是,尽管唯利是图的观念明显是荒谬的,但今天却仍有不少人将它虔诚地奉为自己的经营指南,假冒伪劣商品的很有市场,甚至泛滥成灾就是明证,这显然会带来巨大的实践危害。因此,迫切需要我们切实加强经济领域的伦理建设,采取灵活有效的措施,制止道德"滑坡",提倡诚实经营,促成良好商业规范和社会风气的形成。总之,目前迫在眉睫的是,如加强法制建设一样加强经济道德建设,这也是当前发展社会主义市场经济亟待解决的一项重大课题。

(原载《新华日报》1995 年 8 月 15 日,作者系该报记者)

探寻"道德"和"生活"的支点

——访经济伦理学家王小锡

郑晋鸣

王小锡,南京师范大学公共管理学院院长、伦理学研究所所长。他,崇尚与追求"道德",赋予"道德"以社会和谐的内涵;他,坚信"道德"永远不会落后于时代,探寻着"道德"与生活的支点。

记者:1994 年您发表了一篇学术论文《经济伦理学论纲》和一部学术专著《中国经济伦理学》,这使您成为我国经济伦理学研究的开拓者之一。请问是什么样的"灵感"触动您找到了这个全新的研究领域?

王小锡:当计划经济体制向市场经济体制转轨时,我发现人们的道德观已经发生了巨大变化,诸如经商热、淘金热等市场体制发展初期的狂潮席卷着人们的道德理念。"道德与市场经济不相融"的观点在当时的文化与社会意识领域一度甚嚣尘上,道德滑坡……这样的境地下,我甚至对我的专业选择都产生了茫然:究竟道德和经济发展能不能有机地结合在一起,道德能否在经济生活领域发挥它不可或缺的作用? 这样的疑问和困顿,一时冲击着我一直秉持的价值观,为了寻觅答案,我试图叩开中国经济伦理学构建和研究的大门。

记者:如果说您的"灵感"来自疑问和困顿,那接下来您又是怎样把经济学和伦理学巧妙地结合起来的?

王小锡:在我的研究中,核心观点是"道德是资本"、"道德是生产力"。因为"道德"作为理性无形资产,在投入生产过程中以其特有的功能促使生产力水平的提高;在加强管理伦理意识和管理道德手段中增强企业活力;在提高产品质量的同时降低产品成本;在培养和树立企业信誉的基础上提高产品的市场占有率。换句话说,作为一种精神资本和精神生产力,道德通过激发人的进取精神,促进人际间的和谐协作等影响劳动者的具体功用,使作为"主观生产力"的人以更积极的姿态、更饱满的精神状态投入物质生产实践,从而使作为机器的"死的生产力"真正成为"劳动的社会生产力",使有形资产最大限度地发挥作用、产生效益,这不仅驳斥了"道德与市场经济不相融"的观点,也从这一角度打通了"伦理学"与"经济学"的通衢。

记者:从您的谈话中知道,您很重视道德伦理研究和社会现实功能的结合。您新近提出"和谐社会是道德化的社会"是不是对道德的社会性功能的又一阐释?

王小锡:可以这么说。我一直认为学术的生命力在于创新,人文社会科学的研究只有关注现实,解决实际问题,才能体现研究成果的学术价值和实践意义。党的十六大提出的"构建社会主义和谐社会"这一科学理念无疑就在中华民族的优良道德传统与现代社会发展中找到了一个绝佳的契合点。和谐社会是道德化的社会,道德伦理贯穿于整个中华文明史的精神脉络,它不仅能够为市场经济的发展提供"生产力",更应该成为推动社会发展进程、构建和谐社会的巨大动力。

记者:您是说"道德"在"和谐社会"的构建中起着不可替代的作用,能给我们具体谈谈么?

王小锡:在对中华民族传统道德精髓和和谐社会理念的深入研究、分析和比较之后,我为"和谐社会"这一概念中的诸多和谐要素找到了道德观念的对应点。因为和谐社会既是一种社会发展的理想目标,也是一种社会发展的价值取向,更是渗透着道德精神的具有生机和活力的社会。物质文明展示道德精神,物质创造需要道德精神;民主法治的依据是社会主义道德;利益分配的合理性基于体现社会公正的道德价值;人际交往方式及其交往效果是道德实体的存在样式,是衡量社会和谐与否的直接表现形式;精神文化生活水平是和谐社会的重要内容和标志,而精神文化的核心依然是道德精神。

记者:从最早的《中国经济伦理学》引起学界的诸多争议,到"和谐社会的道德化"提法得到共鸣,您好像在拥有越来越多的拥趸者,您怎么看待这个现象?

王小锡:能引起学界乃至社会对伦理学学科越来越多的关注,本身就是件好事。争鸣也好,鼓励也好,都在激励着我继续在这条艰辛求索的学术之路上走下去,让自己的研究成果勇于接受实践的检验,接受同仁们诚挚而善意的商榷。

（原载《光明日报》2007 年 1 月 6 日,作者系该报记者）

诚信是一种资本

——访南京师范大学公管院院长王小锡

高 洁

诚信经营,打造诚信长三角,目前已经在以江浙沪为代表的长江三角洲地区形成了一轮新的建设热潮。诚信是一种建设姿态,一种服务品质,更是一种宝贵的经营资本。就诚信资本的相关问题,我们采访了南京师范大学公共管理学院的教授、博士生导师王小锡。他多年来致力于道德资本的研究,在学界颇有影响,而诚信,正是道德的核心内容所在。

记者:目前整个长三角地区大力推行诚信建设,并且以此来吸引更多的投资者进入市场进行投资,从而推动整个地区的经济建设上一个新的台阶。那么,在此过程中,诚信,不仅仅是一个口号,更具有一种实实在在的资本内涵,在这个问题上,我们究竟应该如何看待"诚信"这样一个精神内容和"资本"这样的经济名词之间的联系呢?

王小锡:"诚信资本"是近年来出现的、引起过较大争议的一个新概念,引起争议的主要原因在于,"诚信资本"概念可以展开来表述为一个判断,即"诚信是一种资本",其中暗含了两个基本概念,一个是"作为资本的诚信",一个是"诚信形态的资本",这两个基本概念似乎背离人们对"诚信"和"资本"概念的传统理解。不过,在我看来,"诚信资本"概念正是传统"诚信"和"资本"概念历史发展的时代产物。将诚信视为获取利润和经济发展的工具,似乎背离了人们对诚信功能的传统理解,因为在一部分人看来,诚信主要承担的不应该是工具性功能,而应该是目的性功能。不过,诚信观念的发展历史却表明,承认和突出诚信在经济发展中的工具性功能,正是诚观念发展的基本趋势之一,也是现代社会发展的根本要求之一。

记者:既然诚信发展成为资本的一种类型是诚信观念发展的一个必然趋势,那么我们应该如何区别这样一种新型的资本类型和我们常说的"实物资本"呢?

王小锡:人们往往认为资本就一定具有实物形态的,即使对于资本的认识发展到后期,加入了人力资源作为资本的一种形式,但这种人力资源,仍然是附着在个别的劳动者身上的,或者,可以说是将劳动力视为了一种资本的形式。但是到了现在,诚信资本,更多的是一种"文化资本",这样一来,就完全脱离了经济实物的制约,资本由此介入到各种非经济领域。在世俗化的大潮中,但由于其特殊功能和作用,它也不可避免地要显露出资本的一面。在物质财富和资本的统治下,诚信不再抽象地高高凌驾于一切社会事物之上,它像其他社会事物一样,也被置于经济财富的运作过程中,并作出相应的调整,以便为经济发展作出最大的贡献。

当今世界的主题是发展,发展的核心是经济发展,尽管近年来包括社会发展在内的全面发展已经形成了一定的力量,但不可否认,全面发展的主要动力仍然在于经济发展,既然经济发展是时代的主题,那么在现实生活中,就应当尽力发掘能够促进经济发展的诸多因素,调动一切能够促进经济发展的力量,"诚信资本"概念正是顺应这一时代要求,指明诚信对于促进经济发展的工具性作用,从更开阔的层面上寻求有利于经济发展的诚信因素。

记者:将诚信视为一种资本,那么在各种经济活动中必将运用这一资本进行生产,从而产出效益。在这样的情况下,诚信还具有原本的纯洁性吗?将诚信当做获得经济利益的手段,是否会导致诚信的变质呢?

王小锡:首先,将诚信视为资本,是强调诚信的工具性功能,要求培育符合经济发展需求的诚信因素,可以为经济生活中的诚信建设打下最真实而牢固的基础,诚信资本论所要求的诚信必须能起到资本作用,必须能够促进经济的发展,因而它正是经济生活所要求的诚信,是与现实利益相一致的诚信。倡导这种诚信不会产生"说一套、做一套"的局面,反而能够真正促进诚信的生活化,因此,将诚信视为一种资本,探求能够促进经济发展的诚信,是推动经济与诚信内在结合的一条最有效的主要途径。

其次，将诚信视为资本，并不意味着诚信仅仅只能作为资本而起作用。毫无疑问，提出诚信资本的概念，并不是要否认诚信的目的性功能，二是要在承认诚信的目的性功能的基础上，进一步强化诚信的工具性功能研究，以便为经济发展提供诚信方面的有力支持。

发展诚信资本论，培育具有工具性功能的诚信，将产生经济建设和诚信建设的"双赢"结局：一方面，经济建设将由于诚信资本的介入而获得更全面的资源，另一方面，诚信建设也将由于诚信资本的发展而获取更深刻的影响。说到底，诚信之所以为诚信，不仅在于主张什么，觉悟如何，更在于其特殊功能的发挥获得了什么。而且，主张是否真实和崇高，觉悟是否深刻和伟大，最终要看诚信的工具性功能与效益。

在整个长三角地区，乃至全国，当务之急是要全面盘点企业诚信资本。诸如企业的经营管理理念和经营目的、企业领导的道德素质、企业职工的道德品质、企业制度的诚信化、企业文化的道德性，企业诚信环境，企业产品蕴含的人性要求、企业与其他企业的合作诚意、企业产品售后的服务承诺及其兑现、企业的社会责任意识等等，都应该有一个清晰而深刻的分析，唯此才可能更多更好地积累诚信资本，并发挥诚信资本应有的作用，不断增强现代企业的核心竞争力。

（原载《市场周刊》2007 年第 2 期，作者系该刊记者）

道德资本与经济伦理

企业需要培育道德资本

——访中国伦理学会副秘书长、南京师范大学公管院院长王小锡

郑晋鸣

记者日前走访了中国伦理学会副秘书长、江苏省伦理学会执行会长、南京师范大学公共管理学院院长、博士生导师王小锡教授。谈到三鹿奶粉事件,谈到国际金融危机,王小锡教授认为,问题的根本在于企业缺乏道德资本。

记者:王教授,有专家认为三鹿奶粉事件的根本原因是企业缺乏道德责任。您多年来研究经济伦理学,提出并论证了道德资本理论,首先请您谈谈什么是道德资本?

王小锡:作为经济学范畴的资本概念在其初期并非指资本一般,而是资本特殊。20 世纪 60 年代,内涵着精神因素的人力资本概念的提出使资本发展成为可以带来价值增值的所有资源的代名词。即是说,资本包括物质资本、货币资本、人力资本、知识资本、社会资本等等。作为资本精神形态的"道德资本",是指投入经济运行过程,能创造价值、获得利润的一切道德价值理念及其行为举措。简单地说,就是维系和保障经济活动、促进经济增长和企业利润增加的一切道德因素。当然,要说明的是,这里指的道德是科学意义上的道德。

记者:您说的道德资本很有新意,那么,道德资本在企业的运行和发展过程中究竟有什么作用?

王小锡:道德资本在企业发展中的作用主要有三:首先是提高企业的经

营境界,增强企业活力。企业生产是为人的生产,具备崇高道德精神就会对自己的用户负责任。同时,道德能使企业形成一种不断进取的精神和人际间和谐协作的自觉性,并由此促使有形资产最大限度地发挥作用和产生效益,促进劳动生产率提高。反之,则会阻碍企业的发展。

其次是促进企业打造人性化的道德产品。所谓产品人性化是指作为生产结果的生产产品能最大限度地满足人的本质需求。只要企业注重生产"道德产品",就会不断扩大市场占有率,也就不会有三鹿奶粉那样的事件发生。

第三是企业的精神财富和无形资产。实物资本和无形资本只有相得益彰,才能发挥最大效益,因而无形资本的投入显得格外重要。实物资本在生产过程中发挥多大效益,获得多少利润,往往取决于劳动者的价值取向和对自身和社会的负责精神。可见,道德资本比实物资本意义更大,其关键不在于本身的"存量资本",而在于它所带来的"增量资本"。道德资本在使实物资本成为资本的同时能最大限度地激活实物资本,成为获取利润的基础。在此意义上,道德既是企业发展的无形资本,也是一种生产力。

记者:既然道德资本对企业的运行和发展如此重要,那么在您看来,目前我国企业界对道德资本的运用状况如何?

王小锡:就目前来看,我国企业界在道德资本的运用方面还很贫弱,情况大致有这样三种:第一是少部分企业已经把道德当作重要的资本,并且道德资本已通过健全的企业文化渗透到企业的管理、生产、销售等各个环节中去。第二是不少企业已经开始意识到道德是重要的价值资源或无形资产,但并未真正弄清它们究竟在何种意义上是重要的,还没有把这种价值资源或无形资产当作投资品来经营。第三是忽视甚至是漠视道德资本,不认为道德是一种无形资产。习惯于把市场看作是弱肉强食、胜王败寇的一些企业,本着"赚钱才是硬道理"的思路基本不顾及道德资本的作用。这样的经营理念,使得许多企业在激烈竞争中败下阵来。

记者:如果企业有意识地想培育道德资本,在培育过程中首先需要注意的问题是哪些?

王小锡:说道德是资本,也就是说要把道德看做是一种投资品。既然是投资品,就需要精心培育。企业要想培育道德资本,首先需要搞清楚这样一个表面上看似"悖论"的问题:许多人一提到道德,马上就会联想到牺牲、奉献等价值取向,联想到道德应该追求和向往的崇高目标,那么,把本应是追求崇高目标的道德当作是服务于企业赢利目的的手段,这不是自相矛盾吗?这个问题很关键,因为它折射出了企业在经营管理过程中都会遇到的一种价值冲突,即"利润"和"责任"之间的冲突。我以为,企业追求崇高目标,讲奉献,必要时讲牺牲,这是应该的,社会主义条件下的企业尤其需要树立这样的经营境界。然而,这与企业的经营目的并不矛盾。企业不应"唯利是图",而应当讲究道德。换句话说,企业是以道德的理念及其方式去谋利。这是企业的生命力之所在,也是我提出并论证道德资本范畴的初衷。

其次,道德资本的主体觉悟形态不是一蹴而就的,其一,它有一个由道德认识不断深化,经过道德意志的培养,逐步强化道德信念的过程。其二,道德资本形成是一项系统工作,企业应该完善管理制度和生产运作机制,创造良好的道德和文化氛围等等,从而加强道德教育力度,以各种有效措施,促进全体员工道德觉悟和企业道德水准的提高。其三,在社会主义市场经济条件下,多种经济成分并存,有可能形成各种不同的价值取向;同时,西方不同的道德观念也在不断地影响着人们的社会生活,这就给道德资本形成增加了复杂性。这就需要我们在道德资本的形成过程中,不断提高道德觉悟,分清良莠、扬善抑恶,真正使科学道德成为经济发展的助推力。

第三,道德资本不是独立形态的资本,作为精神资本它必须依附于物质资本,作为无形资本必须依附于有形资本。它需要将人们的道德理念及其觉悟渗透于生产销售的全过程,以其独特的价值功能发挥作用。正是这种无形性,使道德资本无所不在。

记者:最后,我想问的是,在培育道德资本方面,需要做出哪些方面的努力呢?

王小锡:首先,道德资本的培育需要一个不断优化和完善的"道德环境",具体地说,就是要有道德化的市场环境、法制环境、政策环境、行业环境、文化环境、国际环境等。其次,从企业自身来说,要明确自己的道德责任,要讲道德,讲企业良心,也就是说要做一个"道德企业"。为此,企业要善于学习并不断创新,把不断完善的公司治理结构与不断发展的企业文化紧密结合起来。企业要加强对员工的道德教育。尤其是企业家们,更应该躬身力行温总理的劝诫:企业家身上要流淌着道德的血液。最后,特别要注意的是,政府要有具备道德资本理念的战略管理思想,要有长远的眼光,管理好企业的干部和企业的经济和经营行为。

(原载《光明日报》2009年2月20日,作者系该报记者)

后 记

伴随着中国改革开放的激情岁月,我国学术界尤其是伦理学界迎来了思想争鸣、学术吐艳的春天,而我对中国经济伦理问题的关注和研究也是在这一过程中逐步着手和展开的。从 20 世纪 80 年代末至今已有 20 多年的历史,这期间我涉猎了经济伦理理论的诸多方面,发表了系列学术研究成果,受到学界同仁的关注。有的同仁在学术观点上与我展开了很有意义的商榷和争辩;有的同仁在认同我的一些学术观点的同时,还进行了更深入的理论探讨;还有的同仁专门撰文评述了我的相关观点,对进一步拓展我的学术思路给予了重要的启迪和帮助。没有同仁们的关注和鼓励,我是很难在经济伦理学理论研究方面有点作为的。感激之情,无以言表。为了与学界同仁在更广泛的范围和更深刻的程度上开展学术交流,我在先前出版的《经济的德性》(人民出版社 2002 年版)的基础上,经过修改完善和补充整理,编辑成现在的文集《道德资本与经济伦理——王小锡自选集》,也算是对自己 20 余年来从事经济伦理学研究的个人总结吧。

如果说本书有什么特色的话,就在于它在一定程度上反映了我从事经济伦理学研究的心路历程、基本理念和创新观点。20 世纪 80 年代末,我国经济体制改革促进了经济的繁荣,但经济的德性一时没有被充分认识和应用,以至经济繁荣的背后隐藏着较为严重的伦理道德危机,学科的特殊视角促使我用伦理学的理论去考察这一社会现实,试图通过研究揭示其深刻的根源且提出解决危机的"伦理学建议"。同时,我不断地探究中外伦理思想,力图挖掘和把握经济与伦理道德关系的思想资源,以利充分认识经济的伦理内涵和伦理的经济意义。尤其是本人一直兴趣于研读马克思的博大精深的《资本论》,其中的经典学说不仅能让我们深刻把握经济和伦理道德的关系问题,而且能够启迪和指导经济体制改革条件下的伦理经济建设,实践的吁求和理论开新的需要促进了我对经济伦理问题的关注度,我毅然选择经济伦理学作为学术研究主攻方向。

学术的生命在于创新,而创新绝不只是"形而上"之思维,也不只是对"应用"的探讨,而且,独取前者或后者,恐怕要么是某种缺乏依据或根基的"垃圾思维"、"理论谎言",甚或是"伪命题"、"伪科学";要么是缺失"灵魂"之表象罗列与堆积,甚至是"盲动"、"蠢动",而这些却没有被当局者清醒地洞见。进言之,离开了应用或没有应用价值、忽视当今社会现实或不去观照当今社会现实的所谓"形而上"的理论研究,或者缺乏理论透视和理论支撑的所谓"形而下"的应用研究,皆与学术研究的本真精神相悖。事实上,真正的学术创新永远是"形而上"和"形而下"的自觉结合的产物。而且,以"形而下"为支撑的"形而上"研究,其理论境界将会更加高远;以"形而上"为指导的"形而下"研究,其应用的普适性将会进一步加强。有鉴于此,我的经济伦理学研究力图开拓"形而上"与"形而下"结合之理路。在经济体制改革至认同社会主义商品经济时,我提出道德是商品经济发展的深层要素的观点;在 20 世纪 90 年代初我国明确提出经济体制改革的目的是建立社会主义市场经济体制后,我先后提出"道德生产力"和"道德资本"的观点;近年来面对国际国内的激烈的经济竞争态势,我提出道德经营理念、道德是经济或企业的核心竞争力的观点。不过,当时提出这些观点,确实冒着很大的风险、顶着很大的压力,其主要原因是长期以来人们头脑中的道德、生产力和资本概念很大程度上受到了左倾思想的影响或者说受到了苏联教科书的影响(主要表现为要么把"道德"形而上地抽空,要么把"生产力"和"资本"形而下地庸俗化),且这种影响根深蒂固。时至今日,这些传统学术思维的惯性和习惯势力的幽灵仍然在一些人的头脑中徘徊。当然,学界的非难和质疑声音促进了我对自己的创新性观点不断地进行深入探究。实践证明,真正的学术不畏惧非难和质疑,新的学术观点往往是在质疑甚至是非难中逐渐地体现其学术水准和学术价值。尽管现时代真正的学术争鸣激烈,甚至针锋相对、"火星四溅",但这也是广开学术言路的一种方式,是学术繁荣的一种标志。我坚信,学术创新需要关注现实和理论走向,更需要理论勇气,因为理论勇气是思想火花的不竭源泉。为此,我将继续我的学术探讨,在与同仁们的讨论和争鸣中走出自己的经济伦理之学术之路。

为更充分展示我的经济伦理学学术观点,我征得作者同意,将曾经为我著作作序或写书评、对我学术观点进行评述和商榷、以及记者对我的学术访谈等从不同角度和层次反映我学术观点的文章作为附录收入本文集。

令人难以忘怀的是,本书的编辑出版得到学界前辈的关怀和支持,我国著名伦理学家罗国杰教授和唐凯麟教授欣然为文集作序,在此我十分感谢两位恩师的厚爱。同时,人民出版社的信任、支持和前卫的编辑出版理念,是我的文集顺利出版的重要前提。为此,我由衷地向人民出版社的同仁们表示由衷的谢意。我还要感谢与我合作撰写文集中有关文章的同仁。感谢妻子郭建新教授,她在我的文集整理过程中,提出了许多十分有价值的学术建议。感谢我的弟子,南京师范大学博士后张志丹、中国人民大学博士后张霄这两位已经活跃在大学讲坛的青年才俊做了大量的辅助工作。

本书在编辑过程中,在尊重历史、尊重原意的基础上做了适当的文字润色、语句修正和注释编排等技术处理,尽管我力图避免文集编辑过程中的疏漏或错误,但限于水平,很可能还有不尽如人意之处,敬请读者批评指正。

王 小 锡

2009 年 6 月 10 日于南京秦淮河西寓所

责任编辑:鲁　静
装帧设计:徐　晖
版式设计:东昌文化
责任校对:湖　催

图书在版编目(CIP)数据

道德资本与经济伦理/王小锡 著. -北京:人民出版社,2009.10(2013.1重印)
ISBN 978－7－01－008110－6

Ⅰ. 道…　Ⅱ. 王…　Ⅲ. 经济学:伦理学-研究　Ⅳ. B82-053

中国版本图书馆 CIP 数据核字(2009)第 133595 号

道德资本与经济伦理
DAODE ZIBEN YU JINGJI LUNLI

王小锡　著

人民出版社 出版发行
(100706　北京市东城区隆福寺街 99 号)

环球印刷(北京)有限公司印刷 新华书店经销

2009 年 10 月第 1 版　2013 年 1 月北京第 2 次印刷
开本:710 毫米×1000 毫米 1/16
印张:37　字数:524 千字

ISBN 978－7－01－008110－6　定价:70.00 元

邮购地址 100706　北京市东城区隆福寺街 99 号
人民东方图书销售中心　电话 (010)65250042　65289539